3rd Edition
Environmental Law
and Litigation

第3版 環境訴訟法

越智敏裕 著

日本評論社

第3版へのはしがき――本書の特徴と使い方

　筆者は、担当する授業の冒頭で、学生の皆さんに向かい、環境法とは「文明の滅亡速度を遅らせるための法律」だと説明してきた。わが国でも異常気象はすっかり日常化し、すでに環境問題はポイント・オブ・ノー・リターン（帰還不能点）を過ぎたのではないかとの危惧をさえ抱く。宇宙ないし地球の歴史に比すればほんの瞬き程度にすぎない人類の歴史が、小説などで繰り返し描かれてきたように、今、あっさり終焉を迎えようとしているのかもしれない。

　第2版を脱稿してすぐ疫病禍が世界中を襲い、また、生成AIなどの登場が、働き方、生き方、社会、世界を劇的に変えつつある。軍事独裁国家と自由主義国家の対立が深刻化する中、「失われた30年」が40年になりそうなほぼ無策の斜陽国家日本は、毎年100万人ずつ人口が減る「人口急減時代」を前倒しで迎えようとしている。そんな中、「環境問題の聖地」ともされるイースター島を訪れた。ある日突然、時が止まったような文明崩壊の現場で、筆者なりの取り組みを強化しようと決意を新たにしたものである。

　しかし、1人でも多くの人類が危機に気づき、考え、行動し、伝え、祈るならば、まだ、将来世代に文明をつなぎうるのだと信じたい。本書はかかる認識に立った筆者のささやかな試みの1つである。

　数ある環境法教科書群にあって、環境法に関心のある**法学部生、法科大学院生、法律実務家**向けに執筆した本書の主な特徴は、次の3つである。

　第1に、タイトルにあるように**環境訴訟理論**を主題とした。が、同時に、訴訟が法的前提とする個別環境法も概説している。さらに、現実に生起する環境紛争は理論上想定しうる訴訟の一部でしかないから、「典型事例」を通じて基礎的理解（いわば基本形）を定着させやすくするとともに、体系性、網羅性を補った。訴訟理論では、立法論を含め自説も展開する一方で、環境法政策については、基本的に客観的な法制度解説に努めた。

　第2に、**簡潔でわかりやすい体系的整理**を心がけた。「多忙」の病に悩む現代人にとって、長すぎる教科書の通読は至難である。簡潔な表現を心がけ、情報を絞り込んだ。筆者の不勉強も大きいが、参考文献は原則として学生が容易にアクセス可能なごく一部の教科書類の引用にとどめた。他力本願であるが、主要文献は大塚直『環境法（第4版）』（有斐閣、2020年）に網羅されている。他方で、裁判例は大塚直・北村喜宣編『環境判例百選（第3版）』（有斐閣、2018年）掲載分を多く扱ったほか、近時の裁判例を含め相当数を網羅しており、法律実務家の使用にも耐えうる。

第3に、**司法試験**に対応させた。試験対策としては本書で必要十分である。

> ①第1章（第2節・第3節を除く）～第3章を読む。
> ②第4章以下の第1節を読みながら、条文を片手に、本書末尾のフローチャートの確認を繰り返す。
> ③個別法制度の理解が②で定着してきたら、各章の典型事例（第2節）で訴訟理論を概観する。
> ④各章の訴訟法部分を通読しつつ、第1章第2節・第3節に戻る。
> ⑤小文字（アドバンスト）、＊（ハイアドバンスト）と共に通読する。

ゴチックのキーワードは頭に定着させてほしい。③は答案例として参照されたい。④は民法・行政法の基礎的理解の復習・応用作業でもあり、特に第1章第2節は、環境行政訴訟に焦点を当ててはいるが、体系的・網羅的に行政訴訟理論の概説を試みた部分であり、行政法学習の仕上げ・強化にもなる。⑤小文字は細かな裁判例や知識が含まれ、さらに＊は相当発展的な内容も含まれるので、学習状況に応じて役立てていただきたい。

第3版では、司法試験出題範囲を中心に個別環境法の改正・新法に対応したほか、裁判例をアップデートしつつも大胆に絞り込んだ。近時の日本の環境訴訟は、人口急減と地域偏在、国力衰退を背景に、環境破壊から環境劣化・放置をめぐる紛争へと移行しつつあり、また、爛熟した現代文化のコンテキストで文化遺産などを巡る文化政策訴訟の増加傾向があるように思われ、筆者の関心も移りつつある。

今回の執筆を通じ、筆者の勉強不足、無理解を改めて痛切に感じた。本書がさらに版を重ねうるならば、少しずつ進化・深化させていきたい。

本書の執筆にあたっては、日本評論社の柴田英輔さん、田中早苗さんには大変お世話になった。

この場をお借りして、関係各位に心より感謝申し上げたい。

令和7年3月

吉祥寺の拙宅にて

越智 敏裕

●環境訴訟法〔第3版〕──目次

第3版へのはしがき──本書の特徴と使い方

第1章　環境訴訟法総論……………………………………………… 1
第1節　環境規制と訴訟　1
　一　環境法とは　1
　　1　環境法と政策手法──規制・誘導・事業　1　　2　規制的手法　2　　3　誘導的手法　5　　4　事業的手法　12
　二　環境行政訴訟と環境民事訴訟　13
　　1　概観　13　　2　各環境訴訟の特徴　14　　3　環境規制と環境訴訟　15　　4　訴訟分野　16
　三　環境訴訟の展開と類型　17
　　1　四大公害訴訟　18　　2　現代環境訴訟の類型──環境被害の多様化と現代型訴訟　18

第2節　環境行政訴訟概説　19
　一　環境行政訴訟の形式と紛争類型　19
　　1　主な訴訟形式　19　　2　主な紛争類型　19
　二　環境行政訴訟の訴訟要件　20
　　1　処分性　20　　2　原告適格　27　　3　処分差止訴訟　33　　4　非申請型義務付け訴訟　40　　5　狭義の訴えの利益　44　　6　執行停止・仮の救済　45　　7　その他の訴訟要件　51　　8　その他の訴訟形式　54
　三　当事者訴訟の活用　55
　　1　確認訴訟　55　　2　確認の利益と環境訴訟における可能性　56　　3　仮の救済　57　　4　その他　57
　四　住民訴訟　57
　　1　概観　57　　2　4号訴訟　57　　3　手続等　58
　五　本案審理（違法判断）　58
　　1　概観　58　　2　行政裁量と司法審査　59　　3　違法主張の制限　61　　4　違法性承継　64　　5　違法判断の基準時　66
　六　行政訴訟の判決　66
　　1　判決の種類　66　　2　判決の効力　67
　七　行政不服審査　68

1　概説　68　　2　不服申立ての種類・対象　69　　3　不服申立人適格・不服申立期間・執行不停止原則　70　　4　審理体制・手続、裁決等　70

第3節　環境民事訴訟概説　72
　一　損害賠償請求　72
　　　1　公害被害の救済　72　　2　不法行為の成立要件　73
　二　故意過失　74
　　　1　過失責任主義とその修正　74　　2　予見義務と結果回避義務　75　　3　環境法における修正——無過失責任　76
　三　違法性　76
　　　1　相関関係説と受忍限度論　76　　2　受忍限度判断の例　77　　3　受忍限度論の限界　77　　4　先住後住関係——危険への接近の法理　78
　四　因果関係　78
　　　1　相当因果関係説　78　　2　因果関係立証の困難の緩和　79
　五　共同不法行為　81
　六　損害　81
　　　1　包括・一律請求　81　　2　将来分の損害賠償請求　82　　3　懲罰的損害賠償　82　　4　損害額の減額　83
　七　期間制限　84
　　　1　概観　84　　2　継続的不法行為　84　　3　遅発性・蓄積型健康被害　84
　八　公共施設の設置・管理と国家賠償責任（道路騒音訴訟）　85
　　　1　道路騒音規制・環境基準と紛争の構造　85　　2　国家賠償法2条　86　　3　営造物の瑕疵　87　　4　供用関連瑕疵の判断と受忍限度論　87　　5　受忍限度判断における公共性の考慮　89　　6　環境基準との関係　89　　7　無過失責任と回避可能性の欠如　89
　九　差止請求　90
　　　1　民事差止訴訟の意義　90　　2　差止請求の法的根拠　91　　3　受忍限度論と違法性段階説　93　　4　差止請求における因果関係立証の困難の緩和　94
　一〇　抽象的差止（不作為）請求　94
　一一　複数汚染源の差止め　95
　一二　民事差止請求に対する法的制約　95
　　　1　公権力の行使に対する仮処分の排除（行訴44条）*　95　　2　大阪空港判決の不可分一体論　95　　3　第三者行為論*　96
　一三　民事仮処分　96
　　　1　環境訴訟における民事仮処分の意義と特徴　96　　2　手続の概観　97　　3　仮の地位を定める仮処分　97　　4　不服申立手続　98
　一四　SLAPP（スラップ）*　98

第4節　裁判外手続——公害健康被害補償制度・公害紛争処理手続・民事調停・刑事告発　100
　一　公害健康被害補償制度　100

1　公害健康被害補償制度の沿革　100　　2　補償手続　100　　3　認定制度　101　　4　補償給付　102　　5　費用負担　103　　6　公害健康被害補償制度の課題等　103

　二　公害紛争処理　104

    1　公害紛争処理制度　104　　2　公害等調整委員会　105　　3　公害紛争処理制度の特色　107　　4　公害紛争処理制度の課題　108

　三　民事調停　109

　四　刑事告発　109

    1　環境刑法　109　　2　公害罪法　110

　五　事例に基づく概観　111

【典型事例1-1】　111

    1　公害紛争処理手続（設問1前段）　111　　2　各手続の特色（設問1後段）　112

第5節　水俣病裁判　113

　一　水俣病とは　113

　二　水俣病をめぐる訴訟の概観　114

    1　第1次訴訟　114　　2　第2次訴訟　114　　3　第3次訴訟　116　　4　その後の展開　116

　三　水俣病国家賠償訴訟　119

    1　規制権限の不行使の違法判断　119　　2　根拠法と規制権限（上記1①）　119　　3　水質二法の規制権限を行使するための要件（上記1②）　120　　4　規制の実行可能性＊　121　　5　裁量審査（上記1③）　122　　6　緊急事態における法の目的外権限行使　122　　7　食品衛生法による規制＊　122

第6節　環境法（基本理念・原則）と環境訴訟　123

　一　環境法の基本理念・持続可能な発展（SD）　123

　二　未然防止原則（未然防止的アプローチ）　124

　三　予防原則（予防的アプローチ）　125

    1　予防原則の意義　125　　2　環境訴訟における予防原則の意義　126　　3　参考となる裁判例＊　126

　四　汚染者支払原則（PPP）　128

　五　環境権　128

    1　私権としての環境権（①）　129　　2　憲法上の環境権（②③）　129　　3　立法行政過程への参加権としての環境権（④）　130

　　コラム　リスクとハザード、リスク分析　3
　　コラム　地球温暖化対策税　6
　　コラム　土地区画整理とは　22
　　コラム　カネミ油症事件　85
　　コラム　豊島事件　107
　　コラム　水俣病の発生機序の特異性　113

第2章　生活妨害 ……………………………………… 132

第1節　日照妨害　132
一　日照権と日影規制　132
二　事例に基づく検討　134
【典型事例2-1】　134
　　1　環境行政訴訟　135　　2　環境民事訴訟（設問(3)：上図③）　136

第2節　騒音　138
一　工場騒音　138
　　1　工場騒音規制　138　　2　騒音訴訟　139
二　鉄道騒音　140
　　1　鉄道騒音規制　141　　2　都市計画事業とは　141　　3　小田急判決とその周辺　141　　4　処分差止訴訟における処分の特定*　145

第3節　その他の生活妨害　146
一　光害　146
二　風害　146
三　圧迫感　147
四　悪臭等　147
五　工事騒音・振動等　148
六　その他の施設　148
コラム　私人による法の実現　140

第3章　景観・眺望侵害 ……………………………… 151

第1節　景観侵害　151
一　景観の破壊と保護　151
　　1　まちづくりの問題と景観紛争　151　　2　まちづくり法制　152
二　景観保護法制と課題　153
　　1　景観法・条例　153　　2　風致地区・地区計画　154　　3　伝統的建造物群保存地区等　155　　4　建築協定　155　　5　景観保護・まちづくり法における諸課題　155
三　景観訴訟　159
　　1　景観利益の法的保護性　159　　2　景観侵害に対する司法救済　161
四　主な裁判例　164
　　1　環境行政訴訟　164　　2　環境民事訴訟　164　　3　歴史的建造物等の保護　165

第2節　眺望侵害等　166
一　眺望利益に対する法的保護　166

        1　眺望利益の特徴　166　　2　眺望利益の法的保護性と救済方法　166
    二　眺望訴訟　168
        1　営業利益侵害としての眺望侵害　168　　2　生活利益侵害としての眺望侵害　168　　3　若干の検討　169
        コラム　国立マンション事件　159

第4章　水質汚濁 ……………………………………………………… 170
  ## 第1節　水質汚濁防止法の概観　170
    一　水環境に関する法制　170
    二　水質汚濁防止法の概観　171
        1　目的（1条）　171　　2　規制対象　171　　3　排水規制その1（濃度規制）　172　　4　排水規制その2（総量規制）　176　　5　地下浸透水規制　179　　6　その他の規制　180　　7　無過失責任　183
  ## 第2節　水質汚濁分野における環境保護訴訟の概観　184
    【典型事例4-1】　184
    一　水質汚濁防止法の法律関係（設問1）　184
        1　水質汚濁防止法による対応　185　　2　土壌汚染対策法による対応　186
    二　環境行政訴訟（設問2）　187
        1　水質汚濁防止法に基づく請求　187　　2　土壌汚染対策法に基づく請求　188
    三　環境民事訴訟（設問3）　189
        1　損害賠償請求（対原因者B_1）　189　　2　操業差止め（対現所有者B_2）　190
  ## 第3節　水質汚濁分野の環境行政訴訟　191
    一　訴訟形式　191
    二　よみがえれ有明海行政訴訟　191
    三　水俣病認定訴訟　192
  ## 第4節　水質汚濁分野の環境民事訴訟　193
    一　差止請求　193
        1　人格権　193　　2　財産権　193　　3　漁業権*　194
    二　損害賠償請求その1（人格権侵害）　194
        1　水俣病訴訟　194　　2　神栖ヒ素裁定　194
    三　損害賠償請求その2（財産権侵害）　195
  ## 第5節　水質汚濁分野における規制対抗訴訟　197
    一　概観　197
    【典型事例4-2】　197
        1　水質汚濁防止法の法律関係（設問1）　197　　2　総量規制（設問2）　198　　3　規制対抗訴訟（設問3）　198
        コラム　水濁法14条の3の構造　182

第5章　大気汚染 200

第1節　大気汚染防止法の概観　200
一　大気環境に関する法制　200
二　大気汚染防止法の概観　202
　1　目的（1条）　202　　2　ばい煙規制　203　　3　VOC（揮発性有機化合物）規制　205　　4　粉じん規制　206　　5　水銀規制　209　　6　報告徴収・立入検査　211　　7　有害大気汚染物質対策　211　　8　無過失責任　212

第2節　大気汚染分野における環境保護訴訟の概観　213
【典型事例1-1（再掲）】　213
一　裁判外手続　213
二　訴訟手続（設問1）　213
　1　行政訴訟（対A）——改善命令等の非申請型義務付け訴訟（環境行政訴訟）　213
　2　民事訴訟（対B）——損害賠償と民事差止　214
三　訴訟における公法上の規制基準の意義（設問2）　215

第3節　大気汚染分野の環境行政訴訟　216

第4節　大気汚染分野の環境民事訴訟　216
一　概観　216
二　損害賠償請求訴訟　217
　1　受忍限度論　217　　2　疫学的因果関係論　217　　3　共同不法行為　219
三　民事差止請求訴訟　222
　1　抽象的差止（不作為）請求　222　　2　複数汚染源の差止め　223
四　主な裁判例　224
　1　嫌忌施設の設置・操業　224　　2　固定発生源（工場）をめぐる訴訟　225
　3　移動発生源をめぐる訴訟（道路公害訴訟）　226　　4　アスベスト裁判　228
五　化学物質過敏症（CS）をめぐる訴訟*　230
　1　概観　230　　2　法律構成と裁判例　230　　3　争点　232

第5節　大気汚染分野における規制対抗訴訟　233
　コラム　K値規制　203
　コラム　抽象的差止判決の主文　223

第6章　循環 234

第1節　循環法の概観　234
一　循環法の体系　234
　1　概観　234　　2　循環基本法　235　　3　拡大生産者責任（EPR）　236
二　廃棄物処理法の概観　237
　1　目的（1条）　237　　2　廃棄物の定義　237　　3　廃棄物の種類と処理責任　240　　4　業規制　244　　5　施設規制　248　　6　規制緩和——再生利用認定

と広域認定 251　　7　監督措置 251　　8　発生抑制 258　　9　協定 259
　　　　10　法改正と経過措置* 259
　　三　容器包装リサイクル法（容リ法）の概観 259
　　　　1　目的 259　　2　基本方針・再商品化計画・分別収集 260　　3　規制の概要 260　　4　事業者が市町村に資金を拠出する仕組み 262　　5　発生抑制 263
　第2節　廃棄物分野における環境保護訴訟の概観 264
　　【典型事例6-1】 264
　　一　廃棄物処理法の法律関係（設問1） 264
　　二　環境行政訴訟（設問1） 265
　　　　1　設置許可取消訴訟（対A） 265　　2　違法事由 265
　　三　環境民事訴訟（設問1・2） 266
　　　　1　施設の建設・操業差止訴訟（対B） 266　　2　受忍限度論と因果関係の立証 266
　第3節　廃棄物分野の環境行政訴訟 268
　　一　抗告訴訟 268
　　　　1　訴訟形式 268　　2　原告適格 269　　3　執行停止 271　　4　本案審理 272
　　二　主な裁判例 274
　第4節　廃棄物分野の環境民事訴訟 275
　　一　中間処理施設の建設・操業差止め 275
　　二　最終処分場の建設・操業差止め 276
　　　　1　安定型最終処分場 276　　2　管理型最終処分場の構造と裁判 277　　3　立証責任の転換 277
　　三　主な裁判例 277
　　　　1　中間処理施設等 277　　2　最終処分場 278　　3　その他の施設 280
　第5節　廃棄物分野における規制対抗訴訟 281
　　一　廃棄物処理法と規制対抗訴訟 281
　　　　1　法に基づく規制権限行使への対抗* 281　　2　条例規制への対抗* 282
　　　　3　競業者訴訟 284
　　二　容器包装リサイクル法と規制対抗訴訟 284
　　【典型事例6-2】 284
　　　　1　主務大臣のとりうる措置（設問1） 284　　2　容器包装リサイクル法の義務を争う訴訟（設問2） 285　　3　ライフ判決 286
　　　　コラム　循環経済 235
　　　　コラム　マニフェストの流れ 246

第7章　土壌汚染……………………………………………………287

　第1節　土壌汚染対策法の概観 287

一　土壌環境に関する法制　287
　二　土壌汚染対策法の構造　288
　　1　目的　288　　2　規制対象物質　288　　3　調査の契機　289　　4　区域指定　292　　5　汚染除去等の措置　294　　6　搬出汚染土壌の適正処理　295
　　7　求償（8条）　298　　8　その他　299
第2節　土壌汚染分野における環境保護訴訟の概観　302
　【典型事例7-1】　302
　一　土壌汚染対策法の法律関係（設問1・2）　303
　　1　調査・区域指定等（設問1）　303　　2　自主調査による汚染の判明（設問2）　304
　二　環境訴訟（設問3）　304
　　1　民事訴訟　304　　2　行政訴訟　305
第3節　土壌汚染分野の環境行政訴訟　306
　一　概観　306
　二　主な裁判例　307
第4節　土壌汚染分野の環境民事訴訟　309
　一　概観　309
　　1　法律構成　309　　2　損害　309
　二　主な裁判例その1（契約当事者間）　311
　　1　瑕疵担保責任と契約不適合責任　311　　2　債務不履行責任　314　　3　不法行為責任　315
　三　主な裁判例その2（非契約当事者間）　316
　　1　不法行為　316　　2　川崎事件（不作為不法行為）　316　　3　専門業者の責任*　320　　4　共同不法行為　320　　5　規制権限不行使による国家賠償責任　320
　四　主な裁判例その3（純粋第三者が原告の場合）　321
　　1　不法行為責任　321　　2　規制権限の不行使*　322　　3　差止請求　322
第5節　土壌汚染分野における規制対抗訴訟　323
　一　概観　323
　【典型事例7-2】　323
　　1　土壌汚染対策法の法律関係（設問1）　323　　2　土壌汚染対策法の義務賦課を争う訴訟（設問2・3）　324　　3　その他の訴訟　325
　二　裁判例　325
　　コラム　土対法の諸基準　294
　　コラム　土壌汚染と土地取引　326

第8章　自然保護 ……………………………………………………… 327

第1節　自然保護法制の概観　327

一　自然保護法制　327
　　1　生物多様性の保護　327　　2　自然関連法と政策手法　328
二　自然公園法　329
　　1　目的　329　　2　公園の種類　329　　3　公園計画と公共事業　330
　　4　規制計画　331　　5　損失補償制度　334　　6　公園の能動的・協働型管理　334
三　自然公園法の課題と法政策　337
　　1　限定的な自然の保護　337　　2　過剰利用（オーバーユース）　337　　3　地域制公園による限界　337　　4　歴史的沿革　337　　5　緩い規制と司法審査の欠如　337　　6　組織・人員の問題　338
四　土地収用法　338
　　1　土地収用制度　338　　2　事業認定　338　　3　収用裁決　340　　4　違法性承継　340
五　主な自然保護法の規制　341
　　1　公共事業訴訟の関連法　341　　2　民間開発訴訟の関連法　341
六　自然保護訴訟の概観　342
　　1　紛争形態——自然公園法を例に　342　　2　自然保護訴訟　343　　3　規制対抗訴訟　343

第2節　自然保護訴訟の概観　344
【典型事例8-1】　344
一　自然公園法の法律関係（設問1）　344
　　1　自然公園法20条3項違反　344　　2　中止命令・原状回復命令　344　　3　報告徴収、立入検査・立入調査　345　　4　刑事告発　345
二　環境行政訴訟（設問2）　345
三　環境民事訴訟（設問3）　346
　　1　Cによる訴訟提起——環境権・自然享有権　346　　2　Dによる訴訟提起　346
四　訴訟制度の現状と課題解決の方向性（設問4）　346
　　1　自然の権利訴訟　346　　2　課題解決の方向性　347　　3　住民訴訟　347

第3節　自然保護分野の環境行政訴訟　348
一　抗告訴訟　348
　　1　訴訟形式　348　　2　原告適格　348　　3　処分性　352　　4　本案審理　353　　5　義務付け訴訟　357
二　当事者訴訟　358
三　住民訴訟とその限界　359
　　1　自然保護訴訟としての住民訴訟　359　　2　先行する原因行為の違法と財務会計行為の関係　360　　3　違法事由　361

第4節　自然保護分野の環境民事訴訟　363
一　人格権・財産権に基づく訴訟　363
二　環境権と自然享有権　363

　　　　1　私権としての環境権　363　　2　個別的環境権　364　　3　集団的環境権——紛争管理権説　365　　4　自然享有権（利益）　366
　　三　眺望利益・景観利益　367
　　四　漁業権　367
　　五　その他の法的構成*　370
　第5節　訴訟制度・運用の改善提案——自然の権利訴訟・団体訴訟　371
　　一　自然の権利訴訟　371
　　　　1　沿革と意義　371　　2　裁判例　372
　　二　団体訴訟制度の導入　373
　　　　1　問題の背景　373　　2　団体訴訟の制度設計*　373
　第6節　自然保護分野における規制対抗訴訟　375
　　一　概観　375
　　【典型事例8-2】　375
　　　　1　法律関係——自然公園法上の手続（設問1）　376　　2　禁止命令・不許可処分に対する救済方法（設問2）　376　　3　損失補償請求（設問3）　377　　4　自然公園法の制度（設問4）　377
　　二　規制対抗訴訟の裁判例　378
　　　　1　自然公園法に関する規制対抗訴訟　378　　2　損失補償に関する裁判例　380　　3　国家賠償訴訟　382
　　　コラム　圏央道事件　349
　　　コラム　ダム問題　355

第9章　環境影響評価　383

　第1節　環境影響評価法（アセス法）の概観　383
　　一　アセス法の意義　383
　　二　アセス法の概観　383
　　　　1　目的（1条）　384　　2　アセス実施主体　384　　3　アセス対象事業　384　　4　スクリーニング（要否判定手続）　386　　5　計画段階配慮書手続　386　　6　スコーピング（方法書手続）　388　　7　アセスの実施と準備書・評価書手続　389　　8　横断条項　390　　9　事業の変更・事後調査・再実施　392　　10　アセス条例との関係　393　　11　アセス法の課題　393
　第2節　アセスメント分野における環境保護訴訟の概観　396
　　【典型事例9-1】　396
　　一　考えられる訴訟（設問1）　397
　　　　1　民事訴訟——建設工事差止訴訟（対B）　397　　2　行政訴訟——空港設置許可の取消訴訟（対国）　397
　　二　違法主張（設問2）　398
　　　　1　騒音被害にかかる主張　398　　2　アセスの不備　398　　3　民事訴訟における主張　399　　4　行政訴訟における主張　399

三　意見書提出の機会（設問3）　400
　第3節　アセスメント分野の環境行政訴訟　401
　　一　訴訟要件　401
　　二　アセス法違反の瑕疵　402
　　　1　司法審査のあり方　402　　2　新石垣空港判決　402　　3　アセスの不実施・アセス逃れ　403
　　三　アセス法違反に当たらない瑕疵（代替案不検討）　404
　　四　主な裁判例　404
　第4節　アセスメント分野の環境民事訴訟　406
　第5節　アセスメント分野における規制対抗訴訟　407
　　　コラム　公衆参加とその意義　394

第10章　気候変動……………………………………………………408
　第1節　地球温暖化対策推進法（温対法）の概観　408
　　一　気候変動問題と国際動向　408
　　二　地球温暖化対策推進法の概観　410
　　　1　目的、対象物質　410　　2　責務、対策計画、実行計画等　410　　3　温室効果ガス排出量算定・報告・公表制度等　412
　第2節　地球温暖化に関わる主な訴訟　414
　　一　環境行政訴訟　414
　　二　環境民事訴訟　414
　　　1　気候訴訟　414　　2　再エネ施設を巡る紛争　416
　第3節　補論──原発訴訟と原発政策　417
　　一　原発訴訟　417
　　二　司法審査の観点から見る原発政策　418
　　　1　原発事故のリスクと司法審査　418　　2　新規制基準への敬譲　420　　3　規制委と裁判所によるダブル・チェック　420　　4　今後の原発政策　421　　5　バックエンド問題　422

個別法フローチャート

　　水質汚濁防止法　426
　　廃棄物処理法（産廃規制）　428
　　容器包装リサイクル法　430
　　土壌汚染対策法　432
　　自然公園法　434
　　環境影響評価法　436
　　大気汚染防止法　440

事項索引　443
判例索引　448

凡　例

■主要参考文献

阿部Ⅰ	阿部泰隆『行政法解釈学Ⅰ』（有斐閣、2008年）
阿部Ⅱ	阿部泰隆『行政法解釈学Ⅱ』（有斐閣、2009年）
宇賀Ⅰ	宇賀克也『行政法概説Ⅰ（第8版）』（有斐閣、2023年）
宇賀Ⅱ	宇賀克也『行政法概説Ⅱ（第7版）』（有斐閣、2021年）
大塚	大塚直『環境法（第4版）』（有斐閣、2020年）
大塚B	大塚直『環境法BASIC（第4版）』（有斐閣、2023年）
大橋	大橋洋一『行政法Ⅱ（第4版）』（有斐閣、2021年）
興津	興津征雄『行政法Ⅰ』（新世社、2023年）
加藤	加藤雅信『新民法体系Ⅴ（第2版）』（有斐閣、2005年）
河村	河村浩『行政事件における要件事実と訴訟実務』（中央経済社、2021年）
北村	北村喜宣『環境法（第6版）』（弘文堂、2023年）
小早川	小早川光郎『行政法講義下Ⅲ』（弘文堂、2007年）
塩野	塩野宏『行政法Ⅱ（第6版補訂版）』（有斐閣、2024年）
実務的研究	司法研修所編『改訂行政事件訴訟の一般的問題に関する実務的研究』（法曹会、2000年）
高橋	高橋滋『行政法（第3版）』（弘文堂、2023年）
百選	大塚直・北村喜宣編『環境判例百選（第3版）』（有斐閣、2018年）

※本文中の判例の末尾に、百選の番号を〈　〉で表記した。

■法令

アセス	環境影響評価法
温対	地球温暖化対策推進法（地球温暖化対策の推進に関する法律）
環基	環境基本法
行手	行政手続法
行審	行政不服審査法
行訴	行政事件訴訟法
グリ	グリーン購入法（国等による環境物品等の調達の推進等に関する法律）
景観	景観法
建基	建築基準法
原規	原子炉等規制法（核原料物質、核燃料物質及び原子炉の規制に関する法律）
公健	公害健康被害の補償等に関する法律
公紛	公害紛争処理法
自公	自然公園法
収用	土地収用法
循基	循環基本法（循環型社会形成推進基本法）
情公	情報公開法（行政機関の保有する情報の公開に関する法律）
水濁	水質汚濁防止法

大防	大気汚染防止法
地自	地方自治法
都計	都市計画法
土対	土壌汚染対策法
廃掃	廃棄物処理法（廃棄物の処理及清掃に関する法律）
民	民法
民訴	民事訴訟法
容リ	容器包装リサイクル法（容器包装に係る分別収集及び再商品化の促進等に関する法律）

※「廃棄物処理法」など定着している略称は、正式名称に準じて扱っている。
※特に断りのない限り、「行訴法改正」は2004年改正、「アセス法改正」は2011年改正を指す。
※民法は2017年債権法改正後のもの。そうでない場合は「改正前民」とした。

■判決等

芦ノ倉判決	仙台高秋田支判平成19年7月4日 LEX/DB28132157
厚木基地第4次訴訟判決	最一判平成28年12月8日民集70巻8号1833頁〈24〉
尼崎判決	神戸地判平成12年1月31日判時1726号20頁
アマミノクロウサギ判決	鹿児島地判平成13年1月22日判決 LEX/DB28061380〈69〉
泡瀬干潟判決	福岡高那覇支判平成21年10月15日判時2066号3頁〈旧86〉
伊方原発判決	最一判平成4年10月29日民集46巻7号1174頁〈89〉
イタイイタイ病判決	名古屋高金沢支判昭和47年8月9日判時674号25頁〈15〉
牛深し尿処理場判決	熊本地判昭和50年2月27日判時772号22頁〈旧22〉
永源寺第二ダム判決	大阪高判平成17年12月8日 LEX/DB28131608
エコテック行政地裁判決	千葉地判平成19年8月21日判時2004号62頁〈43〉
エコテック行政高裁判決	東京高判平成21年5月20日 LEX/DB25441484〈48〉
エコテック民事判決	千葉地判平成19年1月31日判時1988号66頁〈40〉
NO_2環境基準判決	東京高判昭和62年12月24日判タ668号140頁〈8〉
大阪空港判決	最大判昭和56年12月16日民集35巻10号1369頁〈19×20〉
小田急判決	最大判平成17年12月7日民集59巻10号2645頁〈66〉
小田急本案判決	最一判平成18年11月2日民集60巻9号3249頁〈68〉
小浜市一廃処理業許可判決	最三判平成26年1月28日民集68巻1号49頁〈44〉
神奈川アセス請求判決	横浜地判平成19年9月5日判自303号51頁〈47〉
鹿屋市判決	鹿児島地判平成18年2月3日判時1945号75頁
神栖ヒ素裁定	公調委平成24年5月11日判時2154号3頁〈107〉
川崎がけ崩れ判決	最三判平成9年1月28日民集51巻1号250頁
川崎土壌汚染責任裁定	公調委平成20年5月7日判時2004号23頁〈106〉
川崎判決	東京地判平成24年1月16日判タ1392号78頁・東京高判平成25年3月28日判タ1393号186頁〈31〉
川辺川判決	福岡高判平成15年5月16日判時1839号23頁
旧筑穂町判決	福岡高判平成23年2月7日判時2122号45頁〈54〉
京都仏教会決定	京都地決平成4年8月6日判時1432号125頁〈旧76〉
国立判決	最一判平成18年3月30日民集60巻3号948頁〈62〉
圏央道あきる野判決	東京地判平成16年4月22日判時1856号32頁

高円寺青写真判決	最大判昭和41年2月23日民集20巻2号271頁
国道2号線判決	広島高判平成26年1月29日判時2222号9頁
国道43号線判決	最二判平成7年7月7日判時1544号18頁〈25〉
サテライト大阪判決	最一判平成21年10月15日民集63巻8号1711頁〈100〉
山王川判決	最三判昭和43年4月23日判時519号17頁〈14〉
品川マンション判決	最三判昭和60年7月16日民集39巻5号989頁〈旧72〉
シロクマ判決	東京高判平成27年6月11日 LEX/DB25447594〈98〉
新石垣空港判決	東京地判平成23年6月9日訟月59巻6号1482頁・東京高判平成24年10月26日訟月59巻6号1607頁〈75〉
杉並病原因裁定	公調委平成14年6月26日判時1789号34頁〈104〉
高城町産廃業許可判決	最三判平成26年7月29日民事68巻6号620頁〈49〉
宝塚市条例判決	最三判平成14年7月9日民集56巻6号1134頁〈66〉
伊達火力判決	札幌地判昭和55年10月14日判時988号37頁〈4〉
タヌキの森決定	東京高決平成21年2月6日判自327号81頁〈67〉
タヌキの森判決	最一判平成21年12月17日判時2069号3頁
東京大気判決	東京地判平成14年10月29日判時1885号23頁
鞆の浦判決	広島地判平成21年10月1日判時2060号3頁〈64〉
新潟水俣病第1次訴訟判決	新潟地判昭和46年9月29日判時642号96頁〈80〉
西淀川第1次訴訟判決	大阪地判平成3年3月29日判時1383号22頁〈10〉
日光太郎杉判決	東京高判昭和48年7月13日行集24巻6=7号533頁〈77〉
二風谷ダム判決	札幌地判平成9年3月27日判時1598号33頁〈79〉
浜松市土地区画整理判決	最大判平成20年9月10日民集62巻8号2029頁〈65〉
東九州自動車道判決	福岡地判平成23年9月29日 LEX/DB25482703・福岡高判平成24年9月11日 LEX/DB25482702
琵琶湖総合開発判決	大津地判平成元年3月8日判時1307号24頁〈18〉
豊前火力判決	最二判昭和60年12月20日判時1181号77頁〈6〉
フッ素判決	最三判平成22年6月1日民集64巻4号953頁〈30〉
福津市判決	最二判平成21年7月10日判時2058号53頁〈59〉
船岡山行政判決	京都地判平成19年11月7日判タ1282号75頁〈63〉
丸森町決定	仙台地決平成4年2月28日判時1429号109頁〈38〉
水俣最判(水俣病関西訴訟最高裁判決)	最二判平成16年10月15日民集58巻7号1802頁〈84〉
水俣病第3次訴訟京都判決	京都地判平成5年11月26日判時1476号3頁
水俣病第3次訴訟東京判決	東京地判平成4年2月7日判時臨増平成4年4月25日号3頁〈82〉
南相馬市判決	福島地判平成24年4月24日判時2148号45頁〈55〉
もんじゅ判決	最三判平成4年9月22日民集46巻6号571頁〈91〉
四日市ぜんそく判決	津地四日市支判昭和47年7月24日判時672号30頁〈2〉
横田基地判決	最一判平成5年2月25日判時1456号53頁〈22〉
よみがえれ有明海地裁判決	佐賀地判平成20年6月27日判時2014号3頁
よみがえれ有明海高裁判決	福岡高判平成22年12月6日判時2102号55頁〈73〉
栗東新駅判決	大阪高判平成19年3月1日判時1987号3頁
林試の森判決	最二判平成18年9月4日判時1948号26頁

※なお、判例索引には注で引用した裁判例は掲載していない。

環境訴訟法
（第 3 版）

第1章

環境訴訟法総論

第1節　環境規制と訴訟

一　環境法とは

1　環境法と政策手法——規制・誘導・事業

　人為による自然の改変と汚染（環境負荷）が、森や海など自然の持つ浄化・再生能力（環境容量）を越えた場合、環境問題が発生する[1]。

　環境法とは、人為による**環境影響**（負荷）の種類、程度、範囲および速度を**制御**する法である。環境法の対象とする環境問題[2]のうち、公害は法律に定義があり、大気汚染、水質汚濁、土壌汚染、騒音・振動、悪臭、地盤沈下の**典型7公害**とされるが（環基2条3項）、環境法が対象とする環境影響は公害にとどまらない（環基14条。環境影響には正負がありうるが、特定種の保護のごとく科学的知見が不明の場合もあり、結局、その時点の科学的知見と政策判断により決せられる）。環境法は今日、生命・身体・健康、生活環境から自然遺産、まちづくりやアメニティ、さらには歴史・文化遺産を含む広範な価値の保護を任務とする。

　環境法ないし環境政策の目的は、経済学的には、**外部不経済の内部化**と表現される。例えば、ある事業者が（不相当に安価な）化学製品の生産に伴う

---

[1]　諸説あるが、モアイで有名なイースター島の文明は環境問題により滅んだともされる。例えばクライブ・ポンティング、石弘之・京都大学環境史研究会訳『緑の世界史 上』朝日新聞社（平成6〔1994〕年）。
[2]　例えば食品・薬品公害、労働災害はこれに当たらない。

汚染物質の排出で周辺住民に健康被害（市場を経由しない被害であり外部不経済とされる）を与えているのに何らのコストも負担しない場合、市場では不相当に安価な化学製品が流通し、本来よりも過剰な需要が創出される。環境規制が導入されて事業者が対策措置をとると、その措置費用は製品に上乗せされて市場に流通する（内部化）。環境問題では市場が十分に機能しないため（市場の失敗）、環境規制という公的介入が求められるのである。

環境問題は地域レベルから地球規模まで多種多様であり、また、環境保護には通常、コストがかかり、しばしば経済とのトレードオフとなる。そのため、環境法は各分野で問題状況とその進展に応じ、「あの手この手」で対応を試みてきた。本書では、大塚教授の従前からの整理・用語をベースに、環境政策を①規制、②誘導、③事業の3手法に大別して概観するが、①②③の性格を併せもつ複合的手法も多い（各手法の詳細は、大塚B第3章参照）。

2　規制的手法

(1)　規制とは

環境保護は通常、自主的に行われにくい。また、自主的行動に委ねるならば、フリーライド（ただ乗り）の不合理を生ずる。実効的で公平な環境保護を図るために、規制（command and control; 命令統制）が要請される。

規制は**実体規制**と**手続規制**に分かれる。個別法は通常、いずれをも採用する。本書では第2章以下で、個別法の規制を中心に環境法を概説する。

例えば**大気汚染防止法**（大防法）は、一定の施設につき特定の有害物質を基準以上排出しないよう制限し（実体規制）、特定施設の設置につき届出義務を課す（手続規制）。また、**環境影響評価**（アセスメント。以下、単に「アセス」ともいう）制度は、環境情報の形成・公表を義務づける手続規制であると同時に、一定の環境配慮へ誘導する実体規制の側面をもつ。

規制は環境法の中核をなし、高い強制力に裏づけられた実効（確実）性をもつが、基礎となる**科学的知見**が必要であり、不明確なリスクへの対応には用いにくい。また、**比例原則**（ある目的達成のため必要最小限度を超えた不利益を課す手段を禁ずる原則）[3]に服するため、**過剰規制は許されない**。規制を担保する監視（モニタリング）と執行（エンフォースメント）にもコストを要し、行政資源にも限界があるため、費用対効果を考慮した規制対象・水準・方法が求められる。さらに、規制は公平性に優れるが、被規制者の個別事情を考慮しない一律の概括的規制になりやすく、社会的費用（遵守コスト）が

---

[3]　例えば、興津『行政法Ⅰ』67頁以下。

高いとされる。

●コラム● リスクとハザード、リスク分析

リスク＝ハザード（毒性・有害性）×曝露量の式で表される。
　例えば通常、出刃包丁は触れば怪我をするためハザードが高いのに対し、柔らかいタオルは低い。しかし、出刃包丁もきちんと箱に入れて施錠するなど管理すれば、リスクは下がるし、タオルも使い方次第では、絞首などの凶器にもなりうる。この世にゼロリスクのものは存在しない。
　ハザードがわかればリスク管理ができるが、化学物質等でハザードがわからない場合は、適切な管理が困難である。ハザードの解明にはコストもかかる。
　現在では、ハザードよりも曝露状況を踏まえたリスク分析が重視されている。リスク分析は、リスク評価、リスク管理、リスク・コミュニケーションから成る。相次ぐ食品事故を受けて導入された食品安全規制を例に見ると、次図のとおりである。

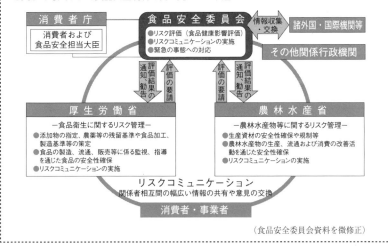

（食品安全委員会資料を微修正）

---

(2) 環境基準・規制基準

　公害（汚染）規制は、**望ましい基準**である**環境基準**（環基16条）を設定（告示）した上で、各排出源の**排出許容限度**である**排出基準**を規制基準として設定し、排出基準の遵守を強制する仕組みである。基準遵守は**監視**され、違反があれば**制裁**を受ける。
　環境基準は**行政目標**であり、法的効力はない（政府も基準確保の努力義務のみを負う。環基16条4項）のに対し[4]、排出基準は個別法に準拠して定められ、**法的効力**をもつ点で大きく異なる。わが国の環境基準は、**達成可能性**を考慮しない理想値であり、他方、排出基準は経済性・技術面を含む**遵守可能性**を考慮した現実的な値とされる（排水基準〔健康項目〕のように環境基準に

自動的に連動する〔原則として単に10倍する〕規制基準が採用される場合もある）。

環境基準を定めていない分野でも、規制基準を設定して遵守させる仕組みは同じである。また、開発等の**土地利用規制**でも、許容・禁止行為の種類・内容・程度につき基準を設定して遵守させる例が多い。環境個別法の規制権限は多くの場合、自治体の長が法に基づき行使するが、法令の範囲内でしか規制ができない法的限界をもつ。地方分権の中で、環境分野における国と自治体の役割分担（**環境ガバナンス**）のあり方が課題である（北村87頁以下）。

(3) 行政代執行

環境法では、規制違反に対し直ちに刑罰を科しうる**直罰**制度もあるが、その前に違反是正を求める**命令前置**制度をとる場合が多い。命令の相手方が従わない場合、行政庁は、**行政代執行法**に基づく**代執行**により違反状態の是正を求めうる。

①法律（条例は含まない）に基づいて行政庁が命じた行為等を、②義務者が履行しない場合で、③他の手段による履行確保が困難であり、④不履行の放置が著しく公益に反するときは、行政庁は、自ら（または請負業者等の第三者を使って）行為をし、要した費用を義務者から徴収できる（同2条）。代執行をするには、義務者に対し履行期限を定めて予め文書で戒告した上で（3条）、代執行をし、裁判所を通さずに（滞納処分の例により）費用を徴収しうる（6条）。

①は劣化した環境の**原状回復命令**が好例であるが、他人が代わってなしうる行為（**代替的作為義務**）に限られるため、中止命令などの不作為義務等は代執行ができない。

　　　この点、**宝塚市条例判決**（最三判平成14年7月9日民集56巻6号1134頁〈66〉）は、条例に違反してパチンコ店建設しようとする者に対し、条例に基づく工事中止命令を発したものの、命令に従わなかったため、工事続行禁止請求訴訟を提起した事案で、専ら行政権の主体として国民に対して行政上の義務履行を求める訴訟は「法律上の争訟」に当たらないとして、訴えが不適法であるとした。行政の執行に法制上の空白を作る問題判決であり、学説上も批判が強い。

---

(4) ただし、個別法において、環境基準が規制基準となる場合もある。廃掃法では廃棄物処理施設の設置許可の要件として大気環境基準の確保が要求されており（249頁）、土対法では、特定有害物質の土壌溶出量基準として土壌環境基準が用いられている（291頁）。水濁法の河川にかかる排水基準（健康項目）は、環境基準の10倍の数値とされている。なお、NO2環境基準判決につき24頁参照。

特に④の要件が厳格であるため、廃棄物処理法（廃掃法）のように、個別環境法で特例を置き、代執行要件が緩和される場合もある。

3　誘導的手法

法規制を超えた環境配慮は**企業の社会的責任**（Corporate Social Responsibility; CSR）として要請される。任意の環境配慮へ関係者を誘導する誘導的手法は、①**経済的手法**、②**情報的手法**、③**合意的手法**に大別される。特に①と②の一部の手法は重なり合う。

(1)　経済的手法

市場を利用して関係者を環境配慮行動に誘導する経済的手法には、①**排出枠（量）取引**、②**賦課金（税・課徴金）**、③**補助金**、④**デポジット制度**等がある。環境基本法は22条で経済的措置につき定めている。

経済的手法は、規制的手法と異なり、行為者が環境負荷を削減すればするほど多くの経済的利益が得られる仕組みを作るため、(i)環境配慮行動の**経済的誘因（インセンティブ）**を継続的に付与でき、技術開発にも資する利点（**動態的効率性**）がある。また、(ii)被規制者は最安価の遵守方法を選択できるため、社会全体で見て最小のコストで柔軟な環境負荷の削減を可能にする利点（**静態的効率性**）があるとされる。一般に、緊急の対応には適切ではなく、長期的な環境政策に向いている。

①**排出枠（量）取引**（emission trading）は、環境負荷物質の排出枠の売買を認める制度である。(i)総量規制と組み合わせた**キャップ＆トレード型**（アメリカのSO_2排出枠取引が成功例として著名である）と、(ii)過去の実績に基づく許容限度を個別に定め（グランドファザリング）、それを基準に削減・超過量を決める**ベースライン＆クレジット型**（京都議定書のクリーン開発メカニズム〔CDM〕に基づくクレジット等）がある。長短あるが、制度の実効性は、制度設計の如何による。(i)による場合、排出総量を規制できるが、賦課金と異なり、価格をコントロールできないため、**投機的行動による価格高騰**なども懸念される。

②**賦課金（税・課徴金）**は、一定の環境負荷行為に対し一定額を賦課する制度である（一般的に賦課する場合が税であり、特定事業のため特別の関係にある者に賦課する場合が課徴金である）。

典型的なものに、(i)環境負荷物質の排出に賦課する**排出賦課金**、(ii)入園料・入山料など自然の利用にかかる**利用者賦課金**（文化財保護法116条3項の史跡名勝天然記念物の観覧料や地域自然資産法2条1項の入域料など）、(iii)環境負荷に応じて税率を変える**税率差別制度**（例えばエコカー）等がある。賦課金

図表1-1-1：排出量取引制度のメリット

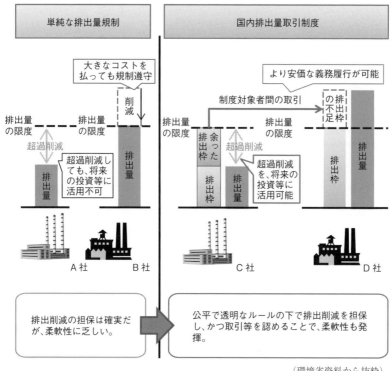

(環境省資料から抜粋)

は汚染者支払原則（PPP、128頁）には適合的である。

　賦課金徴収により、上記の２つの効率性にかかるメリットのほか、規制者は**新規の財源**が得られる利点があるが、**最適な賦課水準**の設定は容易でないとされる。特に(i)は影響が大きいが、制度設計如何では、**国際競争力**を損ない、製品等の価格上昇による景気への悪影響も指摘される。排出枠取引とは異なり、賦課料率が明らかであるため、関係者に予測可能性があるが、削減量をコントロールできない。また、税については租税公平主義の問題が生じうる。

　●コラム●　**地球温暖化対策税**

　日本で排出される温室効果ガス（GHG）の約９割は、発電等のエネルギー利用に由来する CO_2 である一方、福島第一原発事故後の脱原発の動きを受けて、GHGの排出削減が喫緊の課題となっている。

政府は2012年10月、課税による経済的誘因を活用して化石燃料由来のCO_2の排出抑制を進めるべく、地球温暖化対策税を導入した。これは、現行の石油石炭税に上乗せする形で、石油・天然ガス・石炭等の全化石燃料の利用に対して段階的に課税し、最終的にCO_2排出量1トン当たり289円を増税する制度である。家計への影響は、平均的な世帯の場合、月100円程度の増税となり、2016年に最終税率が引き上げられた。税収は約2600億円で、省エネ対策、再生可能エネルギーの普及等のために使われる。

　③**補助金**は、(i)長期的視野に立つ制度として、(市場ベースではコスト的に実現しえない) 基礎研究や**技術開発**への助成等が、(ii)短期的視野に立つ制度として、汚染防除や省エネ等の施設導入・改善等への経済的支援制度(家庭用太陽光発電設備の導入助成、エコポイント制度等)があり、多用されている。財政負担が発生する難点があり、特に(ii)は PPP との緊張関係が指摘される。

　④**デポジット**は、飲料容器等の製品購入時に支払わせた**預託金**を、製品返還時に払い戻す制度であり、廃棄物の回収に経済的誘因を与える。

　その他、**社会的責任投資**（Socially Responsible Investment; SRI）は、資本・金融市場メカニズムを通じて環境配慮に積極的な企業への投資を促進する政策手法であるが(環境配慮促進法4、5条参照)、そのためには投資先企業に関する環境情報が適切に形成開示される必要があり、情報的手法による裏づけを必要とする。2006年、国連は責任投資原則（Principles for Responsible Investment; PRI）をうたい、環境配慮にとどまらず、投資判断に環境（Environment）＋社会（Social）＋企業統治（Governance）の視点を組み込んだ長期的視野に立つ投資（**ESG投資**）を提唱した。2015年、わが国の年金積立金管理運用独立行政法人（GPIF）も PRI に署名し、以降、国内でも ESG 投資が進んでいる。

(2) 情報的手法

　情報的手法は、企業行動や商品に係る環境情報を形成・開示させて、関係者を環境配慮行動に誘導する手法である。代表的なものに、①環境報告書制度、② PRTR 制度、③環境ラベリング、④グリーン購入、⑤温室効果ガス排出量算定・報告・公表制度、⑥環境アセスメント制度等がある(各手法につき後述)。

　環境問題は原因と結果のつながりが明瞭でない場合も少なくなく、関係者を環境配慮行動に誘導するために「見える化」が必要とされるが、情報的手法も見える化に寄与する制度といえよう。

　情報的手法は、法的義務を伴う制度と、任意の制度に分かれる。①④は、公的機関のみが率先垂範して法的義務を負い、②⑤⑥は一定規模以上の民間事業者が法的義務を負い、③は純粋に任意である。

環境情報の収集形成には相応の費用がかかるため、義務づけは規制の側面をももつ。また、環境問題では、行為と影響（環境負荷）の因果関係が明確でない場合が少なくない。因果関係につき科学的に十分な説明ができない（科学的不確実性が高い）場合には規制が困難なため、情報的手法も用いられる。②⑤は、規制的手法を採用しにくいために、これを代替する手法として環境情報の報告を義務づけて、対象者を牽制・誘導する制度である[5]。

　②⑤は、規制的手法を代替する形で環境報告を義務づけることで、企業による任意の環境負荷削減を期待している。これに対し、⑥も一定以上の環境負荷を与える事業について、環境影響評価書による環境情報の形成・公表を求め、その情報形成過程を規制する手続規制にすぎず、具体的な環境配慮を直接的に義務づけるものではないという意味で、情報的手法ともいえる。ただし、横断条項（環境影響評価法〔アセス法〕33条）を通じて許認可の拒否という具体的な規制権限行使につながる可能性がある点と、個別案件ごとの環境報告が求められる点で②⑤制度とは異なっている。

　規制的手法との比較において、(i)**行政リソース**の限界に対応できる、(ii)各主体による**柔軟**な対策が可能である、(iii)**科学的不確実性**のある分野でも比例原則の問題が生じにくい等の長所が、(i)それ自体では強制力がなく、**実効性**確保のために他制度との組合せが必要であること、(ii)市場や国民による適正な**監視**が必要となる等が短所として指摘されている。

　①**環境報告書**制度は、事業者にかかる環境負荷・環境配慮行動に関する情報を形成、公表する制度である。現在では、環境のみならず、人権、労働、社会の観点をも加えた **CSR 報告書**が一般的であり、環境報告書はその部分を構成する。環境配慮促進法は、公的主体にのみ環境報告を義務づけるが（法3条・9条1項・2条4項）、一定規模以上の企業に対し、行政庁への環境報告を新たに義務づけるべきである[6]。

　② **PRTR** 制度（Pollutant Release and Transfer Register; 化学物質排出移動量届

---

[5] なお、このほかに、規制を効果的に機能させるために、環境報告を義務づけ、規制的手法の一部を構成する環境報告制度も多い。環境報告の制度上の位置づけには変種がありうるが、例えば廃掃法のマニフェスト制度もこれに分類できよう。土壌汚染対策法（土対法）のように、個別案件ごとの具体的な規制権限行使の契機ないし前提として環境情報が利用される場合も多いと思われる。さらに、適切な情報を流通させることで関係者の保護を図るための環境報告制度もある。化学物質排出把握管理促進法（化管法）の MSDS 制度（次頁）がこれに当たるが、他に食品衛生法等による食品・添加物の表示制度等もこれに分類されよう。

[6] 拙稿「環境配慮促進法の可能性――大企業者に対する環境報告の義務付けについて」上智法学論集53巻1号（2009年）1頁。

出制度）は、化管法等が採用する[7]。同法は、一定の事業者に対し、事業活動に伴う工場・事業場からの一定の化学物質（わが国では5万種以上が流通しているとされる）の環境中への排出量・移動量を把握し、その結果を国に報告する義務を課し、国がそれを公表するPRTR制度を導入し（同5条）、また、化学物質の取引時にその性状や取扱いに関する情報の取引の相手方への提供を義務づけるMSDS制度を採用している（14条）。

化学物質の排出を直接に規制されないが、対象企業は情報提供を義務づけられ、企業イメージを守るために化学物質の排出を自主的に制限する（自主的取組み）という成果が得られる。

図表1-1-2：PRTR制度の仕組み

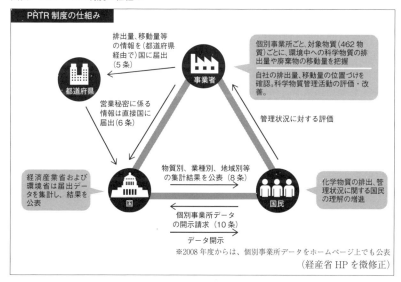

③環境ラベリングは、商品（製品・サービス）に関する環境情報を表示することを言う（環境報告書は、商品よりも事業者に関する環境情報を中心とする）。市場で、消費者が環境配慮商品を選択すれば、企業の環境配慮行動を評価し、支持することにつながる。ISOの分類では、環境ラベリングは、タイプⅠ（第三者認証により基準合格を証明するもの。エコマークなど）、タイプⅡ（自己宣言）、タイプⅢ（第三者認証を経た定量的環境情報を開示するもの。

---

(7) 化管法の中でもMSDS（Material Safety Data Sheet）制度による情報提供の義務づけは、直接的にはサプライチェーン（供給連鎖）における取引の相手方（取扱者）の保護を図るためのものである。

エコリーフなど）に分かれる。伝達される環境情報の信頼性が制度成功の鍵となる。

　④**グリーン購入**は、国・自治体や特殊法人が（通常割高の）**環境配慮商品を率先して購入し**、事業者の環境配慮行動を支援する制度である。率先垂範により国民を啓発し、グリーンコンシューマー化する趣旨である。国等による環境物品等の調達の推進等に関する法律（**グリーン購入法**）が制定されている。環境報告書や環境ラベリングが提供する環境情報は、グリーン購入における商品の選別にも寄与しうる。

　⑤**温室効果ガス排出量算定・報告・公表**制度は、地球温暖化対策の推進に関する法律（温対法）に規定される情報的手法である（412頁）。

　⑥**環境アセスメント**制度は、一定以上の環境影響を生じる事業につき、厳格な手続の下、事業者に環境情報を形成・開示させ、一定の環境配慮行動へ誘導する制度である（第9章）。

　以上のような誘導的手法により課される義務違反に対しては、比較的軽度の罰則を科す例もあるが、容器包装リサイクル法（容リ法）のように、勧告、公表等のソフトな法執行にとどめる場合もある。

(3)　合意的手法

　わが国に特徴的な誘導的手法として、①協定、②自主的取組み、③行政指導がある。

(a)　協定

　公害防止協定に代表される①**協定**は、事業者と行政・住民との二者（三者）間で締結される環境に関する種々の取決めである。1964年の横浜市と電力会社間の協定を嚆矢とする。

　協定の内容は、**環境負荷の種類・程度、操業態様、改善措置、立入調査、報告、賠償義務**など多岐にわたる（例えば高知地判昭和56年12月23日判タ471号179頁は、鶏舎の悪臭に係る公害防止協定違反を理由として違約金条項に基づく請求を認容した）。個別法上の権限をもたない市町村等が協定により何らかの請求権を得る場合も多い。協定によって、行政・住民側は、法規制よりも強い上乗せ・横出し規制を獲得して環境保全を図り、他方、事業者側は、地元対策やイメージアップによる宣伝効果を狙う。21世紀に入り、自然公園法（自公法）の**風景地保護協定**、景観法の景観協定等が法制化された。

　協定の法的性質には、紳士協定にすぎないとする説、契約と解する説があるが、現在では、**個々の条項ごとに法的拘束力の有無を判断**すべきとされている。ただし、しばしば協定の条項が不明確なため合理的意思解釈で協定に

基づく請求権の有無が決せられる（例えば奈良地五條支判平成10年10月20日判時1701号128頁）。

協定条項の**法的拘束力**について、(i)合意の**任意性**ないし公序良俗違反、(ii)義務内容の**特定性**、(iii)**履行可能性**、(iv)強行法規・比例原則・平等原則への**適合性**、(v)協定目的と手段の**合理性**を考慮して**総合判断**するものとされる。

法律優位の原則から、協定条項は法令に違反しえないが、環境法による規制は**ナショナル・ミニマム**（最小限規制立法）であるから、合意に基づく協定により法令を超える厳しい基準の設定も可能である。ただし、協定といえども比例原則等の法の一般原則に反しえないから（上記(iv)）、あまりに厳格な上乗せは違法の余地があろう。また、個別法が権限を知事に集中させている法構造（例えば大防法の上乗せ条例は都道府県条例によりのみ可能。同4条1項）があるとしても、公序良俗に反しない任意の合意である限りは（上記(i)）有効と解される（**福津市判決**）。

協定上の義務違反につき**刑罰・過料**は規定できないが、事実の公表や民事手続による強制は可能とされている。なお、事業者・行政間の協定条項が履行されない場合、協定を**第三者のためにする契約**（民537条）と構成して、あるいは債権者代位権（民423条）の行使と構成して、周辺住民が事業者に履行請求が可能とする説もあるが、認めた裁判例はない。

伊達火力判決は、住民と地方公共団体との関係、債権者代位権の制度の趣旨（本来、債権者が債務者の責任財産の維持を図り、間接的に自己の請求権を保全する）等に鑑み、住民は、当然に協定に基づき地方公共団体が有している権利を自ら代位行使しうる地位にはないとした。

協定は任意の合意であるから、**公権力**（処分性をもつ行為）を創設することはできない。したがって、環境負荷施設の増設・変更につき公共団体の同意を必要とする協定を締結した場合に、協定に基づく公共団体の同意を処分と捉えて、住民が当該同意の取消訴訟を提起することはできない（**渥美町判決**〔名古屋地判昭53年1月18日行集29巻1号1頁〈旧97〉〕）。

協定のうち、個別法で規定され、行政庁の認可を受けることで、第三者への承継効や租税減免等の法的効果を付与する制度もある。建築基準法（建基法）の建築協定、景観法の景観協定のほか、第8章で触れる**自公法の風景地保護協定**等の例がある。

(b) **自主的取組み**

②自主的取組みには、(i)行政の創設した仕組みへの自主的参加へ誘導する**公共的自主プログラム**と(ii)純粋な自発的取組みである**一方的公約**がある（大

塚B72頁)。(i)の例に、環境省のエコ・ファースト制度がある。これは、企業の環境保全に関する業界のトップランナーとしての取組みを促進すべく、企業が環境大臣に対し、地球温暖化対策、廃棄物・リサイクル対策など、自らの環境保全に関する取組みを約束する制度である。(ii)の例に、ISO14000シリーズの環境マネジメントシステムや環境省の**エコアクション21**がある。自主的取組みは未規制領域での試行錯誤としてはよいが、規制の時機を失するおそれがあり、また、実効性が担保されず、取組みに参加しない事業者のフリーライドを許す難点がある。

(c) 行政指導

③行政指導は規制の前段階であり、実際上は**事実行為**として一定の強制力をもつため、規制的手法の側面をもつが、大塚教授は誘導的手法に分類される。行政指導は行政手続条例の規律を受け、条例違反として違法とされる場合がある。

> 例えば水濁法上の届出対象施設の設置につき、近隣漁協の同意書を取得、添付するよう行政指導をしたとしても、設置者にはこれに従う義務がない。設置者は届出だけで適法に施設の設置ができるし(行手37条)、設置者が行政指導に従わない旨の意思を表明したにもかかわらず行政指導を継続し、届出の返戻等をした場合には行政手続条例違反となる。

4 事業的手法

環境影響を未然に防止して現在の環境を維持管理し、あるいはすでに生じた環境劣化・被害の回復のために、公金等を投入して事業を企画・運営・実施する場合がある。**自公法**に基づく国立・国定公園事業や生態系維持回復事業、公害防止事業費事業者負担法(**負担法**)に基づく公害防止事業、公害健康被害の補償等に関する法律(**公健法**)に基づく公害保健福祉事業、**自然再生推進法**に基づく自然再生事業など枚挙に暇がない。事業的手法が、土地利用を改変する形で公共事業として行われる場合、公共事業紛争が生じうる。

以上のように、環境法では、分野に応じて多様な政策手法を考案し、手法を適切に組み合わせる**ポリシー・ミックス**が要請される。環境基本計画や循環型社会形成推進基本計画等の計画が、法に基づき、ポリシー・ミックスを短中期に具体化する役割を担う。

環境訴訟の多くは、規制をめぐって生じる環境紛争である。

二　環境行政訴訟と環境民事訴訟

1　概観
⑴　三面関係紛争

　典型的な公害環境紛争は、環境影響を及ぼすB（例えば環境負荷施設を設置する事業者）と、環境影響により何らかの不利益を受けるC（例えば施設周辺住民）、環境法に基づく規制権限をもつ行政Aの三者が登場する**三面関係紛争**の形態をとる（阿部Ⅰ33頁、典型事例1-1参照）。

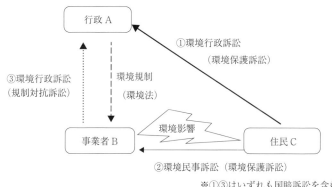

図表1-1-3：環境訴訟の構造

⑵　環境行政訴訟と環境民事訴訟

　環境影響により一定の不利益を受け、または受けるおそれのある者（C）が原告となる訴訟には、大別して①環境行政訴訟と②環境民事訴訟の2形態がある。①は、環境法に基づく規制権限をもつ行政（A）を被告とする行政訴訟の形式をとる（上図①）。②は、事業活動により環境影響を及ぼす事業者等の主体（B）を被告とする民民間の民事訴訟（損害賠償請求または民事差止請求）の形式をとる（上図②）。

　Cが不服をもつ行政庁Aの行為は、環境規制権限の**不行使**と**不適切な行使**に大別される。例えば、前者はBの違法操業に対する停止命令をしない場合であり、後者は法の要件を満たさない施設設置許可をBに与えた場合である。原告CがAを被告として提起する**環境行政訴訟**では、行政庁による行為の公法上の違法が争点となる。そこでは通常、許認可処分等の個別環境法違反が争われ、しばしば**裁量権の逸脱濫用**の有無が問題とされる。

　他方、CがBを被告として提起する**環境民事訴訟**では、事業者による行為の私法上の違法が争点となる。そこでは**受忍限度**を超えるか、社会的相当

性を欠くか等が問われる（その中で公法上の違法が考慮される）場合が多い。

このように、環境行政訴訟と環境民事訴訟は、**被告**と**違法判断方法**が相違するが、原告がいずれの訴訟を選択するかは、環境分野、個別事案ごとの訴訟戦略による（要は勝ちやすい方が選択される）。

(3) 環境保護訴訟と規制対抗訴訟

環境行政訴訟には、環境規制により便益を受ける第三者（受益者）Ｃが原告となる場合（①の**環境保護訴訟**）と、環境規制の対象となる被規制者Ｂが原告となる場合（③の**規制対抗訴訟**）の２種類がある。

①は上記のとおり、規制権限の**不行使・不適切な行使**の違法を争うのに対し、③は規制権限の**過剰行使**の違法を争う訴訟である。仮に、環境法の要請する規制権限の行使レベルが60であるとすれば、０や30しか行使されない違法をＣが争う場合が環境保護訴訟であり、90も行使される違法をＢが争う場合が規制対抗訴訟である。

本書では、訴訟制度上の課題が多く、また、環境法学が主たる考察の対象としてきた①**環境保護訴訟**を中心に扱う[8]。

2　各環境訴訟の特徴

(1) 環境利益の特質と環境保護訴訟

環境保護訴訟で守ろうとする**環境利益**には、分野で濃淡があるものの、①**時空的拡散性**（例えば気候変動対策で守られる利益は、数十年後の世界中の人々に帰属する）、②**不可逆性**（例えば種の絶滅等の環境破壊は、原状回復が通常できない）、③**不確実性**（例えば化学物質の複合作用のように、人間の科学力には限界があり、環境影響やそのメカニズムを明らかにできない）という特徴があり、訴訟にも不可避的に影響している。

環境保護訴訟は、①のゆえに、個人の権利救済を基本的任務とする**主観訴訟**制度の下では、弱い法的保護しか与えられず、政治部門で解決されるべき課題とされ、司法審査さえ拒否される（訴訟要件を充足しないとして却下される）場合も少なくない。

②のゆえに、**既成事実**が形成されれば実効的な司法救済を受けられず、早期の司法審査と仮の救済が特に重要となる（ただし、現状はいずれも容易に認

---

[8] わが国の規制対抗訴訟は、例えば米国と比較すれば非常に少ない。これは、わが国が環境規制を、被規制者にとって比較的容易に遵守可能な水準に設定し、しかも段階的に導入する法文化と無関係ではない。廃掃法やまちづくり法分野等でしばしば見られるように、規制対抗訴訟も、個別環境法解釈を深化させ、法政策の変更契機を作る点で、重要な役割を果たしている。

容されない)。

③のゆえに、特に差止請求において、行為と結果(環境影響による原告の被害)との間の**因果関係**の立証がしばしば困難となり、その困難を緩和するための工夫が、裁判上試みられてきた。

環境民事訴訟は、**不法行為法**の一大分野を形成しているが、土壌汚染訴訟など、分野によっては、契約不適合責任(562条〜564条。改正前民570条の瑕疵担保責任)や債務不履行責任(民415条)の追及など不法行為以外の法律構成が用いられる場合もある。

(2) **規制対抗訴訟**

規制対抗訴訟は、基本的に通常の行政訴訟と同様に見てよいが、環境規制をめぐり、比例原則のほか、予防原則など環境法の基本原則の適用の有無が時として問題となる。規制対抗訴訟を含め、環境行政訴訟には、かねて制度上の課題が多数あるが、行政事件訴訟法(行訴法)の2004年改正や判例変更により、部分的な改善が見られる。

3　環境規制と環境訴訟

(1) 環境民事訴訟から環境行政訴訟への移行

環境訴訟は、民事訴訟から始まったと言ってよい。いわゆる**四大公害訴訟**はいずれも環境民事訴訟である。

不十分な環境規制による公害被害者らが原告となり、公害企業を被告とする環境民事訴訟を通じ、環境法は生成、発展してきた。環境民事訴訟を契機として規制が導入、改善されると、当該規制を前提として環境行政訴訟が提起されていく。

実効性をもつ**環境規制**が存在する領域では、被害発生が**未然に防止**されうる。そのため、訴訟形態は、被害発生後に事業者の責任を問う環境民事訴訟から、例えば行政庁による違法な許認可等をめぐる被害発生前の環境行政訴訟へと移行する傾向がある。環境法の形成・展開とともに、環境行政訴訟の役割は拡大するといえる。

(2) 環境民事訴訟の機能

これは役割分担の問題であり、環境民事訴訟の重要性が小さくなったわけではない。

第1に、環境規制による被害の未然防止が、常に可能とは限らない。環境法とその運用が必ずしも適切かつ十分にされるとは限らない上に、規制には過誤がありうる(判断過誤により許認可がされる場合もある)し、事業者が環境規制を常に遵守するとも限らないためである。すなわち、**規制**

の失敗もありうるから、実際に生じた被害の事後救済としての環境民事訴訟は、やはり重要性をもつ。例えば産業廃棄物処理法制では、環境規制とその遵守がいずれも不十分であるために、環境被害の未然防止が実効的にされない場合があり、行政訴訟よりもむしろ民事訴訟が多用されてきた。

第2に、人の手になる環境規制も完全ではなく、個別事案に応じた対立当事者の利益を調整し尽くせるわけではない。ゆえに、公法上の違法がない場合でも、私法上の違法が問題とされ、個別紛争の解決を民事訴訟に委ねる必要が生じる（第2章の日照侵害）。

第3に、行政訴訟に比べ融通無碍な環境民事訴訟は、未規制領域における被害救済の重要なツールであり、その提起がいわゆる**政策形成訴訟**として、環境法・政策の形成・発展を促しうる点に留意が必要である。例えば国立判決に代表される一連の景観訴訟は、（訴訟のみを契機とする結果ではないが）景観法の成立を促した。

第4に、類型的な環境民事紛争が想定される公害被害については、第4節（100頁）でみるように行政上の救済システムが設けられている分野があるが、すべての損害が回復されるわけではなく、なお環境民事訴訟が必要な場合がある。

第5に、環境民事訴訟の中でも、直接の加害者を被告とせず、むしろ規制権限不行使の違法を理由とした国・自治体に対する国賠訴訟が多く提起され、認容事例も少なくない。

4　訴訟分野

(1) 多様な環境分野

百選の分類によれば、環境訴訟は、**大気汚染、水質汚濁、騒音・振動、土壌汚染、廃棄物・リサイクル、日照・眺望・景観・まちづくり、自然環境・文化的環境、水俣病、原子力、地球温暖化・エネルギー**など実に多岐の分野にわたる[9]。これらの中には、環境民事訴訟を中心とする分野や、そもそも訴訟という紛争解決手段がほとんど選択されない分野もあり、結局、環境訴訟の活用状況は、分野、さらには時代により、相当異なる。

(2) 公害救済訴訟と環境保全訴訟

環境保護訴訟を、①**生命・身体・健康**被害といった**人格権**侵害の事後救済を中心とする**公害救済訴訟**と、②**アメニティ・街並み・自然保護**といった人格権の**外延**部分の事前救済を中心とする**環境保全訴訟**に大別するとすれば、

---

(9) 環境訴訟の外延は、明確でない。公害・環境法に限らず、多くの法律が現在では環境配慮の目的や視点を部分的にせよ有しており、個人や事業者による活動は大なり小なり必ず環境影響を及ぼすためである。例えば労働者や消費者の健康被害をめぐる訴訟も環境訴訟の範疇に捉えうる。環境訴訟の外延の確定は必ずしも生産的な作業ではない。

環境民事訴訟は①に、環境行政訴訟は②に、おおよそ対応する場合が多い。

すなわち、すでに発生している**公害被害**の救済を求める場合は、**損害賠償と加害行為の差止め**を求める**環境民事訴訟**が多い。これに対し、**環境被害の未然防止**を求める場合は、被害がまだ現実化していない段階であるため、原告が受忍限度を超える人格権侵害等の蓋然性の立証は必ずしも容易でない。また、**環境権**や**自然享有権**など人格権以外の権利利益は裁判所に承認されにくく、民事訴訟が機能する前提が弱い。そこで、**環境行政訴訟**が試みられる。しかし、特に自然・文化財保護分野など、訴訟制度の不備から、環境行政訴訟が不合理に抑制され、民訴・行訴いずれの訴訟も有効に提起しえない分野があり、訴訟制度自体の改革が必要となっている。

以下に、本書で用いる訴訟につき、概念を整理しておこう。

図表1-1-4の(iv)の民事訴訟は、事業者等が公衆参加に対抗する戦略的訴訟であり、**SLAPP**（Strategic Lawsuits Against Public Participation）と呼ばれる。すなわち、事業者Bが、訴訟提起その他の環境保護運動をするCを被告として提起する民事訴訟である。業務妨害禁止請求、業務妨害・名誉棄損等を理由とする損害賠償請求として提起される場合がある。

次節以降では、環境訴訟の歴史・分野、その形式・紛争類型を概観した上で、制度上の課題と課題解決の方向性を見ることとしたい。

図表1-1-4：環境訴訟の分類

		原告	被告	訴訟形式	類型
(ⅰ)	環境民事訴訟 (**公害救済訴訟**)	C（被害者）	B（事業者）	民事訴訟	**環境保護**訴訟
(ⅱ)	環境行政訴訟 (**環境保全訴訟**)	C（受益者）	A（行政)	行政訴訟※	
(ⅲ)	環境行政訴訟 (**規制対抗訴訟**)	B（事業者）			規制対抗訴訟
(ⅳ)	環境民事訴訟		C（被害者）	民事訴訟	SLAPP訴訟

※国賠訴訟も含むが、国賠は、訴訟形式としては民事訴訟に分類される。

三 環境訴訟の展開と類型

戦前で最も著名な公害問題は、**足尾銅山鉱毒事件**であろう[10]。栃木県の足尾銅山からの鉱毒のために1880年代から、渡良瀬川下流域が大規模かつ深刻な被害を受けた。わが国に限らないが、公害法のみならず法制度が未

---

[10] これを題材とした小説に、立松和平『毒　風聞・田中正造』（河出文庫、2001年）がある。

発達な法環境の下で、鉱害は不相当に拡大した。最終的には、1914年、被害と闘争の舞台となった旧谷中村を廃村し、遊水池として鉱毒を沈殿させる解決がされた。この事件では訴訟提起がされていないが、後に生じた二次被害につき、公調委による調停が成立している（公調委昭和49年5月11日調停〔公調委昭和49年度年次報告46頁〕〈旧108〉）。

1 四大公害訴訟

戦後生じたいわゆる**四大公害訴訟**は、環境民事訴訟および国賠訴訟の理論展開の基盤となり、救済理論を進展させた。中でも、多数の裁判例を生み出してきた熊本・新潟**水俣病裁判**は、第5節（113頁）で扱う。

イタイイタイ病判決（名古屋高金沢支判昭和47年8月9日判タ280号182頁〈15〉）は、三井金属鉱業株式会社神岡鉱業所から排出されたカドミウム等を含む廃水が、富山県**神通川**上流に放流されたことにより、汚染された農作物、魚類、飲料水らを長年にわたり摂取した住民らが体内に蓄積したカドミウムにより甚大な健康被害を受けた事件で、鉱業法109条に基づく原告らの損害賠償請求を認容した。著名な**四日市ぜんそく**判決は、第5章で扱う。

現在では大気汚染、水質汚濁による大規模な激甚公害は姿を消し、個別環境法の整備・展開と関連しつつ、様々な形で環境紛争が生じている。

2 現代環境訴訟の類型──環境被害の多様化と現代型訴訟

本書では、訴訟形式の観点から、現在の環境訴訟を、①**生活妨害**、②**民間開発**、③**公共事業**、④**環境規制**の4つをめぐる訴訟に大別する。特に①②③は、主として環境に影響する空間利用のあり方をめぐる法的紛争であり、（④も含めて）相互排他的でないが、適用される個別法と利用される訴訟形式に、一定の定型性を看取しうる。

その他情報公開訴訟・条例に基づき、環境情報に関する**情報公開訴訟**が、環境政策への参加、開発行為への牽制、環境配慮への誘導、訴訟準備など様々な目的で提起される（鹿児島地判平成9年9月29日判自174号10頁〈旧80〉など）が、通常の情報公開訴訟理論と変わりはない。公害防止協定で情報公開につき定める場合があり、**東京高判平成9年8月6日判タ960号85頁〈旧105〉**は、協定に基づく資料閲覧謄写請求を認容した。

興味深い訴訟形式に、**株主代表訴訟**を活用した**フェロシルト判決**がある（大阪地判平成24年6月29日資料版商事法務342号131頁・高裁で和解）。株主代表訴訟により個人責任を追及することで、企業を環境規制遵守へ誘導する意図をもった訴訟である。

なお2011年以降、多様な形で問題化する福島第一原発事故を受け、原発関係訴訟が急増している。

第2節　環境行政訴訟概説

一　環境行政訴訟の形式と紛争類型

1　主な訴訟形式

　環境行政訴訟は理論上、行訴法が規定するいずれの訴訟形式をもとりうるが、実際は主に**取消訴訟、非申請型義務付け訴訟、処分差止訴訟、無効確認訴訟**が用いられ、取消訴訟が最も多い。行訴法改正で新設された非申請型義務付け訴訟と処分差止訴訟（本書では申請型義務付け訴訟とあわせて「**新訴訟**」ともいう）は、環境保護訴訟での活用が特に期待されるが、十分に機能していない。公法上の**実質的当事者訴訟**（特に確認訴訟）は規制対抗訴訟での活用を期待しうるが、環境保護訴訟では利用が容易でない。また、環境被害の不可逆性ゆえに現状凍結が必要であり、それぞれの本案訴訟に対応する仮の救済が重要となるが、認容事例は僅少である。

　環境保護訴訟では、特に**処分性**および**原告適格**の点で抗告訴訟の活用が困難な場合があるために、民衆訴訟である**住民訴訟**の形式をとる例も多い。

図表1-2-1：行政事件訴訟の形式

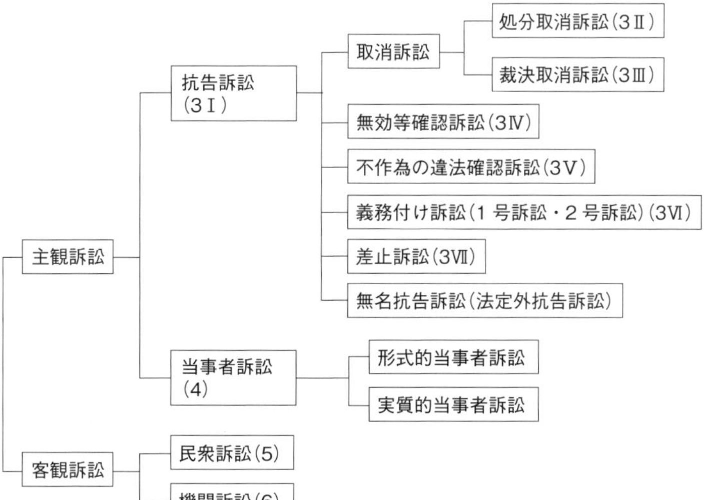

```
                ┌─ 抗告訴訟 ─┬─ 取消訴訟 ─┬─ 処分取消訴訟（3Ⅱ）
                │   (3Ⅰ)    │            └─ 裁決取消訴訟（3Ⅲ）
                │            ├─ 無効等確認訴訟（3Ⅳ）
                │            ├─ 不作為の違法確認訴訟（3Ⅴ）
    ┌ 主観訴訟 ─┤            ├─ 義務付け訴訟（1号訴訟・2号訴訟）（3Ⅵ）
    │           │            ├─ 差止訴訟（3Ⅶ）
    │           │            └─ 無名抗告訴訟（法定外抗告訴訟）
    │           └─ 当事者訴訟 ─┬─ 形式的当事者訴訟
    │              (4)         └─ 実質的当事者訴訟
    └ 客観訴訟 ─┬─ 民衆訴訟（5）
                └─ 機関訴訟（6）
```

2　主な紛争類型

　環境行政訴訟は多様な分野で様々な訴訟形式をとるが、前節の分類（17

頁）のうち、①生活妨害訴訟は少なく、②**民間開発訴訟**、③**公共事業訴訟**および④**環境規制訴訟**が多い。

　②民間開発訴訟の典型例は、ゴルフ場開発を目的とする**森林法**（10条の2）の**林地開発許可**や、マンション建設を目的とする**都計法**（29条）の**開発許可**、**建基法**（6条）の**建築確認**にかかる違法を争う抗告訴訟等である。

　③公共事業訴訟の典型例は、道路建設を目的とする**土地収用法**（収用法）の**事業認定**や火力発電所建設を目的とする**公水法**の**埋立免許**にかかる違法を争う抗告訴訟等である。これら②③類型の裁判例はいずれも多数ある。

　これに対し、④環境規制訴訟の例に**二酸化窒素の環境基準**を緩和した**告示の取消訴訟**（NO₂環境基準判決）があるが、実例は少ない。④類型では、訴訟対象に処分性がないとされやすく、また、公法上の当事者訴訟の活用も容易でなく（後述56頁）、現行制度の下では司法救済が極めて困難なためである。行政立法に対する訴訟制度の創設等の改革が必要となる[1]。ただし規制対抗訴訟では、当事者訴訟を活用できる場合があり、実例も散見される（282頁参照）[2]。

　なお、申請型義務付け訴訟の形式をとる環境訴訟に、省エネ法の定期報告書の開示をめぐる一連の情報公開訴訟もある。これは同制度のもつ情報的手法としての誘導効果を、訴訟を通じて発揮させる目的の訴訟といえる。

二　環境行政訴訟の訴訟要件

　環境訴訟では、行政訴訟制度の機能不全が最も顕著に表れている。訴訟要件を中心に概観し、訴訟制度の改善方策にも触れる。個別環境分野における議論については、該当各章で触れる。

1　処分性
(1)　処分の定義と処分性の判断

　抗告訴訟の対象としうる行政庁の行為は、処分概念で把握される。

　判例（最一判昭和39年10月29日民集18巻8号1809頁）は、処分を**公権力の主体たる国・公共団体の行為**で、**法律上、直接に国民の権利義務を形成し、範囲を確定**するものと捉える。この判示は必ずしも明快でなく、解釈は分かれ

---

[1] 「行政訴訟検討会最終まとめ──検討の経過と結果」（平成16〔2004〕年）資料8「行政立法の司法審査」参照。
[2] 環境規制訴訟は本来、民間開発、公共事業訴訟をも包含しうる概念である（特に土地利用計画はそうである）が、ここでいう環境規制訴訟は、主として行政立法による環境規制を念頭に置いている。

るが、本書では、次の３つの観点から処分性を判断する。

ある行政庁の行為につき処分性を肯定するには、原則として、①事実上の影響では足りず、法的効果を有する行為であり（**法的効果性**）、②一般抽象的な規律では足りず、個別具体的な行為であり（**個別具体性**）、かつ、③例えば契約のような当事者間の合意等では足りず、行政庁による法令に基づく一方的な行為である必要がある（**公権力性**）。

不利益処分や申請拒否処分等、①～③を明らかに満たす行為の処分性は問題なく肯定されるが、そうでない場合に問題となる。判例は、①～③のいずれかを欠く場合でも処分性を肯定する場合があるが、特に行政計画、行政立法の処分性否定傾向は、環境分野における抗告訴訟を限界づけている。

処分性は、判例上、行政過程の一連の行為を一体的に把握するのではなく[3]、**個々の行為に分解して分析的に検討**する方法がとられる。

なお、抗告訴訟は①「処分その他公権力の行使に当たる行為」および②「裁決」を対象とするが、行訴法は①を単に「処分」と呼ぶ（３条２項）。②は、審査請求、異議申立てその他の不服申立て（行訴法上は単に「審査請求」と呼ばれる）に対する行政庁の裁決、決定その他の行為を指す（３条３項。ただし、2014年行審法改正により、異議申立制度は廃止された）。
・「処分」：処分＋その他公権力の行使に当たる行為。ただし裁決を除く。
・「裁決」：審査請求に対する行政庁の裁決、決定その他の行為

行訴法は処分と裁決を区別して規定するが、環境訴訟では裁決が訴訟対象となる事案が少ないため、以下では、特に必要がある場合のほか、処分と裁決を併記せず、処分を中心に説明する。

(2) 行政計画の処分性

(a) 従来の理解

民間開発・公共事業訴訟は通常、環境に影響する土地利用をめぐり提起されるため、土地利用にかかる個別法の行政計画（用途地域規制の緩和や都市施設たる道路の建設に係る都市計画決定等）の違法が主張される事案が多い。

しかし、一般に行政計画の処分性は否定されるため、行政計画を訴訟対象とする抗告訴訟は原則として許されない。原告は、行政計画を前提とした後続処分を待ち、処分取消訴訟の中で行政計画の違法主張をすることになる。

そのため、行政計画を前提とした行政過程が相当進んだ段階でしか提訴できず、また環境分野では現状を凍結する**執行停止**が容易に認められないこと

---

[3] 著名な裁判例に、古く国立歩道橋決定（東京地決昭和45年10月14日判時607号16頁）があるが、本案判決では処分性が否定された（東京高判昭和49年４月30日判タ309号155頁〈旧95〉）。

と相まって、訴訟係属前または係属中に**既成事実**が形成され、不可逆な環境影響が生じる問題がある。既成事実が形成されると、すでにされた資本投下のゆえに裁判所も実際上違法と判断しにくい。また、違法宣言をして請求を棄却する**事情判決**がされたり、判決が無意味とされる**狭義の訴えの利益**の消滅により、結局、原告敗訴となりやすい。

●コラム● 土地区画整理とは

区画整理は、公共施設の整備改善・宅地利用の増進を図るため、土地の区画形質の変更・公共施設の新設・変更をする事業（土地区画整理2条1項）である。施行地区内の地権者が少しずつ土地を提供し（減歩）、道路、公園等の公共施設用地や保留地に充てる。保留地の売却により事業資金を作り、また補助金等を得て事業を進める。

事業により公共施設は所要の位置に配置し、宅地を再配置する（換地）。換地は、従前の宅地の位置、地積、土質、水利、利用状況、環境等が照応するように定め（照応原則、法89条）、前後で不均衡があれば、清算金により調整する。

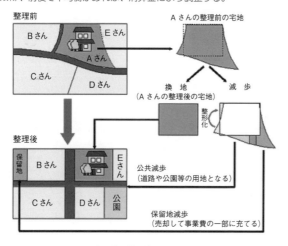

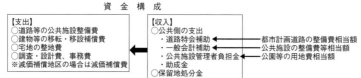

地権者は減歩により都市計画道路や公園等の用地を負担する。一方で、道路特会補助等の公共側の支出のうち、都市計画道路等の用地費に担当する資金は、宅地の整地費等に充てられ、地権者に還元される。

（国土交通省HP、一部変更）

施行者により異なるが、事業は、概ね次の流れで進められる。

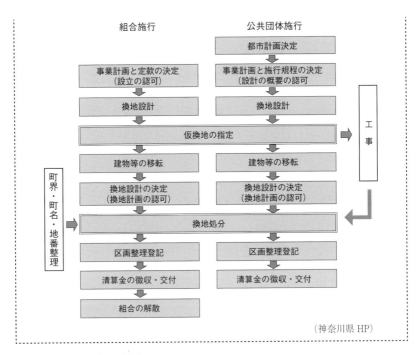

(神奈川県HP)

(b) 浜松市区画整理判決

この点、**浜松市区画整理判決**（最大判平成20年9月10日民集62巻8号2029頁〈65〉）は、従来、行政計画の処分性を限定してきた高円寺青写真判決（最大判昭和41年2月23日民集20巻2号271頁）を変更した。

土地区画整理法に基づく土地区画整理事業計画が決定・公告されると、事業施行地区内の地権者は建築に許可を要する等の規制を受ける（法76条1項）が、高円寺青写真判決は、(i)上記規制は計画の公告に伴う**付随的効果**であり、(ii)事業計画は**一般抽象的な青写真的性格**をもつにすぎず、(iii)計画段階では**争訟の成熟性**ないし具体的事件性を欠くとして、処分性を否定していた。

本判決は、計画決定により、地権者が上記規制を伴う事業手続に従って**換地処分を受けるべき地位**に立たされるから、法的地位に直接的な影響があり、計画決定に伴う法的効果は一般抽象的でないとして、上記(i)〜(iii)を否定した。さらに、(iv)この時点で提訴を認めなければ**事情判決**（66頁）のされる可能性が相当程度あり、換地処分等がされた段階の取消訴訟では権利救済が十分でないとして処分性を認めた。

本書の理解では、1(1)（20頁）で述べた処分性の要件につき、同計画決定の③公権力性に争いはなく、また、当然に行為の①法的効果性を承認す

第1章 環境訴訟法総論 23

べきであり（(i)）、問題は行為の②個別具体性にあった（(ii)と(iii)）。本判決は、手続の進行により、近い将来、確実に換地処分を受ける地位に立たされる点に着目し、②を肯定したといえる。

従来、後の時点における司法救済の可能性（本件では仮換地指定処分や換地処分の取消訴訟）はむしろ、行政計画の処分性を否定する論拠とされていた。上記(iv)はこれを逆転させ、**実効的な司法救済**を処分性肯定の理由とした。

ただし、この判決はその論旨や補足意見からすると、土地区画整理事業のように、後続処分を当然に予定する事業型行政計画の処分性を部分的に拡大したものである。事業ではないゾーニング等の完結型行政計画[4]の処分性を肯定する趣旨とは解し難く、射程は狭いと考えられる。

例えば用途地域（133頁）を強化する指定に関する都市計画決定がされても、区画整理とは異なり当然に後続処分が予定されていないため、例えば建築確認申請拒否処分を得て、その取消訴訟の中で行政計画の違法を主張すべきと整理される。

なお、上記計画決定の処分性を肯定した場合に、同決定の違法を後行の仮換地・換地処分の段階で争えるかが問題となる。処分性を否定した場合には、違法性承継の問題を生ぜず、当然に前提行為としての計画決定の違法を争えるが、上記大法廷判決補足意見（近藤崇晴）によれば、経過措置的扱いとして一定の周知期間を置いた後は、計画決定に不可争力が生ずるとする。事情判決の回避、紛争の蒸し返し防止の観点から、計画決定の段階で主張しえた違法事由は封じる理解であろう[5]。

(3) 行政立法の処分性

環境規制訴訟でも、個別環境法に基づく行政立法は通常、一般抽象的規範にすぎないとされ、環境保護訴訟の原告がその違法を直接争うことはなおさら困難である。

NO_2環境基準判決（東京高判昭和62年12月24日判タ668号140頁〈8〉）では、二酸化窒素（NO_2）の環境基準を緩和する**告示**の取消訴訟を東京都民が提起した環境保護訴訟の事案である。判決は、環境基準を、政府が公害対策を推

---

(4) 用途地域指定決定（最一判昭和57年4月22日民集36巻4号705頁）、高度地区指定（最一判昭和57年4月22日判タ471号95頁）、地区計画（最二判平成6年4月22日判タ862号254頁）の処分性は、いずれも否定されている。事業型とは異なり、これら完結型行政計画では、当然に後続の処分が予定されておらず、事情判決のおそれ(iv)もあるとはいえない。処分性否定例に東京高判平成21年11月26日 LEX/DB25442285、横浜地判平成20年12月24日判自332号76頁（地区計画）、東京高判平成24年9月27日 LEX/DB25445443、東京高判令和2年7月2日判自467号74頁等がある。

(5) 名古屋地判平成23年1月27日判自349号83頁は、この理解に立ち、計画決定は無効事由しか主張しえないとする。

進するための政策上の達成目標・指針を一般的、抽象的に定立する行為にすぎないとして、処分性を否定した。法的拘束力がなく事実上の影響しかない環境基準に（③公権力性は認められるとしても）、①法的効果性と②個別具体性がないとしたものである。

ただし、環境基準自体に法的拘束力がないとしても、大防法は大気環境基準の確保困難性を総量規制導入の要件とし（5条の2第1項）、総量削減計画においても大気環境基準が考慮されており（5条の3第1項3号）、公健法上の運用上も、第一種地域指定の判断にあたり大気環境基準が考慮される。かかる個別法を通じた法的連動関係を重視し、処分性を肯定すべきとする学説も有力である。

新渡戸記念館事件（仙台高判平成29年6月23日 LEX/DB25546477）は、市立記念館の設置および管理に関する事項を条例で定めていたところ、法定耐用年数を迎える同記念館の建物が地震時に倒壊する危険性が高く、耐震補強をしてもその効果に疑問がある等の理由で、同記念館を廃止する条例の違法が争われた事案である。本件では処分性が問題とされ、結論として肯定された（差戻し後の青森地判平成30年11月2日判時2401号9頁は請求を棄却した）。しかし本件では、ある公の施設の設置、維持、利用につき、権利利益をもつ私人がたまたま存在していたが、これが全く存在しない場合には、処分性が認められず、当該公の施設の廃止条例につき、抗告訴訟を誰も有効に提起しえない帰結となる可能性がある。

(4) 事実行為の処分性

原則として事実行為に処分性は認められないが、**厚木基地第4次訴訟判決**（最一判平成28年12月8日民集70巻8号1833頁〈24〉）は、事実行為としての自衛隊機の運航につき、処分性を肯定した。

かねて基地騒音をめぐる集団訴訟として、厚木基地に離着陸する航空機（自衛隊機および米軍機）の発着による騒音被害を理由として、周辺住民が国を被告として夜間の運航差止めを求めていた。

大阪空港判決以来、**人格権**に基づく**航空機騒音の差止請求**については、民事訴訟が不適法とされ、一般の空港騒音のみならず、厚木基地第一次訴訟判決（最一判平成5年2月25日民集47巻2号643頁〈21〉）以降、**基地騒音**についても同様の結論が一貫して示されてきた（例えば関西国際空港陸上ルート飛行差止事件、羽田新A滑走路判決・東京地判平成4年3月18日判夕778号268頁は当事者訴訟をも不適法とした）。が、いずれの判決も、民事差止訴訟を不適法とする代わりに、「行政訴訟はともかくとして」との留保を付していた（厚木基地最判の補足意見は行政訴訟の適法性を明確に指摘していた）。

本判決は自衛隊法全体の定めから、不特定多数の周辺住民に対し、運航に伴って生ずる騒音等の受忍を義務づけている（自衛隊による防衛活動は法令上認められるのに、周辺住民にはそれを排除する権利が認められていない）として処分性を肯定し、処分差止訴訟の適法性を初めて承認したものである（その他の論点につき35頁、39頁）[6]。名古屋高金沢支判令和4年3月16日 LEX/DB25592486、宮崎地判令和3年6月28日 LEX/DB25571681は、本判決に基づき自衛隊機飛行差止請求を適法とした。

　本案では、差止訴訟の本案勝訴要件を規定する行訴法37条の4第5項に則し、自衛隊法上、防衛大臣の権限行使に当たり「高度の政策的、専門技術的判断を要すること」から、広範な裁量が認められることを前提に、①自衛隊機の運航目的等に照らした公共性や公益性の有無・程度、②騒音による周辺住民に生ずる被害の性質・程度、③被害軽減措置の有無・内容等を総合考慮すべきものとしたが、判断要素を含めて民事差止訴訟の**受忍限度判断**と実質的な違いはないように思われる[7]。

(5) 争訟制度改革の方向性

　　長年にわたり確立されてきた処分概念の下で訴訟対象を拡大するのは相当に困難であり、また、環境保護訴訟としての当事者訴訟の活用が必ずしも容易でないことからすると、実効的な司法審査を可能とすべく、立法論として、行政計画、行政立法等のより早期の行為を直接の訴訟対象とする訴訟制度の導入を検討すべきである。すでに都計法の都市計画決定については、裁決主義の下でその違法性を争う争訟制度[8]や都市計画を直接の訴訟対象とする違法確認訴訟[9]の創設提案があり、導入に向けた議論も相当熟している[10]。これに対し、行政立法については十分な議論がない。

---

[6] 民事差止訴訟の不適法を前提とすると、権力的妨害排除訴訟（人格権を根拠に、包括的な公権力行使としての国営空港などの供用停止を求める訴訟、塩野265頁）や公法上の当事者訴訟（受忍限度を超える騒音を受忍する義務のないことの確認訴訟や国による騒音軽減措置を求める給付訴訟など）も想定しうるが、今後は本文の処分差止訴訟が利用されることになろう。

[7] 厚木基地平成28年最判は、法定抗告訴訟の違法判断として防衛大臣の判断に広範な裁量があることを前提とした点、また、後述の差止請求にかかる国道43号線判決と異なり、自衛隊機の被害軽減措置の有無や内容等も考慮されるとした点に特徴がある。

[8] 財団法人都市計画協会都市計画争訟研究会「都市計画争訟研究報告書」（2006年9月）。

[9] 国土交通省都市・地域整備局都市計画課「人口減少社会に対応した都市計画争訟のあり方に関する調査業務」報告書（2009年3月）。

[10] 「改正行政事件訴訟法施行状況検証研究会報告書」（2012年11月、以下「検証報告書」という）でも計画統制訴訟の必要性が指摘されている（105頁）。

2 原告適格
(1) 原告適格の判断枠組み
(a) 法律上保護された利益説

取消訴訟を提起する資格である原告適格は、「法律上の利益を有する者」（行訴9条1項）、すなわち、当該処分により自己の権利・法律上保護された利益を侵害されまたは必然的に侵害されるおそれのある者に限り認められ、他の抗告訴訟や行政不服審査でも、同様に理解されている。

判例は、処分の第三者が原告となる場合でも、**処分の根拠法規が、不特定多数者の具体的利益を専ら一般的公益の中に吸収解消させず、個々人の個別的利益として保護する趣旨を含む場合**は、法律上保護された利益があるとする（小田急判決。140頁）。その判断にあたり、①根拠法規および②目的を共通にする関係法令の趣旨・目的、③当該処分において考慮される**被侵害利益の内容・性質**、④侵害の態様・程度をも考慮する。①を考慮するに際し②を、③を考慮する際に④を考慮すべきものとされる（同法9条2項）。

判例の立場は、**法律上保護された利益説**と呼ばれる。以下では、判例の判断枠組みに関する代表的な理解[11]をベースに説明する。

> なお、原告Xは、例えば同時に α（日照権）、β（財産権）、γ（景観利益）を、原告適格を基礎づける法律上の利益として主張しうるが、この場合、$\alpha\beta\gamma$ それぞれにつき原告適格の判断がされ、認められた原告適格に応じて、行訴法10条1項の主張制限がかかる。

(b) 原告適格の要件
(ア) 保護範囲要件

まず、原告が侵害されると主張する権利利益は、処分の根拠法規が保護する範囲内にある必要がある（**保護範囲要件**）。

原告の権利利益が法的に保護されるとしても、処分の**根拠法規の保護範囲**にないと評価される場合、当該権利利益は保護範囲外にあるため、やはり適格は認められない（狭義の保護範囲要件）。例えば、既存事業者の経済的利益は、営業権として法的に保護されうるが、個別法の保護範囲に入らなければ、新規参入事業者に対する許認可取消訴訟の原告適格は否定される[12]。

小浜市一廃処理業許可判決（最三判平成26年1月28日民集68巻1号49頁）は、一廃収集運搬業の許可を受けていた既存業者Xが、他の業者にされた業許可

---

[11] 小早川256頁以下。なお、処分は原告にとって不利益なものでなければならず（不利益要件）、不利益といえなければ適格は認められないが、環境訴訟では、まず問題とならない。

更新処分等の取消しを求めた競業者訴訟の事案で、原告適格を認めた。本判決はまず、法が一廃の継続的かつ安定的な適正処理のために、許可業者の濫立等によって事業の適正運営が害されないよう、**一廃処理業の需給調整を予定している**（自由競争を予定していない）とした。その上で、法は、他の者からの業許可・更新の申請に対して長が既存許可業者の事業への影響を考慮してその許否を判断することを通じて、当該許可により収集運搬ができる区域の衛生や環境を保持する基礎として、その事業に係る営業上の利益を個々の既存業者の個別的利益としても保護する趣旨を含むとした（ただし、Ｘは処分業の許可・更新を受けていないから、一廃処分業の許可更新処分については、原告適格を有しないと判断した）。

(イ)　個別保護要件

(a)保護範囲要件を満たしても、さらに、(b)根拠法規が原告の主張する権利利益を個別的に保護する趣旨を含むことが必要とされ（**個別保護要件**）、関係法令を含めてこの趣旨を読み取れなければ、適格は認められない。適格判断における最も重要な判断であり、多くの事案ではこの要件で適格が否定される。

そもそも原告の権利利益がおよそ法的に保護されない**事実上の利益**と評価される場合は、公益に吸収される**反射的利益**にすぎず、個別保護要件を満たさない。例えば文化財保護法に基づく史跡指定解除処分の取消しが求められた**伊場遺跡判決**（最三判平成元年６月20日判タ715号84頁〈78〉）では、文化財の保存活用から国民が受ける利益は、法令が目的とする公益に吸収解消され、その保護は専ら公益の実現を通じて図られるとし、また、法令が文化財の学術研究者の**学問研究上の利益**の保護につき特段の配慮をした規定もないとして、研究者らの適格を否定した。このように、文化財を研究する利益や自然環境を享受する利益は事実上の利益であって反射的利益にすぎず、そもそも原告適格を基礎づける利益ではない。

これに対し、例えば日照権、財産権、漁業権、**景観利益**等の**法的権利利益**の侵害を主張する場合でも、やはり処分の根拠法規が当該権利利益を個別的に保護する趣旨を含むか（個別保護要件）が問題とされる[13]。例えば、森林法に基づく林地開発許可制度は、周辺関係者の生命・身体は保護するが、財産

---

[12]　否定例として、質屋営業法に基づく営業許可に関する最三判昭和34年８月18日民集13巻10号1286頁。肯定例として、公衆浴場法に基づく経営許可に関する最二判昭和37年１月19日民集16巻１号57頁を参照。後者は、法が公衆浴場利用者保護のために既存事業者を保護しているとして適格を認めた。

権を個別的に保護する趣旨を含まないとされ、財産権侵害を主張しても同許可取消訴訟の適格は否定される（356頁）。

個別保護要件は、わが国の原告適格の範囲を諸外国に比べて不相当に制約してきた主たる理論的要因である。同要件の判断に際し、判例は関係法令を含めた諸規定と法構造を考慮する。しかし、個別法が原告適格ないし訴権の付与または否定の意図をもって立法されることはないから、いかなる場合に個別保護の趣旨を含むかの判断はしばしば説得的でなく、実際にはブラックボックスに近く、学説の批判も強い。

㋒ **個別事案ごとのあてはめ**

最後に、一般論として原告適格を肯定しうるとしても、③個別事案における被害の有無・程度、地理的条件、位置関係等を、事案ごとに具体的に審査して、個別原告ごとに適格の有無が判断される。

㋓ **小田急判決**

改正行訴法は、第三者の原告適格を拡大すべく、9条2項を新設した。そのリーディング・ケースである**小田急判決**は、従来、適格を基礎づけないとされた一般的な**手続・参加規定**を根拠に、適格を肯定する余地を認めた[14]。個別保護要件の判断をやや緩和したと評しうるものの、適格判断の枠組み自体は変更しなかった。現在の判例は、**個別保護要件**を依然として要求しており、その後の判例も踏襲している。

(2) **関係法令**

個別保護要件の判定にあたっては、関係法令が参照されうる。

関係法令とは、単に目的を共通にするだけでは足りず、個別法の規定上、**法的リンク**がある法令に限定される傾向がある。例えば環境基本法が環境保護を目的とするからといって、個別環境法の関係法令とされるわけではない。例えば、小田急判決では、旧公害対策基本法の公害防止計画に関する規定等が関係法令とされたが、これは、都計法の都市計画事業認可が都市計画

---

(13) 例えば東京地判平成23年2月16日LEX/DB25443734は、東京のしゃれた街並みづくり推進条例の対象地域内の住民の景観利益について、個別保護要件を欠くとして、建築確認取消訴訟等の原告適格を否定した。また、さいたま地判令和3年2月10日判自483号92頁は、マンション建設のための生コン車等の特殊車両の道路通行に関し、近隣住民が道路法47条の2第1項に基づく特殊車両通行許可と車両制限令12条に基づく特殊車両認定の差止め・取消し等を求めた事案で、法令は道路の構造を保全し交通の危険を防止して一般公衆の利益を保護するものであり、特段の事情がない限り沿道住民の個別的利益を保護する趣旨は含まない（本件は特段の事情なし）としたが、疑問である。

(14) 同種事案に関する環状6号線判決（最一判平成11年11月25日判タ1018号177頁）を判例変更した。

への適合を処分要件とし（都計61条1号）、かつ、都市計画が公害防止計画への適合を法律上要求していた（同13条1項）からである。

他方で、同判決は当時の東京都環境影響評価条例の規定を挙げているが、同条例では都知事が評価書を許認可権者に送付して許認可に際し評価書の内容を十分配慮するよう要請しなければならない（1998年改正前の条例25条）とされているのみであり、法的リンクが弱く、関係法令として扱う趣旨であるか明確でない。

図表1-2-2：小田急判決における関係法令の参照

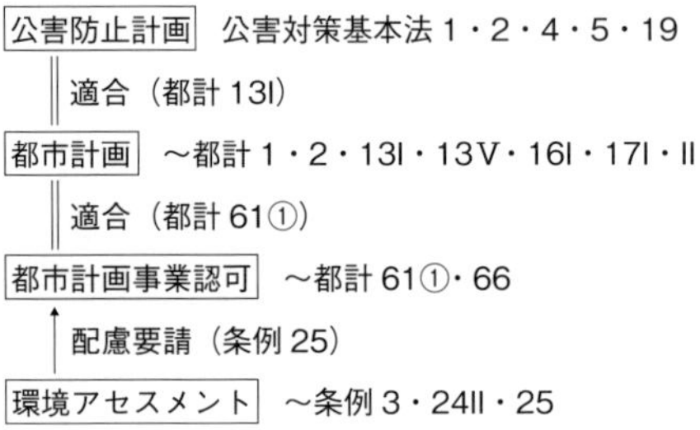

```
公害防止計画  公害対策基本法1・2・4・5・19
  │適合（都計13I）
都市計画    ～都計1・2・13I・13V・16I・17I・II
  │適合（都計61①）
都市計画事業認可 ～都計61①・66
  │配慮要請（条例25）
環境アセスメント ～条例3・24II・25
```

裁判例を見ても、関係法令該当性の判断は必ずしも一定しないが、小田急判決における上記計画間の適合要求など、少なくとも明確な法的リンクがある場合は、関係法令として参照できる。

例えば、東京地判平成21年6月5日判タ1309号103頁は建築確認取消訴訟の原告適格につき、都計法33条1項7号が行訴法9条2項の関係法令に当たるとした上で、開発許可取消訴訟の原告適格を判断した川崎がけ崩れ判決を踏まえ、がけ崩れ等により生命または身体の安全等に対し被害が直接的に及ぶことが想定される開発区域内外の一定範囲の地域の住民には建築確認取消訴訟の原告適格があるとした。

他方、例えば開発許可等の申請に先立って、近隣住民への説明会等の開催、行政庁への報告等を義務づける紛争調整条例が制定されている場合がある。ただし、開発許可申請に必要な法的手続ではあるが、手続を履践せずとも条例違反になるだけで違法ではない（法的リンクが弱い）。これらの手続規定を関係法令として適格を基礎づけえないかが問題となるが、裁判例の傾向は否定的である。また、例えば収用法の事業認定は、同法上、都計法の都市計画決定への適合が明確には求められていないから、裁判例では都計法は関係法令でないとされている。

(3) サテライト大阪判決

改正行訴法を受け、下級審では相当に広く適格を容認する例も見られたが[15]、**サテライト大阪判決**（最一判平成21年10月15日民集63巻8号1711頁

〈100〉）は適格を大きく制限した[16]。

　同判決は、自転車競技法に基づき「サテライト」と呼ばれる場外車券発売施設の設置許可の取消訴訟を周辺住民が提起した事案で、「交通、風紀、教育など広い意味での生活環境」に関する利益（**生活環境利益**）は、「基本的には公益に属する利益」であって、「法令に手掛りとなる」規定がない限り、原告適格を基礎づける利益たりえないとした。法令は、原告適格付与の意図をもって規定されず、同判決に言う手がかり規定は通常見出し難いから、同判決は適格の拡大に対し相当の制約効果を有する。

　小田急判決は、鉄道騒音の事案であるが、少なくとも「健康」と「生活環境」を並列させ、両者をことさらに区別せず、同列に扱っていた。これに対し、サテライト大阪判決は、健康と生活環境を明確に区別し、後者について、法令の手がかり規定がない限り、適格を基礎づけえないとした。健康とは異なり、生活環境利益については、例外に当たらない限り、もはや適格を基礎づけえないと限定した点では、小田急判決を変更したとさえ言いうる。

　結局、**生活環境利益**は、健康・騒音被害が生じうる場合は適格を基礎づけうるが、そうでない場合は原則として原告適格が否定される。現行法下で自然・文化財保護訴訟の原告適格を容認する余地はほぼ閉ざされたといえよう。

　　　また、サテライト大阪判決は、原告適格の具体的判断（あてはめ）において、原告側に不相当に厳密な立証を要求した。すなわち、医療施設等に「著しい業務上の支障」が生ずるおそれがあると位置的に認められる区域に所在しているか否かにつき、場外施設と医療施設等との距離や位置関係を中心として社会通念に照らし合理的に判断すべきと判示した。実際には、かかる訴訟要件の審理は、本案審理と相当重なり、今後は適格判断におけるあてはめが、さらに厳格となるおそれがある。

　以上は民間開発訴訟に関する判断であるが、公共事業訴訟で触れたように、例えば公有水面埋立法の埋立免許や収用法の事業認定等の処分取消訴訟において、直接的な権利（財産権）でなく、生活環境利益の侵害を受けるだ

---

(15)　福岡高判平成20年5月27日 LEX/DB28141382は、法・規則は、第一次的には国民の宗教的感情や公衆衛生といった社会公共の利益を保護する趣旨と解されるが、これと併せて、嫌忌施設であるがゆえに生ずる精神的苦痛等から免れるべき利益を個別的利益として保護していると判示した（ただし、具体的な当てはめにおいて原告適格を否定した）。

(16)　差戻審で原告適格は認められたが、請求は棄却された（大阪地判平成24年2月29日判時2165号69頁、大阪高判平成24年10月11日 LEX/DB25483129）。

けの周辺第三者については、原告適格なしとされる可能性が高い。

(4) **納骨堂判決**

　最三判令和5年5月9日民集77巻4号859頁は、宗教法人Ａ寺に対する大阪市長による墓埋法（墓地、埋葬等に関する法律）10条1項に基づく納骨堂経営許可の取消訴訟を、周辺住民らが提起した事案で、原告適格を認めた[17]。

　すなわち、大阪市墓埋法施行（本件）細則8条本文は、「①墓地等の設置場所に関し、墓地等が死体を葬るための施設であり（法2条）、その存在が人の死を想起させるものであることに鑑み、②良好な生活環境を保全する必要がある施設として、学校、病院及び人家という特定の類型の施設に特に着目し、その周囲おおむね300m以内の場所における墓地経営等については、これらの施設に係る生活環境を損なうおそれがあるものとみて、これを原則として禁止する規定」と解される。そして、「本件細則8条ただし書は、墓地等が国民の生活にとって必要なものであることにも配慮し、上記場所における墓地経営等であっても、個別具体的な事情の下で、上記③生活環境に係る利益を著しく損なうおそれがないと判断される場合には、例外的に許可し得ることとした規定」と解される。そうすると、「④本件細則8条は、墓地等の所在地からおおむね300m以内の場所に敷地がある人家については、これに居住する者が平穏に日常生活を送る利益を個々の居住者の個別的利益として保護する趣旨を含む」とし、「当該納骨堂の所在地からおおむね300m以内の場所に敷地がある人家に居住する者」は原告適格を有するとしたものである。

　本判決は、宗教的感情に近い主観的利益につき個別保護要件を肯定した点に特徴はあるが、あくまで上記細則の規定を前提に原告適格を判断しているため、現時点での射程は広いとは言いにくい。

　この点、**最二判平成12年3月17日判時1708号62頁**（墓地判決）は、墓地経営許可の取消訴訟につき、墓地から300mに満たない地域に敷地がある住宅等に居住する者の原告適格を否定した。この事案では、「生活環境」の用語が用いられておらず、「公共の福祉」による制限の解除を認めており、かつ、「特定の類型の施設」でなく、より広いカテゴリーの施設に着目している点

---

[17] 墓埋法10条1項は、「墓地、納骨堂又は火葬場を経営しようとする者は、都道府県知事の許可を受けなければならない」と規定し、大阪市の同法施行細則8条は、「申請に係る墓地等の所在地が、学校、病院及び人家の敷地からおおむね300m以内の場所にあるときは、当該許可を行わないものとする。ただし、市長が当該墓地等の付近の生活環境を著しく損なうおそれがないと認めるときは、この限りでない」と規定している。

で、納骨堂判決とは異なる[18]。そうすると、同種事案でも経営許可の基準を具体化する下位法令の規定のいかんによって、原告適格の判断が異なる可能性があり、さらに言えば、納骨堂判決が原告適格を制約する方向での法令の改変さえ惹起しかねない。

(5) 団体訴訟制度の必要性 *

サテライト大阪判決の射程を限定する解釈論的努力も必要だが、個別保護要件[19]を重視する現在の最高裁の考え方を前提とすれば、むしろ**団体訴訟の導入により新局面を開く必要がある**[20]。小田急判決が想定するような「騒音、振動等による健康又は生活環境に係る著しい被害を直接的に受けるおそれ」がある場合にしか主観訴訟が機能せず、サテライト大阪判決にいう「広い意味での生活環境」が原則として原告適格を基礎づけえないのであれば、立法により客観訴訟としての団体訴訟を創設し、司法審査の道を拓く必要がある[21]（団体訴訟は特に自然保護訴訟において有効であるため、第8章〔373頁〕で触れる）。

3 処分差止訴訟

(1) 概観

処分差止訴訟は、一定の処分（または裁決）がされようとしている場合に、行政庁が当該処分をしてはならない旨を命ずるよう求める抗告訴訟である（行訴3条7項。本書では初学者に多い「民事差止訴訟」との混同を避けるため、処分差止訴訟とも表記する）。

処分差止訴訟は、処分前の抗告訴訟を許容し、より早期の司法審査を可能とする。多くの差止訴訟では、訴訟係属中に処分がされ、取消訴訟に訴えが変更されるが、**既成事実の形成を可及的に防ぐためには、司法過程を先行させる差止訴訟の活用が望ましい**。

抗告訴訟に共通する**処分性**、**原告適格**（行訴37条の4第3項）等の訴訟要件のほか、原告側が立証すべき**積極要件**として、①処分の**蓋然性**要件（「処

---

[18] 大阪府墓地等の経営の許可等に関する条例（墓埋法10条1項の執行のための条例という位置づけになろう。なお、以下「府条例」という）7条1号は、許可の要件として「住宅、学校、病院、事務所、店舗その他これらに類する施設の敷地から300m以上離れていること。ただし、知事が公衆衛生その他公共の福祉の見地から支障がないと認めるときは、この限りではない」と規定していた。

[19] 小早川光郎「抗告訴訟と法律上の利益・覚え書き」成田頼明先生古希記念論文集『政策実現と行政法』（有斐閣、1998年）

[20] 行政訴訟検討会「最終まとめ」（2004年10月）（参考資料11）はすでに、団体訴訟の導入論議にあたり参照すべきものとして、団体訴訟に関する論点整理を済ませている。

[21] アセス法の改正論議に際し、東京弁護士会は団体訴訟の導入を提言しており（2009年2月）、さらに、日本弁護士連合会も、団体訴訟法案を提案している（2012年6月）。

分……がされようとしている場合」)、②処分の**特定性**要件(「一定の処分」)、③**重大な損害**要件(「重大な損害を生ずるおそれがある場合」)の充足が必要である(行訴3条7項・37条の4第1項)。

また、被告側が立証すべき**消極要件**として、④**補充性**要件が課され、その損害を避けるため他に適当な方法があるときは提起しえない(同条1項ただし書)。

行政訴訟では、権限をもつ行政庁の第一次判断の行使を待って司法審査を行う取消訴訟が原則形態とされ(取消訴訟中心主義)、新訴訟は例外と位置づけられている。そこで、①〜④の加重要件について、判例(最一判平成24年2月9日民集66巻2号183頁)は、「行政庁が処分をする前に裁判所が事前にその適法性を判断して差止めを命ずるのは、国民の権利利益の実効的な救済及び司法と行政の権能の適切な均衡の双方の観点から、そのような判断と措置を事前に行わなければならないだけの**救済の必要性**がある場合であることを要する」と説明し、これを前提に要件を解釈している。

(2) 処分の蓋然性要件

法は、処分前に救済する必要性を基礎づける前提として、**蓋然性要件**を課しており、処分差止訴訟は処分が「されようとしている場合」にしか提起しえない(行訴3条7項)。

環境保護訴訟では、環境に影響する**許認可**の差止訴訟が典型である。例えば事業者がすでに廃掃法に基づく産廃処理施設の設置許可を**申請済み**の場合は、蓋然性が認められる。これに対し、まだ申請もない計画段階で、設置予定の施設や設置場所が未確定である場合は、蓋然性要件を充足しない。なお、訴訟提起時点で蓋然性を欠く場合でも、訴訟係属中に充足すれば足りる。

実務上、多くの処分差止訴訟では、訴訟係属中に処分がされる。この場合、訴えは取消訴訟に変更され、処分差止訴訟は早々に役目を終える。しかし、環境影響の不可逆性に鑑みると、既成事実の形成を可及的に防ぐために、行政過程の完了を待つのではなく、行政過程と並行して司法過程を早期に開始できる処分差止訴訟の活用が望ましい。

早期の司法審査を許容した処分差止訴訟創設の趣旨を尊重すれば、許認可等の**申請**があれば当然、ない場合であっても、行政過程がすでに開始され、処分の特定性要件を満たす段階に至れば、蓋然性ありと解すべきである。

このように考えると、蓋然性要件が特定性要件と一致する場合が多くなる。蓋然性要件は、処分がされる可能性がない(いわば事件性を欠く)の

に確認のため提訴するような濫訴を防止すれば足りる。砂利採取計画の認可申請があっても認可はしないと行政庁が明言していることを理由に蓋然性を否定した裁判例（青森地判平成19年6月1日 LEX/DB28131346）もある。規制対抗訴訟では、不利益処分が想定される場合に差止訴訟を活用しうるが、事業者が不利益処分を恐れ、不利益処分の理由となる行為を控えているために処分がされる可能性がない場合には、処分の蓋然性がない。この場合には、公法上の当事者訴訟により、当該行為が許容されることの確認訴訟を提起しえよう。例えば横川川判決（最三判平成元年7月4日判タ717号84頁）の事案では、土地の所有者から河川管理者に対し、河川法75条の監督処分に対する差止訴訟ではなく、当該土地が河川法にいう河川区域でない（ゆえに当該土地を許可なく利用しても、監督処分を受けない）ことの確認等を求める訴えを提起することになる。このように、処分差止訴訟と確認訴訟の役割分担は、蓋然性要件により明確化しうる[22]。

(3) 重大な損害要件（重損要件）

判例（上記最一判平成24年2月9日）は、「重大な損害」について、処分後に**取消訴訟**等を提起して**執行停止**を受ける等により容易に救済されない損害（**事前救済の必要性**）をいうとする。従来は、重大な損害要件の有無を、端的に損害の性質・程度を考慮して判断する裁判例[23]も散見された。しかし、判例は、実効的救済の必要性および司法・行政権能の適切な均衡を踏まえ、重損要件を、取消訴訟との関係で**司法審査の時機**を調節する訴訟要件として機能させている（なお、上記判例の事案では、処分が反復継続的かつ累積加重的にされるために、事後的な損害回復が著しく困難となる点が考慮されているが、かかる**累次処分**の場合に重損を限定する趣旨と解すべきではない）。

厚木基地第4次訴訟判決は、騒音被害は航空機の離着陸のたびに発生し、反復継続的に蓄積していくおそれがあるため、事後的にその違法性を争う取消訴訟等による救済になじまない性質の損害であるとして、重大な損害を認めた（なお、この事案で、原告側周辺住民は処分の第三者ではなく、名宛人として原告適格を有すると理解すべきである）。

> 業務停止や許認可取消し等の不利益処分を争う典型的な二面関係訴訟では、社会的信用、事業継続（経営破綻）、人権の侵害等につき重損要件を認めた例があるが、重損要件の肯定例は限定される。

---

[22] 私見と同様に理解する裁判例として、大阪地判平成25年7月4日 LEX/DB25445756参照。

[23] 例えば那覇地判平成21年1月20日判タ1337号131頁は、建築確認差止訴訟について、日照、生命・身体、財産等に対する被害を理由に重損を簡単に認めている。この理解では、原告適格があれば、原則として重損が認められよう。

許認可処分の差止訴訟の原告は、処分の相手方ではない第三者である。そのため、紛争類型を問わず、通常、**処分それ自体が直接の損害を直ちに原告にもたらすわけではない**[24]。むしろ、許認可処分により法的に許容された事実行為（例えば開発・操業行為）の結果として、環境影響による損害が生ずる、という関係にある[25]。

　そのため、許認可処分と事実行為の間には通常、時間差があるから、「司法審査を遅らせても、執行停止を活用すれば救済しうる」という主張が成立しやすく、判例の見解を形式的にあてはめると、ほぼ常に重損要件が不充足となりかねない。

　例えば**東九州自動車道判決**（福岡地判平成23年9月29日 LEX/DB25482703、福岡高判平成24年9月11日 LEX/DB25482702）は、道路建設予定地である所有地を挟む前後の土地の任意買収と道路建設による既成事実の形成を危惧した原告が、事業認定の申請前にその差止訴訟を提起した事案で、処分の蓋然性要件は認めたものの、損害の範囲を不相当に限定しつつ重大な損害を否定した。

　　　しかしこの事案では、予定路線の他区間では次々と任意買収が行われており、将来、任意買収がほぼ済んだ段階で事業認定がされ、その取消訴訟を提起しても、すでに予定路線の相当部分が完成しているため、計画路線を変更すると膨大な土地買収費と時間が無駄になるとの理解が生じ、既成事実の形成を理由に他の代替案検討の余地も小さくなり、結果として事業認定が適法とされかねない。たとえ適法性の判断に影響がないとしても、少なくとも事情判決がされるおそれが高まるから、任意買収が進んで既成事実が発生する前に、事業認定の差止めを認めることが必要な事案であると思われる。本件の主たる争点は事業の必要性、合理性であったが、将来される事業認定は、本件道路に関する都市計画決定に従ってされるから、遅くとも同決定の段階で争点は明確であり、司法審査が可能なはずである。

　　　処分の蓋然性が否定されるような事案であれば差止訴訟は困難かもしれないが、蓋然性があれば、重大な損害を否定して司法審査を先送りする必

---

[24] 法的地位の変動があっても重損を否定する裁判例がある。大阪地決平成18年1月13日判タ1221号256頁は、都市公園法6条1項に基づく許可を得ずに工作物を設置する者に対する同法27条1項に基づく除却命令は、執行によって初めて具体的な損害が生ずるとして、重損を否定した。

[25] 例えば、都計法の開発許可と建基法の建築確認は、マンション建設という事実行為を許容する処分であるが、処分それ自体により周辺住民の住環境等への損害は生じない。損害は、建設工事や完成したマンションの利用により生じうる損害である、とされる。東京高決平成20年6月3日 LEX/DB25440260参照。

要性はないと考えられる。本判決は環境保護訴訟において、重大な損害要件が法的障害となって差止訴訟の活用が阻害されている好例である。

これに対し、**鞆の浦判決**は、重大な損害要件につき、**事業の内容・工程、訴訟の進行状況、被害回復の困難性**を踏まえ、実際的に判断して柔軟に処理した。例外的な救済判決の感もあり、必ずしも一般的な処理とは言い難いが、重損要件については、同判決のごとく、事案に応じ、実際問題として取消訴訟と執行停止により容易に救済されうるか否かを検討すべきであろう。

　　　　　タヌキの森決定を除き、環境保護訴訟で執行停止が容易に認められない現状に鑑みれば（例えば事業認定の執行停止を認めた例は見当たらない）、重損要件に関する現在の理解は、処分差止訴訟活用の障害となっており、同要件は適時の司法審査を拒否するための要件に堕している感さえある。審理対象となる処分の特定があり、処分の蓋然性がある以上、司法審査を取消訴訟の時点まであえて遅らせる必要はなく、上記見解自体を改めるか、上記見解に立ちつつも鞆の浦判決のように柔軟な運用をするか、あるいは立法論として重大な損害要件を緩和・削除する必要がある。

(4)　補充性要件

処分差止訴訟は、**損害を避けるため他に適当な方法がある**ときは、補充性要件を欠き、不適法となる。非申請型義務付け訴訟と異なり消極要件とされた理由は、損害が処分により生ずると主張されている以上、処分自体の差止めが、通常は直接的かつ実効的な救済と考えられるためであり、補充性要件は限定的に解すべきである[26]。

第三者が原告となる環境保護訴訟では、許認可権限を有する行政庁に対してではなく、許認可を得て事実行為をする許認可の相手方（事業者）を被告として、事実行為の民事差止訴訟を提起しうる。しかし、環境影響を及ぼす主体を被告とする直接の民事訴訟が可能であるとの理由で、補充性要件を欠くものではないとされている（大橋248頁）。

また、裁決主義が採用されている場合には、差止訴訟は補充性を欠き、不適法とされる[27]。

　　　　　例えば、砂利採取法16条に基づく砂利採取計画の認可については、裁決主義が採用されているため（同40条1項前段、鉱業等に係る土地利用の調

---

[26]　差止めを求める処分の前提となる処分の取消訴訟を提起すれば、当然に後続する差止めを求める処分ができないと法令上定められているような場合は、補充性を満たさない（例えば国徴90条3項、国公108条の3第8項、地公53条8項、職員団体等に対する法人格の付与に関する法律8条3項等）。

[27]　電波法の事案だが、東京高判平成19年12月5日LEX/DB25421183、東京地判平成19年5月25日訟月53巻8号2424頁参照。

整手続等に関する法律50条)、差止訴訟が許されない[28]。

なお、通達の取消訴訟の提起が可能であるとの理由で、通達を前提とする不利益処分の差止訴訟が補充性を欠くとした裁判例がある[29]。しかし、通達の処分性が原則として否定される現在の法環境では、むしろ上記のとおり、処分の蓋然性要件で訴訟方法を整理し、不利益処分の対象となる行為がされていれば、処分差止訴訟を、されていなければ当事者訴訟を利用すべきであろう。

(5) 処分の特定性要件 *

処分差止訴訟では、「一定の処分」が対象とされるため、訴訟対象たりうる処分の性質(種類)・内容・方法に幅がありうる。処分の根拠法令の趣旨および社会通念に照らし、差止めの訴えにつき**裁判所の判断が可能な程度**に特定されることが必要とされる。

差止訴訟では通常、行政過程が司法過程と並行して進行するため、訴訟係属中に事案が進展し、許認可等(三面関係)の場合は申請や公聴会の開催、不利益処分等(二面関係)の場合は聴聞・弁明の機会の付与等を通じて処分が特定される事案もある。この場合は、請求の趣旨の変更・追加により処分を特定し直せばよいから、問題は少ない。

(a) 抽象的処分差止訴訟

特に問題となるのは、①何らかの理由で行政過程が進行しない場合と②短期で効力を失う処分が繰り返される場合である。いずれの場合も、処分の抽象的差止めによる司法救済を認めるべきである[30]。

①行政過程が進行しない場合でも、司法過程で当事者に対する十分な釈明がされることを前提に、少なくとも社会通念上事案が特定され、同一の根拠法に基づく権限をもつ行政庁が所属する行政主体を被告としている場合には、裁判所の審理が可能であり、行政の説明責任に照らしても、請求の特定を認める余地があると考えたい。

また、②処分が繰り返される場合、例えば採石法に基づく数カ月間の採石許可では、処分の取消訴訟(執行停止)がほぼ常に狭義の訴えの利益を失うため、実効的な司法救済が得られない。かかる事案では訴訟係属中に処分がされても、差止訴訟の狭義の訴えの利益が消滅したとすべきではあるまい。他方で、完了した事実行為につき国賠訴訟を提起させても、原状回復を含め救済として迂遠である。このように短期間に処分が繰り返される場合は、個々の処分ごとに訴訟物を捉えるのではなく、「一定の処分」として時間的な幅をもつ処分を争う抽象的処分差止訴訟が許容されるべきである。

---

[28] 前掲青森地判平成19年6月1日。
[29] 東京高判平成23年1月28日民集66巻2号587頁。
[30] 拙稿「行政訴訟の審理と紛争の解決」『現代行政法講座Ⅱ』(日本評論社、2015年)。

厚木基地第4次訴訟判決は、継続的に発生する自衛隊機の運航が「一定の処分」に当たることを前提としており、少なくとも反復継続する蓄積的被害の場合に、抽象的処分差止訴訟を認めたものと言える。同最判の控訴審判決（東京高判平成27年7月30日民集70巻8号2037頁）は、「防衛大臣は、平成28年12月31日までの間、やむを得ない事由に基づく場合を除き、厚木飛行場において、毎日午後10時から翌日午前6時まで、自衛隊の使用する航空機を運航させてはならない」という判決主文で、請求の一部認容判決をしていた。

(b) 処分の相手方の特定

差止判決は第三者効をもたないから、差止判決確定後に行政庁が申請者 B_1 以外の者に対する認可を自由になしうるとすると、B_1 が B_2 の法人格で認可申請をすれば容易に判決効を免れうることになる。

この点、前掲青森地判平成19年6月1日は、砂利採取法の採取計画認可の差止訴訟の事案で、「株式会社 A その他の者に対する」処分の差止めを求めたのに対し、「全ての者に対する全ての認可という無限定かつ包括的な処分」の差止めを求めるもので、請求の特定として最低限度の特定すらされていないとして処分の特定性を欠くとし、かつ、処分の蓋然性をも欠くとした。

しかし、特定の土地における採取計画認可の差止めを求めていれば、無限定かつ包括的ではなく、処分の特定として十分と考えてよいのではないか。例えば砂利採取法の認可要件として当該土地における採取が「他の産業の利益を損じ」る（同19条）という理由で認可すべきでないとすれば、申請は通常、処分の相手方如何にかかわらず一律に拒否されるべきであろう。ただし、違法事由の設定如何によっては、相手方を特定しない処分差止めが無意味である場合（例えば B_1 が同法3条の知事登録を欠くとの違法事由）もあろう[31]。

(6) **取消訴訟への訴えの変更** ＊

差止訴訟の係属中に処分がされると、狭義の訴えの利益がなくなるため、原告は当該処分の取消訴訟に訴えを変更する必要がある。不服申立前置がとられている場合には、不服申立てを別途してから新訴提起を求める運用がある。しかし処分前の司法審査を許容する差止訴訟が法定された以上、すでに司法審査が始まっているにもかかわらず、処分がされた段階で改めて行政過程に戻す必要に乏しい。本来的には立法により処理を明確化すべきであるが、そもそも不服申立前置が自由選択主義の例外であることも踏まえると、現行法の解釈としては、少なくとも差止訴訟が適法に係属

---

(31) この事案では、B_1 に採取権原がないことの違法が主張されたが、同法では権原の有無は認可で審査されないため、違法事由の設定自体に難があった。

している場合には、行訴法8条2項3号の「裁決を経ないことにつき正当な理由があるとき」に当たり、改めて不服申立てをする必要がないと解したい。ただし、行審法改正で不服申立前置の多くが解消されたため、不服申立てを要することなく、適法に差止訴訟を取消訴訟に変更しうる。

4 非申請型義務付け訴訟
(1) 概観
　義務付け訴訟は、行政庁が一定の処分（または裁決）をすべき旨を命ずるよう求める訴訟であり、①申請型と②非申請型（直接型）の2種類がある。

　申請型義務付け訴訟は、原告が、行政庁に対し、法令に基づき一定の処分の申請をしたのに、処分がされない場合に、処分義務付けを求める訴訟である。例えば事業者Bが廃掃法に基づく産廃処理施設設置許可をA県知事に申請したが、申請を拒否したり、申請に対し応答しない場合に、BがA県を被告として、処分の義務付け訴訟を提起する場合である。申請型義務付け訴訟は、拒否処分の場合は取消訴訟を、不作為の場合は不作為の違法確認訴訟を**併合提起**する必要がある。

　これに対し、**非申請型義務付け**訴訟は、法令に基づく申請（権）がない場合に、一定の処分の義務付けを求める訴訟である。個別法上、規制権限行使を求める申請権は通常規定されないため、環境保護訴訟の原告は、申請型は利用しえず、非申請型を利用する。

　行訴法改正前は義務付けの訴えを無名抗告訴訟として提起するほかなく、ほとんどが却下されていた（関西国際空港陸上ルート飛行差止事件〔大阪高判平成12年2月29日判自203号43頁〕）。

(2) 非申請型義務付け訴訟
　抗告訴訟に共通する**処分性**、**原告適格**（37条の2第3項。取消訴訟と同様に解される〔高城町産廃業許可判決〕）等の訴訟要件のほか、申請型と共通する①処分の**特定性**要件（「一定の処分」）に加えて、権利救済の必要性の観点から、②**重大な損害**要件（「重大な損害を生ずるおそれがあ」る場合）、③**補充性**要件（「損害を避けるため他に適当な方法がないとき」）が加重される（37条の2第1項）。①〜③はいずれも積極要件である。

　認容例に、**旧筑穂町判決**がある。判決は、安定型産廃最終処分場の周辺住民が、県を被告として提起した非申請型義務付け訴訟で、県知事が事業者に対し、廃掃法19条の5に基づく生活環境の保全上の支障除去等の措置命令をすることの（抽象的）義務付け請求を認容した。

(3) 重大な損害要件（重損要件）

　重損については、事後的な金銭賠償等により容易に救済を受けられず、裁判所が一定の処分を命じなければ救済困難であることを要するとした裁判例もある[32]。また、損害は、第三者に生ずる場合を含まず、原告に生ずる損害でなければならない。重損の判断は、法37条の2第2項に従い、損害の回復困難の程度を考慮し、併せて、損害の性質・程度および処分の内容・性質を勘案するとされる[33]。損害は、一般的抽象的なものでは足りず、具体的な損害の立証が要求される[34]。

　環境保護訴訟としての非申請型義務付け訴訟は、原告が第三者に対する具体的な規制権限の行使を求めるものであり、廃掃法分野で認容例が2件あるものの[35]、生命・身体への危険がなければ重損要件が否定され却下される傾向もあり、必ずしも十分に活用されていない[36]。**大阪地判平成30年4月25日判自441号67頁**は、違法建築物に対する除却命令の義務付け訴訟で、建築物が倒壊・炎上した場合には生命・身体が害されるおそれがあるとして、重損要件を認めたが、駐車場の自己所有車両と駐車場賃料収入の喪失という経済的損害は、事後的な金銭による回復が困難ではないとして否定した。

　重損要件で司法審査の時機を調節する処分差止訴訟と異なり、非申請型義務付け訴訟では通常、行政過程が進行しないため、後の時点の行政判断やそれに対する司法救済が予定されない。その意味で、不適法却下は司法救済の拒否を意味するから、重損要件を不相当に厳格に解すべきではない。立法論としては、重損要件を削除・緩和し、原告適格があれば司法審査を求める資格があるとすべきである。

---

[32] 東京地判平成25年3月26日判タ1415号214頁。

[33] 前掲東京地判平成23年2月16日参照。一定の処分がされなければ重損を生ずるおそれがあり、処分がされればそのおそれが解消されるという因果関係が必要と指摘するが、当然であろう。

[34] 却下例として、例えば前掲東京地判平成25年3月26日。

[35] 福岡高判平成23年2月7日判タ1385号135頁。拙稿「評釈」現代民事判例研究会編『民事判例Ⅰ2011年前期』（日本評論社）。福島地判平成24年4月24日判時2148号45頁。

[36] 重損の否定例に、東京地判平成17年12月16日 LEX/DB28131612、その控訴審である東京高判平成18年5月11日 LEX/DB28131669、東京地判平成19年1月31日 LEX/DB25420843、その控訴審である東京高判平成19年6月13日 LEX/DB25420906、大阪地判平成19年2月15日判タ1253号134頁がある。生命・身体への危険を理由に重損を認めた例に、東京高判平成20年7月9日 LEX/DB25440333、大阪地判平成21年9月17日判自330号58頁がある。

⑷ 補充性要件

　非申請型義務付け訴訟は、「損害を避けるため他に適当な方法がない」ときでなければ、不適法却下される（37条の2第1項）。処分差止訴訟と異なり、損害の直接の原因が処分ではなく、処分が対象とする行為にあることから、補充性要件は積極要件とされる。

　環境保護訴訟では、監督処分等の規制権限を有する行政庁に対してではなく、処分の相手方（事業者）を被告として、事実行為の民事差止訴訟を提起しうる。しかし、これをもって、補充性を欠くと解すべきではない（福島地判平成24年4月24日判時2148号45頁参照）。例えば、Bの違法操業に対し、A県知事が監督処分をしない場合に、住民Cは、A県に対する監督処分の義務付け訴訟ではなく、Bに対し直接、違法操業の民事差止訴訟を提起しうる。しかし、処分差止訴訟の場合と同様、環境影響を及ぼす主体に対する直接の民事訴訟が可能であるとの理由で補充性要件を欠くものではない（旧筑穂町判決）。

　　他の抗告訴訟を提起しうるときは補充性を欠くとされる場合もあろう。法令上の申請権があるのに申請をしないで提起する非申請型義務付けの訴えは、申請型義務付けが可能であり、補充性を欠く。
　　また、許認可取消訴訟を提起しうる場合、違法事由が全く同じなら、許認可の職権取消義務付け訴訟は補充性を欠くと評価すべき事案もあろう（出訴期間を徒過した場合はその潜脱ともなりうる）。ただし、許認可に（不可争力が生じても）後発的瑕疵が生じた場合等は職権取消し（講学上の撤回）の義務付け訴訟は適法と考える。
　　この点、建築確認取消訴訟とともに、建基法9条に基づく工事停止命令の義務付けを求めた事案で、建築確認（同6条）が取り消されれば建築行為ができなくなるとして義務付け訴訟の補充性を欠くとした裁判例（東京地判平成23年9月21日 LLI/DB06630545）があるが、反対である。両訴訟では訴訟対象となる処分が異なっている上、取消判決が1審で確定する事例は稀であり、執行停止がされない限り訴訟係属中も既成事実が進行する「司法過程の動態性」に鑑み、補充性を否定すべきではない。

⑸ 処分の特定性要件 *

　非申請型では、取消訴訟と異なり訴訟対象となる処分が未だ存在せず、申請型のように申請を前提とする行政過程も未形成であるため、処分の特定性が特に問題となりやすい。

　規制権限の行使を求める非申請型義務付け訴訟において、当該案件につき行政調査さえされず行政過程が開始されないような事案では、処分の具体的特定が困難な場合がある。

処分の特定には、処分差止訴訟と同様に、処分の根拠法令の趣旨および社会通念に照らし、義務付けの訴えにつき**裁判所の判断が可能な程度**の特定が必要とされる。

規制権限の不行使が問題となる事案には、大別して①**抽象的不作為**と②**具体的不作為**の2類型がある。①は、例えば法令違反がないとして行政調査をしないなど、行政庁がおよそ規制権限の行使を拒否する場合である。当該処分に係る行政過程が全く存在しない事案もありうる。①には、処分要件の充足自体に争いがある場合と、要件充足には争いがないが効果裁量を理由に行政庁が何らの行為をしない場合がある。

これに対し②は、例えば行政指導にとどめ処分をしない、選択した処分内容が軽きにすぎるなど、行政庁が選択した具体的な措置が不十分な場合である。不利益処分に係る行政過程は一応形成されている。①と異なり要件充足に争いはなく、効果裁量だけの問題となる。

①と②は連続するが、処分の特定は、違法是正のための行政過程がほとんどまたは一切存在せず事案進展も期待できない①の場合に、より問題となりやすい。

訴訟対象とされる処分の性質（種類）・内容・方法につきどの程度の特定が必要かは争いがあるが、過度の特定を要求すべきではない。

本来、行政庁は然るべき行政過程を経て事案に応じた適切な処分を選択すべきであり、そのための能力と組織をも有している。然るに、行政庁がおよそ行政過程を進めようとしない抽象的不作為（①）の場合に、専門性をもたず具体的処分の選択能力に乏しい原告や裁判所に選択を強いるのは酷であり、紛争解決として適切でもない。過度の特定を強いれば、原告は特定性要件を満たすべく、考えうる具体的な措置を請求の趣旨として可能な限り列挙するであろう。それは、裁判所の審理を無用に複雑化させるだけでなく、専門性に乏しい裁判所が具体的措置を採用した場合には、かえって行政庁の適切な選択、内容形成裁量の行使を妨げかねない。むしろ、行政裁量を残しその適切な行使を求める抽象的義務付け判決こそが、司法と行政の役割分担として適切である。

結論として、社会通念上事案が特定され、違法状態および規制権限の根拠法条が特定されていれば処分の特定性としては十分であり、それ以上に当該違法状態を是正するための具体的な処分の内容・方法・性質まで特定することは不可欠でないと考える。

旧筑穂町判決は、(i)処分の根拠法令、(ii)処分の対象者、(iii)対象処分場の特定があれば足り、(iv)措置については一定範囲の特定で足りるとした。(i)は、権限行使の前提として特定が必要であり、(iii)は、事案と主張される違法状態が不特定では審理しえないから、社会通念に照らし特定が不可欠であろう。しかし(ii)は、行政調査の不十分等により原因者が不明の場合もあ

り、常に必要ではないと考えられる（例えば建基法9条に基づく是正命令の相手方は複数考えられるが、いわばブルーシートの中の状況は第三者原告には知りえない事情である）。

5　狭義の訴えの利益
(1)　意義

　客観的な状況の変化により、**訴訟を維持する法律上の利益**を失ったと認められる場合には、狭義の訴えの利益が消滅したとされ、訴えは不適法却下される（訴えの**客観的利益**とも呼ばれ、訴訟対象適格としての処分性、当事者適格としての原告適格とあわせて**広義の訴えの利益**を構成する）。

　例えば、判例では、建築確認や開発許可の取消訴訟の狭義の訴えの利益は、**工事完了**により消滅したとされる[37]。建築確認や開発許可は、適法に工事をするために必要な処分にすぎない。工事完了前に取消判決を得れば、工事が法的に不可能になるという意味で訴訟を維持する法律上の意味がある。これに対し、工事完了後はかかる意味もなく、行政庁が違法是正命令する法的障害ともならないため、取消判決を得る法律上の意味はないと説明される。この場合、原告としては、**行訴法21条**で取消訴訟から国賠請求に訴えを変更するか、是正命令の非申請型義務付け訴訟を新たに提起することになる。

　新訴訟なら、例えば、許認可の差止訴訟で処分がされた場合や、規制権限行使を求める非申請型義務付け訴訟で処分の相手方が施設を廃止した場合なども、狭義の訴えの利益が消滅する。原告は、前者の場合、許認可取消訴訟、後者の場合、国賠訴訟への訴えの変更を検討することになろう。

　狭義の訴えの利益の消滅は、①**事実状態**の変化、②**法令**の変化の2つの場合に問題となる。上に見た工事完了等は①の場合である（ほかに例えば業務停止期間の満了など**時間経過**による場合もある）。②は、申請拒否処分取消訴訟の例が多く、訴訟係属中に**法改正**等により許認可要件が厳格化され、許認可の取得可能性がなくなったような場合である。

　環境訴訟でしばしば問題となるのは工事完了等の場合である。

　　　なお、環境訴訟では、計画変更命令付届出義務等が課される場合があり、同命令等は届出から60日以内に限り発令しうる。第三者が同命令等の非申請型義務付け訴訟を提起した場合に、60日を経過すると、処分要件上、もはや命令ができなくなる問題がある。景観法の事案で（狭義の）訴

---

[37]　最二判昭和59年10月26日民集38巻10号1169頁（建築確認）、最二判平成5年9月10日民集47巻7号4955頁（開発許可）。

えの利益の否定例もある（東京地判平成24年1月17日 LEX/DB25490885、東京高判平成24年6月28日 LEX/DB25482663）。（本案の問題として捉えるべきとの理解もあろうが、いずれにせよ）裁判実務上、60日以内の確定判決の取得は不可能であり、司法救済上、厄介な問題を孕んでいる。

(2) 事情判決との区別

違法宣言をした上で請求を棄却する**事情判決**（66頁）は、狭義の訴えの利益が消滅しない場合に初めて是非が問題となる。

例えば最二判平成4年1月24日民集46巻1号54頁は、土地改良事業施工認可取消訴訟の訴えの利益は工事完了により失われないとする。すなわち、認可は、①事業施行者に対し、事業施行権を付与するものであり、②認可後の換地処分等の一連の手続・処分は、有効な認可の存在を前提とする。したがって、認可が取り消されれば、後続処分等の法的効力が影響を受けるから、取消訴訟を維持する法律上の利益があり、狭義の訴えの利益は消滅しない。この場合、認可を取り消しても、事業施行地域を以前の原状に回復することが社会通念上不可能であるとの事情は、事情判決の適用に関して考慮されるべきものとする。

狭義の訴えの利益、事情判決のいずれの処理によるかは、係争処分が、(i)単に事実行為としての工事施工権限の付与にとどまるか、**行政過程をもつ事業実施権限**を付与するものか（係争処分を前提とした手続・処分の積み重ねがあるか、取消判決により原状回復請求権・義務が生じるか）、さらに上記(1)の判例の立論に従えば(ii)係争処分の存在が**違反是正命令の法的障害**となるか等を検討して決することになろう（実務的研究127頁以下）。

6 執行停止・仮の救済

訴訟は最も厳格な判断手続であり、判決までには一定の期間を要する。その間に既成事実が形成されれば、判決による司法救済が無意味となりかねない。そこで、行訴法は、取消訴訟につき**執行停止**、差止訴訟につき**仮の差止め**、義務付け訴訟につき**仮の義務付け**の各制度を設けている。順に概観する。

(1) 執行停止

(a) 概観

執行停止制度は、取消判決を無駄としないように、一定の要件を満たす場合、現状を仮に凍結するために、処分の効力、処分の執行または手続の続行を停止する制度である[38]。環境利益の不可逆性に鑑みれば、現在の事実状態を凍結し環境劣化を防止する執行停止は極めて重要だが、行訴法改正後も、

環境訴訟では十分に機能していない。

執行不停止原則を採用する行訴法の下で、取消訴訟の提起は、処分の効力、処分の執行、手続の続行を妨げない（25条1項）。行政目的の円滑な実現確保のためとされるが、既成事実が形成されれば、事情判決、または狭義の訴えの利益の消滅による却下判決のおそれが高まる。

執行停止の内容は過剰停止を回避する趣旨から優先順位が定められている。すなわち、①効力の停止（例えば、建築確認、営業停止命令、免職処分等の場合）、②処分の執行の停止（例えば、強制退去令発付と収容・送還、収用裁決と代執行等の場合）、③手続の続行の停止（例えば、事業認定と収用裁決申請等の場合）のうち、最も威力の強い①は、②や③で目的を達しえない場合しかできない（25条2項ただし書）。

執行停止の**積極要件**（申立人が主張・疎明責任を負う）には、①**本案適法係属要件**（「訴えの提起があった場合」）と②**重大な損害要件**（「重大な損害を避けるため緊急の必要があるとき」）がある。

①は民事仮処分では不要であるのに対し、執行停止では、立法政策として[39]本案訴訟の提起が必要とされ、かつ**本案の適法係属**が必要である。したがって、例えば本案たる取消訴訟の原告適格を欠く場合、出訴期間を徒過した場合等は、本案の適法係属がないため、執行停止は却下される（この場合、執行停止の申立人適格を欠くとも表現される）。

(b) **重大な損害要件（重損要件）**

②は、従来、「回復困難な損害」とされていた要件を行訴法改正で緩和したものであり、個別事案に即した適切な判断を確保すべく、損害の**性質**（回復困難性）だけでなく、損害の**程度**と処分の内容・性質を適切に考慮すべきとされる（行訴25条3項）。損害は、申立人本人の損害である必要があり、関係者の損害は通常考慮されない。

「重大」の意味について確立した規範はないが、①説：行政目的の達成を一時的に犠牲しても救済すべき程度の損害[40]、②説：社会通念上、**事後賠償等による損害回復が容易でない程度**の損害[41]をいうとする裁判例がある。行

---

[38] 執行停止の法的性質は一般に行政作用と理解される。司法作用ではないため、内閣総理大臣の異議制度は違憲でないとされる。

[39] 抗告訴訟の執行停止・仮の救済につき、本案提起要件を設定する立法趣旨は明確でない。公法上の当事者訴訟につき民事仮処分ができるなら、本案訴訟の提起なしで申立てができる。特に処分性の有無につき紙一重の判断となる事案では、本案提起要件につき均衡を欠く。訴え提起手数料の負担の観点からの司法アクセスを考えても、立法論として本要件の削除が望ましい。

政目的に着目する①説によると、例えば公共事業のように行政目的の公益性が高い場合には、たとえ違法であっても既成事実の形成が許されることにもなりかねず、執行停止制度の活用を阻害するおそれもある。

　私見は、申立人側の事情に着目する②説を基礎としつつ、「重大な損害」とは、**事後賠償等による回復が相当でない性質・程度**の損害をいうと解する[42]。原状回復や事後賠償等が不可能であれば重損ありといえ、さらに、たとえ損害の性質上、回復が容易であっても、処分により不相当な性質・程度の損害が生じるおそれがあれば足りる[43]。

　業務停止や資格取消し等の不利益処分を争う典型的な二面関係訴訟では、社会的信用、信頼関係、事業継続、生活維持（失職）、競争上の地位、基本権（表現・集会の自由、選挙権等）侵害等の場合に重損ありとされ、しばしば執行停止が認容されている。これに対し、三面関係の環境保護訴訟では、容易に認容されない傾向が続いている。

　なお、損害要件は従来、緊急性と区別せず一体として判断されてきたが、後出の**タヌキの森決定**をはじめ、損害の**重大性**と**緊急性**を区別して要件充足を検討する裁判例が登場している（この区別は、執行停止を認容する方向にも、却下する方向にも作用しうる）。従来、内容が多様化しすぎていた感のある損害要件を整理する試みと言えよう。

　　(c)　手続

　　　　執行停止は申立てにより、疎明（即時に取調べ可能な証拠による〔行訴7条、民訴188条〕）に基づき、本案係属裁判所の決定をもってする（行訴28条）。決定は、予め当事者の意見を聞き、口頭弁論を経ないでできる（同条6項）。決定については即時抗告ができるが（同条7項）、決定の執行を停止する効力はない（同条8項）。抗告審の決定に対しては、特別抗告ができる（行訴7条、民訴336条）。事情変更による執行停止の取消しの制度もある（行訴26条）。

---

[40]　東京地決平成17年4月26日 LEX/DB25410412、京都地判平成21年4月28日 LEX/DB25441401、東京地決平成22年12月22日 LEX/DB25443551（ただし緊急性要件について判示する）、大阪地決平成24年12月26日 LEX/DB25445852等参照。

[41]　東京地判平成24年4月19日 LEX/DB25444972等参照。

[42]　東京地決平成19年1月24日 LEX/DB25420840は、損害回復の不相当性に言及している。なお、従来、処分によって当然に生じる損害（例えば不法滞在外国人の収容に伴う損害）は回復困難な損害とはいえないとの理解がある（通常生ずる損害説）。

[43]　なお、(i)性質上、回復が容易な損害であっても、損害の程度が大きければ、重損ありと言えるし、(ii)性質上、回復が困難な損害であれば、損害の程度が小さくても、重損ありというべきであって、損害の性質と程度を峻別する必要は小さい。

(d) 環境訴訟における執行停止

　行訴法改正前の執行停止制度では、特に「回復困難な損害」要件が厳格に解され、外国人の退去強制等ごく限られた処分でしか認容例が見られず、環境訴訟では全く機能していなかった。執行停止の機能不全は、事情判決や狭義の訴えの利益の消滅による訴え却下判決を帰結しかねないが、これは司法審査の放棄に等しい。例えば**二風谷ダム判決**は、事業認定の違法を認めながら、ダム工事の完成を理由に事情判決により請求を棄却した。

　しかし、一度破壊ないし汚染された環境の原状回復は、著しく困難であるか、そのための社会的費用は不相当に大きくなるから、環境訴訟はその帰趨を問わず、早期の紛争解決が望ましい。特に公共事業紛争は、相当の公共資本を投入して従前の土地利用状態を変更するから、相当程度進行した段階で事業を違法とする社会的コストは常に大きく、類型的に事情判決がされやすいという特徴をもつ。これに対し、民間開発では、事業としての行政過程をもたないために、むしろ狭義の訴えの利益の消滅による却下判決がされやすいが、いずれにせよ司法審査が機能していない問題状況に変わりはない。

(e) タヌキの森決定

　行訴法改正後、二面関係紛争では従来に比べて認容事例が増えているが、環境訴訟では執行停止の認容例は稀である[44]。注目すべき決定に、いわゆる**タヌキの森決定**（最一決平成21年7月2日判自327号79頁、東京高決平成21年2月6日判自327号81頁〈67〉）がある。本決定は、建築確認取消訴訟の認容判決を得た申立人らには、同処分に係る建築物の倒壊・炎上等により、その生命・財産等に重大な損害を被るおそれがあるところ、建築等の工事は完了間近であり狭義の訴えの利益が失われかねないから「緊急の必要」があるとして、執行停止を認めた。

　従来、一体的に理解されていた損害要件と緊急性要件を分離し、緊急性要件により損害要件を補強する形で執行停止を認めた例といえる。ただし、逆に、損害要件を満たしても緊急性要件を欠くと判断する裁判例もある。

　　　東京地決平成27年6月24日LEX/D25447733は、マンションの火災の際の倒壊や延焼の危険性、周辺住民の避難可能性等の個別事情を詳細に検討

---

[44] 認容例に、産廃処理施設設置許可の効力の停止を認めた奈良地決平成21年11月26日判タ1325号91頁がある。否定例に、日照被害につき重損がないとして建築確認の執行停止申立てを却下した東京高決平成19年3月14日LEX/DB25420859（原決定である前掲東京地決平成19年1月24日は認容）、仙台地決平成23年3月23日LEX/DB25443301。公共事業紛争の否定例として、土地区画整理法の仮換地指定処分に関する大阪地決平成19年1月4日判自299号78頁等がある。

して、重損を否定した（タヌキの森決定は、効力停止を受ける側の利益を保護する必要に乏しかったと理解しうるとも指摘して、事案を区別している）。抗告審・東京高決平成27年6月29日 LEX/D25447880 も原決定を維持した。

なお、タヌキの森決定は民間開発紛争の事案であり、公共事業紛争で認容確定事例はほぼ皆無である。

(f) 消極要件

消極要件（行政庁が主張・疎明責任を負う）として、③**公共の福祉**要件（「公共の福祉に重大な影響を及ぼすおそれがあるとき」）と、④**本案要件**（「本案について理由がないとみえるとき」）が要求されている。

③は抽象的な要件であるために、裁判所も稀にしか用いておらず、環境訴訟では想定しにくい。

> 集会目的の公の施設の使用許可を取り消した処分の執行停止を認めると、利用反対者との衝突が生じ、他の関係者に不測の危害が及ぶおそれがあるとした例がある（熊本地決平成3年6月13日判タ777号112頁）。

④については、相手方が疎明責任を負い、申立人は、係争処分が違法であることまで疎明する必要はない。（事実等が）**申立人の主張どおりであっても係争処分に取消事由を認め難いことが明白な場合**をいう。

(2) 仮の差止め

処分差止訴訟を提起しても、訴訟係属中に処分がされれば、訴訟は狭義の訴えの利益を失い、不適法となる（訴訟を継続するなら、取消訴訟への変更が必要になる）。また、処分がされると、処分を前提とした行為がされ、あるいは手続が進行し、既成事実が形成されていく。

そこで法は、裁判所が行政庁に対し、処分（または裁決）を仮にしてはならないと命ずる仮の差止制度を定める（行訴37条の5第2項）。

仮の差止めは、**積極要件**として、①本案適法係属要件（「差止めの訴えの提起があった場合」）、②不可償要件（「償うことのできない損害を避けるため緊急の必要」があるとき）、③本案勝訴要件（「本案について理由があるとみえるとき」）が課されている（行訴37条の5第2項）。消極要件として、④**公共の福祉要件**（「公共の福祉に重大な影響を及ぼすおそれがあるとき」）にはできないとされている（同条3項）。

①④は執行停止と同様であるが、損害要件（②）と本案要件（③）がさらに加重されるとともに、③が積極要件とされ、ハードルが高くなっている。

②**不可償**要件は文言上、執行停止の**重損**要件よりも厳格な要件であり、社

会通念上、**事後賠償等による回復が不可能または著しく不相当な性質・程度の損害**をいう[45]。

認容例は一般の行政訴訟でもわずかだが、環境保護訴訟では皆無である。

環境訴訟では通常、許認可処分それ自体では直ちに損害（環境影響）が生じないため[46]、不可償要件の充足は、類型的に困難である。廃掃法14条6項に基づく産廃処分業許可の周辺住民による仮の差止めの却下事例として、大阪地決平成17年7月25日判タ1221号260頁がある[47]。鞆の浦判決の事案でも、仮の差止めの申立ては却下された。

また、①は本案の適法係属を要求するから、例えば本案たる処分差止訴訟が重損要件を欠けば、仮の差止めも①本案適法係属要件を欠くとして却下される。

③は、本案につき理由が多少なりとも存する可能性がある程度では足りず、積極的に、**本案につき理由ありと認めうる蓋然性**が必要とされる[48]。執行停止と異なり、確定判決と同等の満足的な決定であるため、要件が厳格になっている。

(3) 仮の義務付け

義務付け訴訟を提起しても、何の法的効果も生じないため、事実状態に変化はない。そのため、例えば違法操業に対する監督処分がされれば防止しうるはずの環境影響（例えば施設からの有害物質の違法排出）が継続し、既成事実が形成されていく。

そこで法は、裁判所が行政庁に対し、処分（または裁決）を仮に義務付ける仮の義務付け制度を定める（37条の5第2項）。

> 例えば申請拒否処分を執行停止しても申請前の状態に戻るだけであり救済とはならない。すなわち、執行停止をしても拒否処分がされていない状態が回復されるにすぎず、申請が許可されたと同一の状態が形成されるわけではないから、申立ての利益を欠くとされる。このような二面関係で

---

[45] 例えば札幌地決平成21年2月27日 LEX/DB25441118。

[46] 二面関係紛争で例えば業務停止命令を受けた場合には直ちに相手方に法的効果が生じ、営業上の打撃を受けるが、環境訴訟のような三面関係紛争では直ちに環境影響が生じるわけではない。三面関係紛争でも、例えば情報公開決定を第三者が争う逆FOIA訴訟では不可償要件が認められうる。例えば土地収用法の事業認定取消訴訟では、第三者たる地権者の法的地位に影響が及ぶが、それでも環境影響は生じない。

[47] 他の否定例に、風営法3条に基づく営業許可（大阪地決平成18年8月10日判タ1224号236頁）、都計法29条1項の開発許可（前掲東京高決平成20年6月3日）に関するものがある。

[48] 東京地決平成24年11月2日判自377号28頁。

は、申請型の仮の義務付けを申し立てる必要がある。

仮の義務付けの要件は、仮の差止めの要件と共通する。

すなわち、**積極要件**として、①**本案適法係属**要件（「義務付けの訴えの提起があった場合」）、②**不可償**要件（「償うことのできない損害を避けるため緊急の必要」があるとき）、③**本案勝訴**要件（「本案について理由があるとみえるとき」）が課されている（行訴37条の5第1項）。消極要件として、④**公共の福祉**要件（「公共の福祉に重大な影響を及ぼすおそれがあるとき」）がある（同条3項）。

①④は執行停止と同様であるが、損害要件（②）と本案要件（③）がさらに加重されるとともに、③が積極要件とされ、ハードルが高くなっている。

②**不可償**要件は、仮の差止めと同様、社会通念上、**事後賠償等による回復が不可能または著しく不相当な性質・程度**の損害をいうとされる[49]。

仮の義務付けは、教育、表現・集会の自由、生活保護（困窮）、社会的信用等の侵害の二面関係紛争で不可償要件が肯定され認容例があるが、環境保護訴訟では皆無である。

もともと非申請型義務付け訴訟自体が十分に活用されていない上に、不可償要件が厳格にすぎるため、環境保護訴訟では機能しておらず、立法論として要件の緩和が必要であろう。

7 その他の訴訟要件

(1) 管轄*

(a) 事物管轄

行政訴訟は地方裁判所（地裁）**本庁にしか提起しえない**ため、支部や簡易裁判所に管轄はない[50]。民事訴訟に比べ審理が難解なためとされるが、司法アクセスの障害として、実務家から批判がある。

(b) 土地管轄

抗告訴訟は、原則として被告の普通裁判籍または権限行政庁の所在地を管轄する地裁とされる（行訴12条1項・38条1項。司法アクセスの観点から、原告の普通裁判籍の所在地の管轄裁判所にすべきとの立法論もある）。重要な例外を3つ挙げておく。

①土地収用、鉱業権設定その他不動産・特定の場所に係る処分（例えば収用法に基づく事業認定）に関する抗告訴訟は、当該不動産・場所の所在

---

[49] 和歌山地決平成23年9月26日判タ1372号92頁は、損害が、金銭賠償のみによって甘受させることが社会通念上著しく不合理な程度に達しており、かつ、そのような損害の発生が切迫しており、社会通念上これを避けなければならない緊急の必要性が存在する場合をいうとする。

[50] 裁判所法33条1項1号、地方裁判所及び家庭裁判所支部設置規則1条2項。

地の裁判所にも提起できる（12条2項）。

②抗告訴訟は、係争**処分**に関し**事案の処理**にあたった下級行政機関の所在地の裁判所にも提起できる（12条3項）。「事案の処理に当たった下級行政機関」とは、係争処分等に関し**事案の処理**そのものに**実質的に関与した下級行政機関**をいうものとされ、処分等の内容・性質に照らし、当該関与の具体的態様・程度、係争処分等に対する影響の度合い等を総合考慮して決せられる[51]。

③国等[52]を被告とする抗告訴訟は、原告の普通裁判籍の所在地を管轄する高等裁判所（高裁）の所在地を管轄する地裁（**特定管轄**裁判所）にも提起できる（12条4項）。例えば青森県在住の原告は、国を被告とする取消訴訟を、東京地裁のほか、仙台高裁のある仙台地裁にも提訴できる。

(2) 被告適格

権限行政庁が国・公共団体に所属する場合、当該国・公共団体が抗告訴訟の被告となる（11条1項1号・38条1項）。従前は、行政庁を被告とする**行政庁主義**がとられていたが、被告選択が困難な場合もあり、また、当事者訴訟への変更が制約されたため、行訴法改正で行政主体に統一された（**行政主体主義**）。

権限行政庁が国・公共団体に所属しない場合、抗告訴訟は、当該行政庁を被告として提起する（11条2項・38条1項）。例えば、建基法に基づく建築確認事務は現在、民間開放され、民間主事と呼ばれる指定確認検査機関が建築確認を行っている。民間主事は国・公共団体に所属しないため、民間主事がした建築確認の取消訴訟の被告は、当該民間主事となる。

(3) 不服申立前置

取消訴訟は、係争処分につき行審法上の**不服申立**（**異議申立て、審査請求、再審査請求**）ができる場合でも、直ちに提起でき、原告は取消訴訟の提訴、不服申立て、またはその双方を選択できる（**自由選択主義**）のが原則である（行訴8条1項本文）。

しかし、個別法に係争処分につき、不服申立てに対する判断（裁決・決定）を経た後でなければ取消訴訟を提起できない旨の定めがある場合に、不服申立手続をしなければ、取消訴訟は不適法となる（同項ただし書）。

ただし、①不服申立てから3カ月を経過しても裁決・決定がないとき、②処分、処分の執行または手続の続行による著しい損害を避けるため緊急の必

---

[51] 最三決平成13年2月27日民集55巻1号149頁。
[52] 独立行政法人通則法2条1項に規定する独立行政法人または行訴法の別表に掲げる法人。

要があるとき、③正当な理由があるときは、裁決・決定を経ずとも適法に提訴しうる。

不服申立前置は、不服申立期間が通常、短期である（一般法である行審法は60日を原則とする）ために、取消訴訟の出訴期間が実質的に短縮される問題があった。なお、2014年の行審法改正により、不服申立てが、原則として審査請求に一本化されるとともに多くの不服申立前置が解消された（69頁）。

対応する不服申立制度がない差止訴訟、非申請型義務付け訴訟および当事者訴訟には前置の問題はない。

(4) 出訴期間

取消訴訟は、処分があったことを知った日から**6カ月**の出訴期間を経過したときは、提起できない。出訴期間を徒過すると、もはや取消訴訟を適法に提起しえない。これを不可争力と呼ぶ。

取消訴訟のみが出訴期間の制約を有するが、主要な訴訟形式であったために出訴期間は重要な法的意味を生んだ。すなわち処分は、権限を有する機関による取り消されるまでは、有効として扱われる（**取消訴訟の排他的管轄**）。これを**公定力**と呼ぶ。判例は、取消訴訟を公定力排除訴訟と位置づける。

不可争力が生じても、無効確認訴訟の提起は可能であるが、処分に無効事由、すなわち重大かつ明白な違法がなければ無効とされない。無効な処分には公定力がない。

(5) 訴訟参加

取消判決には**第三者効**があり（行訴32条1項）、他の抗告訴訟の認容判決にも拘束力（38条1項・33条1項）があるため、判決の結果により訴外の関係者に直接間接の影響が及びうる。そこで、一定の利害関係を受ける者を訴訟に参加させる制度がある。

①住民Cが行政Aを被告とする三面関係の環境保護訴訟（施設設置許可取消訴訟等）では、処分の相手方となる事業者Bが、②事業者Bが行政Aを被告とする二面関係の規制対抗訴訟（措置命令取消訴訟等）では、第三者である住民Cがそれぞれ当該訴訟に参加しうるかが問題となる。

補助参加（民訴42条）は、「訴訟の結果について利害関係を有する第三者」が、当事者の一方を補助するため、訴訟に参加することを認める。訴訟物たる権利関係について利害関係が必要とされるが、**吉永町決定**（最三決平成15年1月24日集民209号59頁〈45〉）は原告適格と同様の判断で補助参加の可否を判断しており、係争処分が自己に不利なものであった場合に原告適格が認められれば、補助参加の利益ありと考えてよい。

これに対し、**権利主張参加**（行訴22条）は、「訴訟の結果により権利を害される第三者」があるとき、裁判所が申立てまたは職権で、決定をもって訴訟に参加させる制度である。当該訴訟は適法に係属している必要はない。補助参加よりも範囲が限定的に解され、係争処分の相手方が典型例とされる。

　上記①では、施設を設置するBに**権利主張参加**が認められる。これに対し、②では一般に権利主張参加でなく、Cに**補助参加**が認められる場合が多い[53]。

　　権利主張参加は共同訴訟的補助参加とされ、被参加人（通常は行政庁）の行為と抵触する行為もできるが、被参加人の利益となる行為のみ効力を生じる。例えば上記①②の訴訟で、1審で敗訴したAが控訴しない場合でも、BやCが控訴をすれば、訴訟は控訴審に係属する。この場合でAが控訴を取り下げると、権利主張参加（上記②の訴訟）であれば控訴取下げは無効であるが、補助参加（上記①の訴訟）であれば有効となる（1審敗訴判決が確定する）点で、違いがある[54]。

　　なお、処分行政庁以外の関係行政庁が訴訟参加する場合もある（行訴23条）。

8　その他の訴訟形式

(1)　無効等確認訴訟

　出訴期間を徒過した場合、取消訴訟を適法に提起できないため、処分の（違法ではなく）無効を確認する**無効確認訴訟**が利用される。不服申立前置の制約も受けない。環境訴訟でも例は多い（「等」とは、処分の有効確認、不存在確認、存在確認訴訟を指すが、利用例は少ないので本書では省略する。なお、無効等確認訴訟には執行停止の規定が準用される〔行訴38条3項〕）。

　　無効確認訴訟の**原告適格**は、行訴法36条で、①「当該処分……に続く処分により損害を受けるおそれのある者」②「その他当該処分……の無効確認を求めるにつき**法律上の利益を有する者**」で、③「当該処分……の効力の有無を前提とする**現在の法律関係に関する訴え**によって**目的を達することができないもの**」に限られる。この条文解釈には争いがあるが、(i)**予防訴訟**としての①と、(ii)**補充訴訟**としての②+③を認める**二元説**が判例通説である（文理解釈を重視する一元説は、①を分離せず、③が①②のいずれの場合にも必要と理解する）。

　　(i)の例として、例えば代執行阻止目的の**建築物除却命令無効確認訴訟**が挙げられる。②は取消訴訟の原告適格と同様に解釈されるが（高城町産廃

---

[53]　22条参加と補助参加がいずれも認められるとした例に、横浜地判平成21年8月26日判自325号66頁がある。

[54]　仙台高判平成25年1月24日判時2186号21頁。

業許可判決)、問題は③の解釈である。処分の無効を前提とする「現在の法律関係に関する訴え」とは、実質的当事者訴訟または民事訴訟を指すが、これらと比較し、無効確認訴訟が**より直截的で適切な訴訟形態**であるか否かで判断される。例えばもんじゅ判決(最三判平成4年9月22日民集46巻6号571頁〈91〉)は(a)原子炉設置許可無効確認訴訟と(b)民事差止訴訟を比較し、(b)は当該処分の無効を前提とせず、また、より直截的で適切な訴訟形態でもないとして訴えを適法とした。

(2) 不作為の違法確認訴訟

法令に基づく**申請**に対し、行政庁が応答しない場合に、不作為が違法であるとの確認を求める訴訟形式である。現実に申請をした者のみが原告適格を有する。環境訴訟では例えば、許認可を要する嫌忌施設の設置をめぐり住民との間で紛争が生じたため、行政庁が許認可を留保するような場合に、事業者が提起する規制対抗訴訟の一形態である。申請型義務付け訴訟と併合提起されうる(法37条の3第3項1号)。なお、不作為の違法確認判決がされても、応答が義務づけられるだけであり、拒否処分がされる場合もある。

(3) 法定外(無名)抗告訴訟

法定の抗告訴訟以外にも、解釈上許容される抗告訴訟があると理解されている。これを法定外(無名)抗告訴訟と呼ぶ。

法定外抗告訴訟は、①行政庁が権限を行使すべきことまたはすべきでないことが一義的に明白であり、行政庁の第一次的判断権の尊重が重要でない場合(一義的明白性)、②事前審査を認めなければ、行政庁の作為・不作為により受ける損害が大きく、事前救済の必要性があること(緊急性)、③他に適切な救済方法がないこと(補充性)の3要件を満たす場合にのみ、適法とされる(東京地判平成13年12月4日判時1791号3頁参照)。

新訴訟の法定により、法定外抗告訴訟の必要性は小さくなったとされるが、例として処分の違法確認訴訟や処分に当たらない公権力の違法を争う訴訟が考えられる。

三 当事者訴訟の活用

1 確認訴訟

抗告訴訟は、処分という訴訟対象に拘束、限定されるため、利用できない場合がある。処分性の否定される行政の行為により環境影響が生ずる事案では、**公法上の当事者訴訟**の活用が考えられる。従前は活用が限定されていたが、行訴法改正で確認訴訟が4条に例示されて以降、活性化の傾向がある。

実質的当事者訴訟の形式としては、給付訴訟と確認訴訟がありうる(法定

すれば形成訴訟も理論上ありうる）が、第三者原告が行政に対して給付請求権を有する場合は少ないと考えられ、通常は**確認訴訟**を選択することになろう。

2　確認の利益と環境訴訟における可能性

確認訴訟では、確認の利益が必要とされるが、その判断方法は確立されていない。下級審を中心に民事訴訟理論を参照して、①**確認対象**の適否（訴訟物が当事者間の具体的紛争の抜本的解決に有効適切か）、②**即時確定**の必要性（原告の法律上の地位に現に存在する不安、危険の除去に必要適切か）、③**方法選択**の適否（訴訟類型のうち具体的紛争の解決にとって確認訴訟の選択が適切か）を検討する例が少なくない（例えば、大橋259頁、高橋416頁以下）。

①では確認判決により当該法的紛争が直接的に解決されるかが問われる。例えば事実関係や過去の法律関係は、多くの場合①を満たさない。

②が判断の中心になる場合が多い。争点の明確性、行政判断（見解）の確定性を踏まえ、後の時点の司法救済では足りず、現時点で救済の必要があるか否かを法構造に照らして検討する。

③は補充性であり、取消訴訟による救済が容易に得られる場合や無効確認訴訟がより直截的で適切な訴訟形式とされる場合は充足しない。また、取消訴訟の出訴期間の潜脱となる場合は排除される。

環境保護訴訟での活用例は少ないが、**公共事業訴訟**での可能性はどうか。例えば、計画立案から実際の工事までに長い行政過程が存在するところ、道路という都市施設に関する都市計画決定の違法を争う場合を考える。同決定がされた場合、都市計画施設の区域内における建築規制（都計53条ないし57条の6）を受けるから、(i)地権者がいればかかる建築規制を受けないことの確認や、(ii)道路沿線住民等が道路の供用に起因する大気汚染や騒音による人格権侵害を受けないことの確認を求める当事者訴訟の中で、同決定の違法を争いうると考えたい。特に公共事業紛争では、二面関係に近い法関係が見られ、事案によっては周辺住民等の原告の権利義務関係に引き直す余地もあると思われる。当事者訴訟活用の意義は、早期に司法審査を前倒しすることにある[55]。

これに対し、**民間開発訴訟**では、原告の権利義務関係ないし公法上の法律関係に引き直しが難しい場合が多く、当事者訴訟は活用しにくい。

---

[55] 例えば圏央道あきる野判決の場合、東京都知事による都市計画決定がなされたのは1989（平成元）年であるのに対し、建設大臣（当時）による事業認定がなされたのは2000（平成12）年であった。

さらに**環境規制訴訟**でも、現在の確認の利益の考え方からすると[56]、規制対抗訴訟はともかくとして、環境保護訴訟では、環境影響を原告の権利義務関係に引き直すことが容易ではない。立法論として、行政立法等を直接の訴訟対象とする制度の創設が必要と考えられる（ただし、条例に基づくアセス手続の履行請求を当事者訴訟として適法とした**神奈川アセス請求判決**もある）。

3　仮の救済

当事者訴訟については、抗告訴訟にかかる仮の救済に関する規定の準用がないが、仮の救済の必要性に変わりはなく、民事訴訟と同様に、民事仮処分が可能と解すべきである（大橋317頁参照）。**東京高決平成24年7月25日判時2182号49頁**はこの点を否定したが、反対である。仮処分が可能である旨を行訴法に明記すべきであろう。

4　その他

当事者訴訟の被告は、権利義務帰属主体たる国・自治体となる。当事者訴訟は行政訴訟に分類されるため、地裁本庁にしか提起できない。また、土地管轄につき、特定管轄裁判所の規定が準用されていない（41条）。

四　住民訴訟

1　概観

地方自治法242条の2が定める住民訴訟は、地方公共団体の住民が自己の法律上の利益にかかわらない資格で提起する民衆訴訟（5条）の一類型であり、自治体の執行機関・職員の違法な財務会計上の行為・不作為の是正を求めて争う訴訟である。

住民訴訟には4類型がある。環境訴訟では、公金支出など**財務会計行為**が違法に行われようとしている場合に、その行為の差止めを求める**1号請求訴訟**と、**4号の履行請求訴訟**がよく利用されている。

2　4号訴訟

4号請求は、地方公共団体の長・職員が、違法な財務会計上の行為を行った場合等に、①違法な財務会計行為を行った職員等に対して、または、②違法にされた財務会計行為の相手方等に対して、地方公共団体が有する**損害賠償**ないし**不当利得返還請求権の履行**を、それぞれ地方公共団体の長に請求する訴訟である。①の場合を図示すると次のとおりである。

---

[56] 確認の利益の考え方について、例えば中川丈久「行政訴訟としての『確認訴訟』の可能性——改正行政事件訴訟法の理論的インパクト」民商130巻6号（2004年）1頁、20～24頁。

図表1-2-3：住民訴訟（4号訴訟）の構造

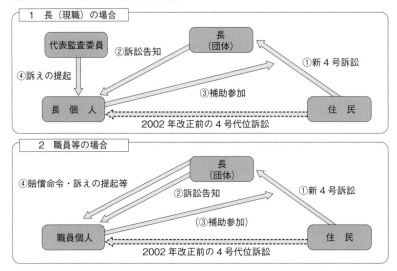

（総務省資料）

被告敗訴の場合は、賠償命令・訴えの提起（第2段階訴訟）等が必要である。

3　手続等

住民訴訟を提起するには、問題となる財務会計行為について、原告自身が適法に監査請求をしておかなければならない（監査請求前置主義）。監査請求には期間制限があり、長、職員による違法不当な当該行為のあった日または終わった日から1年を経過したときは、監査請求ができない。ただし、正当な理由があるときはこの限りでない（地自242条2項）。「正当な理由」は、地方公共団体の住民が相当の注意力をもって調査したときに客観的にみて当該行為を知りえたか否かで判断される（最一判平成14年9月12日民集56巻7号1481頁）。

環境保護訴訟、特に自然保護訴訟分野では、抗告訴訟が適法に提起できないために、住民訴訟の形式をとるものが少なくない。住民訴訟が用いられる理由、制度上の課題、現在の到達点について第8章（359頁）で触れる。

五　本案審理（違法判断）

1　概観

抗告訴訟では処分の違法の有無が審理される。最も単純な違法事由は、処

分要件の不充足である。例えば、廃掃法に基づく産廃処理施設設置許可がされ、周辺住民が取消訴訟を提起した事案で、当該施設が**技術基準**（同15条の2第1項1号）を満たさない場合、許可は処分要件を欠く違法がある。許可には同号不充足の違法があり、原告勝訴の許可取消判決がされる。また、例えば許可にあたり生活環境影響調査書等の公告・縦覧手続がされなかった場合、許可は法が要求される手続を欠く処分としてやはり違法である。前者は**実体違法**、後者は**手続違法**と呼ばれる。

個別環境法の許認可や不利益処分等の実体要件は、しばしば不確定概念を含むため、行政庁は処分にあたり、**行政裁量**（判断余地）をもつ場合が多い。裁量がある処分では、裁量の逸脱濫用がある場合に限り、裁判所により行政庁の判断は違法とされる（同30条参照）。法令とは別に、信義則、比例原則、平等原則などの行政法の一般原則に反して違法とされる場合もある。環境法では、環境基本法19条が規定する国の環境配慮義務を根拠に、個別法に環境配慮規定がない場合、環境影響を全く考慮せずにされた許認可処分は違法であり（小田急本案判決参照）、逆に、環境に配慮して許認可申請を拒否としても他事考慮にならないという理解もある（北村328頁など）。

また、主観訴訟である抗告訴訟は一定の違法主張制限を受けるため、行訴法10条1項の解釈が近時問題とされている。

また、自治体の条例は法令に反しえないところ（地自14条）、条例による環境規制が個別法に抵触し違法との主張もある。本書では紛争が多い廃棄物訴訟（第6章〔282頁〕）で触れる。

2　行政裁量と司法審査[57]

(1)　行政裁量

裁量の有無・性質（種類・内容・範囲・程度）は、法目的、制度趣旨、処分の性質・種類・内容、判断形成手続など個別法の規定と法構造の解釈で決せられる（環境訴訟では、処分の前提行為たる行政計画の違法性が争われ、処分性のない行政計画等の裁量審査がされる場合も多い）。

裁量には、処分要件に関する①**要件裁量**、②**効果裁量**（㉔**行為決定裁量**、㉓**内容形成裁量**）、③**時の裁量**、④**手続裁量**等がある（宇賀Ⅰ372頁以下）。

事実認定は裁判所の専権であり、一般に裁量はない。裁量は行政側から見れば権限であり、「裁量権」とも表現される。

例えば**収用法20条3号**は、財産権を収用しうる公共事業の要件として「土

---

[57] 興津『行政法Ⅰ』149頁以下など。

地の適正且つ合理的な利用」と規定するが、いかなる事業が同要件を満たすかは法律の文言からは明確でなく、権限行政庁が法律を補充して判断する①**要件裁量**が与えられている。また、例えば、**建基法9条**は違反建築物につき、行政庁が建築主、工事請負人、建築物・敷地の所有者・管理者・占有者等を相手方(i)として、工事施工停止のほか「建築物の除却、移転、改築、増築、修繕、模様替、使用禁止、使用制限その他」違反是正に「必要な措置」(ii)を「命ずることができる」(iii)と規定する。法令違反がある場合（処分要件の充足）、行政庁は、誰(i)に対し、いかなる命令(ii)をするかの②Ⓑ**内容形成裁量**がある。さらに、例えば極めて軽微な違法などそもそも権限を行使するか(iii)の②Ⓐ**行為決定裁量**があり、法律の規定が時期を限定していない以上、行政指導した上で命令するなど、いつ(iv)権限を行使するかの③**時の裁量**がある。また、都計法16条は、都市計画の案を作成する場合に、公聴会の開催等住民の意見反映のため必要な措置を講ずるものとされるが、当該措置としていかなる手続を履践するかの④**手続裁量**がある（例えば名古屋地判平成14年4月26日判自244号80頁）。

(2) **裁量審査**

まず、①裁量がない（極めて狭い）処分の違法が争われた場合、裁判所は、行政庁の判断につき、改めて全面的な審査（**判断代置審査**）を行う。

これに対し、②裁量処分の司法審査では、行政庁の判断（裁量権行使）に一定の敬譲が払われ、裁量の逸脱濫用がある場合にのみ違法とされる。いかなる場合に逸脱濫用があるかは、裁量の広狭と事案に応じて異なる。

例えば公共事業訴訟で問題となる道路の必要性、規模、位置、工法等の都市計画に関する裁量（**計画裁量**）は、都市政策を踏まえた政策的・専門的・技術的判断であり、行政庁は広範な裁量をもつ。これに対し、監督処分など環境規制権限の具体的行使を求める訴訟では、違法状態は本来、是正されるべきであるから、（内容形成裁量はともかくとしても）行為決定裁量は狭いはずである（原告敗訴例が多い理由は、そもそも処分要件の不充足等により処分権限が行使しえないとされるためである）。

計画裁量のように裁量が広い場合には、**社会観念審査**や**基礎欠落審査**が用いられる場合が多いが（143頁）、現在では裁量の広狭を問わず、行政庁の判断過程を検討する**判断過程審査**も多用される。また、環境訴訟特有の問題として、裁量審査に関し、環境アセスメント（代替案検討を含む）や費用便益分析の結果なども問題となる（355-7頁）。

実際には、司法消極主義の下、環境分野に限らず、裁判所の多くが実質

的な裁量審査に消極的である[58]。近時、鞆の浦判決など複数の判決が厳密な裁量審査を試みているが、これに対しては批判もある[59]。権力分立と三権の役割分担に照らし、現在の立法、司法による行政裁量の統制は不十分であり、立法解決が望ましい。具体的には、代替案検討・費用便益分析の義務づけのほか、合意形成機能の強化、事業見直し・廃止手続の整備等を内容とする公共事業手続法を制定することが望ましい。また、アセス法の改正で導入された計画段階配慮書手続（同3条の2以下）の運用を注視し、裁量審査に活用していくことも必要であろう。

　なお、関連して行政訴訟特有の制度に釈明処分の特則（行訴23条の2）、職権証拠調べ（24条）があるが、後者は使われていない。

この点、原発訴訟では特別な裁量審査が行われている。

すなわち、**伊方原発判決**（最一判平成4年10月29日民集46巻7号1174頁〈89〉）によると、原発の安全性に関する被告行政庁の判断の適否が争われる原子炉設置許可取消訴訟における裁判所の審理・判断は、原子力委員会・原子炉安全専門審査会（現・原子力規制委員会）の専門技術的な調査審議・判断を基にしてされた被告行政庁の判断に不合理な点があるか否かという観点から行われるべきであって、現在の科学技術水準に照らし、①右調査審議において用いられた**具体的審査基準に不合理**な点があり、あるいは②当該原子炉施設が右基準に適合するとした**上記委員会等の調査審議・判断の過程に看過し難い過誤・欠落**があり、行政判断がこれに依拠してされたと認められる場合、行政判断には不合理な点があるものとして、右判断に基づく原子炉設置許可は違法とされる。

また、行政判断に**不合理**な点があることの**主張立証責任**は、本来、原告が負うべきものであるが、被告行政庁の側で、まず、上記委員会等の調査審議で用いられた具体的審査基準および調査審議・判断の過程等、**行政判断に不合理な点のないことを相当の根拠・資料に基づき主張立証する必要があり、これを尽くさない場合、行政判断に不合理な点があることが事実上推認**される。

3　違法主張の制限

(1)　自己の法律上の利益に関係のない違法主張の制限

行訴法10条1項は、抗告訴訟の主観訴訟としての性格から、自己の法律上の利益に関係のない違法事由の主張を制限している。確立した判例はな

---

[58]　徳山ダム判決、苫田ダム判決、一連の圏央道訴訟等、枚挙に暇がない。
[59]　例えば鞆の浦判決につき、高木光「行政法入門51　審査密度(1)」自治実務セミナー2010年7月号4頁以下ほか。

が、原告適格との関係で違法主張制限の範囲を広く認めて主張を厳格に制限する①**厳格制限説**と、同条による主張制限の範囲を限定し広く違法主張を許容する②**第三者固有利益主張制限説**が対立している。

厳格制限説は、処分の**本来的効果**に着目して処理を2つに分ける。(i)処分の本来的効果として原告の権利利益が侵害される場合（侵害処分の**名宛人等**が取消訴訟を提起する場合）と、(ii)処分の本来的効果によっては原告の権利利益が侵害されない場合（処分が権利侵害を予定しない場合）を区別する。(i)は例えば公水法の埋立免許により埋立対象となる公有水面に漁業権を有する者、事業認定における起業地内の土地所有者が取消訴訟を提起する場合であり、(ii)は例えば、第三者原告による許認可取消訴訟など多くの環境保護訴訟がこれに当たる。

(i)の場合には、処分要件を定めた規定は、その要件を満たすときに初めて処分による原告の権利利益の制限が許容されるという意味で、原則として、すべて原告の権利利益を保護する趣旨を含むから、例外的に専ら原告とは異なる立場の第三者の利益のみを保護するための規定違反の主張だけが10条1項により制限される。

　　　例えば、事業認定の要件のうち、「土地の適正且つ合理的な利用」（収用20条3号）では公共性が大きな争点となるが、起業者の意思・能力要件（同条2号）等も含めて、土地を収用される地権者原告は当然に処分要件の不充足性を争いうる（この点は10条1項につきいずれの説に立っても争いがない）。例外的に、事業認定庁が土地管理者の意見聴取（収用21条）等を欠いたとしても、同条は第三者固有の利益を守る趣旨の規定であるから、原告は当該手続違法を主張できない。この点、騒音被害を根拠に原告適格を認めた**新潟空港判決**（最二判平成元年2月17日民集43巻2号56頁〈旧36〉）では、航空法101条1項（当時）の事業免許の要件（2号：当該事業の開始によって当該路線における航空輸送力が航空輸送需要に対し、著しく供給過剰にならないこと、3号：事業計画が経営上および航空保安上適切なものであること）不充足の主張につき、自己の法律上の利益に関係のない違法であるとして、請求を棄却した。

これに対し、(ii)の場合、原告適格を基礎づける根拠規定はまさに法が予定している原告の権利利益を保護する趣旨を含むが、処分が当該根拠規定に違反していないのであれば法が保護しようとする範囲での原告の個別具体的な利益は十分に保護されているから、**原告適格を基礎づける規定以外の処分の根拠規定違反の主張は10条1項により制限**される。（三井グラウンド判決〔東京地判平成20年5月29日判タ1286号103頁〕等）。

上記の事業認定の例なら、（地権者と異なり）起業地の周辺住民の原告適格は認められていないが、仮に上記収用法20条3号により適格が認められても、同条2号不充足の主張もできないことになる（公聴会の不開催等の手続違法は主張できよう）。

第三者固有利益主張制限説は、処分の本来的効果の有無で区別せず、10条1項は常に、専ら原告とは異なる立場の第三者の利益のみを保護する趣旨の規定違反の主張を制限するにすぎないとする。10条1項の文言は、処分の本来的効果の有無により区別していないこと、原告適格を有する以上、適法な処分によってのみ原告に対する利益侵害が正当化されるというべきである（行政訴訟は適法性確保機能も有しており処分が違法であるのにあえて処分を適法として維持する必要はない）こと、10条1項が厳格に適用されれば原告適格を拡大した趣旨を没却しかねないことから、本説が妥当であろう（塩野173頁以下参照）。特に環境保護訴訟では、10条1項の主張制限が問題とされやすく、留意が必要である。

東海第二原発判決（東京高判平成13年7月4日判タ1063号79頁）は、原子炉等設置許可の取消訴訟で10条1項により主張しうる違法事由が「その処分の取消しを求めようとする者個々人の個別的利益を保護するという観点から定められた処分要件の違背のみに限定される」ものではなく、「不特定多数者の一般的公益保護という観点から設けられた処分要件であっても、それが同時に当該処分の取消しを求める者の権利、利益の保護という観点とも関連する側面があるようなものについては、その処分要件の違背を当該処分の取消理由として主張することは、何ら妨げられるものではない」とした。そして、核原料物質、核燃料物質及び原子炉の規制に関する法律（原子炉等規制法）24条1項各号の定める原子炉設置許可処分の3号（現2号、以下同）のうち技術的能力要件、4号（現3号、以下同）の災害防止要件は、いずれも「控訴人ら住民の生命、身体の安全等を個々人の個別的利益としても保護しようとする趣旨から設けられたもの」であるとして、違法主張を認め、また、3号のうち経理的基礎に係る要件も、「災害の防止上支障のないような原子炉の設置には一定の経理的基礎が要求されることなどから設けられたものであり、控訴人らの生命、身体の安全の保護という観点と無関係なものではない」等として、違法主張を広く認めた。いわゆる**もんじゅ判決**は、原告適格を認めるにあたり3号のうち技術的能力要件に限って根拠としており、経理的基礎要件を根拠としていないから、後者については違法主張ができないとの理解もありえたが、判決はいずれについても違法主張を認めた。ただし、判決は、（同24条1項4号の）「災害防止に係る要件に関する事項であっても、それが専ら控訴人ら

以外の個人の利益保護を目的とするものであり、控訴人らの個人的利益とはおよそ係わりのないようなものである場合には、仮にその点に関して本件処分に違法とされる点があったとしても」、自己の法律上の利益に関係のない違法として主張しえないとし、「控訴人ら以外の本件発電所における作業者の被曝の危険性に関する問題等は、本件訴訟の審理の対象から除かれる」とした。

(2) 原処分主義・裁決主義

　行政不服審査の申立て (68頁) を利用した場合、原処分のほかに、申立てに対する裁決も訴訟対象とすることが考えられる。この点、行訴法10条2項は、原処分の違法を原処分取消訴訟のみで争わせる**原処分主義**を採用した。訴訟手続の交通整理の問題であるが、原処分主義が妥当する場合、裁決取消訴訟では、原処分の違法は主張できず、**裁決固有の瑕疵のみ**主張しうる。

　逆に個別法が裁決取消訴訟のみ提起可能とする場合 (**裁決主義**)、同訴訟でしか原処分の違法主張ができない (環境訴訟では土地改良法に立法例があった)。

4　違法性承継

　一連の行政過程において、**先行行為**と**後続行為**のいずれにも**処分性**がある場合、後続行為の取消訴訟で、先行行為の違法性を承継し後続行為も違法である (**違法性承継**) との主張は、原則として許されない。先行行為の取消訴訟が提起できるなら、同訴訟で先行行為の違法を主張すべきであり、出訴期間を徒過すれば不可争力が生じ、もはや先行行為の取消事由を主張できない (**違法性の遮断**) と理解されるためである。

　　例えば名古屋地判平成20年11月20日判自319号26頁は、産廃の適正処理を命ずる①措置命令 (廃掃19条の5第1項) につき②代執行 (同19条の8第1項) をした行政庁から受けた代執行費用の③納付命令の取消訴訟で、③は②の違法を承継しないとして、①の違法主張を封じた。

　しかし、裁判例と学説は、(表現に差異はあるが大要) ①先行・後続処分が目的・手段の関係にあり**相結合して一つの効果の実現を目指し完成する一連の行為**であり、先行処分の違法を争う手続的保障が十分にない場合は、例外的に違法性承継を認める。ただし、いかなる場合がこれに当たるかは必ずしも明確でないが、①については、先行・後続処分の段階性・連続性・一体性、目的共通性、要件共通性などが考慮されている。例えば収用法の事業認定と収用裁決の間では肯定され (340頁)、他方、課税処分と滞納処分との間では否定される (髙橋99頁)。

違法性承継につき確定判例はないが、**タヌキの森判決**（最一判平成21年12月17日民集63巻10号2631頁）は比較的緩やかに認めた。

　　　　判決は、東京都建築安全条例4条1項所定の接道要件を満たさない建築物につき、同条3項に基づく①**安全認定**[60]が行われた上でされた②**建築確認**の取消訴訟において、先行行為たる安全認定が取り消されていなくても、①の違法ゆえに後続処分たる②建築確認も違法であるとの主張を認めた。

　　　　従来の一般的な理解では、先行処分の違法は後続処分には原則として承継されないから、①の違法は①の取消訴訟で争うべきであり、②の取消訴訟では、①の違法主張は遮断される（①の違法は②に承継されない）とも考えられた。しかし判決は、(i)②における接道要件充足の有無の判断と、①における安全上の支障の有無の判断は（現在では異なる機関が各権限に基づき行うが）もともとは一体的に行われており、避難・通行の安全確保という同一目的の達成のために行われること、(ii)①は、建築主に対し②申請手続における一定の地位を与えるもので、②と結合して初めてその効果を発揮すること、さらに、(iii)①があっても、周辺住民等がその存在を速やかに知りうるとは限らず、①の適否を争う手続的保障が十分にないから、仮に周辺住民等が①を知っても①により直ちに不利益を受けず、②の段階で初めて不利益が現実化すると考え、②の段階まで争訟を提起しなくともあながち不合理ではないことを理由とした。処分性を拡大するにあたり、取消訴訟に伴う諸制約が問題とされてきたが、本判決は後続処分の取消訴訟における先行処分の違法主張を柔軟に認めた点で重要である。

　処分性の拡大傾向の中で、違法性承継を厳格に否定すると、かえって原告に不相当な**失権効**を与えかねないから、早期の司法審査の承認が常に後の段階の司法審査の否定を正当化するものではない（阿部Ⅱ177頁以下参照）。本来、行政処分は適法にされるのが当然であり、司法アクセスの観点から原告に複数の出訴機会を許容する余地もある。よって、タヌキの森判決のように上記の例外許容要件を緩やかに解すべきである。

　なお、先行行為に処分性がない場合は、その抗告訴訟を提起しえないから、後続処分は当然に先行行為の違法を引き継ぎ、後続処分の取消訴訟で、先行行為の違法を理由とする後続処分の違法を主張しうる。これは違法性承継の場面ではない。

---

[60]　建築物の周囲の空地の状況その他土地および周囲の状況により知事が安全上支障がないと認める処分であり、安全認定があれば4条1項は適用しないとされ、接道要件の充足が不要となる。

5 違法判断の基準時

裁判所が処分の違法を判断する場合に、①処分時、②判決時（正確には口頭弁論終結時）の**法令・事実状態**のいずれを基準にして判断すべきかという問題がある。

①を**処分時説**、②を**判決時説**という。不作為の違法確認、義務付け訴訟では②が、取消訴訟では①が通説である。例えば利水目的のダム建設のための事業認定取消訴訟の係属中に、開発した水源を利用するはずだった工場誘致計画が頓挫したとしても、処分後の事実状態の変化にすぎないから、かかる事情は考慮されない（二風谷ダム判決参照）。

なお、原発訴訟において、**伊方原発判決**（前掲最一判平成4年10月29日）は、原子炉等規制法に基づく原子炉設置許可につき、「現在の科学技術水準に照らし」処分の違法判断をすべきものとする。これは、処分時の事実を現在の知見に照らして評価する趣旨であり、処分時説とは矛盾しない[61]。

六　行政訴訟の判決

1　判決の種類

(1) 訴訟判決・本案判決、中間判決・終局判決

処分性、原告適格等の訴訟要件を欠くなど訴えが不適法である場合、本案（訴訟物）に関する司法判断は得られず、**訴え却下**判決（**訴訟判決**）がされる。環境保全訴訟に例が多い。訴訟要件を充足すると本案審理がされ、**本案判決**がされる。原告の請求を①認めない場合（処分に違法事由がない等）は**棄却判決**が、②認める場合（処分に違法事由がある等）は**認容判決**がされる。一部認容、一部棄却等の一部判決もありうる。

これらは**終局判決**（民訴243条1項）であるが、例えば原告適格に係る判断のみを先行してする**中間判決**（同245条）や、処分に関する**中間違法宣言判決**（行訴31条2項）もある。

> なお、環境訴訟は多数当事者が原告となる事案が多い。一身専属的権利・利益を基礎とする場合、原告の死亡により訴訟手続は終了する。生命・身体の利益は一身専属的であり（**川崎がけ崩れ判決**〔最三判平成9年1月28日民集51巻1号250頁〕）、人格的利益を基礎に原告適格が認められた場合でも、決定で訴訟手続は終了する。

(2) 事情判決

行政訴訟に特有の判決として**事情判決**（行訴31条1項）がある。処分が違

---

[61] その他、立証責任につき、河村8頁以下、関連請求等につき同79頁以下など。

法であっても、その取消しにより公益に著しい障害を生ずる場合、原告の損害の程度、損害の賠償・防止の程度・方法その他一切の事情を考慮し、処分の取消しが公共の福祉に適合しないと認めるときは、裁判所は、請求を棄却できる。この場合には、当該判決の主文で処分の違法が宣言され、既判力が発生する。

> 実例として、ダム建設目的の収用裁決（二風谷ダム判決）、道路建設目的の都市計画事業認可・権利取得裁決・明渡裁決（広島地判平成6年3月29日判自126号57頁）等の例がある。

2　判決の効力

(1)　形成力

取消訴訟は形成訴訟と解され、確定取消判決により、処分は**遡及的に失効**する（**形成力**）。そのため、行政庁による取消しは不要である。形成訴訟でない確認判決、給付判決には形成力はない。

形成力には**対世効（第三者効）**がある（行訴32条1項）。民訴法の原則では判決効は当事者にしか及ばないが、その例外である。対世効により、勝訴原告は判決効（例えば処分ａの違法）を何人に対しても主張でき、もはや何人も争いえない。環境訴訟に見られる多数原告の場合も同様である。

問題は、一般処分など法的効果が原告以外の第三者に及ぶ場合に、原告と利益を共通にする第三者も処分ａの違法を同様に主張しうるかである。①否定説＝**相対的効力説**は、主観訴訟としての性格を重視し、権利利益の救済ができれば十分と考え、②肯定説＝**絶対的効力説**は適法性確保機能を重視し、一律に違法とする（事情判決の検討につながりやすい）。ただし①でも後出の拘束力による違法が是正されうる。

(2)　既判力 [62]

> 既判力とは、判決が確定した場合、当事者は後訴で、判決中の訴訟物に関する判断をもはや争いえず、裁判所も拘束される判決効を言う。例えば、処分取消訴訟に敗訴した者が、改めて同一処分の無効確認訴訟を提起することは、前訴判決の既判力により許されない。
>
> 既判力は当事者およびこれと同視しうる者に及ぶ（行訴7条、民訴115条。既判力の主観的範囲）。これに対し、既判力が訴訟物との関係でどの範囲に及ぶかは争いがある（既判力の客観的範囲）。

(3)　拘束力

拘束力とは、判決の判断内容を尊重し、当該事件につき判決の趣旨に従っ

---

[62]　訴訟物につき河村72頁以下、既判力につき同187頁以下など。

て行動し、矛盾する処分等がある場合には、適切な措置を義務づける効力（33条1項）である。**既判力**と違い、判決理由中の判断についても及ぶ。

申請却下・棄却処分の取消判決は、**形成力**により申請状態に戻るため、行政庁は、①認容処分か、②別の理由による拒否処分をしなければならない（33条2項）。手続違法の取消判決も同様である（33条3項）。処分が違法とされた以上、同一事情の下で同一理由により同一処分をすることは許されない（反復禁止効）。

拘束力により不整合処分の取消義務が生じる。①違法性の承継が認められる場合、②後行行為が先行行為を前提とする場合に取消義務がある。例えば、事業認定の違法を理由とする(i)収用裁決の取消判決がされると、(ii)事業認定の取消しが義務づけられる。(i)は収用委員会が、(ii)は事業認定庁（国土交通大臣等）が行政庁であるが、拘束力は処分行政庁のみならずその関係行政庁に及ぶ。

環境訴訟では、環境影響にかかる原状回復が必要となる。拘束力の内容として、処分を前提とした工事等により生じた違法状態を除去して原状回復する義務を負うかにつき争いがあるが、明文ある場合（例えば公水35条）を除き、原状回復義務を否定する見解が有力である。

> 例えば、**東京地判昭和44年9月25日判タ242号291頁**は除却命令を受けた違反建築物につき代執行で除却工事が完了した場合、原状回復義務は生じないため（代執行令書発布処分取消訴訟の）狭義の訴えの利益が失われるとしている。

七　行政不服審査

1　概説

行政不服審査は、行政上の救済手段であり、狭義の行政争訟制度とも呼ばれる。行政不服審査は、①行政の自己反省（自己統制）機能、②簡易迅速性、③費用の低額、④（違法性にとどまらない）不当性審査、⑤行政の専門性の点で、行政訴訟と異なる独自の意義をもち、環境紛争でもしばしば利用されている。

一般法として**行政不服審査法**（行審法）があるが、個別法により様々な制度が設けられ、制度が分野ごとに異なるやや複雑な法状況となっている。行審法は2014年に全面改正されて新法が制定された。

一般に、行政不服審査は、行政訴訟の前段階の行政救済手続として位置づけられる。行訴法は、①不服申立てをするか、②不服申立てを経ないで直ち

に取消訴訟を提起するか、③両方の手続を同時にとるかを自由に認める**自由選択主義**を原則とする（行訴8条1項本文）。しかし、原則と例外が逆転し、個別法上、**不服申立前置**とされ、出訴にあたり1または2段階の行政不服審査の義務づけがある場合も多かったが、2014年改正で大幅に解消された。

環境法分野でも、個別法により不服申立てが前置される場合は少なくなかった。主な不服申立ての規定には、建基法96条、都計法52条、公健法108条※・110条、鉱業法135条、採石法38条、漁業法135条の2第1項、水産資源保護法35条1項、国土利用計画法21条、じん肺法20条※、砂利採取法30条3項、農地法54条1項、原子炉等規制法70条2項、土地改良法87条10項等があったが、※を除き改正により前置は改正で廃止された。

2　不服申立ての種類・対象

行審法は、行政庁の違法・不当な処分に対する不服申立手続を定め、簡易迅速かつ構成な手続で①国民の**権利利益**の救済とともに、②**行政の適正**の確保を目的とする（1条）。

従来、不服申立てには、処分庁に再考を求める①**異議申立て**、処分庁の直近行政庁や第三者機関が審理する②**審査請求**、法の定める場合に②の裁決を経た後さらに行う③**再審査請求**があり（旧法3条1項）、審査請求中心主義がとられていた（旧法6条ただし書。ただし、不作為については①②いずれもできた）。

新法では①が廃止され、最上級行政庁（大臣等）がより充実した審理を行う新しい②**審査請求**に統合された。③は整理されて法律に特別の定めがある場合に存続するが、訴訟とは自由選択となる（ただし、例外的に①に代わる手続として、公健法、国税、関税に基づく大量処分につき、再調査請求が創設される。自由選択であり、前置ではない）。

不服申立ての対象は、行政庁の「処分」（新法2条）または「不作為」（同3条）であり、抗告訴訟にいう処分性と同様と捉えてよい。新法は、申請に対する不作為につき処分を義務づける裁決を新たに許容した。

なお、行手法も同時に改正され、①何人も、書面で具体的事実を摘示して、法令違反是正のための処分・行政指導を求めうる制度が新設された（36条の3）。環境紛争では例えば、建基法違反の建築物について、第三者である周辺住民が特定行政庁に是正命令権限の行使を求める場合が当たる。また、行政指導につき、②行政指導に際し許認可等の権限を行使しうる旨を示す場合は、根拠条項や当該条項の要件に適合する理由を示す義務を規定し、③法令違反の是正を求める行政指導（法律に根拠があるものに限る）を受けた者は、当該行政指導が法律の要件に適合しないと思料する

場合に、その中止等を求めうる制度が新設された（36条の２）。

3　不服申立人適格・不服申立期間・執行不停止原則

新法２条は、「行政庁の処分に不服がある者」は審査請求ができると定める。不服申立人適格については、一般に行訴法９条１項にいう「法律上の利益」に関する議論がそのままあてはまるとされている（最三判昭和53年３月14日民集32巻２号211頁。ただし、行政不服審査制度の目的は行政訴訟と同一ではなく、文言も異なっているから、より広く解する余地がある）。

従来、審査請求は、処分があったことを知った日の翌日から起算して60日以内にする必要があったが、新法は不服申立期間を３カ月に延長するとともに、正当理由による期間徒過を容認した（18条）。

不服申立てに処分の執行停止効をもたせるか否かは立法政策の問題であるが、不服申立ては、処分の効力、処分の執行または手続の続行を妨げないとし、行訴法と同様、執行不停止原則を採用している（25条以下）。

4　審理体制・手続、裁決等

新法は手続の公正性を高めるべく、審査庁の職員から指名される**審理員**に手続を主宰させるとともに、第三者機関として**行政不服審査会**を新設した。審査請求がされると、審理員の下、対審構造で審理がされ、審理員は審査庁の裁決の案を**審理員意見書**として提出する。審査庁は行政不服審査会に**諮問**をし、**答申**を得て、これを踏まえて**裁決**する。

図表1-2-5：審査請求の構造

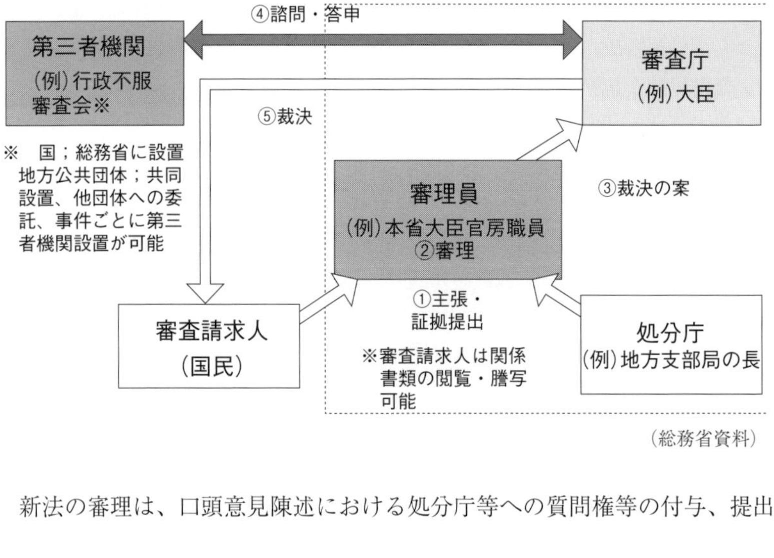

（総務省資料）

新法の審理は、口頭意見陳述における処分庁等への質問権等の付与、提出

書類等の閲覧・謄写、標準処理期間の設定・公表等の手続が充実した。

　行政不服審査では、行政訴訟とは異なり不当性審査が可能であるが、これまでほとんどされていなかった。審理員・審査会制度の導入により、処分の不当についても充実した審理が期待される。

　この点、**東京地判平成30年5月24日判時2388号3頁**は、建築（計画変更）確認を取り消した建築審査会の裁決の取消訴訟で、原告は行訴法10条1項の主張制限の類推適用を主張したが、根拠がないとして退けている（控訴審である東京高判平成30年12月19日 LEX/DB25561882も同様）。

　審査請求には**裁決**（異議申立ての場合は決定）がされ、（原処分主義に服するが）行政訴訟でも争いうる。**事情裁決**の制度もある。裁決は、審査庁の行う行政処分としての効力を有する。と同時に、裁決・決定は、裁断行為としての効力をも有する。裁決に審査庁等も拘束され、自ら取消し・変更ができず（不可変更力）、認容裁決により、原処分が取り消されると、原処分は最初からなかったことになる（形成力）。裁決は、関係行政庁を拘束する（52条、拘束力）。

第3節　環境民事訴訟概説

　環境民事訴訟は、**損害賠償請求訴訟**と**差止請求訴訟**に大別される。通常は、環境行政訴訟に比べて後の段階の提訴になり、事後救済を主たる任務とする。ただし、特に近時では継続的侵害の差止めや予防的差止めが請求される場合も多く、環境行政訴訟と同様の被害防止機能をもつ。
　以下、一〜八で損害賠償請求を、九以下で差止請求を概観する。

一　損害賠償請求

1　公害被害の救済
⑴　不法行為に基づく損害賠償
　例えば工場排煙が形成する大気汚染により、気管支喘息等の健康被害を受けた者は、加害者たる原因企業を被告として、医療費や慰謝料等の損害につき、**不法行為**に基づく損害賠償請求訴訟を提起しうる。**公害健康被害補償**制度（第4節〔100頁〕）も利用しうるが、簡易迅速な処理を目指す同制度は損害のすべてをカバーしておらず、十分に救済されるとは限らない（後述のごとく、2025年現在では第一種地域が指定されておらず同制度を新規に利用しえない）。

　　　　実際には、環境訴訟は、消費者被害や労働災害とも重なり合い、債務不履行や契約不適合責任（債権法改正前の瑕疵担保責任）等に基づく損害賠償として請求される場合もありうる（土壌汚染では一部触れる）し、社会保障とも関連する面を有している。

　また、従来は公害健康被害が中心とされたが、近時では景観利益などアメニティ侵害を理由とする訴訟も提起されている（ただし損害賠償では実際に救済されず、むしろ差止請求にこそ提訴の主眼がある）。
　以下では、不法行為に基づく訴訟を取り上げるが、国・公共団体の不法行為については国賠法が適用される。国賠法1条は①**公権力の行使**（ただし処分概念より広く、私経済活動と②以外の行政作用を指す・**広義説**）による損害を、同法2条は②**営造物の設置管理の欠陥**による損害賠償責任をそれぞれ規定する。①は民法709条に、②は民法717条に対応すると理解すればよい。①②以外の行為は、民法の不法行為の対象となるが、被害者救済の面で実質的差異はない。

(2) 損失補償

　国家賠償は違法な行政作用にかかる救済であるのに対し、適法な行政作用にかかる救済として、**損失補償**がある。国・公共団体が適法な公権力の行使により、財産権等を侵害した場合、特別の犠牲が生じた者の損失を填補する制度である。私有財産保護と平等原則を根拠とする。すなわち財産権保障には例外があり、公共の利益のため用いうるが、憲法29条3項は補償を条件とする。また、私人も公益のため必要な犠牲は一定程度受忍しなければならないが、全体のために一部の者が特別の犠牲を強いられる場合は、平等原則から全体の利益で特別の犠牲を補償する必要がある。損失補償請求権が個別規定に具体化されている場合は、当該規定を根拠とするが、規定がない場合は憲法29条3項に基づく直接請求が可能である。環境訴訟でも、収用法や自公法に損失補償の規定例がある。

　損失補償は①**補償の要否**（「特別の犠牲」に当たるか）と、②**補償レベル**の問題がある。①は(i)侵害行為の特殊性、(ii)侵害行為の強度、(iii)侵害行為の目的等を総合判断して決する（宇賀Ⅱ532頁）。②は争いがあるが、財産の客観的価値の全部を補償すべきとする説を支持したい（**完全補償説**〔最一判昭和48年10月18日民集27巻9号1210頁〕）。

　なお、違法行政作用により私人に被害が生じた場合でも、過失がない場合（違法無過失）には、損害賠償責任を負わず、損失補償も必要がない。かねて**国家補償の谷間**として問題とされている。

　損失補償請求の形式をとる環境訴訟は少ない。本書では第8章(380頁)で扱う。

2　不法行為の成立要件

　損害賠償請求訴訟では、公害被害を及ぼす被告の行為が、被害者たる原告との関係で、**民法709条**の一般不法行為に当たるとして責任を追及する。同条は、①故意または過失によって、②他人の権利または法律上保護される利益を侵害した者は、③これによって生じた④損害を賠償する責任を負うとしている。

　すなわち不法行為責任は、①**故意過失**、②権利利益の侵害（**違法性**）[1]、③

---

(1)　発展的議論に、受忍限度を請求原因（判例）、抗弁（学説）のいずれと捉えるかという問題がある。少なくとも人格権（権利）侵害は、当然に違法なはずであるから、原告に違法性を請求原因として主張させるのではなく、被告に正当化（違法性阻却）事由たる受忍限度を抗弁として主張させるべきとする見解を支持したい。また、近時の最判につき、権利利益侵害を違法性とは独立に判断する厳密な理解があるが、本書では違法性要件の中での説明を試みる。以上につき、大塚B488頁。

因果関係、④**損害**の発生が認められる場合に成立する。①〜④は不法行為の**成立要件**と呼ばれる。交通事故や名誉棄損など不法行為訴訟は多岐にわたるが、分野によって争点となりやすい要件や問題の現れ方が異なる。以下、環境訴訟について概説する。

二　故意過失

　不法行為の成立要件としての故意は、自分の行為が権利利益の侵害に当たることを認識、認容して当該行為をする心理状態をいう。非難可能性の程度が過失よりも高いが、成立要件として違いはなく（継続的侵害行為の場合、被害と因果関係を認識した時点で、過失は故意に転化するともいえる）、環境訴訟で問題となる場合は少ない[2]。以下では、過失を扱う。

1　過失責任主義とその修正

　過失とは、**一定の状況下でなすべき行為（注意）義務の違反**をいう。行為義務違反の有無の判断は、原則として**一般人、通常人を基準**とするが、専門家の過失については、専門家の一般水準に照らし判断されるなど修正される場合がある。

　環境訴訟では、法人の事業活動にかかる過失がしばしば問題とされるが、個々の従業員を特定しその過失を主張立証させるのは適切でない場合が多い。そこで、法人という組織体の過失（組織的過失）を問題とし、709条に基づく法人自体の不法行為責任を認める立場が有力であり、裁判例でも採用されている。

　不法行為法では、権利利益の侵害行為につき加害者に過失がなければ責任を問えないとされてきた（**過失責任**主義）。故意過失なきところに責任はないとする過失責任主義は、19世紀に確立した自由主義の思想に基づき、資本主義の発展を裏から支えたと言われる。

　過失責任主義は、加害者と被害者の立場が入れ替わることを前提としていたが、公害問題を想起すれば明らかなように、資本主義の発展とともに立場の互換性は失われ、科学技術の進展とともに予見困難な損害が発生し、過失の立証は困難となった。

　そこで、環境分野に限らず、近時、過失責任主義の**修正**が見られる。すなわち、他人に対して危険を作出する者は危険性に応じた責任（結果回避義務）

---

[2]　安中公害判決（前橋地判昭和57年3月30日判タ469号58頁〈旧6〉）は、製錬所からの重金属や亜硫酸ガス等の排出による農業被害等を当初から知っていたとして、故意責任を認めたが、懲罰的賠償を否定した。

を負うとする**危険責任**や、利益あるところ損失もまた帰せしむべしとする**報償責任**の考え方が、環境や消費者保護等の分野で主張、採用されている。

2　予見義務と結果回避義務

行為義務の内容は、①権利利益侵害の結果を予見すべきであったのにしなかったという**予見義務違反**を重視する**予見可能性説**と、②結果の予見可能性を前提として、さらに、予見しえた結果を回避できるのにしなかったという**回避義務違反**を重視する**回避可能性説**に大別される。

学説上は①が有力であり、他方、判例は②を採用する。が、いかなる場合に行為義務違反が生じるかは、被害の種類・内容・性質・程度や加害行為の態様など、事案によって一様でなく、環境紛争分野・事案ごとに検討する必要がある。

過失は、(i)操業に伴う環境影響による健康被害の有無を調査研究し、被害の生じないよう操業すべき注意義務としての**操業上**の過失と、(ii)コンビナートのような集団的立地や水源地への廃棄物処理施設の設置など、施設と周辺居住者との位置関係・距離、地形、風向、水流、気象条件等を調査研究し、被害の生じないよう立地すべき注意義務としての**立地上**の過失に分けられる場合もある。

　　古く戦前の大阪アルカリ判決（大審一判大正5年12月22日民録22輯2474頁〈1〉）は、硫酸製造等に伴う亜硫酸ガス等の大気汚染による農産物被害の損害賠償請求につき、被害防止のための相当の設備を施していれば過失なしとする相当の設備論を採用したが、過去の議論である。

四日市ぜんそくや**水俣病**（第5節〔113頁〕）のごとく、少なくとも生命・身体侵害の場合は、結果の重大性から、高度の予見義務と、（結果回避コストが莫大となろうと）**操業停止**を含む結果回避義務が認められており、過失の認定において、上記①と②の差異はあまりない。

　　法による未規制物質が排出され、浄水場における浄水過程で注入された塩素と反応し、有害な消毒副生成物が生成されたため、浄水場では取水が停止され、断水・減水が発生し、水道事業者（自治体）が拠点給水所の設置、給水車の出動等による応急給水を余儀なくされた事件がある（平成24年の**利根川水系ホルムアルデヒド事件**）。排出した未規制物質が他の物質との化合により有害物質が生成された場合、健康被害が発生していなければ、無過失責任に関する水濁法19条の適用はなく、主として予見可能性及び結果回避義務違反が問題となる。上記事案では原因企業（排出事業者）が全損害を賠償する和解が成立したが、事案や科学的知見により過失の有無は異なりうる。

3 環境法における修正──無過失責任

上述の危険責任の法理に基づき、加害者が過失の有無にかかわらず損害賠償責任を負う**無過失賠償責任**制度が一部の個別法で導入されている。環境法分野では、鉱業法109条、原子力損害の賠償に関する法律3条等があり、大防法25条および水濁法19条が、健康被害の無過失賠償責任を限定的に定めている（183頁、212頁）。

三　違法性

1　相関関係説と受忍限度論

不法行為の成立要件のうち、**違法性**は、過失との関係も含め、特に議論の多い要件であるが、一般に**被侵害利益の種類・性質**と**侵害行為の態様**との相関関係によって判断される（**相関関係説**）。

不法行為論は百家争鳴の感があり、諸判例も統一的な説明は困難だが、本書では「不法行為二分論」（加藤180頁以下）をベースとして整理する。

二分論では、侵害を受ける権利利益を2つに分けて考える。すなわち、まず①生命・身体等の絶対的な権利が侵害される**権利侵害類型**の場合は、加害者に故意過失があれば、常に不法行為が成立する。水俣病が典型例である。

これに対し、②**生活妨害型**公害その他生活環境利益が侵害される**違法侵害類型**の場合は、相関関係説に従い（ただし、判例・学説によって表現ぶりは異なる）、被侵害利益の性質・内容、加害行為の公共性の内容・程度、環境法規の遵守状況、公害防止設備の設置状況、地域性、先住性等の諸要素を総合的に考慮して、侵害が**社会通念上許容すべき程度を超えるか否か**という基準で、違法性の有無を判断する（**受忍限度論**）[3]。この場合、違法性と故意過失は受忍限度判断の中で一元的に判断される。

ただし、受忍限度の考慮要素は、環境分野によって異なり、一律の判断とはならない。事例の蓄積（例えば日照侵害）や最高裁判例（例えば工場騒音）により具体的な考慮要素や判断枠組みが確立されている分野もあるが、他方で、これらが十分に確立しておらず、下級審を中心に異なる判断が見られる分野もある（受忍限度論は例えば、ごみ集積場へのごみ排出差止請求など身近な

---

[3] 大塚教授による下級審裁判例の分析では、①加害者の利用方法の地域性への適合の有無、②加害者の被害防止対策（経済的期待可能な措置）実施の有無、③加害行為の公共性の有無・程度、④環境影響評価や住民への説明などの手続履践の有無、⑤法規違反（規制基準違反）の有無、⑥（日照妨害について）加害者と被害者の先住後住関係などが考慮されてきた（大塚B510頁）。

事件〔東京高判平成8年2月28日判時1575号54頁〈56〉〕にも広く用いられる）。

また、総合判断の基準・方法も受忍限度論のみではなく、例えば景観利益侵害では社会的相当性論が用いられる。

2 受忍限度判断の例

判断枠組みが確立された道路騒音訴訟の受忍限度判断を紹介する。

著名な**国道43号線判決**（最二判平成7年7月7日民集49巻7号1870頁〈25〉）は、国賠法2条の「**営造物の瑕疵**」の判断基準として受忍限度論を用い、道路騒音が受忍限度を超えるか否かの判断につき、次のように判示する。

営造物の供用が第三者に対する関係で違法な権利利益の侵害となり、営造物の設置・管理者が賠償義務を負うか否かの判断では、「侵害行為の態様と侵害の程度、被侵害利益の性質と内容、侵害行為の持つ公共性ないし公益上の必要性の内容と程度等を比較検討するほか、侵害行為の開始とその後の継続の経過及び状況、その間に採られた被害の防止に関する措置の有無及びその内容、効果等の事情」を総合考慮して決する（87頁）。

このように、受忍限度判断における考慮要素は、例えば日照被害、工場騒音等の環境紛争分野により異なっている（第2章）。

3 受忍限度論の限界

受忍限度論は、環境分野ごとに、考慮要素に統一性をもたせながら、個別事案に応じた諸要素の総合判断を通じて、柔軟で妥当な解決を導く機能を果たしている。しかし、裁判所による「総合」判断は、うまく機能すれば柔軟と評価しうるが、受忍限度論の用い方次第では、諸要素の恣意的な重みづけも可能であり、結論に至る過程が不透明なブラックボックスに堕する（裁判官への白紙委任となる）おそれもある。

特に加害行為の公共性を総合判断の要素に取り入れると、特定少数の被害者の利益に比べて、公共事業など加害行為の公共性が高い事案では、受忍限度を超えるとの判断がされにくい。そこで、犠牲となる特定少数者保護の観点から（外部不経済の内部化につき1頁）、少なくとも**損害賠償訴訟**では、受忍限度判断にあたり**加害行為の公共性を考慮すべきでない**とする学説も有力である（道路騒音訴訟につき85頁、保育園事件につき149頁）。

> 環境影響による被害は本来、たまたま原告となった者のみならず、大なり小なり地域全体に及んでいるから、総合判断において公共性を考慮する場合でも、対抗利益として（原告の被害だけでなく）地域全体に及ぶ被害を考慮すべきとする説が有力であり（大塚B488頁以下）、類似の立場を示す裁判例も散見される（例えば和泉市火葬場決定〔大阪地岸和田支決昭和

47年4月1日判タ276号106頁〕〈旧2〉、小牧・岩倉ごみ焼却場判決〔名古屋地判昭和59年4月6日判タ525号87頁〕)。

歴史的には、公害訴訟における受忍限度論の克服を狙って**環境権**が提唱されたが、認められていない(第6節五〔128頁〕)。

なお、裁判例でも受忍限度論は常に明示的に用いられるわけではなく、景観利益侵害の違法性判断のように、異なる判断基準がとられる場合もある。

4 先住後住関係──危険への接近の法理

例えば空港騒音等の被害発生を認識しながら転居した者について、違法性が阻却され、または損害額が減額される場合がある。

大阪空港判決は、住民らが航空機騒音の存在を認識しながら被害を容認して居住し、かつ、被害が騒音による精神的苦痛・生活妨害のごときもので直接生命・身体に関わらない場合は、空港の公共性をも参酌すると、住民らの入居後に実際に被った被害の程度が入居の際、住民らがその存在を認識した騒音から推測される被害の程度を超えるものであったとか、入居後に騒音の程度が格段に増大したとかいうような**特段の事情**が認められない限り、被害は住民らが受忍すべきとして、損害賠償請求は許されないとした。

この法理は**危険への接近の法理**と言われ、①**違法性阻却事由**とする構成もありうるが、横田基地判決は②**過失相殺(減額事由)**の問題として扱い、慰謝料を基準額から2割減額した原判決を維持した。②のほうがより柔軟な処理が可能となる。ただし、近時の判決では単純にこの法理を適用せず、排斥する例も見られる(例えば小松基地第3・第4次訴訟判決〔名古屋高金沢支判平成19年4月16日 LEX/DB28131536〕、普天間基地第1次訴訟判決〔那覇地沖縄支判平成20年6月26日判時2018号33頁〕)。

危険への接近は、主に空港・基地騒音のような公共施設の事案で論じられてきたが、生活妨害の事案でも、先住する加害者の近隣に被害者が後住した場合の**先住後住関係**は、受忍限度の判断要素としてしばしば考慮される。

四 因果関係[4]

1 相当因果関係説

不法行為の成立要件のうち、因果関係には、権利利益の侵害行為と損害発生との間の相当因果関係が必要とされ、環境訴訟でも同様である。損害賠償

---

[4] なお行政訴訟において、処分要件として因果関係の存在が必要とされる場合、(申請拒否処分取消訴訟の例であるが)被処分者がすべき因果関係の立証の程度は、通常の民事訴訟の場合と同様とされる(最三判平成12年7月18日判タ1041号141頁)。

の範囲は、当該不法行為から**通常生ずべき損害**とされるのが原則である。ただし、**特別事情**により生じた損害も、加害者がその事情につき予見し、または予見可能性があった場合は賠償範囲に入る（相当因果関係説）。

2 因果関係立証の困難の緩和

因果関係の立証には、**高度の蓋然性**が要求される。判例（ルンバール判決〔最二判昭和50年10月24日民集29巻9号1417頁〕）は、「訴訟上の因果関係の立証は、1点の疑義も許されない自然科学的証明ではなく、経験則に照らして全証拠を総合検討し、特定の事実が特定の結果発生を招来した関係を是認しうる高度の蓋然性を証明することであり、その判定は、通常人が疑を差し挟まない程度に真実性の確信を持ちうるものであることを必要とし、かつ、それで足りる」としている。

しかし、特に**複数汚染源**、**多数被害者**が想定される公害訴訟では、多くの場合、発生源・汚染経路の確定や、被害発生の科学的メカニズムの解明は容易でなく、さらに情報が加害者側に偏在し、被害者が加害企業に比べて、組織・資力・時間等の点で劣後するという事情がある。

そのため、因果関係の立証は、環境訴訟における法的障害の1つとなるが、被害救済の観点から、因果関係立証の困難を緩和すべく、幾つかの裁判上の工夫がされてきた。

(1) 疫学的因果関係論

四大公害訴訟や大気汚染分野等では、被害発生の原因につき、伝染病対策等で用いられる医学上の統計手法、疫学により証明できた場合に、原因と被害の因果関係を推認する**疫学的因果関係論**が採用されてきた。複数の原因がありうる非特異性疾患で威力を特に発揮する議論であるため、本書では第5章（217頁）で扱う。

(2) 確率的因果関係

水俣病訴訟では、因果関係につき高度の蓋然性をもって立証がされない場合でも、**結果発生の確率**に応じた損害賠償を認める考え方をとった裁判例がある（水俣病第3次訴訟東京訴訟判決〔東京地判平成4年2月7日判タ782号65頁〈82〉〕、水俣病関西訴訟第1審判決〔大阪地判平成6年7月11日判時1506号5頁〕）。

これは、医学の限界を原告の不利益に帰せしめるのは不公平であり、水俣病罹患の可能性の程度が連続的に分布していることに着目し、原告が水俣病に罹患している相当程度の可能性があれば、その**可能性の程度**を損害賠償額（慰謝料）の算定に反映させるという考え方である。心証度に応じて損害賠

償を部分的に認容する考え方であり、**確率的因果関係**ないし確率的心証論とも呼ばれる。

心証という内心の説明は容易でなく、また、安易な使用は**事実認定の放棄**につながるとの批判もあるが、因果関係について真偽不明の場合に二者択一でなく、中間的な解決を目指す考え方と評価しうる。

確率的心証論は、全か無かの解決を回避して被害救済を図ろうとする考え方として、他の分野・事案でも、限界事例では利用が検討されてよい。

(3) 一応の立証

因果関係の立証は、**高度の蓋然性**が必要とされるが、上記の事情を考慮し、証明の公平な負担の見地から、原告側が因果関係の高度の蓋然性につき**一応の立証**をした場合には、被告側が上記高度の蓋然性がないことを立証すべきであり、それがない場合には因果関係を認める考え方がある（丸森町決定、276頁）。

裁判例によって表現ぶりは微妙に異なるが、因果関係の存在につき要求される立証の程度を下げることで、立証困難に対応する立場と言える。

一応の立証や以下で述べるアプローチは、近時の差止請求においてしばしば用いられる考え方であるが、差止訴訟でもすでに被害が発生し、損害賠償請求が併合提起される場合もあるから、損害賠償請求においても活用ないし参照しうると考えたい。

(4) 間接反証類似の方法

新潟水俣病第1次訴訟判決（新潟地判昭和46年9月29日判タ267号99頁〈80〉）は、被害者保護の見地から、環境民事訴訟における因果関係の立証困難への対処として、いわゆる間接反証類似の方法を採用した（114頁）。

この方法は、差止請求でも応用され、現在、廃棄物紛争でも見られるが、さらに他の環境分野での応用可能性があろう。大塚教授は、（加害企業の）支配領域とそうでない領域が明確に分かれる場面に用いられやすいとされる。

(5) 伊方原発判決における裁量審査の応用

行政訴訟である伊方原発判決の裁量審査を民事差止訴訟に応用する一連の裁判例がある。すなわち、まず被告側が安全性に欠ける点のないことにつき、**相当の根拠**を示し、かつ、**必要な資料**を提出した上で立証すべきであり、この立証を尽くさなければ、**安全性の欠如が事実上推定**されるとするアプローチである。

これは、民事訴訟としての原発差止訴訟（一例として、川内原発訴訟〔福岡高宮崎支決平成28年4月6日判時2290号90頁〈95〉〕）のみならず、他の分野（長

良川河口堰建設差止訴訟地裁判決〔岐阜地判平成6年7月20日判夕861号49頁〕や産廃焼却施設建設差止訴訟判決〔名古屋地判平成21年10月9日判時2077号81頁〕）の環境民事訴訟でも応用されている。

このアプローチについては、相当の根拠の提示と必要な資料提出が、単に行政基準の遵守で足りるとされれば、被告による立証は極めて容易であり、原告による立証困難の緩和の観点からは意味が乏しくなるとの指摘がある（大塚B513頁）。

五　共同不法行為

環境被害は単一汚染源により引き起こされるとは限らない。複数汚染源により環境被害が生じる場合、誰がいかなる範囲で損害賠償責任を負うか。大気汚染分野に典型例があるため、本書では第5章（219頁）で概観する。

六　損害

1　包括・一律請求

不法行為の成立には、原告である被害者に損害発生が必要である。

損害には、①財産的損害と②慰謝料等の精神的損害がある。①には、(i)実際の財産支出にかかる積極的損害（治療費、通院費等）と、(ii)休業等のため、得られたはずの財産が得られなかったという消極的損害＝**逸失利益**がある[5]。

通常訴訟では、個々の損害の個別立証が要求される（個別損害積上げ方式）が、環境訴訟では加害行為が長期にわたり、また、当事者が多数に及ぶ（基地騒音訴訟の原告は数千人となる）といった特徴がある。環境訴訟でも、しばしば相当な損害賠償額の認定制度（民訴248条）が用いられる。

そこで裁判例では、単なる財産的・精神的損害の積み上げ（例えば交通事故なら、治療費、物損、慰謝料、逸失利益等）ではなく、上記①②を区別しない総体としての損害の**包括請求**が認められている。また、原告の職業や収入にかかわらず同額の賠償を求める**一律請求**や、多数の原告につき被害に応じてランク分けをし、賠償額を定型化する**ランク別一律請求**等が認められている。

---

[5] 環境影響による風評被害も損害となりうる。名古屋高金沢支判平成元年5月17日判夕705号108頁〈88〉等参照。

2　将来分の損害賠償請求

　　通常、損害賠償は既発生の過去分を請求するが、継続的侵害がある場合は、将来分を請求できないかが問題となる。

　　民訴法135条は、将来の給付を求める訴えは、予めその請求をする必要がある場合に限り提起できると規定する。容易には認められていないが、空港・基地騒音訴訟では、被害状況の劇的な改善を望みえず、違法状態が継続する一方、日々の不法行為が次々と消滅時効にかかっていくため、裁判の繰返しを避ける意味でも、将来請求の可能性が議論されてきた。

　　裁判例の多い基地騒音訴訟でも、例えば**新横田基地判決**（最三判平成19年5月29日判タ1248号117頁）は、大阪空港判決に依拠して、継続的不法行為（84頁）に基づき将来発生する損害賠償請求権は、たとえ同一態様の行為の継続が予測されても、①**請求権の成否・額**を予め一義的に明確に認定できないから、具体的に請求権が成立したとされる時点で初めて認定でき、かつ、②（権利成立要件の具備は債権者が立証すべきであるから）事情の変動を新たな権利成立阻却事由の発生として捉え、**立証負担**を債務者に課するのが不当な場合は、将来請求ができないと判示し[6]、判決時点（正確には事実審〔控訴審〕の最終口頭弁論終結日の翌日）以降の損害は請求しえないと判断した。この理は、最一判平成28年12月8日判タ1434号57頁でも改めて判示された。

3　懲罰的損害賠償

　　特に公害訴訟は深刻な人権侵害をもたらす場合があり、単に被害者の損害を回復するだけで正義が実現するとは言い難い場合もある。

　　英米法に、**懲罰的損害賠償**制度がある。これは、環境分野に限らないが、不法行為者に対し、制裁を加え、さらには不法行為を抑止するために、実際に発生した損害の填補に上乗せした損害賠償額の支払いを命ずる制度である。

　　わが国では認められていないが[7]、消費者法等の分野を含め、環境訴訟では立法論として導入が検討されてよい。

---

[6]　原判決は、事実審の口頭弁論終結の日の翌日以降判決時点までの将来請求を認めていたが、本判決はこれを取り消した。

[7]　最二判平成9年7月11日民集51巻6号2573頁は、被害者が加害者から、実際に生じた損害の賠償に加えて、制裁および一般予防を目的とする賠償金の支払いを受けうるとすることは、わが国における不法行為に基づく損害賠償制度の基本原則ないし基本理念と相容れず、本件判決（米国カリフォルニア州裁判所の判決）のうち懲罰的損害賠償として金員支払いを命じた部分は、わが国の公の秩序に反するから、その効力を有しないとした。

4 損害額の減額
(1) 過失相殺とその類推適用

裁判所は、**被害者の過失**を考慮して損害額を減額（過失相殺）できる（民722条2項）[8]。公平の見地から、損害額を公平に分担させる趣旨である。

例えば大気汚染訴訟で、被害者に喫煙習慣があり、そのために呼吸器系疾患が増悪したような場合は、過失相殺がされる。

また、被害者に対する加害行為と、加害行為前から存在した被害者の疾患がともに原因となって損害が発生した場合、当該疾患の態様・程度等に照らし、加害者に全損害を賠償させることが公平を失するときは、裁判所は、損害賠償の額を定めるにあたり、過失相殺の規定を**類推適用**して、被害者の疾患を斟酌できる（最一判平成4年6月25日民集46巻4号400頁）[9]。このように、被害者の既往症や体質を理由とする損害額の減額を**素因減額**と呼ぶ。

例えば道路公害訴訟で、被害者がアトピー体質の場合に、気管支喘息につき素因減額をするかが争われたが、裁判例は分かれている。

(2) 損益相殺

被害者が加害行為により損害を受けると同時に利益を受けたときには、その利益は損害額から差し引かれる。単に同一の事象から生じた損害では足りず、**同性質**の損害にかかる給付であり、給付と損害賠償とが**相互補完性**を有する関係にある場合に、**損益相殺**が許される（最二判昭和62年7月10日民集41巻5号1202頁）。

例えば空港・基地公害訴訟で、国の助成を受けて防音工事を実施した場合には認容額が減額される。また、公健法の給付（102頁）が損益相殺される場合も多いが、損害賠償請求が慰謝料として認容された場合は、公健法の給付は基本的に慰謝料の要素を含まないとされるため、性質が異なり、相互補完性もないため、損益相殺を免れうる（尼崎判決）。

---

[8] 債務不履行についても過失相殺の規定（民418条）があるが、条文上は免責と必要的考慮の点で、不法行為の場合と異なる点に注意せよ。

[9] なお、被害者の有する平均的体格・通常体質と異なる身体的特徴が、加害行為とともに原因となって身体的被害を発生させ、損害拡大に寄与したとしても、当該身体的特徴が疾患に当たらないときは、特段の事情がない限り、過失相殺の類推適用はできない（最三判平成8年10月29日民集50巻9号2474頁）。

七　期間制限

1　概観

　不法行為による損害賠償請求権は、①被害者が損害および加害者を**知った時から3年間**行使しないとき、**不法行為の時から20年間**行使しないときは、**時効消滅**する（民724条）。また、人の生命・身体を害する不法行為である場合、①は5年間となる（724条の2）。

　従来、長期20年の制限期間は、**除斥期間**[10]と解されていたため、被害救済の面で不合理な結論を生ずる場合があった。そこで、債権法改正で、不法行為債権全般について、これが時効期間であることが明記された。

　また、生命・身体は重要な法益であり、これに関する債権は保護の必要性が高く、治療が長期間にわたるなどの事情により、被害者にとって迅速な権利行使が困難な場合があるため、**人の生命・身体侵害の場合の特則**を新設し（724条の2。167条参照）、「知った時から5年」（不法行為につき3年→5年）、「知らなくても20年」（債務不履行の場合は10年→20年に）にそれぞれ長期化した。

　環境訴訟は、大気汚染訴訟など、原因者、原因行為や因果関係の特定が難しい場合が少なくない。そのため、従来の時効制度の下で、被害の実効的救済と公平の観点から、「被害者が損害及び加害者を知った時」とは、不法行為訴訟の提起が現実に可能な時期と解される。公的機関による原因公表時や、現実の訴訟提起時点（**尼崎判決**）がこれに当たる。

2　継続的不法行為

　環境訴訟では、空港・基地騒音や施設操業等の形態で、継続的に侵害行為がされる事案も少なくない。これらは日々新たに発生する**継続的不法行為**であり、逐次発生する損害ごとに時効が進行する。

　ただし、進行性の健康被害の場合は、一括して**加害行為終了**の時点から時効が進行する。

3　遅発性・蓄積型健康被害

　また、アスベスト腫のように、被害がすぐに顕在化せず、蓄積してから発症する事案もある。このような場合、損害・加害者を知った時から3年内であっても、すでに不法行為の時から20年を経過している場合が少なくない。

---

[10]　除斥期間の場合、期間の経過により当然に権利が消滅し、時効期間と異なり原則として中断や停止が認められず、当事者の援用も不要で、除斥期間の主張は権利濫用等に当たる余地がない（最一判平成元年12月21日民集43巻12号2209頁）。

しかし、損害未発生の段階で提訴を求めるのは不合理であり、被害者にとって酷にすぎる。そこで判例（筑豊じん肺訴訟判決〔最三判平成16年4月27日民集58巻4号1032頁〕）は、損害の性質上、加害行為が終了してから相当期間経過後に損害が発生する場合は、例外として、加害行為ではなく**損害発生時**を起算点とする[11]。

　　　　福岡高判平成26年2月24日判時2218号43頁は、カネミ油症患者につき上記例外を認めなかった。

:::
●コラム●　カネミ油症事件

　1968年、北九州市のカネミ倉庫株式会社の食用油の製造過程で、脱臭工程の熱媒体として使用されていたPCB（ポリ塩化ビフェニル）が、配管作業ミスで配管部から漏れて製品に混入し、これを摂取した人々に顔面などへの色素沈着や塩素挫瘡（クロルアクネ）など肌の異常、頭痛、手足の痺れ、肝機能障害等を生じた事件である。特に妊婦の被害者からは、皮膚に色素が沈着した「黒い赤ちゃん」が生まれた。被害は西日本一帯に拡大した。

　被害者らはカネミ倉庫、PCBを製造提供した鐘淵化学工業（現・カネカ）に加え、カネミ倉庫製造のダーク油で被害発生年に約50万羽の鶏が変死した事件を把握し、被害防止が可能であった国をも被告として損害賠償請求訴訟を提起した。第1、2審では、原告側が国に勝訴し、賠償金の仮払いを受けたが、最高裁は逆転敗訴を示唆したため、原告らは訴え取下げを余儀なくされた。後に仮払金の返還を求められた被害者らの中には自殺者も出たが、問題は長年放置された（明石昇二郎『黒い赤ちゃん――カネミ油症34年の空白』〔講談社、2002年〕に詳しい）。

　遅ればせながら2007年に返還義務の条件付き免除などの法律が、2012年にカネミ油症患者に関する施策の総合的な推進に関する法律が制定された。たとえ国賠責任が否定されるとしても、早期の立法的解決が望ましい事案であったろう。
:::

八　公共施設の設置・管理と国家賠償責任（道路騒音訴訟）

　以上では、工場等の民間事業者が環境影響を与える場合を想定したが、実際には、国・公共団体が設置する公共施設をめぐる紛争も少なくない。この場合、民法の不法行為ではなく、国賠法に基づき損害賠償請求がされる。

　リーディング・ケースのある道路騒音訴訟を例に、訴訟理論を概観する。

1　道路騒音規制・環境基準と紛争の構造

　道路騒音を直接に規制する法律はない。道路騒音が不特定多数の移動発生

---

[11]　ただし、同最判は20年の期間制限が、除斥期間であることを前提としている。なお、予防接種禍の事案で、最二判平成10年6月12日民集52巻4号1087頁は、不法行為による心神喪失のために除斥期間を徒過したような場合は、損害賠償請求権を消滅させることが著しく正義・公平の理念に反するような特段の事情があるとして、実質的に時効の停止の規定（民158条）を準用する。

源に由来し、規制が困難なためである。

騒音規制法16条による自動車の単体規制（騒音の許容限度の設定）は、道路運送車両法（59条・62条）による車検制度で担保されるが、個々の自動車からの騒音を規制できても、総体としての騒音は規制しえない。騒音規制法は、道路交通規制（21条の2・17条1項）も許容するが、騒音規制は実際上容易でない。また、遮音壁や植樹帯の設置、道路構造改善等の措置を講じる幹線道路の沿道の整備に関する法律も、騒音緩和を目的とする。

道路に面する地域については、次の騒音に係る環境基準がある。

図表1-3-1：騒音に係る環境基準（沿道）

地域の区分	基準値	
	昼間	夜間
A地域（専ら住居の用に供される地域）のうち2車線以上の車線を有する道路に面する地域	60db 以下	55db 以下
B地域（主として住居の用に供される地域）のうち2車線以上の車線を有する道路に面する地域および C地域（相当数の住居と併せて商業、工業等の用に供される地域）のうち車線を有する道路に面する地域	65db 以下	60db 以下
幹線交通を担う道路に近接する空間※	70db 以下	65db 以下

※備考　個別の住居等において騒音の影響を受けやすい面の窓を主として閉めた生活が営まれていると認められるときは、屋内へ透過する騒音に係る基準（昼間にあっては45db以下、夜間にあっては40db以下）によることができる。

道路騒音による生活妨害は、不特定多数の自動車ユーザー(B)が原因者となるため、原因者を被告とすることが現実的でない。そのため、道路管理者を被告として、騒音被害の損害賠償や差止めを求める訴訟が提起されてきた。道路管理者は多くの場合、国または公共団体であるため、損害賠償請求は、国賠法2条に基づいてされる。例えば、A県の県道騒音については、次の図のように、周辺住民Cらが道路管理者たるA県を被告として提訴する。

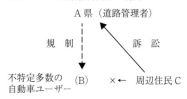

図表1-3-2：道路騒音訴訟の構図

2　国家賠償法2条

国民は、国・公共団体の違法な行政活動に対し、憲法17条により国賠請求

権を有しており、国賠法がその手続を規定している。国賠には、**公権力の行使・不行使**により損害を与えた場合（1条）と、公共施設の設置管理の瑕疵により損害を与えた場合（2条）がある。前者は第5節（113頁）で水俣病を例に見るが、ここでは後者を扱う。

国賠法2条1項は「道路、河川その他の公の営造物の設置又は管理に瑕疵があったために他人に損害を生じたときは、国又は公共団体は、これを賠償する責に任ずる」と規定する。ここに「公の営造物」とは、道路、空港、河川など**公の目的に供されている有体物**であり、これに**瑕疵**がある場合、**設置管理者**たる国・公共団体が賠償責任を負う。

　　　なお、国賠法の理論は主に行政法学が対象としてきたが、国賠請求訴訟は、裁判実務上、行政事件訴訟ではなく、不法行為訴訟と同様に、民事訴訟に分類される。

3　営造物の瑕疵

営造物の「瑕疵」とは、営造物が**通常有すべき安全性を欠く状態**を言い、例えば道路が一部陥没していたり、道路への落石を長時間放置していたりしたために交通事故を生じた場合などの**物的性状瑕疵**がその典型である（瑕疵の判断においては当時の法令に基づく規制の状況も考慮される）[12]。

しかし、瑕疵は物的性状瑕疵に限られず、環境民事訴訟ではむしろ、営造物が供用目的に従って利用されることとの関連で危害を生ぜしめる危険性がある場合、すなわち、**供用関連瑕疵**（機能的瑕疵）が問題とされ、これも「瑕疵」に含まれる（**大阪空港判決**）。

道路それ自体に瑕疵はないが、道路の供用により道路騒音や大気汚染等の形で周辺第三者に被害を及ぼす場合も、瑕疵に当たる。供用関連瑕疵の有無は、営造物の利用者ではなく、それ以外の**第三者**との関係で判断される。

4　供用関連瑕疵の判断と受忍限度論

国道43号線判決は、営造物の設置管理者が、危険性のある営造物を利用に供し、結果として周辺住民に**社会生活上受忍すべき限度を超える被害が生じ**

---

[12]　最二判平成25年7月12日判タ1394号130頁は、1970（昭和45）年から2002（平成14）年まで勤務していた建物内で壁面への吹付けアスベストに曝露し、悪性胸膜中皮腫に罹患した者の相続人が、同建物の所有者に対し、民法717条1項ただし書に基づく損害賠償を求めた訴訟で、原審が、同建物が通常有すべき安全性を欠くと評価されるようになった時点を明らかにしないまま、1970年以降の時期における同建物の設置・保存の瑕疵の有無につき、1995（平成7）年に一部改正された政令および2005（平成17）年に制定された省令の規定による規制措置の導入をも根拠にして直ちに判断したことに審理不尽の違法があるとして、破棄差戻しをした。

た場合、国賠法2条の瑕疵が認められ、同条に基づく責任を負うとした。

本件では道路騒音被害が問題とされたが、判決は、**瑕疵**の有無を判断する基準として、**受忍限度論**を採用し、受忍限度を超える被害が生じる場合に、**営造物の瑕疵**があるとしたものである。

大塚教授の整理によると、同判決は、受忍限度の判断で、①侵害行為の態様・程度、②被侵害利益の性質・内容、③侵害行為の公共性の内容・程度、④被害防止措置の内容等の4点を考慮し、③につき、⑤受益と被害の彼此相補性と④'被害対策の効果を検討すべきものとする。

これは、道路大気汚染訴訟など他の公共施設の設置管理の瑕疵を考える場合も、適宜修正して応用しうる受忍限度判断の枠組みである（差止訴訟については93頁）。

道路騒音の場合、①**侵害行為**の態様は、不特定多数者による自動車走行であり、その程度は台数、時間帯や道路からの距離によって変わりうる。②**被侵害利益**について、最判は「騒音により睡眠妨害、会話、電話による通話、家庭の団らん、テレビ・ラジオの聴取等に対する妨害及びこれらの悪循環による精神的苦痛」を指摘しているが、深刻な騒音は健康被害にもつながりうる。この点、**国道2号線判決**（広島高判平成26年1月29日判時2222号9頁）は、夜間に沿道に所在せず睡眠妨害を受けない営業者・勤務者についても聴取妨害としての生活妨害がありうるとして賠償請求を認容した。騒音に関しては、有効な④**被害防止措置**により、被害の軽減・回避が可能な場合があるため、措置の内容が考慮される。

特徴的な判断として、⑤**彼此相補性**がある。沿道住民も、騒音を生ずる当該道路の利用による便益を受けており、（例えば生活道路のように）騒音被害の増大に必然的に住民の便益増大が伴うという関係（彼此相補性）があれば、被害を受忍すべきとの判断もあろう。しかし国道43号線のような**幹線道路**の場合、彼此相補性は相当小さいといえ、受忍限度判断にあたり、原告に有利な事情として考慮される（⑤は環境影響施設が公共性をもつ裏返しとして考慮される要素であるが、民間施設であっても**社会的有用性**をもつ場合があり、同施設から便益を受けていれば、同様の考慮がされえよう）。この点、**国道2号線判決**は営業者・勤務者の店舗・事務所が交通量増大による営業機会の増大という利益を受けたとの具体的立証がないとして彼此相補性を否定した（また、必ずしも自らの意思のみによって営業場所や勤務地を選択し得るわけではないとして、勤務者につき、危険への接近の法理を適用しないとした）。他方、**名古屋地判平成30年3月23日判自446号52頁**は、道路・鉄道騒音の受忍限度が争われ

た事案で、国道43号線判決の枠組みで判断されたが、原告が施設付近でガソリンスタンドを営業している点に着目し、「本件市道の交通量の増加と原告らの利益は密接に関連しており、自動車騒音については、原告らの騒音被害の増大が原告らの経済的利益の増加に結び付くという彼此相補の関係」にあるとし、かつ、危険への接近も認めた上で、受忍限度を超えないと判断した（なお、本件では高速道路について公調委が被告の責任を一部認める責任裁定をしていた）。

5　受忍限度判断における公共性の考慮

瑕疵の有無を決する受忍限度判断で、③**公共性**を重視するならば、常に特定少数者の犠牲の下に権利利益の侵害行為が正当化されかねない危険がある（公共施設の場合は、民間施設と異なり、一般に設置目的・機能から見て公共性が高いため、特に問題となる）。

そこで、（差止請求と異なり）損害賠償請求では、受忍限度判断にあたり**侵害行為の公共性**をおよそ考慮すべきでないとする**公共性不考慮説**も有力である（77頁参照）。

なお、公共性が高い場合、侵害行為を違法とせず、適法とした上で、**損失補償構成**により損害の填補を図る考え方もありうる。しかし国賠構成によれば、判決により侵害行為が違法と宣言され、行為（環境政策）の是正を期待しうるのに対し、損失補償構成では侵害行為が正当化されることになる。環境紛争の解決という観点からは、適切でない。

6　環境基準との関係

国道43号線判決は受忍限度の数値基準として、騒音に係る環境基準を採用した。しかし本来、環境基準は望ましい基準にすぎず、それ自体としては法的効果をもたない基準である。そのため、最判の処理には、環境基準の本来の意義からずれがあるとも指摘された。総合判断の一事情として環境基準が考慮されたにすぎないとの説明もあるが、根本的には裁判所にとって、環境基準に依拠しない数値基準の設定が困難な面もある。しかし、専門委員制度の活用等により、裁判所による数値基準設定が試みられるべきであろう。

なお、国は最判を受け、騒音環境基準を緩和したが、むしろ騒音改善のための政策努力をすべきであったとの批判がある。

7　無過失責任と回避可能性の欠如

国賠法2条1項の責任は、同法1条との対比において、国賠責任の成立要件として故意過失が要求されていないために、しばしば**無過失責任**とも言われる。しかし実際には、上記「瑕疵」判断の中に、**過失に近い主観的要素**が

混入しており、無過失責任とは言い難い[13]。

国道43号線判決は「回避可能性があったことが本件道路の設置又は管理に瑕疵を認めるための積極的要件になるものではない」とした。被告行政側において、回避可能性がなかったことを主張立証できれば、同法の責任を免れうるとの意味である。この点は、道路に比べて自然的要素が高く、人為による支配が困難な河川という公共施設に関して争われる水害訴訟において、**財政制約論**等の形でより顕著な問題として現れている。

九　差止請求

以上は、環境民事訴訟の2本柱のうち、損害賠償請求を見た。以下では、もう1つの柱である差止請求を概観する。ここでは、すでに見た損害賠償請求の理論が応用されている。

1　民事差止訴訟の意義

損害賠償請求は民法の不法行為に基づくが、不法行為の効果は**金銭賠償が原則**とされる（民722条1項・417条）[14]。水俣病事件のように一度失われた健康の回復が困難な場合は、救済方法として金銭賠償によるほかはない。

しかし、権利利益を侵害する加害行為を差し止める確定判決が得られれば、以後、当該加害行為自体が禁止される。差止請求が認容され確定すると、例えば騒音被害なら、それ以後騒音が発生しなくなるはずであり、健康被害もそれ以上の症状増悪、被害拡大を防止できる。

すなわち差止めは、事後的な被害救済にすぎない損害賠償と比べて、被害の事前予防機能をもち、**紛争を直接的かつ根本的に解決**しうる点に意義がある。また、例えば日照利益等の侵害を問題とする場合には、原告はわずかな損害填補を求めているのではなく、環境影響の阻止を求めており、差止めの可否こそが原告の重要な関心事となっている。

差止訴訟は、差止めの対象となる行為が完了した場合は訴えの利益を失ったとされ、訴えは却下される。例えば**宮崎シーガイア判決**（宮崎地判平成6年10月21日判タ881号276頁）は、リゾート開発のための開発行為の完了を理由

---

[13] 例えば奈良県赤色灯事件（最一判昭和50年6月26日民集29巻6号851頁）は、県道上に道路管理者の設置した掘穿工事中を表示する赤色灯等が、夜間、他の通行車に倒されて消え、直後に通過した車両が事故を起こした事件で、道路管理者が直ちに原状に復し道路の安全を保持することは不可能であったとして、管理の瑕疵を否定した。

[14] ただし、鉱業法111条2項・3項は金銭賠償を原則としつつも、「賠償金額に比して著しく多額の費用を要しないで原状の回復」が可能な場合は、被害者は原状回復請求ができるとする。

として却下した。

なお、**民事差止訴訟**は加害者による侵害行為（事実行為）を、環境行政訴訟で見た**処分差止訴訟**は行政庁による行政処分（法律行為）を訴訟対象とする点で異なる訴訟形式である。

2　差止請求の法的根拠

差止請求については、民法に規定がないため、法的根拠に争いがある。

(1)　不法行為・物権的請求権・人格権・環境権

この点、**不法行為**の効果として差止めを求めうるとする**不法行為説**は、金銭賠償を求めうるのに、行為自体の差止めを求めえないことの不合理を根拠とする。しかし、709条の文言からは離れた解釈でもあり、裁判所も稀にしか採用しない[15]。

一般に、差止請求の法的根拠には、**人格権**と所有権等に基づく**物権的請求権**が用いられる。

物権は物を直接に支配する権利であり、円満な支配が妨げられたときは、それだけで妨害を除去して物権の内容を実現する権利（物権的請求権）が生ずるとされる（妨害の態様により、物権的返還請求権、物権的妨害排除請求権、物権的妨害予防請求権の3つがある）。

人格権とは人格的生存に不可欠な権利の集合であり、その内容は身体権、名誉権、プライバシー権など多岐にわたる。環境訴訟では、**平穏生活権、浄水享受権、日照権**等として主張される。いずれも人格権の変種であり、本書ではこれらをいずれも人格権の範疇で捉える。人格権について憲法13条や民法710条を根拠とする裁判例・学説もあるが、今日、制定法上の根拠如何に関わりなく、人格権が権利として認められる点に争いはない（なお、例えば自然環境や文化財を享受する利益は、人格権の枠外とされ、権利利益性が否定されている〔363頁〕）。

環境民事訴訟では、財産権や人格権に基づき、**妨害排除（予防）請求**として、侵害行為の差止めを求める。いずれによるかは、侵害される権利により、事案ごとに使い分けられる（日照侵害につき、132頁）。

環境訴訟では、環境を破壊から守るために、環境を支配し、良い環境を享受しうる権利である環境権に基づいて差止めを求めうるとする**環境権説**もあるが、判例はその内容、帰属主体が不明確であるとして認めていない（129

---

[15]　不法行為説の認容例に、名古屋地判昭和47年10月19日判タ286号107頁（製鋼工場の大気汚染）、東京地判平成14年12月18日判タ1129号100頁（マンション建設による景観侵害）等がある。

頁)。健康被害が問題となる場面では人格権でカバーでき、あえて環境権論を持ち出す必要はないであろう。

近時、景観利益など人格権の外延に位置づけられるアメニティ上の利益に基づく差止めの可否が議論されている。本書は、法的利益に基づく差止請求も可能だが、(権利に基づく場合と異なり) 認容のハードルが高いと理解する (161頁)。

(2) 平穏生活権の再構成による一時差止請求 *

平穏安全な生活を営む権利である平穏生活権は、人格権の一種として承認されている[16]。大塚教授[17]は、平穏生活権を再構成し、一時差止請求の可能性を指摘される。

廃棄物処分場、感染症研究所・BSL (バイオセーフティレベル) 施設、原子力発電所等の建設差止訴訟は、①施設稼動の結果生ずる環境影響についての科学的知見が不明確であること、②当該影響が一旦発生すると不可逆・深刻な損害の可能性があること、③科学的知見についての証拠が偏在していること、④施設が稼動前であることの4つの特徴があり、**予防的科学訴訟**とも言うべき特徴をもつ。

国立感染症研究所判決 (東京高判平成15年9月29日訟月51巻5号1154頁〈102〉) を例とすると、同施設からは、病原体、遺伝子組換体、有害化学物質、発癌物質、放射性物質、感染廃棄物 (病原体等) が施設外の周辺地域に排気、排煙、排水、排出等され、感染 (化学災害、バイオハザード、放射線災害等) が生じる危険性がある。判決は、周辺住民が平穏生活権を含む人格権に基づき、病原体等の保管、排気、排水、排出の差止めを求めた事案で、受忍限度論を採用しながら、かかる被害は、生活妨害の範疇にとどまる自動車騒音等の被害とは、被侵害利益の性質・内容が本質的に異なっており、最悪の場合は被害回復が極めて困難である特殊性があるから、受忍限度判断にあたっては、かかる特殊性に十分配慮する必要があり、感染の具体的危険性が明らかであれば、事柄の重大性、深刻性、緊急性に鑑み、他の考慮要素は相対的に重要度が低くなり、差止めが認容されるべきとする。上記と同様の問題意識をもった判決といえるが、原発訴訟と同様に、具体的危険性の判断と立証の問題に帰着する。

これに対し、大塚教授は、予防的科学訴訟では、被告が合理的な安全性を欠く事態を発生させないことの立証に成功しない場合、原告の平穏生活権は全く保護されないから、平穏生活権を認める以上、裁判所は、合理的

---

[16] 例えば横田基地訴訟控訴審判決 (東京高判昭和62年7月15日判タ641号232頁)。
[17] 大塚直「予防的科学訴訟と要件事実」伊藤滋夫編『環境法の要件事実』(日本評論社、2009年) 139頁以下。生命・健康侵害に対する「科学的に不適切とは言えない程度の不安・恐怖感」がある場合に限定されるべき、と主張される。

な安全性の確認が行われるまでは、施設の稼動を差し止める（一時差止めを含む）ことができるとされる。民事仮処分との役割分担も検討すべきであろうが、実務のあり方を変えうる有力学説として、強く支持したい。

なお、私見では、稼働（操業）のみならず建設差止めをも求めうると解したい。また、施設稼働後も直ちに環境影響が顕在化しないとすると、上記①〜③の事情に変わりはないから、稼働後も一時差止請求権を肯定的に理解したい。

3　受忍限度論と違法性段階説

損害賠償請求にかかる**不法行為二分論**を、差止請求にもあてはめる。

まず、①**権利侵害類型**では、侵害行為は当然に差止めの対象となり、加害者の故意過失は不要である。基本的に受忍限度は問題とならない。

ただし、損害賠償とは異なり、差止めを求める場合は、結果がまだ発生していないため、全く同様の処理をする必要はないかもしれない。すなわち、権利侵害類型でも、結果発生のリスクをどの程度まで受忍しうるかという問題として、結果発生の（高度の）蓋然性の有無を含め、受忍限度論に近い総合考慮によるべきとの理解もありえよう。

これに対し、②**違法侵害類型**では、**受忍限度**を超える場合にのみ差止めが認められる。

例えば水俣病のごとき生命侵害の場合に、侵害行為が差し止められるべきは当然であろう（①）。他方、日照侵害や騒音が軽微な場合に差止めを認めるべきではあるまい（②）。

受忍限度の判断枠組みは、損害賠償請求の場合と基本的に同様であるが、一般に、差止めは損害賠償に比べて高い違法性がなければ認められないとされる（**違法性段階説**）。これは、単に金銭賠償にすぎない損害賠償と比べて、差止めは事業活動など加害者側の行為・自由を制約する程度が大きいためである。

他方、**国道43号線判決**では、損害賠償のほか差止めも請求されたが、裁判所は、損害賠償請求で受忍限度についての5要素（88頁）を考慮したものの、同様に受忍限度論により判断される差止請求では上記八4①②③のみを取り上げ、④⑤を考慮しなかった。④の防止措置をとっていても被害が発生していれば問題となりにくいし、また、⑤彼此相補性があるのは個々人の問題であり、損害賠償にはなじむが差止の成否にはなじまないためとされる（大塚B511頁）。ゆえに、受忍限度判断において各要素の重要性をどの程度考慮するかに相違があると理解する立場（**ファクターの重みづけ相違説**）がある（大塚B511頁）。この点、**国道2号線判決**は、被侵害利益を重視し、健康被害の個別具体的な主張立証を要するとしつつ、公共

性により大きな位置づけが与えられるとした。

4　差止請求における因果関係立証の困難の緩和

因果関係の立証は、事後救済のための損害賠償請求（79頁）と被害未発生の時点の差止請求とでは、厳密には異なるが、前者の理論的成果を、可能な限り後者において活かすように試みるべきであり、逆も真なりと考える。

現に、間接反証類似の方法（80頁）は、差止請求における立証で活用されているが、環境訴訟の問題状況が同様である以上、思考経済の観点からも、両請求に共通する課題として、柔軟な理論展開を期待したい。なお、被告国の立証妨害による訴訟上の信義則違反を理由に、因果関係を推認した例（よみがえれ有明海地裁判決）がある。

一〇　抽象的差止（不作為）請求

差止請求には、例えば「環境基準を超える大気汚染を形成してはならない」のように、差止めの対象となる被告の具体的な行為を特定しないで、一定の環境状態の形成を求める（**抽象的差止請求**）訴えがありうる。

深夜のカラオケ騒音（札幌地判平成3年5月10日判時1403号94頁〈旧44〉参照）につき、近隣住民が事業者を被告として侵害行為の差止請求をする場合を考える。例えば①「午後10時から午前4時までの営業停止」は、**具体的**差止請求である。これに対し、②同時間帯に原告宅に「40dbを超える騒音を到達（流入、侵入）させてはならない」あるいは③「騒音が40dbを超えない防音措置をせよ」とする請求は**抽象的**差止請求と呼ばれる。

①に比べて、一見②③はより具体的に思えるが、そうではない。①の場合、判決により義務づけられる行為が一義的であるのに対し、②③の場合、原告宅に40db超の騒音がないようにする方法は、防音壁の設置、音量制限、営業方法の制限など複数ありうる。抽象的差止請求の場合、判決で命ぜられた状態を実現する方法を、被告側が選択する（できる）ことになる。

このような抽象的差止請求は、ある状態を差し止めるために、必要な措置を被告に請求する訴えであり、その可否には争いがあるが（第5章〔222頁〕）、最高裁も適法性を否定していない（横田基地判決、国道43号線判決）[18]。

---

[18]　抽象的差止請求の場合、被告側は、具体的差止請求のごとく単に事実行為を中止するのではなく、加害行為を停止するための作為を求められる。作為を求めるのに「差止請求」という言葉を用いることに違和感があるかもしれないが、この場合でも、原告は加害行為の差止め（による環境影響の停止）を求めているので、差止請求に分類する。

一一　複数汚染源の差止め

　差止めの対象となる侵害行為が複数ある場合、どの加害者に対し、どのような形で汚染物質の排出差止めを求めうるかは争いがある。大気汚染分野で議論されてきた経緯から、本書では、第5章（223頁）で扱う。

一二　民事差止請求に対する法的制約

1　公権力の行使に対する仮処分の排除（行訴44条）*

　　　　行訴法44条は、公権力の行使に対する民事仮処分を（勿論解釈として本案たる民事訴訟も）禁じている。特に公共事業訴訟では、本条を理由に、民事訴訟・仮処分を不適法とする例も散見される（名古屋地判平成18年10月13日判自289号85頁）。

　裁判実務は必ずしも一貫していないが、例えば都市計画事業認可に係る道路建設工事の民事差止訴訟を適法とした裁判例（名古屋高判平成19年6月15日 LEX/DB28131920）や**水俣湾汚泥処理判決**（熊本地判昭和55年4月16日判タ416号75頁）のように、処分が周辺住民に対する被害の受忍義務を課すものでない以上、民事訴訟・仮処分は禁じられないと解すべきである。

　行訴法44条は、抗告訴訟ができる場合に民事訴訟を利用することを禁じたもので、抗告訴訟と民事訴訟の交通整理をする趣旨にすぎない。埋立て等の事実行為それ自体には公権力性がなく、埋立免許の効力そのものを争うものでない以上、工事差止請求は44条に反しないと解される[19]。

2　大阪空港判決の不可分一体論

　大阪空港判決（最大判昭和56年12月16日民集35巻10号1369頁〈19〉〈20〉）は、一定の時間帯における空港供用の差止めを求める民事訴訟が不適法であるとした。すなわち、「空港の離着陸のためにする供用は運輸大臣の有する空港管理権と航空行政権という2種の権限の、総合的判断に基づいた不可分一体的な行使の結果である」から、供用差止請求は、「不可避的に航空行政権の行使の取消変更ないしその発動を求める請求を包含する」ため、行政訴訟はともかくとして、民事差止訴訟は許されないとした（**不可分一体論**）。

　しかし、行政の行為を厳密に細分化して法的効果を検証する処分性論とは整合しにくい論理であり、また、公権力性をもつ空港供用による権利救済は

---

[19]　この点、阪神高速道路決定（神戸地尼崎支決昭和48年5月11日判タ294号311頁〈旧32〉）は、道路建設工事を「全面的かつ長期に亘って停止する仮処分」は許されないとし、「ごく短期間に限って」建設を停止させたが、本文に述べたとおり、行訴法44条には抵触しないと解すべきであった。

行政訴訟によっても実際には認められていないために、本判決にはかねて強い批判がされてきた。

ただし、この論理は、空港・基地騒音訴訟（**厚木基地第1次訴訟判決**〔最一判平成5年2月25日民集47巻2号643頁〈21〉〕）の事案以外には拡張されてはおらず[20]、同じく国営営造物である国道について国道43号線判決は差止請求を不適法としていないから、不可分一体論を他分野の環境訴訟で問題とする必要はないと考えられる（空港供用や航空機離発着の差止請求に関しては、公権力の発動を要する方法しか考えにくかったことから、大阪空港判決は、国に対する民事差止訴訟を不適法却下したのに対し、道路騒音の差止請求については、騒音等の一定基準以下への引き下げが求められており、その方法には交通規制など公権力の発動を要する方法のみでなく、遮音壁の設置など道路管理者による事実行為も想定できるため、との説明もされている）。

自衛隊基地騒音については、**厚木基地第4次訴訟判決**により、処分差止訴訟により救済を求めることが可能となった（25頁）。

3　第三者行為論 *

米軍機の騒音等による被害を理由に、国を被告として、夜間の離着陸と一定以上の騒音の差止めを基地周辺住民が求めた訴訟で、**横田基地判決**（最一判平成5年2月25日判タ816号137頁〈22〉）は、第三者行為論により、訴えを却下した。

すなわち、差止請求の前提として、国が米軍機の運航等を規制し、制限できる立場にあることを要するところ、差止請求は、国に対してその支配の及ばない第三者の行為の差止めを請求するものであり、不適法とした。

また、米国に対する請求も、外国国家の主権的行為については民事裁判権が免除される旨の国際慣習法が存在するとして、やはり訴えが却下されている（新横田基地判決〔東京高判平成17年11月30日判タ1270号324頁〕）。

以上のように、空港基地騒音については、救済の間隙があり、裁判を受ける権利の保障の観点からも問題がある。

一三　民事仮処分

環境民事訴訟では、**民事保全法**が規定する民事仮処分が多用される。

1　環境訴訟における民事仮処分の意義と特徴

本案訴訟には一定の年数を要するため、たとえ確定勝訴判決が得られたと

---

[20]　民間空港には同一の論理が及ばないとも考えうるが、例えば千葉地判平成17年7月15日訟月52巻3号783頁は空港供用が国交大臣の航空行政権行使の結果であるとして、やはり民間の成田空港につき供用差止請求を不適法とする。

しても、その間は、健康被害や環境破壊等の既成事実が形成されてしまう。そこで、本案判決を無駄としないように、一定の場合に、**現状を凍結**する制度として、民事仮処分制度がある。環境価値の不可逆性ゆえに、仮処分は環境訴訟実務において重要となる。

民事仮処分には3種類あるが、環境訴訟では、通常、**仮の地位を定める仮処分**（民保23条2項）が活用される[21]。以下、これを念頭に説明する。

本案訴訟と比較した場合、民事保全は、**迅速性**（緊急性）、**暫定性**（本案判決までの暫定的、仮定的なもの）、**付随性**（本案訴訟による最終解決を前提とする）の特徴を有する。

2　手続の概観

民事保全手続では、本案訴訟に相当する原告・被告を**債権者・債務者**と呼ぶ。訴訟で要求される証明に代わり、**疎明**（民保13条2項）で足りるとされる。審理に口頭弁論は必要的でなく（民保3条）、審理は**非公開**である。

また、裁判は判決でなく、**決定**によりされる（民保16条）。証人尋問の手続がなく、実務的には釈明処分の特例（民保9条）が活用されている。

仮処分決定は、疎明に基づく仮の判断であるため、裁判所の判断過誤に備え、債権者に保証金を提供させる**立担保**の制度がある（民保14条1項）。ただし環境訴訟では一般に、健康被害等のおそれがある場合、担保を不要とする運用がされている[22]。金銭的余裕がないがゆえに健康被害を甘受する謂れはないからである。

> 申立てが却下された場合、債権者は即時抗告ができ（民保19条）、他方、認容決定に対し不服がある債務者は、命令を発した裁判所に保全異議の申立てができる（民保26条）。

3　仮の地位を定める仮処分

①**被保全権利**（例えば人格権に基づく侵害行為差止請求権の存在）が認められ、②「著しい損害又は急迫の危険を避けるため」に必要（**保全の必要性**）

---

[21] 他に、①仮差押え（20条・金銭債権を被保全権利とする不動産の仮差えなど）、②係争物に関する仮処分（23条1項・係争物の占有移転禁止、処分禁止の仮処分など）があり、仮の地位を定める仮処分は①②以外を指す。①②については、財産隠し等を避けるため、密行性が求められる。損害賠償請求にあたり、被告が無資力となるおそれがある場合には、①を申し立てるべき事案もありうる。なお、1989（平成元）年の民事保全法制定以前の裁判例では、申立てを申請と呼び、決定ではなく判決で裁判がされていた。裁判例を検討する際に留意されたい。

[22] 古く生コンクリート工場の建設・稼働により周辺住民に大気汚染、騒音、水質汚濁等の生活被害が生じるおそれがあるとして、保証金1000万円の納付を条件として、建設禁止仮処分を認容した例に、神戸地伊丹支決昭和49年2月25日判時742号91頁がある。

な場合に、申立ては認容される。

　例えば「債務者は仮に工場を操業してはならない」との決定がされると、債務者は禁止された行為が法的にできなくなる。仮の地位を定める仮処分は、暫定的とはいえ、確定勝訴判決と同じ法的効果を債務者に及ぼすため、満足的仮処分と呼ばれ、必ず債務者に反論の機会を与えるべく、**要審尋**とされている（民保23条4項）。

　仮処分は、本案訴訟の提起がなくても申立てが可能なため、債務者は債権者に対し、本案訴訟を提起させる**起訴命令**制度がある（民保37条1項）。

　仮処分は本案訴訟と比べ、印紙代が安く、手続が早いために多用される。ただし、複雑な環境訴訟では、仮処分手続が長期化する「仮処分の本案化」の現象も見られる。

4　不服申立手続

　仮処分決定（保全命令）に対する不服申立手続には、まず、発令裁判所に申し立てて、その判断を求める①保全異議（民保26条）と②保全取消しがある。

　①は要審尋であり、保全異議の申立てに対し、発令裁判所は保全命令を認可し、変更し、または取り消す決定をしなければならない（民保32条）。

　②には、(i)起訴命令がされた場合の本案の訴えの不提起等による保全取消し（民保37条）、(ii)事情の変更による保全取消し（民保38条）、(iii)特別の事情による保全取消し（民保39条）がある。

　③保全抗告（民保41条）は、①または②の申立てについての決定に対してする不服申立てであり、上級審である抗告裁判所により判断される。

一四　SLAPP（スラップ）*

　　　本書で扱う環境民事訴訟は、住民等が原告となり、環境影響を与える事業者等を被告とする訴訟であった。が、実務では逆に、事業者等が、住民等を被告として提訴する場合もある。

　　　これは、住民運動等が、業務妨害に当たり、あるいは名誉・信用が棄損されたと主張し、営業権や名誉権に基づき、住民等に対し、業務妨害行為の差止めや損害賠償を請求する訴訟である。公衆参加に対抗する戦略的訴訟（SLAPP）と呼ばれる。

　　　行きすぎた住民運動等は不法行為に該当しうるが、どこまでが法的に許容されるかが問題となる。**名古屋地判平成17年11月18日判時1932号120頁**は、工場騒音に対し、電光掲示板による違法操業との表示や取引先への手紙の送付をした近隣住民が被告とされたSLAPPである。判決はまず、企

業が事業展開によって地域住民の生活環境を悪化させる場合、それが受忍限度を超えていなかったとしても、一定の不利益を地域住民に強いる以上、企業はその生活環境保全に努める道義的責務があるとし、一方、地域住民は一般的に、人的物的両側面において企業に劣り、自己の生活環境を保全する手段に乏しく、当該企業と対等な立場で交渉することも困難であるとの問題意識を示した。その上で、社会的相当性基準による総合判断の枠組みを用いている。「地域住民が行った抗議的活動は、地域住民が受けるおそれのある不利益の程度、当該企業との交渉の経緯並びに抗議的活動の内容及び方法等の諸般の事情を総合して社会的に相当な範囲を逸脱したといえる場合に限り、これを違法と評価すべき」とした。

　SLAPPに対抗して、訴訟提起自体が不当訴訟（不法行為）に当たるとして反訴を提起する逆SLAPP訴訟もある。この点、訴訟提起の違法について、最三判昭和63年1月26日民集42巻1号1頁は、民事訴訟の提起が相手方に対する違法な行為といえるのは、当該訴訟で「提訴者の主張した権利又は法律関係（……）が事実的、法律的根拠を欠くものであるうえ、提訴者が、そのことを知りながら又は通常人であれば容易にそのことを知りえたといえるのにあえて訴えを提起したなど、訴えの提起が裁判制度の趣旨目的に照らして著しく相当性を欠く」場合に限られるとする。

　長野地伊那支判平成27年10月28日判時2291号84頁は、メガソーラーの設置を断念した建設会社Bが、住民Cを被告として、メガソーラーの設置に関する住民説明会におけるCの発言がBの名誉・信用を毀損する違法なもので、これらの発言や反対運動によりBに設置を断念させたと主張して不法行為に基づく損害賠償を求めた事案で、住民による反対意見の表明は何ら問題のある行為ではなく、Cの発言も誹謗中傷や不適切とは言えず、平穏になされた言論行為であって違法ではないとした。また、住民が悪影響への危惧を述べるのに科学的根拠を要するものではないとも判断し、SLAPPを棄却した。

　さらに、上記最判に照らし、本件訴えの提起は裁判制度の趣旨目的に照らして著しく相当性を欠き、住民に対する違法な行為（不当訴訟）であるとしてSLAPPの違法性を認め、応訴負担による経済的、精神的損害として50万円の限度で慰謝料反訴請求を認容した。

第4節　裁判外手続——公害健康被害補償制度・公害紛争処理手続・民事調停・刑事告発

　環境紛争では直ちに訴訟が提起されるわけではない。特に公害紛争では、被害救済のための簡易迅速な手続が特設されている。本節では公健法に基づく公害健康被害補償制度と公害紛争処理法に基づく公害紛争処理手続を中心に、裁判以外の手続を概観する。

一　公害健康被害補償制度

1　公害健康被害補償制度の沿革

　環境民事訴訟のうち損害賠償請求訴訟は、公害により健康被害等を受けた者が**司法救済**を求める法的手続であるが、①訴訟の提起と維持には相当の時間、費用と労力がかかり、また②因果関係等の立証が困難である場合が少なくなく、③加害者である被告が無資力であるために勝訴しても被害回復できない場合もある。

　　　　資力に乏しい原告のために法律扶助（総合法律支援法）、訴訟救助制度（民訴82条以下）があり、環境訴訟でも利用されてきた（例えば東京高決昭和54年11月12日判タ401号72頁、大阪地決昭和60年5月16日判タ562号125頁）。

　そこで、1960年代後半に**四大公害訴訟**が提起される中、公害被害者の**簡易迅速**な救済を目的として、1969年に公害にかかる健康被害の救済に関する特別措置法（**救済法**）が制定され、1973年には、公害健康被害補償法が制定された。同法は1987年に改正され、現在の「公害健康被害の補償等に関する法律」（**公健法**）となった（以下では、特に断らない限り、簡単のため改正前後を通じ「公健法」と呼ぶ）。

　公健法の下で、行政機関が**公害病**の認定をし、**認定患者**に対し、治療費等の各種の補償給付やリハビリ等の事業を行う制度が、**公害健康被害補償制度**である。

　同制度は、公害の原因となりうる事業活動を行う事業者から徴収する**賦課金**によって運営されており、**民事責任**を踏まえた行政上の損害塡補制度とされる。本制度は**汚染者支払原則**（PPP）の表れである。

2　補償手続

　公害健康被害補償制度に基づく被害補償は、**地域**および**疾病**を指定して行

われている。

公健法は、同法による補償を受けうる被害地域（**指定地域**）として、第一種地域と第二種地域を予定している（公健2条1項・2項）。

第一種地域は、事業活動その他の人の活動に伴って相当範囲にわたる著しい**大気汚染**が生じ、その影響による疾病（**慢性気管支炎**や**気管支ぜん息**等の**非特異性疾患**）が多発している地域として**政令**で定める地域である。以前は**硫黄酸化物**について東京都の19区、横浜等の41地域（旧第一種地域）が指定されていたが、1988年3月にすべて指定解除され、したがって現在、公害病の新規認定はない。

図表1-4-1：旧第一種地域被認定者数の推移

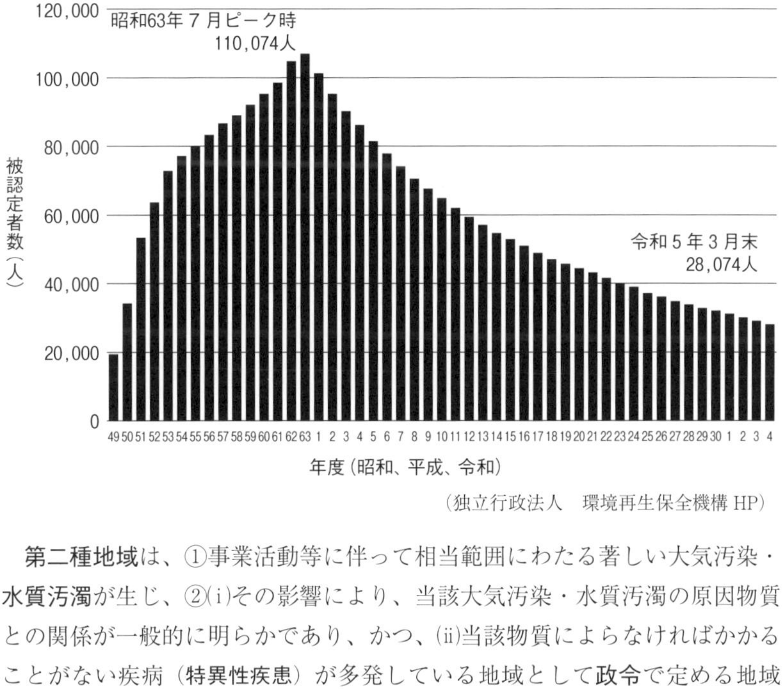

［棒グラフ：被認定者数（人）、年度（昭和、平成、令和）。昭和63年7月ピーク時 110,074人、令和5年3月末 28,074人］

（独立行政法人　環境再生保全機構 HP）

第二種地域は、①事業活動等に伴って相当範囲にわたる著しい大気汚染・水質汚濁が生じ、②(i)その影響により、当該大気汚染・水質汚濁の原因物質との関係が一般的に明らかであり、かつ、(ii)当該物質によらなければかかることがない疾病（**特異性疾患**）が多発している地域として**政令**で定める地域である。2019年現在、水俣病について水俣湾沿岸地域・阿賀野川下流域、イタイイタイ病について神通川下流域、および**慢性砒素中毒症**について宮崎県の**土呂久**地域・島根県の**津和野**地域の5地域が指定されている。

3　認定制度

被害補償は、認定患者に対して行われる。知事または政令市長は、被害者の認定申請を受けて、公害健康被害**認定審査会**（公健44条）の意見を聴いて

図表1-4-2:指定地域および指定疾病一覧

（独立行政法人　環境再生保全機構 HP）

認定を行う。

第一種地域では、①**指定地域**における②**曝露要件**を満たし、③**指定疾病**に罹患していれば認定される。気管支喘息等の指定疾病は、喫煙など大気汚染以外の原因によっても発症しうるものであるが、これら3要件を満たせば大気汚染と発症との個別的因果関係があるものとして行政上の救済を図る**制度的割り切り**を行っている。

第二種地域では、患者ごとに個別的因果関係が認められる場合に認定されるが、特に熊本水俣病の認定をめぐっては、多数の訴訟が提起されている。

4　補償給付

補償給付には、①**療養給付・療養費**、②**障害補償費**、③**遺族補償費**、④**遺族補償一時金**、⑤**児童補償手当**、⑥**療養手当**、⑦**葬祭料**がある。

補償給付は、不法行為に基づく損害賠償請求が認容される場合に、認容額分が、これら公害健康被害補償制度による給付との**重複填補の調整**として、

損益相殺される場合がある。

5　費用負担

　第一種地域の**非特異性疾患**に係る補償費用の8割は、一定規模以上のばい煙発生施設を設置する事業者から徴収する**汚染負荷量賦課金**を、2割は自動車重量税からの交付金を当てている（令附則6項）。これに対し、第二種地域の**特異性疾患**に係る補償費用は、水俣病等の当該疾患の原因物質の排出事業者（チッソ、昭和電工等）から徴収する**特定賦課金**で全額をまかなう。

　いずれも**汚染者支払原則**（PPP）に基づく費用負担であるが、前者については、指定後、次第に硫黄酸化物による汚染が改善されたため、大気汚染状況の推移に伴い費用負担の性格づけに変容が生じている。

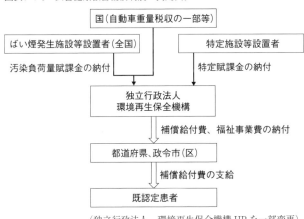

図表1-4-3：公害健康被害補償制度の費用負担

（独立行政法人　環境再生保全機構 HP を一部変更）

　なお、公健法の下で、第一種地域に係る補償給付の8割を固定発生源の設置者から硫黄酸化物の排出量に応じ汚染負荷量賦課金として徴収していた施策が、意図せざる形で排出抑制の誘因を生み、**経済的手法**として一定の効果が見られたとの指摘もある。

6　公害健康被害補償制度の課題等

　第一種地域の指定は現在ないが、近時、移動発生源からの汚染が深刻化する中で、大気汚染物質としては、硫黄酸化物よりも、**窒素酸化物**（NO_x）および**浮遊粒子状物質**（SPM）がむしろ問題となっており（200頁）、これらを指標とする第一種地域の指定が必要との指摘もある。過去に提起されてきた一連の大気汚染訴訟は、地域指定を求める政策形成訴訟としての側面も有していた。

第二種地域については、処理遅延の問題（水俣病待たせ賃訴訟〔最二判平成3年4月26日民集45巻4号653頁〈83〉〕参照）に加え、厳格な認定基準の合理性をめぐる課題が大きい（115頁）。
　　　なお、アスベスト禍につき、2006年に特別法として石綿による健康被害の救済に関する法律が制定されている。

二　公害紛争処理

　裁判による公害被害の救済には、相当の時間、費用と労力がかかり、必ずしも紛争が合理的に解決されるとも限らない。そこで**公害紛争処理法**は、行政機関による簡易迅速な公害紛争処理制度を設けている。

図表1-4-4：公害紛争処理の流れ

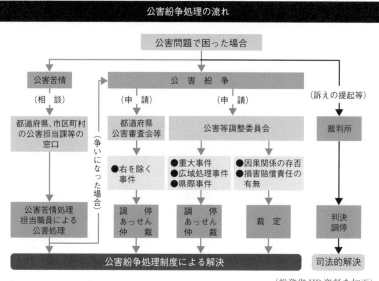

（総務省HP資料を加工）

1　公害紛争処理制度

　1970年に制定された公害紛争処理法の下で、現在、①国レベルに**総務省**の外局として**公害等調整委員会**（公調委）と、②地方レベルで各都道府県に**条例に基づく都道府県公害審査会**が、設置されている。行政型のADR（裁判外紛争解決手続）である。
　公調委は、委員長と委員6名で構成される行政委員会であり、専門事項を調査させるために、30人以内の**専門委員**が置かれる。

公調委は、①**重大事件**（人の健康被害に係るもので、被害が相当多数の者に及ぶ事件や被害額が5億円以上に及ぶもの）、②**広域処理**事件（航空機の航行・新幹線の走行に伴う騒音事件）および③**県際事件**（2以上の都道府県にわたる事件）を管轄し、公害審査会はそれ以外の事件を管轄する（24条）。
　例はまだないが、2以上の都道府県にわたる公害紛争については、関係都道府県が共同して、協議の上、連合審査会を設置しうる（27条3項・4項）。協議が整わない場合には公調委が担当する（27条5項・24条1項3号）。
　　　社会的に重大な紛争が生じ、当事者間の交渉が円滑に進まない場合、公調委または公害審査会は、当事者の意見を聴き、議決により、職権あっせん（27条の2）や職権調停（27条の3）ができる。
　本制度は**調停、仲裁、あっせん**による紛争処理を予定するが、実際には調停が圧倒的多数であり、調停以外の制度利用実績は僅少である。
　なお、他にも各地方公共団体の**公害苦情相談員**等（49条2項）が公害苦情処理を行っており、その数は年間9万件以上に及ぶ。

2　公害等調整委員会

　公調委は、調停、仲裁、あっせんのほか、**裁定（原因裁定、責任裁定）**の権限をもつ。
　①**原因裁定**は、被害と加害行為の間の**因果関係の存否**を判断する手続である（42条の27・42条の33。被害者による加害者の特定が困難な場合もある事情から、手続開始時に被申請人の特定を留保しうる〔42条の28〕）。原因裁定は加害行為と被害結果との間の因果関係に特化して判断する手続であり、因果関係の解明のために当事者が求めた事項以外の事項も判断できる（42条の30第1項）。因果関係の判断に当事者以外の第三者が利害関係を有するときは、その第三者も手続に参加させることができる（同条2項）。
　②**責任裁定**とは、**損害賠償責任の有無・損害額**を判断する手続である（42条の12）。責任裁定があった場合、30日以内に損害賠償に関する訴え（債務不存在確認訴訟を含む）が提起されないとき、またはその訴えが取り下げられたときは、当事者間に当該責任裁定と同一内容の合意が成立したものとみなされる（42条の20第1項）。法律上の**擬制的合意**と呼ばれる。
　裁定手続では、職権証拠調べとしての鑑定（42条の16第1項2号・42条の33）および事実の調査（42条の18・42条の33）により、当事者に費用を負担させず、国庫負担により専門的・科学的調査を実施でき（44条1項、同法施行令17条1項1号。「政令で定めるものを除き」の反対解釈として、政令で定める費用は当事者に負担させないこととなる）、被害者による因果関係の立証負担を

図表1-4-5：裁定手続の流れ

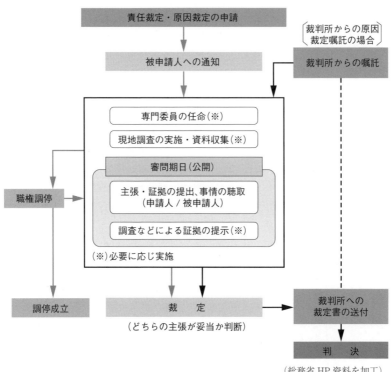

（総務省 HP 資料を加工）

軽減できる点に特徴がある。

　公調委の裁定は、裁判所を拘束しない。実際にも、杉並病原因裁定（公調委平成14年6月26日判時1789号34頁〈104〉）では、裁判所（東京地判平成19年9月12日判時2022号34頁、東京高判平成21年1月29日判例集未登載）が裁定の核心部分を採用せず、川崎土壌汚染責任裁定（公調委平成20年5月7日判時2004号23頁〈106〉）も異なる判断をした（川崎判決〔東京地判平成24年1月16日判タ1392号78頁〕）。

　また、裁判所は専門性をもつ公調委に対し、原因裁定の**嘱託**ができる（42条の32）。ダムからの排砂と漁業被害との間の因果関係の存否につき、出し平ダム排砂差止等請求事件（富山地判平成20年11月26日判時2031号101頁〔損害賠償請求を一部認容〕）の例がある。

3　公害紛争処理制度の特色

　本制度は、**典型7公害**（1頁）に係る被害につき民事上の紛争が生じた場合を申請要件とする（公紛26条1項・2条）。よって、日照事件等のまちづくり紛争や自然保護をめぐる紛争は対象とならない。「**公害**」は、①環境の保全上の支障のうち、②事業活動その他の人の活動に伴って生ずる③相当範囲にわたるもので、④人の健康・生活環境にかかる被害が生ずることをいう（環基2条3項）。よって、消費者被害や労働災害は①により、自然災害は②により除外される（なお、公害は人的活動の継続性を念頭に置いており、事故時の措置はともかく事故被害は基本的に想定していない）。③の**相当範囲性**については、大気汚染等の現象が単なる相隣関係的な程度でなく、地域的にある程度の広がりを有していることが必要であるが、被害者は多数に及ぶ必要はなく、一人であってもよいとされる。④のうち生活環境は外延が問題となるが、低周波公害や漁業被害等も対象に含めるなど「公害」の範囲をやや拡張したり、紛争リスクが生じた段階（いわゆるおそれ公害事件）でも一定の場合には申請を受理する柔軟な運用がされている。

　本制度は、裁判手続に比べ、**簡易迅速**で**安価**な手続であり、また、国の費用で職権主義に基づく職権証拠調べができるなど、裁判所にはない**専門性**を有しており、判決のような二者択一でない柔軟な解決を期待できるという特色をもつ。

　スパイクタイヤ製造販売事件（公調委昭和63年6月2日調停公害紛争処理白書平成元年版38頁〈103〉）や**豊島産業廃棄物不法投棄事件**（公調委平成12年6月6日調停公害紛争処理白書平成13年版19頁〈105〉、高松地判平成8年12月26日判タ949号186頁〈36〉）、**ゴルフ場の農薬使用事件**（公調委平成3年5月14日調停判時1405号38頁）等は、本制度が有効に機能した好例とされる。

●コラム●　豊島事件

　本文でも触れた豊島産業廃棄物不法投棄事件は、公害等調整委員会による調停という公害紛争処理制度がうまく機能した一例である。

　豊島は香川県小豆島付近に位置する人口千数百人の瀬戸内海の小島であり、瀬戸内海国立公園内にある。

　1983年から、悪質事業者がいわゆるシュレッダーダスト等の不法投棄を始め、1990年に事業者が兵庫県警察本部から摘発されるまで、大量の不法投棄が続けられた。この間、廃掃法上の規制権限をもつはずの香川県知事は、投棄された産業廃棄物がリサイクルのための有価物であるとする事業者の主張を認めて、事業者による不法投棄を放置し、何らの措置もとろうとしなかった。

　そのため、1993年11月、豊島住民438人は、上記不法投棄により、申請人らの生活上、

健康上および精神上の被害等が生じているとして、香川県、不法投棄事業者、同事業者に産業廃棄物の処分を委託した排出事業者らを被申請人として、公害紛争処理法27条1項に基づき、投棄された産業廃棄物の撤去と1人当たり50万円の慰謝料の支払いを求める調停を申請した。この事件については、香川県知事と関係府県の知事の間で連合審査会設置の協議が整わなかったため、公調委の管轄とされた。

設置された調停委員会では、専門委員によるボーリング調査などの実態調査が、2億3000万円余りをかけて行われた。

2000年6月に調停が成立し、香川県が申請人らに対して過去の行政の失敗を謝罪するとともに、2017年3月末までに50万トンを超える産業廃棄物を搬出し、地下水等を浄化することが約された。搬出された産業廃棄物は、豊島付近にある直島に作る施設で、焼却・溶融方式によって処理することとされた。調停の履行にあたっては、合意により設置された香川県豊島廃棄物等処理技術検討委員会の検討結果に従うべきものとされている。

本件で事業者はリサイクルの意思があると言い張り総合判断説（237頁）の下で廃棄物でないとの詭弁を許した側面があったことから、廃棄物の定義をより客観的に捉える方向に制度運用が変更された。

本件では、不法投棄事業者に対する刑事罰だけでなく、民事訴訟による慰謝料請求や産業廃棄物の撤去請求がされ、いずれも認容確定しているが、事業者が無資力であるために実質的な救済とはなりえていなかった。2億円を超える調査費用なども被害住民らが拠出することなど到底不可能であったろう。その意味で、公害紛争処理制度が有効に機能した事件であると言える。

本件における廃棄物処理費用は500億円を超えるとも言われ、公金が投入されるが、香川県知事が廃掃法上の規制権限を適時に行使していれば、これほどの巨費を要するとは考えられなかったところであり、環境規制権限を適切に行使することの重要性を教えてくれる事例でもある。

4　公害紛争処理制度の課題

迅速性、低廉性、専門性、柔軟性の諸点で優れた特色をもつ本制度が必ずしも十分に活用されていない理由は、処理しうる案件が**典型7公害に限定**されているためである。もし公害本制度が都市問題や自然保護等より幅広い案件を対象とでき、環境紛争処理制度として再構成されるなら、飛躍的に重要な役割を果たしうる。

また、**公害審査会**は申請件数が少ないために専門性やノウハウの蓄積が十分でなく、実際にほとんど利用されない例もある。他方、公調委の場合、当事者が東京に出頭する必要があり、現地期日の開催も一部されているが予算上の制約があるため、アクセスに課題がある。

なお、専門性をもちながら裁定に裁判所を拘束する力がない点も批判がある[1]。

---

(1) 環境紛争の予防・解決のために、行政過程におけるADRの活用可能性を検討したものに、拙稿「ADRと行政―環境紛争を題材に」行政法研究第23号（2018年）27頁。

三　民事調停

　司法型 ADR たる簡易裁判所の民事調停は、分野を問わず多用されている。環境紛争にかかる調停として、民事調停法は鉱害調停（32条）や公害等調停（33条の3）を明定するが、所掌範囲は広い。申立人は、例えば工場の操業方法・条件の改善や開発・建築内容の変更など様々な事項を申し立て、調停委員の下で話し合いによる解決を求めるわけである。

　呼出しを受けた関係人の正当事由なき不出頭には、過料の制裁がある（同34条）。

　当事者間で調停が成立した場合、調停調書には確定判決と同一の効力がある（同16条、民訴267条）。

　なお、調停委員会は、調停のため特に必要と認めるときは、当事者の申立てにより、**調停前の措置**として、相手方その他の事件の関係人に対して、現状変更、物の処分の禁止その他調停の内容たる事項の実現を不能にしまたは著しく困難とする行為の排除を命じうる（同12条）。この措置は執行力を有しないが、措置違反には過料の制裁がある（同35条）。

四　刑事告発

1　環境刑法

　環境法では罰則が年々強化され、廃掃法を中心に検挙件数は少なくない。警察庁によると、2022（令和4）年の廃棄物処理法違反の検挙件数は5275件であり、そのうち不法投棄が過半数（2784件）を占める（焼却禁止違反は2453件）。環境規制の違反につき罰則を設け、かつ、行為者のみならず行為者以外に法人をも処罰する**両罰規定**を置く環境法も多い。被害者は加害者を刑事告発でき（刑訴239条1項）、また、公務員が、「その職務を行うことにより犯罪があると思料するとき」は、告発しなければならない（同条2項。なお、行政庁による告発は義務的に規定されているが、個別法が違反に対する命令制度を規定する場合、行政庁には命令にかかる裁量があるはずであり、必ず告発しなければならないわけではない。すなわち、直罰制がとられていても、行政指導を含め事案に応じた措置をとる裁量が行政庁にあると考えられる）。

　例えば、大防法の排出基準の遵守義務（13条1項）違反には、直罰と両罰規定があるから（33条の2第1項1号・36条）、違反があれば、同法違反を理由とした刑事告発がされうる。

　わが国の**環境刑法**は、行政法規たる個別環境法の目的の実現と執行に従属

し（行政従属性）、また、抽象的危険の段階で予防する点に特徴があるとされる。

刑事手続は、行政訴訟を含む民事訴訟手続とは異質な手続である。実際の立件は悪質事案に限定されようが、立件されれば、司法機関の主導で手続が自動的に進められる。民事訴訟では被害者が救済のために訴訟を提起し維持する必要があるが、刑事訴訟では加害者の側で防御のために訴訟活動をする必要があり、攻守が逆転するわけである。

　　　　刑事訴訟は直接的に被害者を救済する制度ではないが、被害者への示談や支払いが量刑に影響するため、実際上、実効的な被害救済効果をもつ場合も少なくない。また、刑事手続の訴訟記録を閲覧・謄写による民事訴訟への流用もありうる（犯罪被害者保護3条・4条）。

2　公害罪法

また、人の健康に係る公害犯罪の処罰に関する法律（**公害罪法**）は、故意過失により、工場・事業場における事業活動に伴って健康を害する物質を排出し、公衆の生命・身体に危険を生じさせた者を処罰する（同法2条・3条）。

同法は、①「危険」を生じた段階で処罰できるとした点、②事業活動と危険の因果関係につき推定規定を置いた点（5条）に特色があり、両罰規定（4条）をもつ。

しかし、最高裁が適用範囲を限定したために、あまり活用されていない。すなわち、最高裁〔大東鉄線工場塩素ガス判決〔最三判昭和62年9月22日刑集41巻6号255頁〈108〉〕、日本アエロジル塩素ガス流出事件〔最一判昭和63年10月27日刑集42巻8号1109頁〈109〉〕〕は、公害罪法にいう「排出」を狭く解釈し、工場・事業場における事業活動の一環として行われる廃棄物その他の物質の排出過程で、健康を害する物質を工場・事業場の外に「何人にも管理されない状態」で出すことをいうとした上で、排出は一時的であってもよいが、**「事業活動の一環として行われる排出とみられる面を有しない他の事業活動中に、過失によりたまたま」**排出した場合は、「排出」に当たらないとした。

当該排出行為が（一時的でもよいが）**事業活動の一環として行われ**なければならないとしたものであり、事故型の排出は公害罪法の処罰対象にならない。次の**典型事例1-1**で見るBは事業活動の一環として排出しており、公害罪法の適用はありえよう。

五　事例に基づく概観

【典型事例1-1】

> 　　A県では、Bが3年前に設置した工場（大防法の特定施設に該当する）の操業に伴ってばい煙が発生しており、Cら多数の住民は、①そのために居住地周辺のばい煙の状態が環境基準を超え、受忍限度を超える健康被害や庭木の枯死被害を受けていること、および、②Bの工場の排出するばい煙が、大防法の定める規制値を超えていることを訴えている。A県知事はCらの苦情を受け、Bに対し、ばい煙処理方法の改善につき行政指導をしたが、Bは高額の設備投資を要することを理由に直ちには応じておらず、A県知事もそれ以上の措置をとろうとしていない。
>
> 〔設問1〕　この場合において、住民Cらが被害の回復や、将来における被害の防止を求めるために、とりうる手段としてどのような手続があるかを挙げ、それぞれの特色について述べよ。
>
> 〔設問2〕　大防法の規制値を超えていることは、訴訟手続においてどのような意味をもつか。
>
> （プレテスト第1問を改題）

　なお、ここでは設問1を簡単に扱うが、詳細および設問2は第5章（213頁）で扱う。

1　公害紛争処理手続（設問1前段）

(1)　裁判外手続

　Cらはまず、A県の公害苦情相談員に対し**公害苦情相談**ができる（公紛49条）。

　また、大気汚染は、環境基本法2条3項にいう「公害」に該当するから（公紛2条）、CらはBを被申請人として、被害回復と行為差止めを求め、A県公害審査会に、**調停**、仲裁、あっせん（同26条1項）を申請しうる。

　本件では、Cら住民に広範囲で健康被害が生じているようであり、重大事件として（同24条1項1号）、公害等調整委員会に対し、調停、さらには原因裁定、責任裁定の申請をすることが考えられる。

　さらに、大防法には、排出基準違反につき**直罰**があるから（同33条の2第1項1号）、CらとしてはBの行為が同法違反または公害罪法（2条または3条）違反に当たるとして、刑訴法239条1項による刑事告発も考えられる。

(2)　裁判手続

(a)　民事訴訟・仮処分

　Cらは少なくとも健康、精神被害にかかる損害賠償を請求する民事訴訟を

提起しうる。また、Ｂ工場の操業停止や一定基準（環境基準または規制値）を超えるばい煙をＣらの住所地に侵入させないこと等を求める民事差止訴訟を提起しうる。迅速な解決を得るため、後者につき、民事仮処分（民保23条2項）も申し立てうる。

(b) 行政訴訟・仮の救済

また、Ａ県を被告として、Ａ県知事がＢ工場に対し、規制値を超えるばい煙を発生させないよう大防法14条に基づく改善命令等をするよう求める義務付け訴訟（行訴3条6項1号）を提起し、あわせて同様の命令の仮の義務付け（同37条の5第1項）を申し立てうる。

2 各手続の特色（設問1後段）

(1) 公害紛争処理の特色

公害苦情処理は、住民に最も近い行政窓口を利用できる簡易な制度だが、法的拘束力をもつ後続の手続が予定されていない。公害紛争処理は、①裁判に比べて**簡易迅速**な手続で、申立ても容易かつ安価であり、②**職権主義**に基づく調査や審理がされ、③専門委員の**専門性**を活用でき、④判決のような二者択一の判断ではなく、例えば工場の操業形態の変更、高性能バグフィルターの設置といった公害防止措置の実施等**柔軟な解決**を期待しうる。

他方で、被申請人が話し合いに応じない場合には有効な手続ではなく、また、裁定も、裁判所の判断を拘束せず、裁判所は公調委の専門的判断を事実上尊重するにとどまる。

なお、刑事手続は、告発が受理されれば、強力な牽制効果をもち、被害者が手続を進行させる必要もないが、常に受理されるとは限らず、被害弁償がされる保証もない。

(2) 訴訟手続の特色

以上に対し、訴訟手続は、相手方の意思と関係なく手続を進められ、対審・公開の手続で議論を尽くし、裁判所による有権的な最終判断が得られる。他方で、当事者主義の下で訴訟には時間、費用、労力がかかり、訴訟上の和解を除き二者択一の判断がされるにとどまる。

第5節　水俣病裁判

一　水俣病とは

　水俣病は、水俣湾と周辺海域の魚介類を多量に摂取したことで起こる中毒性中枢神経疾患である。主要な症状に、**感覚障害**、運動失調、求心性視野狭窄、聴力障害、言語障害等がある。劇症から軽症まで多様だが、重篤な場合は死亡する。熊本水俣病の公式発見は1956（昭和31）年5月1日とされるが、同日以前にも被害は発生しており、メチル水銀化合物の排出は、1968（昭和43）年5月のチッソによるアセトアルデヒド生産停止まで続いた。その数年後には新たに水俣病が発症する危険性がなくなったとされる。

　水俣病の原因物質は、**有機水銀化合物**の一種であるメチル水銀化合物であり、これは、チッソ株式会社（チッソ）**水俣工場**の**アセトアルデヒド**製造施設内で生成され、同工場の排水に含まれて工場外に流出したものであった。水俣病は、このメチル水銀化合物が、魚介類の体内に蓄積され、その魚介類を多量に摂取した者の体内に取り込まれ、大脳、小脳等に蓄積し、神経細胞に障害を与えることで引き起こされた疾病である。

　チッソ水俣工場から**水俣湾**への排水によるものが**熊本水俣病**であり、昭和電工株式会社鹿瀬工場から**阿賀野川**への排水によるものが**新潟水俣病**である。以下では主として、裁判例の多い熊本水俣病を中心に取り上げる。

> ●コラム●　水俣病の発生機序の特異性
>
> 　メチル水銀といえども、汚染水域においてある程度以上の希薄濃度が維持されていない限り、いかに食物連鎖を経るとはいえども魚介類の有毒化にはつながらず、絶えず流下する河川または希釈の著しい海域にあっては魚介類が有毒化する時間もない。他方、高濃度のメチル水銀汚染があれば魚介類は極めて短時間でも有毒化するかといえばそうでもなく、水域のメチル水銀濃度は0.1PPMオーダーにも達したならば魚介類はたちまち死滅してメチル水銀の蓄積が起こらない。すなわち、一過性の汚染では魚介類に毒物の蓄積は起こりえず、必ず長期継続の汚染があり、かつ、汚染水域に超希薄濃度が保たれてこそ魚介類へメチル水銀の蓄積が起こりうる。チッソ水俣工場では古くからアセトアルデヒドの生産を行っていたにもかかわらず、ある時期になって水俣病患者が発生した理由はそこにある。
>
> （水俣病第3次訴訟京都判決）

二　水俣病をめぐる訴訟の概観

1　第1次訴訟

　激症型水俣病患者とその遺族が、チッソを被告として提起した**損害賠償請求訴訟**である。第1次訴訟の主な争点は**過失論**であり、判決では、**高度の予見義務、操業停止を含む結果回避義務**を認めて、チッソの損害賠償責任が肯定された（熊本地判昭和48年3月20日判タ294号108頁〈81〉、なお刑事事件につき、最三決昭和63年2月29日刑集42巻2号314頁〈87〉参照）。

　この点、**新潟水俣病第1次訴訟判決**（新潟地判昭和46年9月29日判タ267号99頁〈80〉）では、**因果関係**について、①被害疾患の特性とその**原因物質**、②原因物質が被害者に到達する経路（**汚染経路**）、③加害企業における原因物質の**排出**（生成排出に至るメカニズム）のうち、情況証拠の積み重ねにより①②につき矛盾なく説明できれば法的因果関係の証明ありと解した。汚染源の追求がいわば企業の門前まで到達した場合は（**門前到達論**）、③につきむしろ企業側において、自己の工場が汚染源になりえない理由を証明しない限り、③の存在を事実上推認され、すべての法的因果関係の立証がされたとする**間接反証類似の方法**がとられた[1]。

　損害論では、単なる財産的・精神的損害の積み上げでない総体としての損害の包括請求や、多数の原告につき賠償額を定型化する一律請求等の実務的取組みも部分的に認められた（81頁）。

　なお、提訴前にチッソが極めて低額の見舞金契約で請求権を放棄させた点は、公序良俗に反し民法90条により無効とされた（前掲熊本第1次訴訟判決〈81〉）。当然であろう。

　判決時点では、すでに公害にかかる救済法、公健法が制定されており、第1次訴訟判決を受けて、チッソは、同判決を踏まえた基準（従前の補償額を上回る）の補償につき患者団体と合意した。

2　第2次訴訟

　公健法に基づく第二種地域のある熊本・鹿児島県の認定審査会で「水俣病」であると認定されると、1973年（昭和48年）7月に患者団体・チッソ間で締結された**補償協定**に基づき、チッソから認定患者に対し、第1次訴訟の

---

[1] 間接反証とは、主要事実につき挙証責任を負う者がそれを推認させるに十分な間接事実を証明した場合に、相手方がその間接事実と両立する別の間接事実を証明することによって主要事実の推認を妨げる証明活動をいう。本文の①～③は主要事実であるため、間接反証そのものではなく、類似と表現される。

認容額の補償がされることとなった（一時金としての慰謝料1600〜1800万円のほか、医療費、介護費、蔡祭料等が給付される）。しかし、1977（昭和52）年に水俣病認定の判断条件が厳格化された（昭和52年判断条件）ため、認定申請を棄却される者が急増した。

図表1-5-1：水俣病認定制度の仕組み

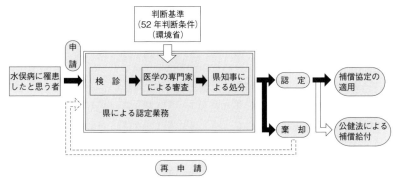

（水俣市『水俣病──その歴史と教訓　2022』〔2022年〕20頁を微修正）

第2次訴訟は、認定申請を棄却された未認定患者が、チッソを被告として提起した損害賠償請求訴訟である。主な争点は、**病像論**であり、一定の症候の組合せがある場合に「水俣病」と認定する基準を定めた**昭和52年判断条件**の妥当性が問題となった。

福岡高判昭和60年8月16日判時1163号11頁は疫学を重視し、昭和52年判断条件は、協定書に定められた補償金を受給するに適する水俣病患者を選別するための判断条件となっており、広範囲の水俣病像の水俣病患者を網羅的に認定するための要件としては、「いささか厳格に失している」として、昭和52年判断条件を満たさない場合でも不法行為が成立するとして、原告側の請求を認めた。しかし、その後も昭和52年判断条件自体は変更されなかった。

図表1-5-2：水俣病認定申請処理状況

項目 県別	申請 総件数	取下げ等	申請 実件数	処分済		未処分
				認定	棄却	未審査
熊本県	22,378	6,995	15,383	1,791 (1,592)	13,209	383
鹿児島県	10,374	4,406	5,968	493 (432)	4,397	1,078
計	32,752	11,401	21,351	2,284 (2,024)	17,606	1,461

※上記の表中、（　）は死亡者数再掲
※2022（令和4）年8月末までの人数

（水俣市『水俣病──その歴史と教訓2022』〔2022年〕21頁を微修正）

3　第3次訴訟

　この後、未認定患者は、チッソに加え、国・熊本県を被告として**損害賠償請求訴訟**を提起した。これは、行政の法的責任を問う**国賠訴訟**でもあり、主な争点は、病像論とともに、**規制権限不行使**の違法であった。

　第3次訴訟は、下級審で勝敗が分かれたが、特徴的な判断として、結果発生の確率に応じて損害賠償を認める考え方をとった裁判例があった（79頁）。

　訴訟係属中の1995年、一部患者による水俣病関西訴訟を除き、多くの患者団体が政治解決を受け入れた。救済対象患者は1万人以上となり、患者1人当たりの一時給付は、平均で約450万円（団体給付金分を含む）であった。

　政治解決後、**水俣病関西訴訟最高裁判決**（最二判平成16年10月15日民集58巻7号1802頁〈84〉。以下これを「**水俣最判**」という）は国・県の規制権限不行使を違法と認め、紛争が再燃した。

　　新潟水俣病については、昭和電工の不法行為責任が認められる一方、国と新潟県の国家賠償責任は、認められていない。例えば**東京高判平成30年3月23日訟月65巻3号221頁**（上告不受理で確定）は、県に被害発生が報告されたのが1965（昭和40）年5月であること、微量のメチル水銀の検出が可能となったのは昭和40年代であること、有機水銀化合物の副生や水俣病発症の機序の解明は1968年頃であることなどから、原告患者側が主張する1959年11月末、遅くとも1963年10月頃または1964年8月頃までの時点で、国による水質二法に基づく規制権限の不行使が著しく合理性を欠くとした。

4　その後の展開

(1) 概観

　水俣最判後も、環境省は**昭和52年判断条件**の見直しをしなかった。そのため、政治解決による救済を受けなかった未認定患者を中心に一連の訴訟が提起された（ノーモア・ミナマタ第1次訴訟）。

　2009年（平成21年）7月に制定された水俣病被害者の救済及び水俣病問題の解決に関する特別措置法（水俣病特措法）は、水俣病問題の最終解決を目指し、公健法の判断条件を満たさないが、一定の曝露＋症候要件を満たす未認定患者について、一時金210万円と療養費、療養手当を支給することとした（公健法の認定申請や訴訟提起をしている者は除外される）。救済措置申請は2010年7月で受付が終了し、6万5000人以上が申請し、約3万6000人が救済された。2011年（平成23年）3月には、各地裁でノーモア・ミナマタ訴訟の和解が成立し、特措法と同様の救済を受けることとなった。

これらの動きとは別に、公健法4条2項に基づく水俣病の認定申請棄却処分の取消訴訟では、昭和52年判断条件およびこれに基づく棄却処分の違法が争われ、最高裁まで争われた。**最三判平成25年4月16日民集67巻4号1115頁**〈85〉は、同判断条件を適法としたものの、同条件にいう症候組合せがない場合でも事案ごとに裁判所が水俣病の罹患を認定できると判断した（これは実際上、非特異的症候しかない場合でも特異性疾患としての水俣病として公健法による救済を受けうるとしたものである）。

　この判決を受け、各地で新たにノーモア・ミナマタ第2次訴訟が提起された。もともと特措法は申請期間が短く（2年3ヵ月）、居住要件や年齢制限があったために、救済から漏れた未認定患者がいた事情もある[(2)]。

(2) 民事訴訟

　原告数は本稿執筆時点で1600名を超えているが、**近畿訴訟第1審判決**（大阪地判令和5年9月27日判時2587号5頁）は、①曝露と疾病との間の疫学的因果関係を示す指標である相対危険度（寄与危険度割合度）が高い場合、法的因果関係を判断する上で重要な基礎資料となるとした上で、②相対危険度が90％を超えるとする研究など原告側の立証を踏まえ、曝露当時の毛髪等の水銀値が測定されていない場合（多くがこれに当たる）でも、居住歴、当該地域の汚染状況、患者とその家族による魚介類の入手・摂食状況、同居親族内の患者の有無等の事情をもとに曝露の事実を推認できるとして、原告全員を水俣病患者と認定した。③また、改正前民法724条後段所定の期間制限について、慢性水俣病において損害の全部又は一部が発生したと認めうる起算点は「水俣病と診断された時」であるとした。他方、熊本訴訟第1審判決（熊本地判令和6年3月22日LEX/DB25620464）は、原告の一部につき水俣病と認めたものの、期間制限の徒過を理由に請求をすべて棄却した。また、水俣病被害者互助会民事訴訟でも、福岡高判令和2年3月13日訟月67巻7号799頁は、原告ら8名全員の請求を棄却した（一審の熊本地判平成26年3月31日判時2233号10頁は請求を一部認容していた）。

(3) 行政訴訟

　他方、水俣病被害者互助会行政訴訟第1審判決（熊本地判令和4年3月30日訟月68巻10号927頁）は、昭和52年判断条件の症候組み合わせが認め

[(2)] 東京地判平成28年1月27日LEX/DB25542283（東京高判平成28年7月21日LEX/DB25543703もほぼ同旨）は、水俣市在住の水俣病患者らが提起した食品衛生法58条2項に基づく水俣病の法定調査等の（非申請型）義務付け訴訟等について、同調査は処分性がなく、また当事者訴訟としての確認訴訟についても、原告らの現在有する法的地位自体明らかでなく、即時確定の利益を欠くとして訴えを却下し、さらに食中毒調査を受けるべき手続的地位は法的に保護されていない等として国賠請求を棄却した。

図表1-5-3：水俣病患者の救済状況[3]

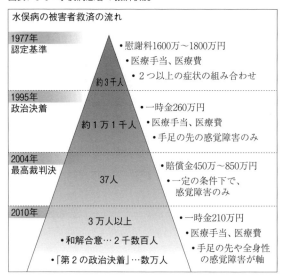

(朝日新聞)

られない場合、暴露停止から発症までの潜伏期間はせいぜい数カ月から数年（4年程度）であり、長期微量のメチル水銀暴露による症候発現は考え難いことが現在の一般的な医学的知見であるとして、原告ら7名の公健法4条2項に基づく水俣病罹患の認定申請棄却処分の取消請求を棄却し、認定の義務付け請求を却下した。

　民事訴訟による損害賠償と公健法・補償協定に基づく給付との関係も、問題となっている。

　最二判平成29年9月8日民集71巻7号1021頁〈86〉は、知事は、公健法4条2項の認定を受けた者が、当該認定に係る疾病による健康被害について原因者に対する損害賠償請求訴訟を提起して、勝訴判決により確定された損害賠償義務のすべての履行をすでに受けている場合には、同法に基づく障害補償費の支給義務のすべてを免れるとした。

　これは、公健法が民事責任を踏まえた行政上の損害塡補制度であることから、確定した民事判決に基づき認定された損害が賠償された場合は、別途公健法による救済はしないとしたものである。

　また、補償協定について、水俣病の認定患者は、不法行為に基づく損害賠償請求権の金額が判決によって確定した場合であっても、協定の適用を求めうるかが争われた裁判例もある。大阪地判平成29年5月18日判タ1440

[3] https://blog.goo.ne.jp/raymiyatake/e/1aebc6ec8f141d65533bb9323d6feddb

号198頁はこれを肯定したが、大阪高判平成30年3月28日判時2384号66頁は原判決を取り消した。上記最判と同様、確定した民事判決に基づき認定された損害が賠償された場合まで、協定は予定していないとしたものである。

　本書では、以下、特に重要な法理論を含む第3次訴訟を中心に検討する。

　なお、2013年にはいわゆる水俣条約が採択され、水銀規制が強化された（同条約を受けた動きについては第5章209頁で触れる）。

三　水俣病国家賠償訴訟

1　規制権限の不行使の違法判断

　規制権限不行使の違法判断方法につき、例えば**水俣病第3次訴訟京都判決**（京都地判平成5年11月26日判タ838号101頁）は、①規制権限の有無、②規制権限行使の**要件充足性**、③**作為義務**の有無、④作為義務違反の有無を検討し、すべて肯定されれば、規制権限不行使を違法と評価する。①〜③が否定される場合は、さらに⑤行政指導の作為義務の有無・違反、⑥緊急避難的行政行為を検討する余地がある。

　　　　　⑥は法的根拠に基づかない規制を義務づける理論であるが、国民の生命・健康に対する危険が切迫する極限状態下では、未然防止原則ないし予防原則の観点から、少なくとも規制を実行した場合の違法性阻却事由としては許容する余地があろう。

　なお、生命・身体の利益が、国賠法上の損害、換言すれば同法上保護された利益に当たる点に争いはなく、水俣病裁判で、いわゆる**反射的利益論**は問題とされていない。

2　根拠法と規制権限（上記1①）

(1)　水質二法による規制

　水俣病発生当時、水濁法の前身たる**水質二法**（水質保全法、工場排水規制法）[4]により、行政がチッソに対しいかなる排水規制が可能であったかが、問題の前提となる。「産業の相互協和と公衆衛生の向上」を法目的とする水質保全法の下では、次のような規制構造がとられていた。

---

(4)　正式名称は、公共用水域の水質の保全に関する法律（水質保全法）および工場排水等の規制に関する法律（工場排水規制法）であり、1958（昭和33）年12月25日に公布され、1959（同34）年3月1日に施行された。その後、1970（同45）年12月公布の水濁法の施行に伴い廃止された。

図表1-5-4：水質二法の規制

経済企画庁長官		指定水域の指定 ＋ 水質基準の設定
内閣（政令）		↓ 特定施設＋主務大臣の定め
主務大臣（通商産業大臣）		↓ 排水規制・監督

　水質二法の施行は1959（昭和34）年3月1日であり、それ以前には同法の規制ができなかった点は重要である。また、同法では知事が何ら権限を有しないから、同法違反を理由として熊本県知事による規制権限不行使の違法は問えない。そこで注目されたのが、熊本県漁業調整規則であった。

(2) 　県調整規則による規制

　熊本県漁業調整規則[5]は、漁業取締等の漁業調整を法目的とする**漁業法**65条1項、水産資源の保護培養を法目的とする**水産資源保護法**4条の委任規則である。規則32条は、「何人も水産動植物の繁殖保護に有害な物を遺棄し、又は漏せつする虞があるものを放置してはならない」とした上で、違反者に対する規制命令権限（有害物の除外に必要な設備の設置命令、すでに設けた除外設備の変更命令）を知事に与えていた。

　本件規則は、明示的には公衆衛生や健康被害の防止を目的とせず、そのための規制権限が知事に与えられていない点が問題となった。

(3) 　**食品衛生法による規制** ＊

　　当時の食品衛生法（食衛法）4条は、有毒物質を含む食品・添加物の販売等を禁止しつつ、罰則を設けるとともに、厚生大臣・知事に対し、報告徴収・臨検等の権限（17条）や事業者に対する許可の取消し・営業禁止の権限（22条）を与えていた。ただしこれは、有害食品の**流通規制**であり、原因物質の排出者たるチッソに対する**公害規制**ではなかった。

3　水質二法の規制権限を行使するための要件（上記1②）

　規制権限の行使には、①原因物質の特定、②原因物質の排出源の特定、③水銀の定量分析方法が必要とされた。①②が特定されなければ、規制対象が不明であるし、③がなければ、実際に規制が不可能なためである。

　①は、原因物質につき、どの時点でどの程度の認識があったかの問題であり、公式発見以来の研究経緯・成果に関する事実認定と評価の問題である。厚生省の中間報告で、ある種の有機水銀化合物が原因物質である可能性が指

---

[5] 昭和26年熊本県規則第31号。昭和40年に廃止。

摘され始めた段階で、特定としては十分であろう。

②につき、断定できる必要があったとする裁判例もあるが（水俣病第3次訴訟東京判決）、水俣最判は、**高度の蓋然性をもって認識しうる状況**にあったことを違法判断の事情として挙げた。水質保全法5条は、「公衆衛生上看過し難い影響が生じているもの又はそれらのおそれのあるもの」を指定するとしており、影響が確実なもののみを規制するシステムではなかった。よって、排出源を高度の蓋然性をもって認識できるなら、手続として水質審議会の議を経れば必要十分であって、指定は可能だったと考えられる。仮に、排出源が多数存在する東京湾で同様の状況が生じれば、②の充足は困難であろうが、水俣湾・水俣川河口付近にはチッソ水俣工場しかなく、かねてからチッソ排水が疑われていたこと等からすれば、②を満たすといえよう。水俣最判は、上記①②につき簡単に肯定した。

③については、当時、有機水銀の定量分析技術が存在せず、原因物質でない無機水銀をも含む**総水銀**の規制しかできなかった。水質保全法5条3項は「**必要な程度**」で規制をすべきと明示するため、**過剰規制**となり規制が不可能であったとする下級審判決もあった（水俣病関西訴訟控訴審判決〔大阪高判平成13年4月27日判タ1105号96頁〕、新潟水俣病第2次訴訟判決〔新潟地判平成4年3月31日判タ782号260頁〕）。この点は、規制により得られる利益と失われる利益の比較衡量によるべきであり、規制の断念による結果の重大性に鑑みれば、過剰規制も例外的に許されると解される。水俣最判は過剰規制に触れずに、規制権限不行使の違法を認めた。

4　規制の実行可能性 *

水質二法所定の手続（調査水域の指定→調査基本計画の立案→水質審議会の議→決定→調査→指定水域の指定・水質基準の設定という一連の行政過程）を1カ月で終了できたかという規制の実行可能性の問題があった。

この点は、事実認定にも依存するが、水俣最判は、1959（昭和34）年11月末の時点で、水俣湾およびその周辺海域を指定水域に指定し、工場排水から水銀とその化合物の不検出という水質基準を定め、アセトアルデヒド製造施設を特定施設に定める規制権限の行使に必要な所定の手続を直ちにとることが可能であったとした。そして、この手続に要する期間を考慮に入れても、同年12月末には、主務大臣たるべき通商産業大臣が規制権限を行使し、チッソに対し水俣工場の排水処理方法の改善、施設の使用一時停止等の措置命令が可能であり、健康被害の深刻さに鑑みれば、直ちに権限を行使すべき状況にあったとした。妥当であろう。

5　裁量審査（上記1③）

　規制権限があり、権限行使要件を充足していたとしても、作為義務がなければ、権限不行使は違法（作為義務違反）にならない。

　規制権限不行使に関する裁量審査については、スモン事件等の下級審判決を踏まえ、①被侵害**法益の重大性**（危険の切迫性）、②**予見可能性**、③**補充性**（期待可能性を含む）、④**結果回避可能性**を検討し、一定の場合には裁量が収縮し、権限行使を義務づけられるとの考え方（**裁量収縮論**）もある。

　しかし判例は、国・公共団体の公務員による規制権限の不行使は、権限を定めた法令の趣旨・目的、権限の性質等に照らし、具体的事情の下で不行使が許容限度を逸脱して著しく合理性を欠く場合に違法となるとする（**裁量権消極的濫用論**）。水俣最判もこの定式を用い、本件の諸事情を挙げて不作為を違法と判断した。その判断要素自体は裁量収縮論と大きな違いはないが、裁量審査の過程が不明瞭となる憾みがある。

6　緊急事態における法の目的外権限行使

　本件規則は、漁業法と水産資源保護法を根拠とし、32条の規制の本来の目的は**水産資源の保護**であるから、健康被害防止のための規制は、法の目的外権限行使として許されないとの考え方もある。

　しかし水俣最判は、規則が「水産動植物の繁殖保護等を直接の目的とする」ものの、「それを摂取する者の健康の保持等をもその究極の目的とする」ことを理由に、許されるとした。当時の緊急事態下で重要な利益を保護する観点からは、正当な判断といえよう。

7　食品衛生法による規制 *

　　　水質二法に基づく規制権限は熊本県にないため、主として県の国賠責任を追及するために（不作為違法の起算点を早める意味もある）、上記調整規則のほか、食衛法上の規制権限不行使の違法も争点とされた。

　　　しかし、湾産魚介類の摂食禁止等を求める行政指導が、実際にそれなりの成果を上げており、また、湾および湾周辺で漁獲した魚介類の自家摂食（湾産魚介類の販売不能による貧困を理由とする）が、発症の主要因であったとすると、自家摂食は同法の規制対象外であり、主として流通規制を行う食衛法による結果回避は困難であったようにも思われる。

第 6 節　環境法（基本理念・原則）と環境訴訟

一　環境法の基本理念・持続可能な発展（SD）

　環境基本法は、①環境の恵沢の享受と継承（3条）、②**持続可能な発展**（4条）、③国際的協調（5条）の3つの基本理念を規定するが（循環基本法3条参照）、個別法の解釈を超えて、これら基本理念が環境訴訟における判断の決め手となった事例は見当たらない。

　持続可能な発展（Sustainable Development; SD）は、人的活動を長期的に見て**環境容量**の範囲内に制御すべきとする理念である（大塚B 31頁以下は基本原則ともされる）。環境基本法4条は「環境への負荷の少ない健全な経済の発展を図りながら持続的に発展することができる社会が構築されることを旨」としている。

　環境容量には限界があるところ、枯渇資源の利用や不可逆な環境負荷（例えば気候変動や種の絶滅）により、環境容量を超えた人的活動が継続すれば、文明の維持が困難となるから、持続的な環境利用が要求される。これは、将来世代に対する現在世代の責任である（**世代間衡平**）。

　他方で、地球環境問題としては、途上国の貧困と人権問題が環境劣化に直結する現実がある。そこで人権保護の観点から、SDは、経済・社会・環境を**統合**するとともに、**南北間衡平**を図る理念としても位置づけられている。

　2015年9月、国連総会において、2030年までに達成すべき持続可能な開発目標（Sustainable Development Goals：**SDGs**）を中核とするアジェンダが採択され、現在では環境を含む17分野、169目標、232指標が策定されている。わが国でも、2016年に閣議決定でSDGs推進本部が設置され、実施方針の策定が行われている。

　しかし、そもそも環境容量は通時的、共時的に見て必ずしも明らかでなく、また、その配分方法も決まっていないため、SDは多義的である。SDは環境法の究極目標といえるが、SDGsの目標は矛盾も抱えており、指標の妥当性を含め疑念も呈されている。いずれにせよSDのみで法政策、法運用を方向づける決め手となる場合は少なく、訴訟においても個別法を超える解釈指針等とはされていない。

　以下、法政策、解釈の指針となりうる基本原則として、①未然防止原則、②予防原則、③汚染者支払原則、④参加権としての環境権につき概説する。

二　未然防止原則（未然防止的アプローチ）

　未然防止原則（preventive principle）は、許容限度を超える環境負荷（物質・行為）を事前に制御し、環境影響を未然に防止すべきとする原則である。

　人的活動は、しばしば深刻な健康被害や回復困難な環境破壊をもたらすため、環境影響が生じる前に行為を事前に制御する方が、合理的であり正義に適う場合が少なくない。例えば水俣病に伴う健康・環境・漁業への被害額は、年間126.3億円に上るとされるが、仮に事前に未然防止措置を講じていた場合の対策費用額は、年間1.2億円で済んだとの試算もある[1]。

　他方で、軽微な環境影響を防止するための過剰規制は、**比例原則**（ある目的を達成するために、必要最小限度を超えた不利益を課する手段を用いることを禁ずる原則）[2]との抵触を生ずる。正義に反しない限り、未然防止原則は、比較衡量による合理化を要し、結局、比例原則により、規制コストとの見合いで、規制の有無・内容・程度が定められることになる。

　環境基本法も本原則を採用しており（環基4条「科学的知見の充実の下に環境の保全上の支障が未然に防がれることを旨として」・21条「環境の保全上の支障を防止するための規制」）、個別環境法における諸規制も、多くは本原則を具体化したものである。生じうる環境影響の蓋然性・内容・程度は、問題とされる物質・行為により様々に異なるから、費用対効果に鑑み、本原則による制御は、禁止（例えばPCB規制）から許容（例えば**裾切り**）まで、連続的に存在する。

　未然防止原則は、すでに確立した法原則として、個別法の内容に具体化されており、個々の規制法違反が同原則違反であるともいえる。また、規制権限不行使の違法判断の4要素（119頁）も本原則に立ったものと評しうる。環境訴訟では、格別に問題とされないが、当然の前提とされている。

　本原則は、物質・行為（原因）と環境影響（結果）との間の**因果関係**につき、**科学的知見**が確実であることを前提とする。確実でない場合、環境法による制御の可否、是非、内容が、次の予防原則の採否として問題となる。

---

(1)　地球環境経済研究会編著『日本の公害経験——環境に配慮しない経済の不経済』（合同出版、1991年）。
(2)　藤田宙靖『行政法総論』（青林書院、2013年）103頁。

三　予防原則（予防的アプローチ）

1　予防原則の意義

　予防原則（precautionary principle）とは、物質・行為と環境影響との間の因果関係につき、科学的知見が不確実であっても、環境影響が**重大・回復困難**である場合には、一定の制御をすべきであり、対策を延期してはならないとする原則である。

　予防原則適用の前提となる**科学的不確実性**は、①調査（リスク評価）の未実施の場合と、②調査したが**不明**の場合がある。化学物質や生態系など、なお知見が不十分な分野は多い。

　予防原則は、環境影響が重大・回復困難でなく行為の制御が不要であることの証明責任を、行為者に負わせること（**証明責任の転換**）を内容とする場合（**強い予防原則**）もあるが、大幅な憶測に基づく規制を許容しかねないとの批判もある。ただし、制御として、行為者が知りえた物質の有害性情報の提供など、一定の**情報提供義務**、**調査義務**を課すだけの法政策もあり、少なくとも損害の重大性・不可逆性による限定があれば、法に基づく制御（種々の政策手法）が正当化されるものと解する。

　予防原則は、国際法の文脈でつとに展開され、**リオ第15原則**[3]、気候変動枠組み条約、生物多様性条約、カルタヘナ議定書、REACH等に明記されている。しかし、未然防止原則と異なり、未だ慣習国際法上の原則ではないとされ、わが国でも（環境基本計画には記載されているものの）法政策として十分に採用されていない。

　それでも、PRTR制度など、食品・化学物質分野の法律で例が確認できるほか、生物多様性基本法3条3項に「予防的取組方法」の規定が置かれている。また、大防法の揮発性有機化合物（VOC）規制では、浮遊粒子状物質の原因物質であるトルエン、キシレンについて、定量的関係にかかる知見が不確実であることから、法規制と自主的取組（大防17条の14）の組み合わせ（同17条の3）による行為制御を採用している（205頁）。また、情報的手法の例としてPRTR制度（8頁）と温対法のGHG排出量算定・報告・公表制度（412頁）がある。

---

[3]　費用対効果の大きな対策であることを求めているが、その後の国際条約では要件から外されている。

2　環境訴訟における予防原則の意義

環境訴訟では、①規制権限行使の違法性阻却、②因果関係立証の困難の緩和の2つの場面で、予防原則が問題とされている。

①に、行政庁が環境影響の原因究明が確実でない段階でした国民に対する**情報提供行為（公表）**の違法が、事後的に争われた例がある。これは、予防原則が当該情報提供の違法を阻却しうるかという問題として捉えうる。

一連のO-157事件[4]では食中毒被害の場面で、**那覇地判平成20年9月9日判時2067号99頁**は温泉排水による地下水汚染の場面で、情報提供の違法性を否定したが、これは予防原則の適用と評価しうる（また、水俣病訴訟における緊急避難的行政行為や水銀の定量分析方法がない場合の過剰規制の許容も、予防原則で説明する余地がある〔119、121頁〕）。

遊佐町条例判決（最三判令和4年1月25日判自485号49頁）は、「遊佐町の健全な水循環を保全するための条例」に基づく「規制対象事業」であるとの認定（事業に着手すると中止命令・原状回復命令の対象となる）を受けた採石業者Xが、遊佐町を被告として、主位的に認定取消しを求めるとともに、予備的に損失補償請求をした事案である。一審（山形地判令和元年12月3日判自485号52頁）は、①遊佐町の水源が湧水と地下水のみであり、安全で綺麗な水そのものが重要な産業資源であること、②地下水脈の全容解明は技術的・財政的に困難であるのこと、③一度損傷を受けた地下水脈を修復するのは不可能か極めて困難であることからすると、「予防原則の観点から、相応の規制を設けることも許容される」として、条例の規制が憲法22条1項に反しないとして主位的請求を棄却した（他方、この制約はXに特別の犠牲を強いるとして、予備的請求を認容した）。控訴審（仙台高判令和2年12月15日判自485号69頁）は原判決を一部変更して損失補償額を上乗せし、上記最判は最大判昭和47年11月22日刑集26巻9号586頁の趣旨に徴して違憲でないとした。

予防原則と同時に、比例原則（2頁）が問題となる（遊佐町の事案では、予防原則により規制が正当化できても、比例原則により損失補償が要求されたとみることもできようか）点が①の特徴である。

3　参考となる裁判例 *

　　上記**那覇地判**は、温泉施設を開設したXが、十分な科学的根拠がないのに「水源の塩素イオン濃度の上昇原因は本件施設の排水である」旨公表した自治体Yを被告として、国賠法1条の賠償請求をした事案である。判決

---

(4)　東京地判平成13年5月30日判タ1085号66頁。ただし、東京高判平成15年5月21日判時1835号77頁は情報提供方法（公表のやり方）に違法を認めた。

は、公表の前提となる調査が公表事実を真実と信ずる相当な根拠となりうるとした上で、公表目的（上記濃度の上昇防止）の正当性、公表の必要性（地域住民の水道の安全への不安除去）、公表時期の相当性（速やかな対応が求められた）、公表内容の合理性を肯定して、請求を棄却した。予防原則に近い立場で、一定の科学的不確実性がある中でとられた行政措置を正当化したものといえる。

これに対し、**名古屋高金沢支判平成21年8月19日判タ1311号95頁**は、Xが、Y県知事に対し、温泉法（平成19年法律31号および同121号による改正前のもの）3条1項に基づく温泉の掘削許可申請をしたところ、同知事が、同申請が温泉法4条1項2号（公益を害するおそれ。この事案では既存の温泉資源が枯渇するおそれ）に該当するとして不許可処分にしたことから、同処分取消しと許可義務付けを求めた事案の控訴審で、第1審判決（金沢地判平成20年11月28日判タ1311号104頁）を支持して請求を認容したが、予防原則に基づく主張を認めなかったものと評しうる。すなわち、本件処分が依拠したY県環境審議会温泉部会の答申は、新たな掘削が既存温泉へ影響を及ぼす危険性を指摘するだけで、その影響の内容・程度、具体的機序、蓋然性の程度等は何ら示されていないとして、本件処分は裁量権の範囲を超え違法であるとした。Yおよび訴訟参加人（地元の温泉営業組合）は、直接視認できないため地下の裂罅（割れ目）の存在や状態等を的確に示すことが極めて困難である一方で（科学的不確実性）、本件掘削により既存温泉が枯渇した場合、枯渇前の状態への回復は不可能であり（不可逆性）、事後的でなく事前の対処が必要であると主張したが、認められなかった。個別法の解釈の問題だが、資源枯渇の場面で予防原則の適用を消極に解したものといえる(5)。

上記の②に、施設稼働による健康被害の損害賠償や稼働差止めが求められた例が多数ある。そのうち**杉並病原因裁定**は、原因物質を特定せずに、施設操業により排出された不特定多数の化学物質が周辺住民の健康被害の原因であるとした（ただし東京高判平成21年1月29日判例集未登載は公調委の判断を支持しなかった）。また、**東京大気判決**も、原因物質を特定せずに、自動車排ガス総体が沿道住民の気管支喘息の原因であるとした。いずれも、予防原則の適用により、因果関係立証の困難を緩和したとも評しうる。なお、予防的科学訴訟論につき、（92頁）参照。

この点、**福岡高判平成21年9月14日判タ1337号166頁**（原審福岡地久留米支判平成18年2月24日判タ1337号184頁）は、鉄塔からの電磁波による

---

(5) 宮崎地延岡支判平成24年10月17日LEX/DB25483234は傍論で、予防原則は環境基本法で採用されているものの、裁判規範としては確立されていないとする。

健康被害のおそれ等を理由に、携帯電話基地局の操業差止め等を求めた事案で、予防原則の採否は立法政策の問題であるが、わが国ではかかる立法政策はとられていないから、予防原則を訴訟上の因果関係の立証責任の判断に持ち込むことはできないとした[6]。

四　汚染者支払原則（PPP）

汚染者支払原則（Polluter-Pays-Principle; PPP）は、**許容限度を超える汚染防止費用を汚染者が支払うべき**とする原則である。これは、公共負担でなく、汚染者に費用を支払わせることで、汚染防止の誘因が生じ、効率的で実効的、かつ公平な環境保護が可能になるとの理解に基づく。1972年にOECDが示した原則であり、**外部不経済の内部化**と汚染防止費用への**補助金の禁止**を目的とした。

OECDのPPPは、最適汚染水準までの汚染防止費用を前提としていたが、大塚教授の整理によると、深刻な公害経験を持つわが国では、環境復元費用・被害救済費用についても適用され、効率性よりも公害対策の正義と公平の原則として捉えられた（原則の例外として、①ナショナルミニマムに必要な場合、②短期間の過渡的措置、研究開発、地域間格差の是正等特別な社会経済目標の達成のため付随的に行われる場合には、公共負担が必要になる。積極的な改善の場合は公共負担や受益者負担（自公58条）もありうる。大塚B57頁以下）。公健法と負担法（12頁）はPPPを採用した立法であり、環境基本法4条・8条・37条に規定があるほか、大防法25条、水濁法19条、廃掃法19条の4以下、自公法34条・59条などにPPPに基づく規定がある。

PPPが裁判で問題となる事例は少ない。

なお、PPPを拡大強化する法政策として、**拡大生産者責任**（EPR）（236頁）や廃掃法の排出事業者責任（19条の6）がある。

五　環境権

わが国の法令に環境権の明文規定はないが、裁判・学説上、環境権が主張されてきた。環境権は次の4つに整理される（大塚64頁以下）。

すなわち、①**裁判規範性**をもつ私権、②自然破壊等による幸福侵害行為に対する**防御権**（憲13条）、③健康で文化的な最低限度の生活維持のための**社会権**（生存権。憲25条）、④立法・行政過程への**参加権**である。環境権論は訴

---

[6] 同一合議体による同種事件に関する同趣旨の判決が同日出されている。福岡高判平成21年9月14日判タ1332号121頁（原審熊本地判平成16年6月25日判タ1332号142頁）。

訟のあり方のみならず、環境法政策をも方向づけうるが、基本原則と位置づけるべきものは、このうちの④である。ここでは簡単に①〜④を概観するが、①は、自然保護訴訟（第8章〔363頁〕）で再論する。

1　私権としての環境権（①）

大阪弁護士会等が提唱した環境権は、環境を破壊から守るために**環境を支配し良好な環境を享受する権利**として、裁判上主張された。環境権を有する者は、みだりに環境を汚染し、住民の快適な生活を妨げ、妨げようとする者に対し、**妨害の排除・予防**（差止め）を請求しうる。これは、原告に個別被害の蓋然性が生ずる前段階で加害行為の差止めを許容する考え方であり、また、環境権侵害の違法判断は**受忍限度論**によらず、被害者の主張が権利濫用でない限り私法上直ちに違法とされる。

しかし裁判所は、環境権の**内容・享有主体の範囲の不明確性**を理由に、一貫して環境権を否定してきた（伊達火力判決、琵琶湖総合開発判決）。私権としての環境権は、自然人が有する個別的利益として主張されたほか、集団的利益としての環境権を自然人や環境保護団体が行使する場面で主張された。しかし、いずれも否定（後者については当事者適格が否定）されている[7]。宗教的、歴史的、文化的環境権等と内容を変えても結論は同じである（京都仏教会決定〔京都地決平成4年8月6日判タ792号280頁〈旧76〉〕）。

この点、**国立判決**は、景観利益を権利ではなく「法律上保護された利益」（法的利益）として不法行為成立の余地を認めた（159頁）。私見では、権利の場合よりもハードルの高い違法判断方法＝**社会的相当性**基準によるものの、法的利益侵害に対する差止請求が可能であるから、私権としての環境権が部分的に承認されたとも評しうる。

自然享有権については第8章（366頁）で扱う。

2　憲法上の環境権（②③）

憲法学説は、憲法13条・25条を根拠に環境権を認めてきたが、法政策の法的根拠としてはともかく、環境訴訟においては有効でない。環境に対する幸福追求権の承認につき裁判所は冷淡であり、環境権構成よりも、自然保護法等の充実が前提として不可欠である。また、生存権が問題となる事案では、人格権、健康権でカバーしえよう。

憲法改正による環境権の明記は、環境訴訟に直ちに影響しないと思われる

---

[7]　ただし大塚教授は、環境権の提唱を通じ、差止請求の審理において、被害の広範性（仮処分の審理における被害要件の地域的判断）の考慮、因果関係・被害の立証責任の緩和、アセス等の手続重視等の理論的成果が得られたと整理される。大塚B41頁以下。

（環境権を具体化する法制度が不可欠である）が、法政策・運用の指針としての機能を期待しえよう。

3 立法行政過程への参加権としての環境権（④）

環境権は現在、実体的な環境保護ではなく、むしろ立法・行政過程への参加権として捉え直されている。環境権は、公衆が必要十分な環境情報を得た上で、**環境（法）政策の形成・実施に参加する権利**であり、そのための手続保障を内容とする。法的根拠を求めるなら、環境基本法3条（環境の恵沢の享受と継承）および19条（国の環境配慮義務）となろう。表現の自由（憲法21条1項）の具体化と捉える見方もある。

この意味での環境権の内容は、欧州の**オーフス条約**を参照しうる。同条約は、環境に関する①情報の取得、②政策決定への公衆参加および③司法審査へのアクセスを保障する。環境情報が形成・収集されなければ誰も適切な判断ができないし、各主体の参加による批判と討議があってこそより合理的な行政判断をなしうるからである。司法審査はこれらを最終的に担保し、かつ実質化するものといえる。しかし、わが国はいずれも十分でない。

環境保護の対象・内容・程度・方法は、専門的・科学的知見を基礎として、衆議を通じ民主的手続で決すべきである（(ⅱ)）。それには前提として、必要十分な環境情報が形成され、公衆に提供されねばならない（(ⅰ)）。(ⅰ)(ⅱ)が十分に機能しない場合、司法審査で違法が是正されねばならない（(ⅲ)）。

(1) 情報アクセス

(ⅰ)につき、**アセス法・条例**は、環境影響が大きい場合に、環境情報の形成・公表を行為者に義務づけている（第9章〔383頁〕）。一般法として、**情報公開法・条例**は、行政保有情報の開示請求権を公衆に保障するが、その他個別法にも、**温対法**の温室効果ガス排出量算定・報告・公表制度など環境情報の形成・公表の規定が多数ある。PRTR法や環境ラベリング、CSR報告書なども一定の環境情報へのアクセスを可能としている。

(2) 政策決定への参加権

(ⅱ)についても、アセス法・条例は、意見書提出、説明会開催等の一定の公衆参加手続を規定している（ただし、情報提供参加にとどまるとされる。394頁）。廃掃法に基づく施設設置許可の際の生活環境影響調査における利害関係者の意見聴取（7条6項、15条6項）手続もある。さらに、自然公園法の公園管理団体・風景地保護協定、都市法分野の都市計画提案（都市計画法21条の2。景観法11条も類似規定である）など、参加権を拡充する立法がされてきた。

一般法として、行政手続法に公聴会開催等の努力義務（10条）、パブリックコメント手続（38条以下）、権限発動促進制度（36条の3）があるものの、許認可段階での参加がほぼできないなど、わが国は概して参加権の保障が不十分であり、特に公共事業手続の整備が不可欠である。

(3)　司法アクセスの保障

　(ⅲ)については、環境権に基づく民事訴訟の途が閉ざされている以上、行政訴訟の活用が期待されるが、世界で最も狭隘ともされる原告適格の問題等、日本の司法の機能不全は深刻である。司法過程への参加権保障のため、立法措置として原告適格の拡大のほか、**団体（市民）訴訟**制度の導入が急務である（373頁）。参加権としての環境権には、司法アクセスも含まれている。

第2章

生活妨害

第1節 日照妨害

一 日照権と日影規制

　戦後わが国で都市化が急速に進み、都市に人口が集中するにつれ、昭和30年代から日照紛争が頻発激化した。

　日照は、健康で快適な生活を営むために不可欠の生活利益であり、私法上保護される権利として**日照権**が確立している（砧町日照権判決〔最三判昭和47年6月27日民集26巻5号1067頁〕〈60〉）。日照権の個別調整を裁判で行うことは非効率であり、事前規制として**日影規制**が導入されている。多発する日照紛争に対応して1976年に導入された法制度が、日影による中高層建築物の高さ制限（建基56条の2・別表第4）である。

　　　用途地域は住居系が8種類、商業系が2種類、工業系が3種類の**全13種類**が用意されている。最も厳格な規制がされる第一種低層住居専用地域内の土地は、例えば店舗・事務所、ホテル・旅館、遊技場等の用途に利用できないし、10mの高さ制限がされる場合もあるが、制限内であれば3階建ての共同住宅の建設が可能であり、先進諸外国と比べ大雑把で、かなり緩やかな規制となっている。

　日影規制は**用途地域**ごとに課される。規制対象地域は、住居系の用途地域等が中心であり、例えば商業地域、工業地域では住環境の保全よりも他の利益が優先されるため、日影規制は適用されない。また、規制対象建築物は、**中高層建築物**[1]に限られる。日影規制は、地方公共団体が、建築基準法（建

図表2-1：用途地域のイメージ図

●特別用途地区
特別用途地区は、用途地域を補完する地域地区で、地区の特性にふさわしい土地利用の増進、環境の保護など、特別の目的の実現を図るために指定します。特別用途地区内では、条例を定めることで、用途地域による全国一律的な用途の制限を修正するものです。
市町村が、地域の特性に応じて、用途地域による用途制限の強化または緩和を定めることができます。

（彦根市 HP を微修正）

基法）の定める範囲内で、地域および日影時間を**条例**により指定して具体化される[2]。用途地域は、市街地の土地利用に関して建築物の用途を規制する地域地区であるが、用途のみならず日影規制、建ぺい率・容積率規制等と連動する重要な都市計画である。

---

(1) 例えば第一種低層住居専用地域では、軒の高さが7mを超える建築物または地階を除く階数が3以上の建築物とされる。
(2) 北側斜線制限（建基56条1項3号）は、南側隣地の日照・採光・通風等を保護するために建築物が一定の斜線内に収まっていなければならないとする制度であり、住居専用地域に特有の形態規制である。

行政規制は一律の事前規制であって、日影規制も形式的な地域的区分＝ゾーニングによる概括的な規制である。ゾーニングには限界があり、個々具体的な地域の実情に完全には対応しえず、また、**過剰規制**を避けるべく**最低基準**となりやすいから、日影規制ではすべての日照紛争を予防解決しえない。

　日影規制の枠組みで最終の利益調整まで行うことは必ずしも適切でなく、また、不相当の行政コストを生じかねないから、日影規制から漏れる権利の保護（個別具体的事案に応じたきめ細かい最終的な権利利益の調整）の役割は、基本的には**日照権**に基づく環境民事訴訟に委ねられている[3]。

　日影規制や北側斜線制限の遵守は、「建築基準関係規定」への適合性審査を行う行政処分である**建築主事**[4]等による**建築確認**（建基6条）等によって担保される[5]。日影規制に違反した建築物については、他の建築基準法違反と同様に、**特定行政庁**[6]の**是正命令**（建基9条）による違法是正が予定されている。

二　事例に基づく検討

【典型事例2-1】

> 　B社は、政令指定都市であるA₁市内の第二種中高層住居専用地域において、地上8階・地下1階建てマンションの建築計画を立て、指定確認検査機関である一般財団法人A₂から建築確認を得た。
> 　本件マンション建築により日照被害を受けると主張する北側隣地の住民Cらは、本件マンションの建築を阻止したいと考えている。協力者である建築士によると、建築確認の際に提出された日影図にも誤りがあるとのことである。
> （1）　Cらは、誰に対し、いかなる行政争訟手続をとりうるか。
> （2）　(1)の訴訟係属中に建築工事が完成した場合、Cらは、どのような法的手続をとりうるか。
> （3）　Cらは、Bに対し、どのような法的手続をとりうるか。

---

[3]　建築協定、地区計画や景観地区など個別地域に応じた詳細な行政規制がされる場合は、民事救済の必要性はさらに小さくなる。

[4]　建築確認事務を行う一級建築士であり、政令で指定する人口25万以上の市には必ず置かれている（建基4条1項）。現在では株式会社など民間主事と呼ばれる指定確認検査機関による建築確認の方が多くなっている。

[5]　建築士による工事監理（建築士3条等）、建築主事等による完了検査（建基7条）、中間検査（同7条の3）等によっても担保される。

[6]　建築主事を置く市町村の長や知事のことであり、例えば東京都知事や大阪市長がこれに当たる。建基法、都市計画法（都計法）の下で違反是正命令権限や特別の許可権限を有するなど法律上重要な権限をもっている。

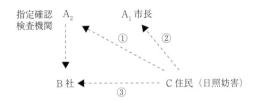

1 環境行政訴訟

(1) 建築確認取消訴訟（設問(1)：上図①）

Ｃらとしては、ＢがＡ₂から取得した建築確認につき、Ａ₂を被告とする取消訴訟の提起が考えられる[7]。Ｃらは、北側隣地の住民であり、日照妨害のおそれがあるから、最判に照らしても原告適格は認められる。以前、建築確認については、**審査請求前置**主義がとられており（建基96条〈削除〉）、Ｃらは建築審査会に対する審査請求を経て提訴する必要があったが、現在では、直ちに取消訴訟の提起が可能である。訴訟提起に執行停止効はなく、建築工事は進行するから、建築確認の**効力停止**の申立ても考えられる。

主たる争点は、条例によって具体化された**日影規制**（建基56条の２）違反の有無となろう。建築確認が出されている以上、日影規制につき違法事由がないとも思われるが、行政庁（この場合はＡ₂）も無謬ではないし、また、例えば地盤面の設定に関する解釈も一様ではないから、勝訴可能性はある。

(2) 国家賠償請求訴訟・是正命令義務付け訴訟（設問(2)：上図②）

取消訴訟の係属中に建築工事が完成した場合、**狭義の訴えの利益の消滅**により、訴えは却下される。この場合、国賠請求への**訴えの変更**（行訴21条）が可能である[8]。

しかし、Ｃらが求めているのは、金銭よりもむしろ日照の回復である。そこでＣらは、完成後の建築物に建築基準法（日影規制）違反がある場合、Ａ₁市を被告としてＡ₁市長がＢの違法建築物に対する**除却命令等**の是正命令権限を行使するよう求める**非申請型義務付け訴訟**（行訴37条の２）の提起を検討する余地がある。建築確認とは異なり、特定行政庁であるＡ₁市長が是正命令権限を有するため、Ａ₁市が被告となる（行訴11条１項１号）。

原告適格は取消訴訟と同様に肯定してよいが、**重損要件**が加重され日照被害の重大性が求められる。また、是正命令は違法に対して必ずされるもので

---

[7] 従来、建築主事が行っていた建築確認事務は、現在では「民間主事」とも呼ばれる指定確認検査機関に開放されており（建基６条の２）、取消訴訟の被告はＡ₂となる。

[8] 最二決平成17年６月24日判タ1187号150頁は、この場合の被告を、建築確認事務の帰属する公共団体（本件ではＡ₁市）とするが、批判も強い。

なく、行政裁量があるから、裁量権の逸脱濫用がなければ、Cらは勝訴できない。なお、早期の救済を求めるべく、**仮の義務付け**の申立ても考えられるが、認容のハードルは高い。

2 環境民事訴訟（設問(3)：上図③）

(1) 建築差止請求・損害賠償請求

本件建築計画に日影規制違反等の建基法違反が認められない場合、Cらが行政訴訟に勝訴する余地はない。それでもCらとしては、日照妨害が受忍限度を超えるとして、Bを被告とする**建築工事の民事差止め**（完成後は建物除却請求）または**日照妨害等の損害賠償**を求める訴訟の提起が考えられる。

実際には、既成事実の形成前に早期の救済を求め**民事仮処分**の申立てをする必要があろう。仮処分は、行政訴訟とは異なり、本案提訴は不要である。

損害賠償請求は、民法709条の不法行為に基づくが、差止請求の法的根拠には争いがあり、日照紛争では、**日照権**（人格権）または**土地所有権**、借地権等の**物権的請求権**が用いられる。

(2) 日照妨害における受忍限度判断

差止・賠償請求の可否は日照妨害により被害者が受ける不利益の程度が**社会生活上受忍すべき程度を超えるか否かにより判断する**（受忍限度論）。

最判はないが、下級審判決の蓄積により、考慮要素が確立されている。日照妨害により被害者が受ける不利益の程度が社会生活上受忍すべき程度を超えるか否かは、①**日影規制違反の有無**、②**日照被害の程度**、③**地域性**を中心に、④**加害・被害の回避可能性**、⑤**加害・被害建築物の用途**、⑥**先住関係**、⑦**他の規制違反の有無**、⑧**交渉経緯**を総合考慮して決する。

(a) 日影規制違反の有無・程度

行政法令違反があっても受忍限度を超えるとは限らず、違反がなくても受忍限度を超える場合がありうる。違反の有無は、侵害行為の態様の一側面として、受忍限度判断で重要な要素とされる。特に、日影規制は最低限の規制基準であるため、これさえ遵守しない場合には、原告側に有利に判断される可能性がある（**東京地決平成2年6月20日判時1360号135頁**は、日影規制の適用がない建築物につき受忍限度を超えるとして建築差止仮処分を認容している）[9]。

---

[9] 名古屋高判令和2年7月30日LEX/DB25566581は、高速道路建設工事による自宅建物の日照被害について、冬至日に日影の影響が最も大きくなるという大前提が当てはまらない場合（冬至には高架下からの日照が得られる）には、冬至日のみを基準とすることに合理性がなく、春秋分や夏至を含む年間を通じての日照被害状況も考慮して受忍限度判断をすべきであるとし、損害賠償請求を認めた。

(b) **被害の程度**

　受忍限度判断では、実際に生じる日影被害の程度、とりわけ被害建物の**主要開口部**（戸、窓など通風・採光のための開閉部分）の被害の程度が考慮される。当該建築の前後で実際にどれだけ日照時間が減少するかが重要となる。また、例えば居住者が余生を楽しむお年寄か、独身の会社員かで言えば、前者の被害が大きいと判断されよう（**名古屋地判昭和51年9月3日判タ341号134頁**は、保育園児に対する被害が受忍限度を超えるとした）。札幌地判令和2年11月30日 LEX/DB25571557は、被害建物の最も日影時間が長い場所を普段使いする者がいないことなどを考慮し、受忍限度の範囲内とした。

(c) **地域性**

　地域性では、都計法上の**用途地域**が問題となる場合が多い。例えば、**第一種低層住居専用地域**は、「低層住宅に係る良好な住居の環境を保護するため定める地域」（都計9条1項）であり、用途地域の中で住環境保全のために最も厳格な規制をする地域である。そのため、日照も十分に保護される必要があり、受忍限度のハードルは低くなろう。これに対し、例えば**近隣商業地域**は、「主として商業その他の業務の利便を増進するため定める地域」（都計9条9項）であり、住居系地域ほどには日照が保護されるわけではない（**東京高判昭和60年3月26日判タ556号98頁**は、近隣商業地域内では1階主要開口部の日照享受を期待すべきでないとして受忍限度内とした）。日影規制のない商業地域であっても、**実際の土地利用状況**が低層の商店街で、中高層建築物が存在せず、将来も同様である場合、商業地域内でも差止めを認めうる。

　その他加害・被害の回避可能性、加害・被害建築物の用途、先住関係等も受忍限度の判断要素となる。

　　なお、日照被害は民民間の紛争にとどまらない。公共事業（高架鉄道の建設）による日照権侵害につき国賠法2条の損害賠償を認容した例に、**九州新幹線判決**（鹿児島地判平成19年4月25日判時1972号126頁）がある。

第2節　騒音

騒音は、ピアノの練習、マンション上下階のような近隣生活騒音や道路騒音（85頁）等多岐にわたるが、ここでは、最判のある工場騒音と鉄道騒音を取り上げる。

一　工場騒音

1　工場騒音規制
(1) 騒音環境基準

環境基本法16条に基づく騒音の環境基準は、地域の類型および時間の区分ごとに次のとおりである。地域の類型は、知事（市の区域内の地域は、市長。以下同）が指定する。

図表2-2：騒音に係る環境基準

地域の類型	基準値	
	昼間	夜間
ＡＡ（療養施設、社会福祉施設等が集合して設置される地域など特に静穏を要する地域）	50db 以下	40db 以下
Ａ（専ら住居の用に供される地域）および Ｂ（主として住居の用に供される地域）	55db 以下	45db 以下
Ｃ（相当数の住居と併せて商業、工業等の用に供される地域）	60db 以下	50db 以下

(注) 時間の区分は、昼間を午前6時から午後10時までの間とし、夜間を午後10時から翌日の午前6時までの間とする。

ただし、道路に面する地域は上記によらず基準値が緩和されている。

(2) 騒音規制法による規制

工場および事業場における事業活動に伴う騒音は、建設作業騒音、自動車騒音と並び、**騒音規制法**で規制される。

全地域が規制されるわけではなく、知事は、住居集合地域、病院・学校周辺地域その他騒音防止による住民の生活環境保全が必要な地域を、**騒音規制地域**として指定し（3条）、環境大臣が定める範囲内で**規制基準**（2条2項）を設定する（4条）。

規制対象施設は、**指定地域**内の工場・事業場に設置される施設のうち、著

しい騒音を発生する施設として政令で定める金属加工機械、空気圧縮機・送風機等の「**特定施設**」（2条1項、令1条別表第1）である。

特定施設を設置する場合、市町村長に対し騒音防止方法等の**届出義務**がある（6条）。規制基準に適合しない場合、市町村長は**計画変更勧告**ができる（9条）。勧告に従わない場合は**改善命令**ができ（12条2項）、命令違反には**罰則**がある（29条）。

特定施設設置者には規制基準の**遵守義務**がある（5条）。騒音が規制基準に適合しない場合、市町村長は設置者に対し**改善勧告**ができ（12条1項）、勧告に従わない場合には**改善命令**ができる（同条2項）。命令違反には**罰則**がある（29条）。

なお、飲食店の深夜営業、拡声器放送騒音等の一般騒音は、地域の実情に応じて条例による規制が可能である（28条)[10]。

2　騒音訴訟
(1)　環境民事訴訟

工場騒音につき、近隣住民が損害賠償や差止めを求める訴えを提起する場合、**最一判平成6年3月24日判タ862号260頁**は、受忍限度判断につき、次のとおり判示する（なお、古い最判として最三判昭和42年10月31日判タ213号234頁、最三判昭和43年12月17日判時544号38頁〈旧31〉）。

工場等の操業に伴う**騒音**、粉じんによる被害が、第三者に対する関係で違法な権利利益の侵害になるか否かは、①侵害行為の態様・程度、②被侵害利益の性質・内容、③当該工場等の所在地の地域環境、④侵害行為の開始とその後の継続の経過・状況、⑤その間にとられた被害防止措置の有無・内容・効果等の諸般の事情を総合的に考察して、被害が一般**社会生活上受忍**すべき**程度**を超えるものか否かによって決する（受忍限度論)[11]。

同じ騒音被害でも、**道路騒音**の場合とは、受忍限度判断における具体的な考慮要素が異なる[12]。

なお、本件の被告は建基法や東京都公害防止条例およびこれに基づく命令に違反して操業していた。上記平成6年最判の原判決（東京高判平成元年8

---

[10]　なお、「公務員の制止をきかずに、人声、楽器、ラジオなどの音を異常に大きく出して静穏を害し近隣に迷惑をかけた者」は、軽犯罪法1条14号に該当し、拘留または科料に処せられる。

[11]　本判決の規範を引用してあてはめた裁判例として、名古屋地判平成17年11月18日判時1932号120頁等参照。

[12]　公共事業騒音に関する近時の裁判例に仙台高判平成23年2月10日判タ1352号192頁（認容）等がある。

月30日判時1325号61頁）は、上記要素のうち①の違法性を重視し、違法操業の態様が著しく悪質で違法性の程度が極めて高い場合は、受忍限度論をとらず、むしろ被害の程度が極めて軽微な場合に請求を権利濫用として排斥すれば足りると判示していた。しかし、上記平成6年最判はこの考え方を否定した[13]。ただし、京都地判平成22年9月15日判時2100号109頁は、製菓工場の騒音・臭気を理由とする損害賠償請求を認容するにあたり、侵害行為の態様として、建基法違反の操業を考慮して受忍限度を超えるとした[14]。

> ●コラム● 私人による法の実現
>
> 　アメリカ環境法には、「私人による法の実現（private enforcement）」という法制度がある。行政庁に環境法を執行する十分なリソースがあるとは限らない。結果として環境法が適正に適用され、その価値が実現されるならば、執行を行政庁のみに委ねる必要はない。例えば事業者に環境法違反があった場合、環境保護団体等の私人（any citizen）が、まず権限行政庁に規制権限行使（執行）をするよう告知した上で、当該行政庁が期間（例えば60日）内に何らの措置もとらない場合には、裁判所を通じて、直接、違反者に対し、違反是正を求める訴訟を提起しうる。私人の原告適格として、憲法上「事実上の損害（injury in fact）」が要求されるが（市民訴訟）、容易に満たしうる要件であるため、法的障害としての意味は極めて小さい。

(2) **環境行政訴訟**

　騒音規制法を前提とすれば、市町村を被告として、特定施設設置者に対し、規制基準違反を理由とする改善命令の非申請型義務付け訴訟の提起等がありうる。しかし、実際に工場騒音にかかる行政訴訟は少ない。

二　鉄道騒音

　ここでは鉄道騒音をめぐる小田急事件を中心に、都計法の都市計画事業を概観するとともに、環境行政訴訟理論（原告適格、裁量審査、処分の特定性）につき、再論する。

---

[13] 本判決に依拠して同様の見解を示す裁判例として、福島地郡山支判平成14年4月18日判時1804号94頁。

[14] 他に、近隣のエコキュートやエネファーム等が発する低周波音をめぐって紛争が生じる例が散見される。東京地判平成29年9月12日判タ1451号215頁は、環境大臣において、①周波数100Hz以下の低周波音によるめまいや不眠等の健康被害の発生を防止するための規制権限を行使しなかったこと、あるいは②地方公共団体の担当部署を対象として、建具類のがたつきや室内での不快感による心身の苦情の申立てがあった場合に、それが低周波音によるものかどうかを判断する目安になる値を公表したことが違法であるとして、国家賠償を求めた事案で、原告らの請求を棄却した。

1　鉄道騒音規制

　　鉄道は、自動車に比べ、大量輸送が可能で、CO_2排出量も少なく、まちづくりとの調和志向をもち、本来、環境親和的な輸送手段である。他国では政府の補助金によって維持される場合も多いが、わが国の都市部では民間企業による経営が比較的順調に行っている点は特筆すべきである。鉄道騒音をめぐって一連の訴訟が提起されてきた背景には、鉄道規制のほとんどが安全規制であり、騒音規制が等閑視されてきた法制上の不備がある。

　　鉄道事業法は安全規制を中心とするが、他に鉄道騒音を規制する法はなく、一般法ないし民法により規律されるにとどまる。なお、新幹線騒音に係る環境基準はあるが、在来鉄道騒音については策定されていない。

2　都市計画事業とは

　小田急事件では、都計法に基づく**都市計画事業**（4条15項）の違法が争われたので、同制度を簡単に見る。

　都計法は、都市計画事業として①**都市計画施設**（4条6項）の整備に関する事業（59条）と②市街地開発事業（12条1項）を定める。小田急事件は①の事案である。さらに、都市計画事業は、原則として(i)市町村が知事の認可を受けて施行（59条1項）されるが、大規模であるなど特別な事情がある場合は、(ii)都道府県が国土交通大臣（地方整備局長に委任される）の**認可**を受けて施行できる（59条2項）。本件は(ii)の場合である。

　都市計画事業の認可が告示されると（62条1項）、事業地内の不動産につき権利を有する者は、建築等の制限（65条1項）、土地建物等の先買（67条）等の権利制限を受け、都市計画事業は、土地収用法20条による事業認定の告示とみなされる（都計70条1項）。この際、周辺住民には、騒音被害を受けるおそれが事実上あるとしても、権利制限は及ばない（ゆえに後述のように、取消訴訟の原告適格が問題となった）。

　小田急事件は、鉄道を高架化（連続立体交差化・複々線化）する都市計画事業の事業地の周辺住民が、同事業の認可の違法を争う取消訴訟を提起した事件である[15]。

3　小田急判決とその周辺

　小田急事件にかかる2つの最判は、環境訴訟においては、①原告適格の判断、②計画裁量の司法審査、③アセス結果への配慮義務の3点で重要であ

---

[15]　小田急電鉄による騒音については、私法上の違法性が認められている。平成10年7月24日公調委責任裁定、東京地判平成22年8月31日判タ1333号49頁。ただし、騒音差止請求については受忍限度を超えないとして棄却された。

る。ここでは、2 最判につき説明しつつ、若干の裁判例を取り上げる。

(1) 原告適格の判断

　大法廷による**小田急判決**（最大判平成17年12月7日民集59巻10号2645頁〈42〉）は、騒音・振動等による**健康・生活環境**に係る**著しい被害を直接的に受ける**おそれのある周辺住民に、都市計画事業認可取消訴訟の原告適格を肯定した（29頁）。

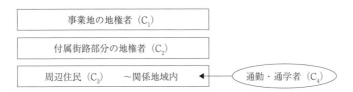

　まず、事業地の地権者 C_1 は、都市計画事業認可により**土地所有権**につき上記のような権利制限を受けるから、原告適格は争いなく肯定される（本件訴訟では一審係属中に C_1 が任意売却に応じ、訴訟から離脱した）。

　C_2 に関しては別に説明が必要である。付属街路事業と本体となる高架化事業は、法律上別の都市計画事業として扱われる。そのため、付属街路部分の地権者は、付属街路事業取消訴訟の原告適格をもちうるとしても（ただし、付属街路は本体事業による環境影響を緩和するための事業であり周辺住民のためにされる事業と位置づけられている）、本体の高架化事業の原告適格をもちえないとされた。しかし、付属街路は単独では無意味であり、本体事業と一体といえるから、付属街路の地権者も本体事業の取消訴訟の原告適格を有すると解すべきである。

　本判決は、C_3 につき原告適格を認めたが、適格承認の地理的範囲を決めるメルクマールとして、環境影響評価（アセス）手続（第9章〔389頁〕）で設定された「**関係地域**」を選んだ。関係地域は、アセスにあたり本件事業による騒音（環境影響）の程度を調査すべき範囲として設定される概念であり、その援用は一応合理的である。

　ただし、関係地域は適格判断の絶対基準ではない。関係地域外であっても、被害のおそれが立証されれば、適格は肯定されうる。また、アセスがされず、関係地域が設定されていない場合でも、原告ごとに被害のおそれが立証されれば適格を肯定しうる。なお、事業地の周辺地域に通勤・通学し、一定時間をそこで過ごす者（C_4）も、居住者と同種同程度の被害を受けるおそれがあるから、原告適格を認めるべきである。**東京地判平成31年1月30日 LEX/DB25562750**では、環境影響評価条例の対象事業に該当せず、関係地域

も定められていないことが原告適格を否定する論拠として主張されたが、退けている[16]。

小田急判決は、健康・生活環境に係る著しい被害を直接的に受けるおそれがある場合で、かつ、根拠法規が（関係法令を含め考慮して）個別的利益を保護する趣旨を含む場合に原告適格を広げた。しかし、後のサテライト大阪判決が、健康と生活環境利益を峻別し、後者につき原則として原告適格を否定し、かつ、あてはめを厳格化したため、原告適格の再制限が始まっている。

(2) 計画裁量の司法統制[17]

(a) 小田急本案判決（最一判平成18年11月2日民集60巻9号3249頁〈68〉）

都計法の計画裁量に対する司法審査の重要な例である。

判決はまず、健康で文化的な都市生活・機能的な都市活動の確保等の基本理念（2条）の下で、都市計画は、当該都市の健全な発展と秩序ある整備を図るべく一体的かつ総合的に定めなければならず、当該公害防止計画があれば同計画への適合も求められ（13条1項柱書）、都市施設につき、土地利用・交通等の現状・将来の見通しを勘案し、適切な規模で必要な位置に配置することにより、円滑な都市活動を確保し、良好な都市環境を保持するように定める（同項5号、現11号）点を挙げる。

そして判決は、かかる「基準に従って都市施設の規模、配置等に関する事項を定めるに当たっては、当該都市施設に関する諸般の事情を**総合的に考慮**した上で、**政策的、技術的な見地**から判断することが不可欠」であり、この「判断は、これを決定する行政庁の広範な裁量」に委ねられるとして、**計画裁量**を認める。

その上で、都市施設に関する都市計画の決定・変更に対する裁量審査につき、①その基礎とされた重要な事実に誤認がある等により**重要な事実の基礎を欠く場合**、または、②事実の評価が明らかに合理性を欠くこと、判断過程で考慮すべき事情を考慮しないこと等により**判断内容が社会通念に照らし著しく妥当性を欠く場合**に限り、裁量権の逸脱濫用があり違法となる、とした。①は**基礎欠落審査**、②は**社会観念審査**であり、目新しくはない。

---

[16] 小田急判決に依拠した類似事案に、**西大阪延伸線判決**（大阪地判平成18年3月30日判タ1230号115頁、控訴審大阪高判平成19年10月25日判タ1264号138頁）がある。

[17] なお、本件は、違法性承継の場面ではない。都市計画決定には処分性がないため、後続行為である都市計画事業認可取消訴訟において同決定の違法性を当然に争いうる。都市計画事業認可自体の違法（都計61条）ではなく、前提となる都市計画決定の違法（13条等）が争われる場合が多い。

環境訴訟では、計画裁量が問題となる事案が多いが、都計法に限らず、上記裁量審査の方法は、他の行政計画の裁量審査でも参照されえよう。著名な環境裁判例を幾つか挙げておく。

(b) 小田急事件第1審判決（東京地判平成13年10月3日判タ1074号91頁）

判決は、都市計画事業認可の前提となる都市計画決定の(i)**考慮要素**には小田急線の騒音にかかる違法状態とその解消という視点を欠く点で著しい欠落があり、同決定の(ii)**判断内容**には環境影響評価の参酌につき著しい過誤があり、問題の区間が地表式のままであることを所与の前提とした点で計画的条件の設定に誤りがあり、地下式を採用しても特に地形的な条件で劣るとはいえないのに逆の結論を導いた点で地形的条件の判断に誤りがあり、事業費につき十分な検討を経ないまま高架式が圧倒的に有利であるとの前提で検討を行った点で事業的条件の判断内容にも著しい誤りがあるとして、裁量権の逸脱濫用を認め、同決定と事業認可が違法であるとした。

(c) 伊東市都市計画道路判決（東京高判平成17年10月20日判タ1197号103頁）

都市計画道路の区域内では建築に許可を要するところ、不許可とされた原告らが、その取消しを求めた事案で、判決は、不合理な現状認識と将来見通しに依拠してされた都市計画決定は、都計法13条1項14号・6号の趣旨に反し違法であり、同決定に基づく不許可も違法とした。

すなわち、都市計画決定は、都市計画に関する基礎調査の結果に基づくことを要するところ（6条1項）、(i)同調査の結果が**客観性・実証性を欠く**ために土地利用・交通等につき現状・将来の見通しが合理性を欠くのに、不合理な現状の認識・将来の見通しに依拠して都市計画が決定されたと認められるとき、(ii)客観的・実証的な基礎調査の結果に基づいて土地利用・交通等につき現状が正しく認識され、将来が的確に見通されたが、(ｱ)都市計画決定につき**現状の正しい認識・将来の的確な見通しを全く考慮しなかったとき**、または(ｲ)これらを一応考慮したと認められるものの、これらと**都市計画の内容とが著しく乖離していると**評価できるときなど、上記**基礎調査の結果が勘案されることなく都市計画が決定された場合**は、都計法の趣旨に反し違法となる（本件は(i)に当たる）。

都市計画決定の前提となる基礎調査に着目した判断であり、(i)は小田急本案判決の①基礎欠落審査を、(ii)は②社会観念審査を、さらに具体化した裁量審査と言えようか。

(d) 林試の森判決（最二判平成18年9月4日判タ1223号127頁）

本判決は、都市計画決定で、公園と公道との接続部分につき、国有地（国家公務員宿舎の敷地）でなく、民有地を使用するとして公園の区域に含めたことにつき、裁量権の逸脱濫用ありとして違法と認めた。判断内容につき上記②社会観念審査を用いた例と言えるが、かなり限定された事例

判断であり、一般化は困難と思われる。

その他、川辺川判決、永源寺第二ダム判決も著名である。

(3) アセス結果への配慮義務

小田急本案判決はもう1つ、計画裁量における環境影響評価の位置づけについても判示した。すなわち、本件事業認可の前提となる1993（平成5）年都市計画決定に当たり、本事業に伴う騒音・振動等により、事業地周辺地域の住民に健康・生活環境に係る著しい被害が生じないよう被害防止を図り、①東京都の公害防止計画に適合させるとともに、②環境影響評価書の内容につき十分配慮し、環境保全につき適正な配慮をすることが要請されるとした。

①は都計法13条1項柱書に明記された計画への適合義務であり、当然の判示ともいえる。これに対し、②**東京都条例**は、東京都に対し、評価書の内容について十分配慮するよう都市計画決定権者（国）へ要請するよう義務づけたにとどまり、間接的な配慮義務を行政に課したにすぎないとも言えたが、計画裁量権の行使に当たり、行政に対しアセスに対する配慮義務を明確に課したものといえる。問題は、アセスの内容につきいかなる配慮があれば適法か、である（402頁）。

4 処分差止訴訟における処分の特定*

東京地判平成20年1月29日判時2000号27頁は、鉄道事業法に基づく鉄道施設変更工事により完成した高架鉄道施設に鉄道運送事業者が鉄道を複々線で走行させることを許す地方運輸局長が行う処分一切の差止めを求める訴えが、同法および同法施行規則上の地方運輸局長の権限に属する処分は列車の走行に直接関係すると考えられるものだけでも5種類あるため、裁判所がどの処分を審理の対象とすべきかを知りえず、差止めの対象が特定を欠くとして不適法却下した。

しかし、例えば仮に（わずかの可能性しかない処分も含めて）10種類の処分がされる可能性がある場合に、10項に及ぶ請求の趣旨を立てさせて処分を形式的に特定させることは無意味ではないか。特に、共通する先行行為の違法が後続の処分に派生する場合は、争点も同一であるのに、殊更に別の訴訟物として捉える意味に乏しく、抽象的に「一定の処分」として1個の訴訟物と捉える余地もあると考えたい。

第3節　その他の生活妨害

健康被害には至らない、雑多で身近な裁判例を幾つか取り上げる。

一　光害

反射光公害判決（大阪地判昭和61年3月20日判タ590号93頁）は、近隣ビルの反射光被害が受忍限度を超えるとして、遮光工事の実施と損害賠償の請求を認容した。判決は、建物の反射光による原告店舗の被害の種類・内容、右被害防止に関する当事者・行政との交渉経緯、工事の効果・被告建物に与える影響等を総合考慮した。原告は呉服屋の店舗であり、反射光により商品の色・柄が正確に見えないという営業上の支障がある、やや特殊なケースであった。なお、原告は賃借人であり、賃貸人の建物所有権に基づく妨害排除請求権を代位行使して上記工事の施工請求をした。

2013年の固定価格買取（FIT）制度（416頁）の導入により、太陽光発電が急速に増加しているが、太陽光パネルの反射光被害をめぐる裁判が起こされている。**太陽光パネル公害判決**（東京高判平成25年3月13日判時2199号23頁）は、南側隣地の新築建物の屋根に設置された太陽光パネルの反射光につき、建物所有権に基づく妨害排除としてパネルの撤去と不法行為に基づく損害賠償を請求した事案で、認容した第1審判決（横浜地判平成24年4月18日 LEX/DB25481236）を取り消し、概要、次のように判示した。

「パネルの反射光は、それが相当まぶしく感じられる場合が生じ得るものであるから、その設置に当たっては、隣接建物とその居住者への配慮が求められるが、まぶしさの強度は、一般に用いられている屋根材と比べてどの程度強いか明らかではなく、また、反射光が隣接建物に差し込む時間は比較的短く、まぶしさを回避する措置も容易であるから、これらを総合すると、被害は受忍限度を超えるとはいえない」。

反射光については、個別事案に応じ、受忍限度論により判断される。

二　風害

最二判昭和59年12月21日判タ549号118頁は、ビル風被害につき一般論として民法717条の工作物責任の成立を認めた。**堺市マンション風害判決**（大阪高判平成15年10月28日判時1856号108頁）は、新築高層マンションのビル風による近隣住民の被害につき、①精神的苦痛に対する慰謝料、②財産価値下落による損害賠償の支払いを請求した。判決はまず、「個人がその居住する居宅の内外において良好な風環境等の利益を享受することは、

安全かつ平穏な日常生活を送るために不可欠なものであり、法的に保護される人格的利益」であるとした。その上で、違法な権利侵害の有無については、受忍限度論を採用し、「風環境に関する人格的利益が侵害された程度や態様、被害防止に対する関係者の対応や具体的に採られた措置の有無及び内容、効果、近隣の地域環境等の諸般の事情を総合的に考慮して、風害の発生が一般社会生活上受忍すべき限度を超えるものかどうかにより決すべき」とし、請求を一部認容した。ただし、本件では風害対策につき建築前に建設業者・自治会間で協定が締結され、屋根瓦の飛散や屋根の破損等の風害が本件建物に起因することの立証責任の転換がされていた点に特殊性がある。その他認容例は見当たらない[18]。

三　圧迫感

圧迫感とは、建築物等に向き合った場合に視覚を通して外壁面等の大きさから受ける不快感を言う。建築物等によって天空が遮られる度合いを示す数値である「形態率」（魚眼レンズを用いて計測する）が８％を超えると生じるとされる。例えば**名古屋高判平成18年７月５日判例集未登載**は圧迫感を受けない利益の法的保護性を認めたが、主観的な不快感に留まり、具体的な精神、身体への影響につき検証がない（二子玉川再開発判決）、受忍限度を超える被害はない（圏央道高尾民事判決）等とされ、建築差止請求の認容例は見当たらない。

四　悪臭等

名古屋地一宮支判昭和54年９月５日判タ399号83頁は、魚あら処理工場からの悪臭につき不法行為責任を認めた。**肥料製造工場判決**（山口地岩国支判平成13年３月８日判タ1123号182頁）では、工場の悪臭が鶏の産卵量低下・死亡の被害を生ずることから、市の媒介により、養鶏業者と工場が公害防止協定を締結した。しかしその後も被害が継続したため、養鶏業者が協定の不履行を理由とする損害賠償請求を提起し、認容された。合理的意思解釈により、協定のやや不明確な文言から、具体的な悪臭物質除去施設設置、操業停止義務を認めた点に特徴がある。

福岡地判平成27年９月17日LEX/DB25448002は、被告隣家住人が野良猫に餌やりを継続し寝床をやるなどして原被告宅周辺に猫をいつかせた結果、庭が猫の糞尿等により汚損されたとして原告が不法行為に基づく損害賠償を求めた事案で、相隣関係において相互に生活の平穏その他の権利利益を侵害するよう配慮する義務があり、被告は餌やりの中止や屋内飼育な

---

[18]　大阪地決昭和49年12月20日判時773号113頁、大阪地判昭和57年９月24日判タ483号99頁、前掲最二判昭和59年12月21日、大阪地判平成24年10月19日判時2201号90頁など。

どの措置をとるべきであったなどとして、猫の侵入防止ネット設置費用、精神的苦痛に対する損害の賠償を認めた。

五　工事騒音・振動等

建設作業騒音等の工事騒音・振動は騒音規制法等で規制される。**半蔵門線判決**（東京地判昭和63年3月29日判タ679号227頁）は、近隣住民が地下鉄敷設工事と運行開始後の騒音・振動が受忍限度を超えるとして争った工事差止請求を、被害発生の蓋然性がないとして棄却した。他方、**大阪市営地下鉄判決**（大阪地判平成元年8月7日判タ711号131頁）は、数年にわたる夜間工事による騒音被害が受忍限度を超えるとして、注文者である市と建設会社の共同不法行為に基づく賠償責任を認めた（類似の認容例に大阪地判昭和56年10月22日判時1030号14頁）。福岡高判昭和62年2月25日判タ655号176頁は、砂利採取の作業騒音につき賠償責任を認めた。

工事による地盤沈下も問題となりうるが、大阪地判昭和55年2月20日判タ415号151頁は被害建物に構造上の欠陥があったとして請求を棄却した。

東京地決令和4年2月28日LEX/DB25572222は、東京外環の未整備区間に、大深度法の認可を得て、地下に気泡シールド工法によるトンネル掘削工事により自動車専用道路を整備する等の都市計画事業につき、大深度地下の使用認可を受けた事業区域内又はその周辺地域に居住し、不動産を所有する債権者らが本件工事差止めの仮処分を求めた事案で、令和2年10月実際に調布市の住宅地で起こった地表面の陥没事故を踏まえ、本件工事の続行により、その居住場所に陥没や空洞が生じる具体的なおそれがあるとして、居住場所が陥没箇所に近く、同様の地盤である住民について認容した。

六　その他の施設

その他各種施設の設置に伴う騒音、悪臭、交通環境の変化による住環境の悪化、低周波など様々な生活妨害紛争が生じている。

東京地判昭和63年4月25日判時1274号49頁は、工業用冷暖房室外機の夜間・早朝作動騒音につき抽象的差止めを認めた。**名古屋地決平成9年2月21日判タ954号267頁**〈旧101〉は、第一種低層住居専用地域内のスーパー銭湯の建設につき、休日の2000人程度の利用客の自動車騒音が受忍限度を超えるとして、建築工事禁止の仮処分を認容した。上記地域内で建築の許容される「公衆浴場」に当たるものの、趣旨に沿う施設ではないことを考慮した点に特徴がある。さいたま地熊谷支判平成24年2月20日判タ1383号301頁は、民間スポーツ施設の騒音につき近隣住民が損害賠償と差止めを求めた事件で、受忍限度を超える被害がないとして棄却した。施設が日系

ブラジル人児童の教育等の公共性を考慮した点に特徴がある。

サテライト大阪判決のほか、競馬・競輪等のサテライトの設置差止め等を求める裁判も提起されてきたが、確定認容例は見当たらない（棄却例として名古屋地判昭和54年6月28日判タ396号55頁、高松地決平成5年8月18日判タ832号281頁、高松地判平成9年9月9日判タ985号250頁、東京地決平成10年1月23日判タ966号279頁等多数ある）。特に競輪のサテライト施設が設置される日田市が、「まちづくり権」を主張して旧通商産業大臣による自転車競技法に基づく設置許可の違法を争った著名な**サテライト日田判決**（大分地判平成15年1月28日判タ1139号83頁）では、法は地元自治体の個別的利益を保護する趣旨を含まないとして、原告適格が否定された。

大阪地判平成27年12月11日判時2301号103頁は、原告の近隣に居住する被告らの飼い犬が昼夜を問わず大きな鳴き声を断続的にあげるため、原告が睡眠障害を伴う神経症を発症するなどして精神的苦痛を被ったとして、民法718条1項に基づく損害賠償を求めた事案で、被告らが真摯な対応をしなかったことなどを考慮し、犬の鳴き声は受忍限度を超えており、原告の平穏生活利益と健康生活利益が違法に侵害されたとして、請求を一部認容した（治療費、録音機器等購入費、慰謝料および弁護士費用等約38万円）。

平成28年6月28日公調委責任裁定（平成25年(七)第21号事件総務省HP）は、被申請人が、申請人夫婦宅の隣地でドッグスクールを開校し、犬の鳴き声やトレーナーの大声による騒音および悪臭を発生させており、申請人Aは不安、不眠、食欲低下等の健康被害を受け、避難のための転居を余儀なくされ、また、申請人ら宅の不動産価格の下落等の損害が生じたとして、被申請人に対し、損害賠償金1082万800円の支払いを求めた事案で、申請人のうちAにつき（難聴のbは騒音による健康被害を主張しなかった）、受忍限度を超える被害があるとし、慰謝料と弁護士費用相当額として44万円についてのみ、被申請人の損害賠償責任を認めた。

神戸地判平成29年2月9日LEX/DB25448466は、保育園の近隣住民が保育園を被告として、不法行為に基づく慰謝料請求と人格権に基づく防音設備設置請求をした事案で、園児の声等の騒音は受忍限度内にあるとして請求をいずれも棄却した。控訴審である**大阪高判平成29年7月18日LEX/DB25546848**は控訴を棄却した（上告不受理により確定）。第一審判決は、当該保育園に通う園児をもたない近隣住民は、直接その恩恵を享受しておらず、保育園開設によって原告が得る利益とこれによって生じる騒音被害との間には相関関係を見出し難く、損害賠償請求ないし防音設備の設置請求の局面で保育園が一般的に有する公益性・公共性を殊更重視して、受忍限度の程度を緩やかに設定することはできないとしたが、控訴審判決は前

掲平成6年3月24日の判断基準を引用しつつ、受忍限度判断において保育園の公益性・公共性を考慮すべきとした。また、**東京地判令和2年6月18日判タ1499号220頁**も、一般論として保育園の公益性・公共性を考慮すべきと判示している（実際のあてはめではほとんど考慮していないが、騒音が受忍限度内であると認定した）。

　以上では触れていないが、規制対抗訴訟も存在する。例えば**東京高判平成20年10月22日 LEX/DB25420967**は場外車券売場建設工事のための道路法32条に基づく道路占用許可・同法24条に基づく道路工事施行承認の各申請拒否処分を取り消した。

　年々深刻化する空き家問題を背景に、放置家屋の傾斜・倒壊、虫害、ゴミ集積、さらには火災などによる隣地や周辺への被害も顕在化している。また、政府が旗を振る外国人観光客（インバウンド）誘致の負の側面として、観光地における**観光公害**（オーバーツーリズム）も各地で顕在化している。

　また、かねて低周波被害にかかる法的紛争が散見されるが、近時でもエネファームの稼働による低周波音の健康被害が主張される場合がある。例えば横浜地判令和3年2月19日判時2520号59頁は、具体的な被害立証がないとして請求を棄却した。

第3章

景観・眺望侵害

第1節　景観侵害

一　景観の破壊と保護

1　まちづくりの問題と景観紛争

　幕末から明治の日本を訪れた外国人は美しい町並みに驚嘆したが、現代、統一がなく雑然として凡庸な現代日本の町並みは端的に「醜い」と形容していいだろう。わが国の町並みが乱れたのは特に戦後である。これには多様な原因があるが、法律的には、強固な土地所有権を所与とする**建築自由の原則**とこれを前提とする都市法の緩慢な規制が、高度の都市化と経済成長を背景に、さらには**モータリゼーション**も相まって、良好な町の景観を破壊し、あるいは郊外の田園風景を無秩序な町へと変えていく**スプロール化現象**を引き起こした。

　かかる傾向に対抗した最初の象徴的事件は、1964年に古都鎌倉で起こった**御谷騒動**である。僧坊のあった史跡「御谷の森」に宅地開発計画が立てられたため、大仏次郎など文化人を先頭に反対運動が展開された。結果として御谷は保全され、この事件は**古都保存法**制定の契機となった。四大公害事件に代表される激甚公害が一段落し、1980年代を迎え、国民の**アメニティ**への意識が高まると、わが国でも場当たり的で無秩序なまちづくりへの反省が生まれ、先進的な地方自治体が様々な**景観条例**を制定し、景観保護を試み始めた。しかし法制度として十分ではなく、一部の例外を除き、景観破壊は進行していった。

2　まちづくり法制

　まちづくりに関する法律の根幹となるのは**建築基準法**（建基法）と**都市計画法**（都計法）である。憲法29条は私有財産制を保障した上で「財産権の内容は、公共の福祉に適合するやうに、法律でこれを定める」とし、また、民法206条は「所有者は、法令の制限内において、自由にその所有物の使用、収益及び処分をする権利を有する」としている。

　例えばマンション建築は、法律的には土地所有権という財産権の行使と捉えられる。しかし、それも完全に自由ではなく、建基法や都計法等のまちづくり法による規制を受ける。

(1)　建築基準法

　建基法は、建築物の敷地、構造、設備および用途に関する最低の基準（建築規制）を定めた法律である。この技術的基準を満たしているか否か（建基法、消防法などの建築基準関係規定への適合性）を審査するのが、**建築主事**による建築確認制度であり、多くの場合、この建築確認がないと建物が建てられない。建基法違反の建物に対しては**特定行政庁**から違反是正を命じられる場合がある。

　建築規制には、大別して①**単体規定**と②**集団規定**の2種類がある。

　①は例えば敷地の衛生・安全、構造耐力や室内空気汚染対策など、主に当該建築物の利用者の安全を図る規制である。これに対し、②は例えば日影規制、**建ぺい率・容積率**[1]規制など、主に周辺の土地利用との関係を調整する規制であり、景観保護のための規制は②に当たる。

(2)　都市計画法

　都計法は、土地利用に関する根幹的な法律であり、主に**土地利用基本計画**[2]でいう都市地域を規律する法律である。同法の下で、都道府県により都市計画区域が指定されると、開発行為の制限、建基法の集団規定や建築確認の適用を受ける等の法的効果が生じる。

　都計法は、11種類の都市計画を用意しており、主なものに①**区域区分**[3]

---

(1)　建ぺい率とは建築物の建築面積の敷地面積に対する割合であり、容積率とは建築物の延べ面積の敷地面積に対する割合を言う。100㎡の敷地につき、40%の建ぺい率規制があれば40㎡の建築面積とせねばならず、80%の容積率規制があれば延床面積は80㎡以内（2階建て以上となる）とせねばならない。

(2)　わが国では、国土利用計画法9条に基づき、①都市地域、②農業地域、③森林地域、④自然公園地域、⑤自然保全地域の5つの地域指定がされている。②は農業振興地域の整備に関する法律、農地法、③は森林法、④は自然公園法（自公法）、⑤は自然環境保全法等により規律されている。

（7条）、②地域地区（8〜10条）、③道路や鉄道等の都市施設（11条）、④地区計画等（12条の4）がある。②のうち、重要な概念である用途地域は、すでに見た（132頁）。

二　景観保護法制と課題

わが国のまちづくり法はわずかな進展を見せているとはいえ、秩序ある美しいまちづくりに成功しているとは到底いえない。このような中で2004年に景観保護を図るために**景観法**が制定された。

1　景観法・条例

景観法は、次のような景観保護制度を創設した。

景観行政団体[4]は、「景観計画」において、**景観計画区域**、当該区域における良好な景観形成のための**行為規制基準・事業実施**等につき定めうる（景観8条）。「**景観計画区域**」内では、建築等をしようとする者に対する届出・勧告（景観16条）等の緩やかな**規制誘導**の制度が予定されている。

さらに市町村は、市街地における良好な景観を形成するため、都市計画に「**景観地区**」を定め、建築物の**形態意匠**、**高さ**の最高限度、**敷地面積**の最低限度の制限等をすることができるようになった（景観61条以下）。

景観地区内で建築等をしようとする者は、当該建築物の形態意匠に関する計画の都市計画への適合について、市町村長の**認定**を受けなければならず、認定までは工事に着手できない（景観62条・63条）。また、市町村長は、違反建築物に対し、**是正**を命ずることができ（景観64条）、報告徴収、立入検査の権限も有する（景観71条）。また、市町村は**条例**で、工作物の建設や開発行為につき必要な制限を定めうる（景観72条・73条）。従来は十分な規制権限をもたなかった小規模自治体も、景観法により独自に景観保護規制が可能となった。

また、景観行政団体の長は、良好な景観形成のための事業実施等の業務を適正かつ確実に行えると認められる民間団体を、**景観整備機構**に指定でき、さらに住民・事業者・関係行政機関等が協力して取り組む場として、**景観協議会**が設けられ、同協議会で決められた事項には**尊重義務**がある。土地所有者等の3分の2の同意を得て景観計画・景観地区の**提案**が可能と

---

(3) ①市街化区域と②市街化調整区域の区分のことである。①は、すでに市街化を形成している区域および概ね10年以内に優先的かつ計画的に市街化を図るべき区域であり、②は、市街化を抑制すべき区域であり、開発行為が原則として認められない。都市計画区域のうち①が約3割、②が約7割である。

(4) 都道府県、指定都市等または知事と協議して景観行政を司る市町村である（景観7条1項）。景観法は、良好な景観の形成・維持に意欲のある自治体による積極的な取組みを前提として初めて機能する法律であり、受身の姿勢で良好な景観が自動的に保持されるわけではない。

図表3-1：景観法の対象地域のイメージ

(国土交通省「景観法の概要」)

なっている。このように、景観法は、景観をめぐる**合意形成**のあり方にも一定の配慮をし、住民のイニシアティブによる良好な景観の形成と維持の可能性を開いたといえる。

2　風致地区・地区計画

景観法以外にも、良好なまちづくりや景観保護に活用しうる制度はかねてから存在する。

風致地区制度の下で、各地方公共団体は、**条例**で「風致地区内における建築物の建築、宅地の造成、木竹の伐採その他の行為」につき、風致を維持するために必要な規制ができる（都計58条）。**自然との調和**を重視する風致地区内では、建築物の建築のみならず、宅地の造成、木竹の伐採等についても、知事ないし市町村長の許可が必要となる。

また、**地区計画**制度は、良好な住環境の確保を図るために、市町村長が**都市計画**として決定するものであり、目標、整備・開発・保全の方針、および地区整備計画等が定められる（都計12条の5）。地区整備計画区域内では、地区計画で定められた建築規制のうち「特に重要な事項」（建築物の敷地、構造、建築設備または用途）を市町村**条例**で定めることができ（建基68条の2）、建築基準関係法令として、**建築確認**の審査対象事項に組み込まれる。

3　伝統的建造物群保存地区等

　　長野県妻籠や愛媛県内子など、現在も貴重な**歴史的景観**が遺されている地域がある。これらを守るために、**文化財保護法**は、伝統的建造物群保存地区制度等を設け、現状を維持するための規制と補助を行っている。

　　その他、歴史的風土特別保存地区（古都における歴史的風土の保存に関する特別措置法）、明日香村歴史的風土保存地区（明日香村における歴史的風土の保存及び生活環境の整備等に関する特別措置法）など歴史的景観を維持・保全するための制度も、設けられている。

　　今世紀に入り、**観光圏整備法**[5]や**歴史まちづくり法**[6]、**文化観光推進法**[7]など、歴史的景観を観光資源として捉え、その整備・維持に予算を支出する法律も作られている。

4　建築協定

　　良好な景観を保全・創出するために行政契約という手法を用いることもある。例えば建築協定（建基69条以下）は、住宅地の環境保全や商店街の利便等のための**行政契約**であり、土地所有者等の権利者全員が合意して、区域内における建築物の敷地、位置、構造、用途、形態、意匠または建築設備に関する基準を定め、特定行政庁の認可を受けることで、強い法的効力をもちうる。例えば2階建てまでとする協定がある地域において3階建て建物が建てられた場合、協定当事者らは違反者に対し3階部分の撤去を請求することができる。

5　景観保護・まちづくり法における諸課題

(1)　公衆参加の拡充

　　まちづくり法の課題としてはかねて、都市計画の決定過程が不透明で、参加が不十分（住民の意思が十分に反映されない）との指摘がある。

　　2002年の都計法の改正により、都市計画の決定・変更の**提案制度**（都計21の2以下）が設けられた。これは、0.5ha以上の一団の土地の区域の土地所有者・NPO等が、単独または共同して、都道府県または市町村に対し、都市計画の決定・変更の提案ができる制度で、対象区域内の3分の2

---

[5] 観光圏の整備による観光旅客の来訪及び滞在の促進に関する法律（2008年）。観光地が広域的に連携した「観光圏」の整備を行うことで国内外の観光客が2泊3日以上滞在できるエリアの形成を目指し、国際競争力の高い魅力ある観光地づくりを推進して、地域の幅広い産業の活性化や交流人口の拡大による地域の発展を図る法律である。

[6] 地域における歴史的風致の維持および向上を図るために、基本方針の策定、市町村が作成する歴史的風致維持向上計画の認定、都市計画における歴史的風致維持向上地区計画制度等の制度を定めた法律（2008年）である。

[7] 文化観光拠点施設を中核とした地域における文化観光の推進に関する法律（2020年）。文化施設と観光事業者の連携を促し、文化資源を活用した地域活性化と経済効果の好循環を目指す法律である。

以上（人数・地積）の同意が必要となる。都道府県または市町村は、必要と認めるときは都市計画案を作成して手続を開始し、逆に必要なしと判断したときはその旨を提案者に通知する。この制度は景観法でも採用された**新しい合意形成**の試みである。都市計画には様々なものがあり、個々の都市計画ごとの吟味検討が必要であるが、一般論としては、早期の段階での都市計画への公衆参加と**参加権**を前提とした**争訟手続**の整備が必要であり、さらにいえば、適正な合意形成において、景観利益といった集団的・拡散的利益を代表するNPO等の育成・成熟が求められている。

⑵ 制度の積極的活用

　例えばきめ細かな行政規制を可能とする地区計画をうまく活用すれば、統一的な町並みを作りうる。しかし、市町村条例を制定しなければ建築確認とリンクさせられない重い手続であり、実際の運用上もほぼ100%に近い権利者の同意が必要とされているため、十分に活用されていない。景観地区制度も所有者に対する権利制限が強いため、運用上多数の同意が必要であり、2019年3月31日時点で全国50地区の指定にとどまる。

　逆に、許可制度の運用は通常緩やかであり、例えば風致地区内で大規模な開発を行い、里山の樹木を皆伐する場合でも、開発後の植栽があれば行為が許可される場合もある。

　このように、現行制度が積極的に活用されていない問題がある。

⑶ 都市の緑の保全

　自然はまちに潤いを与える。しかし、景観を損なう開発に対する規制とその運用が不十分である里山など都市の緑の保全は容易でない。例えば都計法は、開発行為を「主として建築物の建築又は特定工作物の建設の用に供する目的で行う土地の区画形質の変更」（都計4条12項）と定義して、開発行為に制限を課し、許可制を採用しているが（都計29条1項）、駐車場、資材置場の用に供する目的で行う土地の区画形質の変更や、単なる樹木の伐採等は開発行為に当たらないとされる。したがって、資材置場名目で廃棄物の不法投棄がされたり、駐車場名目で開発した後の建築物の建築が可能である等の問題がある。開発行為には裾切りがあり、政令で指定した面積をぎりぎり下回る規模の開発が、許可を要せず行われることもある。公共事業等の一定の開発行為は許可を要しないとされ、裁判所のチェックが働かない（行政訴訟の対象となる処分も存在しない）問題もある。

　都市緑地法は都市の緑を保全する手法を定めるが、強力な保全措置をとれば、所有権の制約となり、一定の場合には補償や買取が必要となるため必ずしも十分に活用されていない。

⑷ 歴史的建造物の保存

　まちのランドマークとして中核となりうるものに**歴史的建造物**[8]がある。それは住民にとってまちの記憶であると同時に、観光資源でもあっ

て、適切に維持保存されることが望ましい。しかし、歴史的建造物は非効率で維持費用がかかり、税制上の優遇もなきに等しいため、土地の有効利用の観点から経済合理的な判断の結果として建て替えにより急速に失われている。

　特に経済面で歴史的建造物の保存に誘導する制度変更とともに、住民がまちの歴史を語る文化財としてその指定・登録を求め、積極的な保護を図る制度等の導入が必要である（165頁）。

⑸　**まちづくりと司法審査**

　まちづくり分野では、三（159頁）以下で見るように、仮に景観等を保護する法令に違反する行為があったとしても、権限ある行政がそれを認めてしまえば、裁判所では原則として争いえない。町並み景観等は個人的な利益ではないために、結果として誰にも争う権利も資格もないとされるためである。

　司法審査は違法是正だけでなく、まちづくりの過程に緊張感を与え、その充実に資すると考えられる。民間公益活動を行うまちづくり団体等にまちづくりの手続への参加権を与えるとともに、訴権を付与する団体訴訟の導入がされるべきである。

⑹　**人口急減社会のまちづくり**

　人為活動が集中するまちは、温室効果ガスの排出や廃棄物など様々な環境負荷が生ずる場でもある。低成長、人口減少時代を迎えた日本は、今後のまちのあり方として幾つかの方向性を模索している。

　いずれも明確な共通理解はないが、**コンパクト・シティ（＋ネットワーク）**は、まちの諸機能を一定地域内に集中させてサービス等の効率化を図るモデルであり、**サスティナブル・シティ**は、環境、経済、人権、社会の観点から持続可能なまちを目指すモデルである。東日本大震災を受けてエネルギー安全保障の議論が高まっているが、**スマート・シティ**は再生可能なエネルギーによる自給自足を目指すモデルである。2020年には、人工知能（AI）やビッグデータなど先端技術を活用した都市「スーパーシティ」構想を実現するために国家戦略特区法が改正された。

　意欲的な地方自治体においてすでに取組みが始まっているが、市町村レベルの権限は必ずしも十分でなく、地方分権の観点からもなお課題を有している。

　人口の**地域偏在**（過疎化）と少子高齢化による**急激な人口減少**は、まちづくりにとどまらず、わが国が直面する極めて巨大な課題として、顕在化

---

(8)　建築後概ね50年以上の建造物を指すことが多く、住宅に限らず、オフィス、校舎、庁舎、公会堂、図書館、博物館、灯台、門、橋、用水路、取水塔、監獄など様々なものがある。喫緊の課題は、文化財保護法で保護されていない特に近代（明治）以降の歴史的建造物の保存であり、民有、公有を問わず次々と姿を消している。

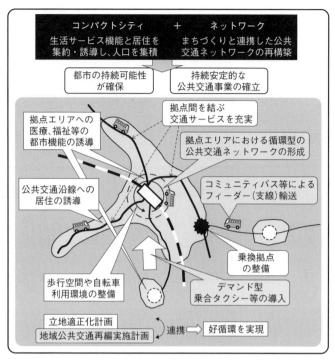

（国交省資料）

かつ深刻化している。すでに地方では共同体自体が消滅する例も見られ、空家、空き店舗、廃墟が頻出し、少なくない神社仏閣も維持困難となって放置されて久しく、地方に伝わる様々な祭りも、伝承されないまま消滅しつつある。かかる事態がさらに地域偏在に拍車をかける悪循環が生じている。国レベル、地方レベルで多数の取組みがされているが、決定打はない。

　2023年調査で空家はすでに約900万戸であり、いずれ2000万戸を超えると見込まれている。2014年に制定された**空家法**（空家等対策の推進に関する特別措置法）は、周囲に著しい悪影響を及ぼす空家（特定空家）の除却などの緊急対応を中心とする制度であったが、特定空家になってからの対応には限界があることから、2023年改正法は、管理不全空家の悪化の防止（管理の確保）さらには、**空家の活用拡大**へ大きく舵を切った。この巨大課題を緩和するためには、ポストコロナ時代における社会文化の変容を踏まえ、まちの関係人口を拡大すべく、リモートワークやワーケーションの本格的促進を含むまちづくり法制度の根本的変革が必要であろう。他にもたとえば、アーティストなど居住地を移しやすいクリエイティブ・ワーカ

ーとともにまちづくりを行うアーティスト・イン・レジデンス（AIR）の支援なども強化されていい。

三　景観訴訟

1　景観利益の法的保護性

　景観は極めて多様であり、その評価も主観にとどまることを理由に景観を享受する利益は恩恵にすぎないとされ、法的保護性が否定されてきた。しかし、国立判決（最一判平成18年3月30日民集60巻3号948頁〈62〉）[9]は、一定の場合に法的保護性を認めた。国立マンション訴訟は多岐にわたるが、これは住民が事業者を被告として提起した民事訴訟についての判決である。

> ●コラム●　国立マンション事件
>
> 　東京都国立市の国立駅前にある通称「大学通り」周辺は、大正後期から昭和初期にかけて、丘陵地に鉄道を敷き（現在のJR中央線）、国立駅から南に向けて延びる幅員44mの広い直線道路の中央部分に東京商科大学（現一橋大学）を配置し、道路の左右に200坪を単位とする宅地を整然と区画するという計画の下に開発が進められた。地区の名称も「国立大学町」とされ、教育施設を中心とした閑静な住宅地を目指して地域の整備が行われ、美観を損なう建物の建築や風紀を乱すような営業は行われなかった。また、この地区においては、歩道橋が作られることに反対した国立歩道橋事件など、環境や景観を守ることを目的とした市民運動が盛んに行われ、大学通り周辺の景観は高い評価を得てきた。
>
> 　1999（平成11）年7月、ある不動産販売会社が、大学通りに面する企業跡地を購入し、同土地上に53.06m（後に43.65mに変更）の高層マンション建築計画を立てた。これに対し、近隣に学校を設置、居住、通学し、または大学通りの景観に関心をもつ住民らが、行政も巻き込んで、強力な反対運動を展開し、訴訟合戦となった。
>
>

国立判決は、①**良好な景観**に②**近接**する地域内に**居住**し、その恵沢を**日常的に享受**する者がもつ景観利益は、法律上保護に値するとした。

(1) 良好な景観

　景観利益が保護されるためには、第1に、**良好な景観の存在**が必要である。東京の吉祥寺で著名漫画家のやや奇抜な住居が景観利益を害するとして争われた事案（**吉祥寺赤白ストライプハウス判決**〔東京地判平成21年1月28日判タ1290号184頁〕）では、この点が否定された。

　この点、国立判決は、「都市の景観は、良好な風景として、人々の歴史的又は文化的環境を形作り、豊かな生活環境を構成する場合には、客観的価値を有する」とし、**歴史**景観を含む**人工**景観を念頭に置いている。国立判決は、**自然**景観について判断していないが、人工景観と自然景観とで重要性に相違はなく、四季の変化に富んだ自然を愛するわが国の国柄に照らしても、法的保護性を否定する趣旨でないと考えたい。

　景観の良好性の判断は、主観的好感では足りないが、社会通念に照らし、客観的に価値が認められれば足りる（景観利益の承認は、公衆参加の弱いわが国のまちづくり法制では、町並み再生のための重要な起点になる可能性があり、司法救済はともかくとしても、柔軟に承認する方向で考えたい）。

(2) 近接居住・日常的享受要件

　第2に、**近接居住**と**日常的享受**が必要とされる。良好な景観に近接居住していれば、通常は同時にその日常的享受が肯定されよう。他方、遠くに居住する者や観光客には認められないであろう。しかし、景観享受者は居住者に限らないから、私見は近接居住がなくても、例えば通勤通学者など、当該良好な景観を日常的に享受していれば、景観利益を享受しうると考えたい。

　　　　　近接居住・日常的享受要件は、景観利益を有する者の範囲を画するメルクマールとしてはわかりやすいが、批判もある。もともと景観利益は、より限定された主体に、強い景観権として帰属すべきものと主張されていた。景観を維持する法的規制がない場合、良好な景観は、地権者らが例えば高い建物を建てないという**自己規制**があって初めて維持される。この景観（**共同形成景観**と呼ばれる）を自己規制により維持する代わりに、他者に対しても自己規制を要求しうる権利として景観権は把握されていた（こ

---

(9) 関連する判決に、建基法9条に基づく違反建築物に関する是正命令権限の不行使の違法が争われた行政訴訟の判決として東京地判平成13年12月4日判時1791号3頁とその控訴審である東京高判平成14年6月7日判時1815号75頁があり、国立市の条例制定等をめぐって事業者が提起した国家賠償請求に関する判決として東京地判平成14年2月14日判タ1113号88頁とその控訴審である東京高判平成17年12月19日判時1927号27頁がある。

の関係は互換的利害関係と呼ばれた)。景観権は、生活利益に近い人格権として、あるいは土地所有権から派生する権利として捉えられ、景観破壊行為の差止請求の法的根拠たりうるとされていたが、国立判決は景観の共同形成の側面よりも享受の側面に着目し、この考え方を採用しなかった。

2　景観侵害に対する司法救済
(1)　損害賠償請求と差止請求
　それでは、マンション建築等により良好な景観が侵害される場合、法律上保護に値する景観利益を享受する者は、侵害行為の差止めや損害賠償を求めうるか。国立判決は損害賠償の余地を認めたが、差止めの可否については見解が分かれている。

(a)　景観利益侵害の違法判断
　国立判決は、建物の建築が第三者に対する関係で景観利益の違法な侵害となるか否かは、①侵害される**景観利益の性質と内容**、②当該景観の所在地の**地域環境**、③**侵害行為の態様・程度**、④**侵害の経過**等を総合的に考察して判断すべきものとした。

　その上で、③につき、景観利益の保護とこれに伴う財産権等の規制(建築制限等)は、**第一次的には民主的手続で定められた行政法規や当該地域の条例等によるべき**であり、景観利益の侵害を違法とするためには、少なくとも侵害行為が(i)**刑罰法規**や(ii)**行政規制**に違反するものであったり、(iii)**公序良俗違反**や(iv)**権利濫用**に該当するなど、③侵害行為の態様・程度の面で**社会的相当性**を欠くことが必要であるとした(この事案では社会的相当性を欠くものではないとされた)。

(b)　景観利益侵害に対する救済方法
　国立判決は違法性判断につき、相関関係説を採用したが、**受忍限度論**(76頁)を用いていない。景観利益につき、損害賠償請求のみを認め、差止請求を否定したとの理解もある[10]。しかし、私見は、国立判決は、損害賠償請求につき判断したにすぎず、侵害行為の差止請求については判断していないと解する。

　景観利益侵害の救済は、金銭賠償に馴染むものではなく、景観維持(ないし原状回復)によってしか保護されえない。救済方法として損害賠償請求し

---

[10]　圏央道高尾民事判決(東京地八王子支判平成19年6月15日訟月57巻12号2820頁)は、国立判決は権利性を否定するから、景観利益は差止請求の法的根拠たりえないと判示する。後掲北川湿地判決は、権利と利益を区別し、自然享有権等につき、損害賠償請求の余地はともかく、差止請求権の法的根拠とはならないとした。

か認めないのであれば、景観利益の法的保護性を承認する意義の大半を失う。そこで私見は、国立判決は、財産権と景観利益の**対等な**利益衡量を否定したにすぎないと見る。権利と利益には、**法的保護の程度**に違いがあるにすぎないから、救済方法が限定されるべきではない。国立判決は、利益のレベルで景観利益を承認し、同時に、受忍限度論ではなく、侵害行為の態様・程度（上記③）が社会的相当性を欠く場合でなければ違法となりえないとする**社会的相当性基準**を採用したのである（この点、権利と法的利益の違いを証明責任の所在で説明する理解もある。すなわち、権利侵害では、被告において違法性阻却事由などの証明による正当化が必要となるのに対し、法的利益侵害では違法性が推定されず、原告が証明責任を負う。大塚B45頁）。

　国立判決が例示する刑罰法規、行政規制、公序良俗違反、権利濫用はいずれも高いハードルであり、容易には認められまい。しかし、社会的相当性を欠く景観利益の侵害行為がされた場合、景観利益をもつ者は、侵害行為の差止請求が認められる（実際には、社会的相当性基準の採用により、民事訴訟の救済範囲は相当限定されたといえる。社会的相当性を欠くような場合は少なく、行政規制違反の主張がせいぜいであろう。そうすると国立判決により、景観保護訴訟の行政訴訟へのシフトが生じると思われる）。

(c)　**主客逆転の場合**

　国立判決は社会的相当性の判断にあたり、上記(a)の(i)〜(iv)を例示したにとどまる。私見は、裁判例を参照し、当該景観における**主客逆転**を生じる場合は、侵害行為の態様・程度の観点から、社会的相当性を欠くと考えたい。

　すなわち**白壁事件決定**（名古屋地決平成15年3月31日判タ1119号278頁）は、景観利益について受忍限度論を採用した上で、高層建築物（客）が、低層の歴史的資産（主）に間近に並べられて存在し、高さが一定限度を超えたときは、守るべき伝統的資産その他と主客逆転（並び立たない状態）を引き起こすとして、受忍限度を超えると判断した。国立判決に従い、景観利益について受忍限度論に依拠しえないとしても、主客逆転が生じた場合には、景観が本質的かつ強度に侵害されるといえ、社会的相当性を欠くと考える。

(2)　**国立判決の意義**

　かつて景観利益は事実上の利益にすぎないとされ、法的には意味をもたなかった。しかし国立判決後は、景観利益が法的主張を基礎づけるものとして機能しうる。その舞台は、行政訴訟である。

　まちづくり訴訟において、従来、**原告適格**を基礎づけうる権利利益は実際上日照権、財産権のみであったが、今後は、景観利益が原告適格を基礎づけ

うる。例えば歴史景観の保護が争点となった**鞆の浦判決**（広島地判平成21年10月1日判時2060号3頁〈64〉）では、公有水面の埋立免許に対する処分差止訴訟の原告適格が景観利益を根拠に認められ、景観利益の侵害が著しく、真に必要な公共事業であるとは言い難いとして、埋立免許の差止めが認容された。「国立は景観を失って景観利益を得た」と言われるが、景観利益の法的保護性を認めた国立判決はわが国の景観訴訟の可能性を拓いたと評しうる。

(a) **鞆の浦判決**

　高い文化的・歴史的価値をもち、地元住民にとって生活の基盤でありまちづくりの基点ともいえる港湾の一部を埋め立てて架橋する公共事業をめぐる紛争について、地元住民である原告らが、広島県を被告として、公有水面埋立法（公水法）2条1項に基づく広島県知事による埋立免許の差止訴訟を提起した裁判で、広島地裁は画期的な原告全面勝訴判決を言い渡した。

　本判決は、①鞆の浦に居住しその良好な景観を享受する原告らの**原告適格**を認めた点、②差止訴訟の訴訟要件である**重大な損害**要件について柔軟な判断を示した点、③鞆の浦の景観の価値はいわば「国民の財産」ともいうべき公益であるとして、慎重な政策判断を求めて、行政庁の**裁量判断**の逸脱濫用を認めた点で画期的である。

　　①につき判決は、(i)埋立てにつき利害関係人が知事に意見書を提出できること（公水3条3項）、(ii)関係法令である瀬戸内海環境保全特別措置法13条1項が、免許に当たり、瀬戸内海の特殊性につき十分配慮する義務を課していること、(iii)公水法4条1項3号は、埋立地の用途が土地利用・環境保全に関する国・公共団体の法定計画に違背していないことを免許の要件とし、同計画も免許にあたり、環境保全に十分配慮し、地域住民の意見の反映に努めるべきと定めていること等に加え、埋立て等により侵害される当該景観の価値および回復困難性といった被侵害利益の性質・侵害の程度をも総合勘案し、公水法およびその関連法規が法的保護に値する当該景観を享受する利益をも個別的利益として保護する趣旨を含むと解し、当該景観による恵沢を日常的に享受している者（埋立地たる公有水面の所在する行政区画に居住する者）らの原告適格を肯定した。

(b) **個別保護要件**

　たとえ景観利益の法的保護性が承認されても、根拠法令に照らして**個別保護要件**を満たさなければ原告適格は否定される[11]。建基法でいえば、容積率、建ぺい率、高さ制限の規定（集団規定）は、建築物の高さ・ボリュームが景観侵害の主たる原因となっている場合、規制内容如何では、個別保護要

---

[11] 否定例として、東京地判平成22年10月15日 LEX/DB25464343。

件を満たしうると考えたいが、裁判例は容易に個別保護性を認めないため、これまで認容例はほとんどなく、必ずしも一般化はできない。

また、原告適格を基礎づけうるのと同様に、執行停止や非申請型義務付け訴訟の重大な損害においても、景観利益の侵害を主張しうる場合があろう。

いずれにせよ、国立判決は、予め定められた法や条例の下での具体的な規制を第一次的な景観保護手法と捉えており、社会的相当性基準により違法を判断するとしている。景観保護には、事前に上記法制度を活用して守るべきルールを定めることが重要となる。

四 主な裁判例

古くは日光太郎杉判決があるが（第8章〔354頁〕）、認容例は鞆の浦判決のほか、民事、行政を問わず、僅少である。

1 環境行政訴訟

船岡山行政判決（京都地判平成19年11月7日判タ1282号75頁〈63〉）は、建基法9条に基づく是正命令の義務付け訴訟等の原告適格につき、景観利益を主張したが、同法が景観利益を個別的に保護する趣旨とは解しえないとして訴えを却下した。

浅草寺判決（東京高判平成23年12月14日 LEX/DB25444668・前掲東京地判平成22年10月15日）も、共同住宅・保育所用ビルの近隣の浅草寺・住民らにつき、建基法59条の2第1項に基づく総合設計許可等の取消訴訟で、総合設計許可に係る計画建築物の周辺住民の景観利益が個別的に保護されていると解しえないとして、景観利益に基づく原告適格を否定した。その他、否定例として東京地判平成24年7月10日 LEX/DB25495327（市街地再開発組合設立認可）等がある。

都市の自然につき、**横浜地判令和元年12月25日判自467号30頁**は、風致地区内許可処分の取消訴訟の事案で、①良好な景観の恵沢を享受する利益及び②生命身体財産の利益のいずれについても、風致地区に関する法令の規定は、個別的利益を保護する趣旨を含まないとして、原告適格を否定した。なお、**大阪高判平成26年4月25日判自387号47頁**は、自然景観につき法的保護性を認め、原告適格を承認した（351頁）。

2 環境民事訴訟

国立判決以降、景観利益に依拠した訴訟も提起されたが、例えば**船岡山民事判決**（京都地判平成22年10月5日判時2103号98頁）は、マンション建設による景観利益の侵害を理由とする一部撤去、損害賠償請求等について、原告らが法律上保護される景観利益を有するとしたものの、社会的相当性を欠くとはいえないとして請求を棄却した。**西宮市高塚山開発事件判**

決（神戸地尼崎支判令和元年12月17日判時2456号98頁）は、①人格権から導かれるまちづくり権、②自然文化環境享受権等を、具体的内容が不明確であるとして権利性を否定した（②につき、法的利益性の肯否はさておきとしつつ、国立最判を引用して違法侵害を否定した。控訴審・大阪高判令和2年12月11日 LEX/DB25596745も追認した）。

規制対抗訴訟として、**甲府地判平成4年2月24日判タ789号134頁**は、景観保全目的の行政指導を理由とする建築確認の不作為を、いわゆる品川マンション判決に依拠して違法とした。

3 歴史的建造物等の保護

歴史的建造物の取壊しを差し止める訴訟は、主として文化財保護の目的で、民事、行政を問わず提起されてきた。しかし、民事訴訟では文化財享有権等の実体的権利が認められないために、認容例が見当たらない（京都仏教会決定）。抗告訴訟は原告適格を基礎づける利益を主張しえないために、有効に提起しえない（船岡山行政判決）。

行政訴訟が多いが、**銅御殿判決**（東京地判平成24年2月17日判タ1387号126頁、東京高判平成25年10月23日判タ1415号87頁）、周辺に高層ビルを建築することによる風害に対する環境保全命令（文化財保護45条）の義務付け訴訟で、**大阪中郵判決**（大阪地判平成24年12月21日判時2192号21頁）は、歴史的建造物の重要文化財の指定（同法27条1項）の義務付け訴訟で、いずれも原告適格を否定した。

ただし、地方自治体所有に係る歴史的建造物の保存には住民訴訟を利用しうる。著名な**豊郷小学校決定**（大津地決平成14年12月19日判タ1153号133頁）は、老朽化した校舎を取り壊す判断が、町の財産の管理方法や効率的な運用方法として適切さを欠き、地方財政法8条に違反するとして、取壊しを差し止める仮処分を認容した（現在では地方自治法改正により住民訴訟において仮処分は利用できない）。一方、**東京地判平成16年3月25日判時1881号52頁**は、都営住宅として使用されていた旧同潤会大塚女子アパートの解体撤去の差止めを求めた住民訴訟では、弁論終結時に解体撤去がすでに完了していたため、差止めの対象を欠き不適法とした。

舟つき松事件判決（広島高松江支判令和元年10月28日判自467号21頁。松江地判平成31年3月27日判自467号25頁をほぼ維持）は、松江市所有の建築物の解体工事につき、文化財保護法違反等を理由に公金支出等の差止めを求めた住民訴訟で、裁量権の逸脱濫用はないとして請求を棄却した。また、**名古屋城天守閣事件**（名古屋高判令和4年3月25日判例集未登載。名古屋地判令和2年11月5日判自475号44頁をほぼ維持）も、大部分を市が所有・管理する、特別史跡名古屋城跡内の天守閣の解体を前提とする「木造復元工事」に係る支出の差止め等を求めた住民訴訟で、裁量権の逸脱濫用はないとして、原告側の請求を棄却した。

第2節　眺望侵害等

一　眺望利益に対する法的保護

1　眺望利益の特徴

　眺望利益は、私人が**特定の場所**で良好な**眺望**を享受しうる利益である。視点が移動せず、私益性が高い点で、**景観利益**と区別される。眺望の対象は人工物に限らず、自然物を広く含む。特定の場所は通常、特定の建物であり、かねて①別荘や私邸、②旅館・料亭等の商業施設からの眺望侵害をめぐって古くから訴訟が提起されてきた。①では**生活利益**、②では**営業利益**としての眺望利益の侵害が主張されるが、いずれも私的利益であり両者に質的相違はないように思われる。

　眺望利益は一定の場合に法的に保護されるが、権利ほどの法的保護性を与えられていないため、本書では景観利益と同様に、眺望利益と表現する。

　眺望利益はその性質上、空間支配権ではなく、**状況依存**的な利益とされる。眺望利益を享受する者は、眺望を構成する自然物・人工物等に対する直接の管理権・所有権を有しておらず、特定の場所と対象物との間に眺望を遮る**障害物**が存在しないという他者の土地利用状況に依存して享受しうる利益にすぎない。また、眺望利益は**日常生活**に必要不可欠とまでは言えない点で、日照権、人格権や平穏生活権と異なる。

　建築物の絶対高さ制限、容積率規制、景観地区や伝統的建造物群保存地区制度等によっても間接的に保護されうるが、景観利益に比べても公共性が相対的に低い特徴もあって、眺望利益を直接保護する国法はない（地方レベルでは、例えば京都市眺望景観創生条例は、一定の視点場からの眺望景観を保護するが、公共の眺望であり上記の意味での眺望利益を保護するものではない）。よって、眺望侵害に対する救済は主として司法救済に依拠せざるをえない。

2　眺望利益の法的保護性と救済方法

　1の特徴があるため、眺望利益は、**成立要件**と侵害に対する**救済方法**が、権利に比べると限定される。眺望利益に関する最判はないが、景観利益の性質に類似する点がある。そこで、**国立判決**を応用すると、①良好な**眺望**を享受できる、②**特定の場所**の利用にかかる**権利**を有する者がもつ眺望利益は、法律上保護に値すると考えられる[12]。

　①につき、古く**熱海分譲マンション決定**[13]（東京高決昭和51年11月11日判タ

348号213頁）は、主観的評価にとどまらず、社会観念上、優れた眺望として客観的価値を有する必要があるとしている。

　景観利益は、視点が移動するために、②につき近接居住と日常的享受が要求されたが、別荘を考えれば明らかなように、景観利益と同じ要件を課すことは不適切であり、眺望利益の場合には、これらに代えて特定の場所にかかる権利を有していれば足りよう。権利は必ずしも所有権である必要はないが、他方で、観光客等による一過的利用を保護する必要はあるまい。

　眺望侵害に対する救済方法も、景観利益の場合と同様に考えてよいであろう。すなわち、いかなる場合に眺望利益に対する侵害行為が違法の評価を受けるかについては、(i)侵害される**眺望利益の性質と内容**、(ii)当該眺望と特定の場所の**地域環境**、(iii)**侵害行為の態様・程度**、(iv)**侵害の経過**等を総合的に考察して判断すべきである（相関関係説）。そして、上記のような眺望利益の特徴に照らすと、眺望侵害が違法となるのは、侵害行為の態様・程度の面で**社会的相当性**を欠く場合に限られる（社会的相当性基準）。

　　　　ただし、景観侵害の場合に比べると、特定地点からの眺望のみが問題となるため、紛争の規模が小さく、例えば設計変更や工夫による被害回避が容易であったり、逆にコスト面で困難である場合がありうる。もともと近隣地所有者が土地利用をしていなかったため、たまたま得られていた眺望にすぎず（(i)）、どのような建物を建てても眺望が侵害されてしまう（(iii)）場合には、社会的相当性を欠くとはいえない。他方で、例えばピロティを付けなければ容易に従来の眺望を確保しうるのに、一切の配慮をせずに建築する場合（(iii)）は社会的相当性を欠くといいやすい。

　真鶴別荘決定（横浜地小田原支決平成21年4月6日判時2044号111頁）は、以上とほぼ同様に判断しているが、(iv)につき、事前の説明、交渉をも一切回避した点を、社会的相当性の欠如を基礎づける事実として考慮している（ただし、保全異議で取り消された）。この点、**二子玉川再開発判決**（東京地判平成20年5月12日判タ1292号237頁）は、受忍限度を著しく超えている必要があるとし、受忍限度判断において行政法令違反を重視している点で、国立判決の影響がみられる。

---

(12)　良好な眺望の存在を否定した例に、大阪地判平成24年3月27日判時2159号88頁。
(13)　「殊に、特定の場所がその場所からの眺望の点で格別の価値をもち、このような眺望利益の享受を1つの重要な目的としてその場所に建物が建設された場合のように、当該建物の所有者ないし占有者によるその建物からの眺望利益の享受が社会観念上からも独自の利益として承認せられるべき重要性を有するものと認められる場合」に保護されるとした。

二　眺望訴訟

　日照、景観侵害等と合わせて、眺望侵害を主張する事例は現在もあるが、典型的な眺望侵害紛争は古い裁判例が多い。ここでは主なものを挙げる。

1　営業利益侵害としての眺望侵害

　古く**猿ケ京温泉判決**（東京高判昭和38年9月11日判タ154号60頁）は、旅館の眺望を害する建築が権利の濫用に当たるとして、工事中止の仮処分申請を認容した。初期の裁判例であり、近隣旅館の害意を認定して権利濫用構成をとったが、諸事情の総合判断によっている。

　白浜温泉判決（和歌山地田辺支判昭和43年7月20日判時559号72頁）は、旅館からの眺望侵害となる隣接旅館の建築工事中止を求める仮処分を却下したが、権利濫用論でなく、受忍限度論による総合判断をとった。

　岡崎有楽荘決定（京都地決昭和48年9月19日判タ299号190頁〈旧73〉）は、旧美観地区[14]内の料理旅館からの眺望が阻害されるとして5階建ビルの3階以上の建設工事禁止を求める仮処分を認容したが、理由を示していない。**松島海岸決定**（仙台地決昭和59年5月29日判タ527号158頁）も、隣接飲食店の改築工事により、飲食店からの名勝松島海岸の眺望が阻害されるとして工事禁止を求めた仮処分を認容したが、同様に理由を示していない。

2　生活利益侵害としての眺望侵害

　事例は比較的多いが、認容例は少ない。違法判断につき受忍限度論による例も散見されるが、リーディングケースと言える前掲**熱海分譲マンション決定**（棄却）では、受忍限度論をとっていない[15]。

　　　すなわち、法的保護に値する眺望利益について、侵害排除または被害回復等の形で法的保護を与えうるのは、侵害行為が具体的状況下で、「行為者の自由な行動として一般的に是認しうる程度を超えて不当にこれを侵害する」ような場合に限られるとした。これは、受忍限度論よりも厳しい上記社会的相当性基準を採用したものともいいうる。

　　　同決定は、総合判断における具体的考慮要素につき、「特定の侵害行為が右の要件をみたすかどうかについては、一方において当該行為の性質、態様、行為の必要性と相当性、行為者の意図、目的、加害を回避しうる他の方法の有無等の要素を考慮し、他方において被害利益の価値ないしは重要性、被害の程度、範囲、右侵害が被害者において当初から予測しうべき

---

[14]　現在は景観法の景観地区に吸収されている。
[15]　本件で合わせて主張された日照権侵害については受忍限度が明示されているから、景観利益侵害については受忍限度論を採用していないと理解すべきであろう。

ものであったかどうか等の事情を勘案し、両者を比較考量」すべきものとした。さらに、眺望利益が「騒音や空気汚濁や日照等ほどには生活に切実なものではないことに照らして、その評価につき特に厳密であることが要求される」と述べ、社会的相当性基準に近い考えを示している。

横須賀野比海岸判決（横浜地横須賀支判昭和54年2月26日判タ377号61頁〈61〉）は、熱海分譲マンション決定に依拠する形で総合判断した上で[16]、眺望侵害となる2階部分の撤去請求は認めず、損害賠償請求の範囲で一部認容した。

棄却・却下例が多いが[17]、認容例を挙げると、**木曽駒リゾートマンション判決**（大阪地判平成4年12月21日判タ812号229頁）は、眺望侵害が「一般的に是認しうる程度を超える」として、**四條畷市マンション判決**（大阪地判平成10年4月16日判時1718号76頁）は、受忍限度を超える侵害があるとして、いずれも不法行為の成立を認め、損害賠償請求を認容した。これら2件では、差止請求がされていないため、その点の判断はされていない。

真鶴別荘決定は、上記のとおり、国立判決を応用した社会的相当性基準により、建築差止めを求める仮処分を認容した。

3　若干の検討

眺望利益は、一定の公共性をもつとはいえ、比較的認識されにくい私的利益であり、公的規制による保護には馴染みにくい。景観法は眺望景観の保護に弱いが、同法によっても間接的に保護されうるというにすぎない。

そのため、司法救済によるほかないが、現在の裁判例の動向に照らせば、受忍限度よりも厳格な社会的相当性基準による総合判断で、私法上の違法が決せられているといえようか。裁判例は、営業利益と生活利益の侵害で区別したが、両者で考慮事情は異なるものの、質的な差異ではなく、量的な差異に留まり、判断枠組みは同様と考えてよいと思われる。

　なお、見たくないものを見せられる不利益が争われる場合もある。**最三判平成22年6月29日判タ1330号89頁**は、葬儀場の近隣住民である原告が、平穏生活権等侵害を理由に、居宅から葬儀場の様子が見えないようにする既存の目隠しをさらに高くする措置を求めるとともに、損害賠償請求を求めた事案で、葬儀場の様子が見える場所、葬儀の頻度や棺の出入れの時間が限られ、説明会を行い、自治会からの要望事項に配慮して目隠し等の措置をすでに講じている等の事情を総合考慮し、葬儀場の営業は受忍限度を超えないとして、請求を棄却した。

---

[16]　本判決は、特に「受忍すべき限度」の用語を用い、熱海分譲マンションの判示を言い換えているが、内容的には厳格な受忍限度論となっている。

[17]　例えば東京地判平成20年1月31日判タ1276号241頁。

第4章

水質汚濁

第1節　水質汚濁防止法の概観

一　水環境に関する法制

　戦後の産業復興と都市化を背景に顕在化した水質汚濁は、**水俣病**に代表される深刻な健康被害の原因となり、また**浦安事件**（漁民らによる製紙工場への乱入事件）に繋がるような漁業被害を引き起こした。1958年にはいわゆる旧水質二法が制定されたが、経済発展への配慮からの最小限の規制であって、（これまでと同じく）①経済との**調和条項**がある、②**指定水域**のみの規制にとどまる、③排水規制の効果が限定的で**直罰制**もない等の限界があった。

　これを克服したのが1970年公害国会で成立した**水質汚濁防止法**（水濁法）である。水濁法は上記①②③を克服した上、さらに個別地域事情に応じた④**上乗せ基準**の設定を許容し、⑤**総量規制**を可能とするとともに、⑥**無過失責任**の規定を置くなど、生活環境保全を重視し、未然防止政策へと転換した。

　本章では、多数次の改正を経た現在の水濁法の規制を概観するが、水環境に関連する環境法はほかにも多数ある。次のように、水環境は、人の健康、生活環境だけでなく、地下水・土壌環境を含み、さらには生態系・地球環境問題にまで広がりをもっている。

　関連する主な法律だけでも、**廃棄物処理法**（廃掃法）、**土壌汚染対策法**（土対法）のほか、湖沼水質保全特別措置法、浄化槽法、下水道法、ダイオキシン類対策特別措置法等があり、さらに実際には、地方公共団体の**環境保全条例**や水濁法等に基づく上乗せ条例等により多層的に規律されている。

2014年には、流域全体を捉えた健全な水循環を確保する観点から、水循環基本法が制定された。同法は縦割り行政を脱して一元的管理を目指すとともに、近時問題とされている外資による森林買収に対抗する法整備を政府に要求している。

二　水質汚濁防止法の概観

1　目的（1条）

　水濁法は、二本立ての目的を有する。第1に、工場・事業場から①**公共用水域への排水規制**、②**地下への浸透水規制**とともに、③**生活排水対策**等により、公共用水域・地下水の水質汚濁を防止し、もって国民の健康保護、生活環境保全を図ることである。第2に、同法は、④水質汚濁による健康被害に関する事業者の**無過失責任**を定め、被害者保護を図ることを目的とする。

　水質汚濁行為とは、①周囲のそれとは異なる温度の水の排出、その他②いわゆる毒性等を含む物質またはそのような物質の生成原因物質の排出等をして、当該排出等に係る物質等の影響が相当範囲にわたり、水の状態等を人の健康保護・生活環境保全の観点から見て、従前よりも悪化させるものをいう（シロクマ判決）。

　以下では、①②④を中心に概観する。

2　規制対象

(1)　主な規制

　水濁法は主として、3カテゴリーの事業場・施設を規制対象とする[1]。

図表4-1：水濁法の主な規制対象事業場・施設

	規制対象事業場	規制対象施設	規制
①	特定事業場（2条6項）	＝特定施設（2条2項）を設置する工場・事業場	排水規制（12条）
②	有害物質使用特定事業場（2条8項）	＝有害物質（2条2項1号）を製造・使用・処理する特定施設（有害物質使用特定施設）を設置する事業場	地下浸透水規制（12条の3）
③	※	(i) 有害物質使用特定施設（2条8項）＋ (ii) 有害物質貯蔵指定施設（5条3項）	有害物質漏洩規制（12条の4）

※有害物質貯蔵指定事業場（14条の3第1項）は、**有害物質貯蔵指定施設**を設置する工場・事業場を言い、特定事業場とともに、設置者は地下水浄化措置命令（14条の3）の相手方となりうる。

---

[1] 他にも指定施設を設置する指定事業場（事故時の措置〔14条の2〕に係る規定のみがある）、貯油施設等を設置する貯油事業場等の概念がある。

①は排水規制、②は地下浸透水規制を事業場単位で行い、③は有害物質漏洩規制を施設単位で行っている点で異なる（届出義務等〔5条〕はいずれも施設単位である）。③は、①②と異なり、排水・浸透を予定せず、施設からの漏洩自体を規制しているためである。

(2) 特定施設（2条2項）

特定施設とは、次のいずれかの要件を備える汚水・廃液を排出する施設で、令1条・別表第1に掲げるものである。

① **カドミウム**その他の人の**健康被害**を生ずるおそれがある物質として令2条で定める物質（**有害物質**）を含むこと（2条2項1号）

② COD（化学的酸素要求量）[2]その他水の**汚染状態**を示す項目（**生活環境項目**）が、**生活環境被害**を生ずるおそれがある程度であること（同2号）

特定施設は、第一次～第三次産業まで幅広く**政令**で指定されている。例えば畜産農業用の豚房施設等（総面積50㎡未満の事業場に係るものを除く、令別表第1の1号の2）、パルプ製造用の漂白・洗浄施設等（同23号）、飲食店に設置される厨房施設（総床面積が420㎡未満の事業場に係るものを除く、同66条の6）、クリーニング業の洗浄施設（同67号）等が当たり、施設によっては業種や規模等が限定されている。

有害物質には、カドミウムのほか、鉛、六価クロム、砒素、水銀、PCB、トリクロロエチレン、テトラクロロエチレン、ベンゼン、フッ素など28種類が指定されている（令2条）。

(3) 規制対象行為と規制単位

水濁法は主として**事業場**からの公共用水域[3]への**排水**と地下への**浸透**を規制対象とする。法はまず、上記(2)のごとく規制すべき汚水等を定めた上で、それを排出する施設（**特定施設**）を指定し、特定施設を設置する**特定事業場**を規制対象として特定している。

以下、排水規制（濃度規制、総量規制）、地下浸透水規制、さらに新設された有害物質漏洩規制の順で概観する。

3 排水規制その1（濃度規制）

(1) 排水基準

特定事業場から**公共用水域**に排出される水を**排出水**という（2条6項）。

---

[2] 水中の汚物を科学的に酸化し、安定させるのに必要な酸素の量であり、値が大きいほど汚濁がひどい。

[3] 例えば公共用水域ではない公共下水道への排水は、本法の適用を受けず、下水道法の規律を受ける。地下水も公共用水域ではないため、地下浸透水の規制がされている。

図表4-2：有害物質に係る排水基準（健康項目）抜粋

■健康項目

有害物質の種類	許容限度
カドミウムおよびその化合物	0.1mg/L
シアン化合物	1mg/L
有機燐化合物（パラチオン、メチルパラチオン、メチルジメトンおよびEPNに限る）	1mg/L
鉛およびその化合物	0.1mg/L
六価クロム化合物	0.5mg/L
砒素およびその化合物	0.1mg/L
水銀およびアルキル水銀その他の水銀化合物	0.005mg/L
アルキル水銀化合物	検出されないこと
ポリ塩化ビフェニル	0.003mg/L
トリクロロエチレン	0.3mg/L
テトラクロロエチレン	0.1mg/L
ジクロロメタン	0.2mg/L
シマジン	0.03mg/L
ベンゼン	0.1mg/L
セレンおよびその化合物	0.1mg/L
ほう素およびその化合物	海域以外 10mg/L 海域 230mg/L
ふっ素およびその化合物	海域以外 8mg/L 海域 15mg/L

（環境省HP）

　排出水を排出する者（本書では「排水者」という）は、**特定事業場**の排水口において**排水基準**（3条）に適合しない排出水を排出してはならない（12条1項）[4]。排出水とは、特定事業場から公共用水域に排出される水である限り、それが同事業場への自然流入か取水によるかを問わず、また、事業に利用されたか否かを問わない[5]。

　排水基準は、排出水の汚染状態について環境省令（排水基準を定める省令〔昭和46年総理府令35号〕）で定める**全国一律の濃度規制**である。排出水に含まれる**有害物質の量**に関する許容限度と、それ以外の**汚染状態**に関する許容限度の2種類がある。

　前者は、①**健康**項目と呼ばれ（**図表4-2**、令1条・別表第1）、有害物質の種類ごとに排出水に含まれる量につき定められており、全特定事業場に適用される。後者は、②**生活環境**項目と呼ばれ（**図表4-3**、令1条・別表第2）、排出水の汚染状態につき、項目ごとに定められており（3条2項）、日平均排水

---

(4) 未規制物質が水質汚濁の原因となった事例につき、利根川水系ホルムアルデヒド事件（75頁）参照。
(5) 名古屋高判昭和50年10月20日判時808号111頁、大阪高判昭和54年8月28日判タ399号150頁。

図表4-3：その他の汚染状態に係る排水基準（生活環境項目）抜粋
■生活環境項目

生活環境項目	許容限度
水素イオン濃度（pH）	海域以外 5.8-8.6 海域 5.0-9.0
生物化学的酸素要求量（BOD）	160mg/L （日間平均 120mg/L）
化学的酸素要求量（COD）	160mg/L （日間平均 120mg/L）
浮遊物質量（SS）	200mg/L （日間平均 150mg/L）
フェノール類含有量	5mg/L
銅含有量	3mg/L
亜鉛含有量	2mg/L
溶解性鉄含有量	10mg/L
溶解性マンガン含有量	10mg/L
クロム含有量	2mg/L
大腸菌群数	日間平均 3000 個/cm^3
窒素含有量	120mg/L （日間平均 60mg/L）
燐含有量	16mg/L （日間平均 8mg/L）

（環境省HP）

量50㎥以上の特定事業場に適用される（**裾切り**）。②は、河川、湖沼と海域という水域ごとに利用目的に応じた類型ごとの基準が設けられており、基準の達成期間も段階的達成が認められている（①は直ちに達成すべきものとされ、現にされている）。②については、水産資源が保護対象に含まれ（環基2条3項）、保護されるべき利水目的が公共水域ごとに多種多様であり、一律基準の設定が適当でないためである。

　排水量の計算では、特定施設からの排水のみならず特定事業場からの排水も含まれ、事業に利用されたか否かを問わない（例えば故障による漏出も含まれる）[6]。大気汚染防止法（大防法）は技術的制約から施設主義をとるが（第5章〔204頁〕）、水濁法は特定施設起因でない排水をも規制対象とする**事業場主義**をとる。PPPの観点からは事業場主義が望ましいとされる（北村356頁）。

　排水基準は、全公共用水域を対象とした最低限遵守されるべき**ナショナル・ミニマム**の濃度規制であるため、水域によっては、水濁防止が十分でない場合もありうる。そこで、**都道府県**は**条例**で、一律排水基準に代えて、これよりも厳しい**上乗せ**排水基準（裾切りにより一律排水基準が適用されない小

---

(6)　前注(5)の大阪高判。

規模事業場に対する裾出し基準を含む）を設定できる（3条3項）。また、**地方公共団体**（都道府県に限らない）は、水域の実情に応じて、固有の条例により、排水基準の対象となっていない物質・項目にかかる規制や法の規制対象外施設に対する**横出し規制**もできる（29条）。

排水口とは、排出水を排出する場所をいう（8条）が、人為的に構築されたものに限定されず、**広く排出水を排出する場所**をいい、現実に排出水を排出している実質上の排水口と解されている[7]。

> すなわち、特定事業場からの排出水である限り、特定施設以外の施設からの排水も含め、一体として「排出水」（2条6項）として規制対象となる。自然流入か、取水か、事業に利用されたかを問わない[8]。したがって、例えば「排水管」や「パイプの先」である必要はなく、特定施設の立地する埋立地の岸壁の亀裂は、「排出口」に当たる（大防法では開口部が遵守場所となる点に注意）。

(2) **測定・記録・保存義務、排水基準遵守義務、改善命令等**

排水者は、当該排出水の汚染状態を**測定**し、その結果を**記録**し、**保存**する義務がある（14条1項）。排水の測定結果を改竄する等の不適正事案が相次いだことから、2010年改正により罰則が新設された（33条3号）。

排水者は、特定事業場の排水口において**排水基準遵守義務**を負い（12条）、違反には**直罰**がある（31条1項1号）。①同一の特定施設からの排水であっても、異なる数個の排出口からの排水、②同一の排水口でも日を異にする排水は、いずれも**併合罪**関係に立つ数個の違反とされる[9]。

また、知事[10]は、排水者が、特定事業場の排水口において**排水基準に適合しない排出水**を排出するおそれがあるときは、排水者に対し、期限を定めて、①特定施設の構造・使用方法・汚水等処理方法の**改善命令**、または、②特定施設の使用・排水の**一時停止命令**ができる（13条1項）。「おそれ」要件であり、改善命令等をするには、現実の排水基準違反は必要なく、特定施設の状況、汚水処理方法等からみて、排水基準に適合しない排水が予見できれば足りる。命令違反には、直罰よりも重い罰則がある（30条）。

(3) **計画変更命令付き届出義務・実施制限**

排水者は、特定施設を**設置・変更**する場合、知事に対し、特定施設の種類・構造・設備・使用方法、汚水等処理方法、排出水の汚染状態・量等の**届**

---

[7] 名古屋高判昭和49年6月26日刑月6巻6号642頁。
[8] 前掲名古屋高判昭和50年10月20日。
[9] 鹿児島地判昭和50年7月9日刑月7巻7＝8号797頁。
[10] 令10条により政令指定都市等では、知事ではなく市長が権限をもつ。

出義務がある（5条1項・7条）。義務違反には罰則がある（32条）。

知事は、排出水の汚染状態が排水基準に適合しないと認めるとき、届出受理日から60日以内に限り、当該届出に係る特定施設の構造・使用方法、汚水等の処理方法に関する計画の変更・廃止を命じうる（**計画変更命令等**、8条1項）。届出者は、上記の60日経過後でなければ、特定施設を設置・変更できない（**実施制限**、9条）。違反にはそれぞれ罰則がある（30条・33条2号）。

4　排水規制その2（総量規制）

(1)　総量規制制度と総量規制基準

人口・産業の集中等により、生活・事業活動に伴う排水が大量流入する広域の**閉鎖性**公共用水域では、水質汚濁が深刻になり、濃度規制のみでは環境基準の確保が困難な事態が生じた。すなわち、濃度規制の下では、たとえ特定施設を新増設しても排水口において排出水の濃度が排水基準に適合してさえいれば適法とされ、特定事業場全体の汚濁負荷量の増大を防止できなかった。そこで1978年、総量規制が導入された。

総量規制は**生活環境項目**に限られ、有害物質は想定していない（4条の2第1項）。現在、**COD**と**窒素・燐含有量**が**指定**されている（令4条の2）。

そして、①人口・産業の集中等により、生活・事業活動に伴う排水が**大量流入**する広域の公共用水域（ほとんど陸岸で囲まれている海域に限る）であり、かつ、②排水基準のみでは**水質環境基準の確保が困難**であると認められる水域が、指定項目ごとに規制対象となる**指定水域**として、政令で具体的に指定されている。当該指定水域の水質汚濁に関係のある（上流）陸域が**指定地域**であり、指定水域ごとに政令で具体的に指定されている（令4条の2）。

例えばCOD（指定項目）に関し、**東京湾**（指定水域）につき、埼玉県、千葉県、東京都、神奈川県の具体的な区域（指定地域）が多数指定されている。窒素・燐含有量についても同様である。東京湾のほか、**伊勢湾、瀬戸内海**が指定水域とされている。

環境大臣は、指定地域における指定項目ごとの汚濁負荷量の**総量削減基本方針**として、

①当該指定水域に流入する水の**汚濁負荷量の総量**
②実施可能な限度で削減を図る場合の総量＝削減後の総量
③発生源別・都道府県別の**削減目標量**

を定める（法4条の2）。

知事は、この基本方針に基づき、削減目標量を達成するための計画＝**総量削減計画**を定め（4条の3）、同計画に基づき、さらに**総量規制基準**を定め

図表4-4：東京湾（指定水域）の指定地域

（公益財団法人国際エメックスセンター資料）

る（4条の5第1項）。

　総量規制基準は、指定地域内の特定事業場で、環境省令（規1条の4）により定める規模（1日当たりの平均的な排出水の量：日平均排水量50㎥）以上のもの(**指定地域内事業場**)に適用され(**裾切り**)、指定地域内事業場ごとに算出された汚濁負荷量の許容限度として定められている（法4条の5第3項）。総量規制基準の算式は複雑であるが、排出が許容される汚濁負荷量として、単位は1日当たりのkgとされている（規1条の5）。総量規制基準は濃度規制ではなく、量規制であって、指定地域内では、排水基準と総量規制基準が併存し、双方の遵守義務が課されることになる。

　総量規制のフローは**図表4-5**のとおりである。

(2) **測定・記録・保存義務、排水基準遵守義務、事前措置命令**

　濃度規制と同様に、指定地域内事業場からの排水者は、排出水の汚濁負荷量を測定・記録・保存する義務がある（14条2項）。違反には罰則がある（33条3号)[11]。

図表4-5：水質総量規制の概要

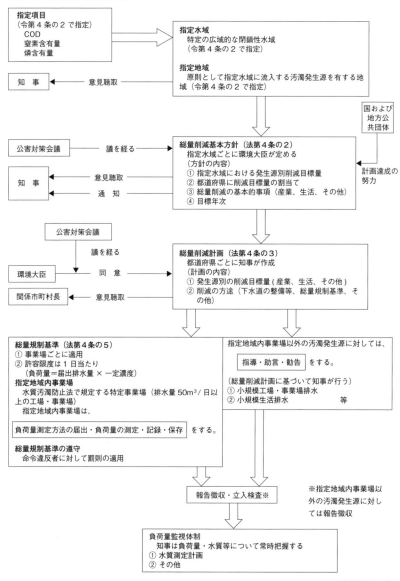

（千葉県HP）

指定地域内事業場の設置者は、**総量規制基準遵守義務**を負い（12条の2）、知事は、総量規制基準に適合しない排水のおそれがあるときは、設置者に対し、当該事業場における汚水等処理方法の改善その他必要な措置をとるよう**事前措置命令**ができる（13条3項）。

排水基準の場合と異なり、違反には直罰でなく**命令前置**制がとられ、命令違反に罰則が課されている（30条）。総量規制の場合、瞬間ではなく一日中継続測定しなければ、違反の立証が困難なためとされる（北村370頁参照）。

(3) 事前措置命令付き届出義務、実施制限

特定施設の設置、変更に際し、知事に対する届出義務がある点は、総量規制の場合も同様である（5条・7条）[11]。

知事は、届出に係る特定施設が設置される指定地域内事業場からの排出水の汚濁負荷量が**総量規制基準に適合**しないと認めるときは、届出受理日から60日以内に限り、当該設置者に対し、同事業場における汚水・廃液の処理方法の改善その他必要な措置をとるよう**事前措置命令**ができる（8条2項）。

総量規制基準は、特定施設ではなく、指定地域内事業場全体に着目して課されるものであるため、命令も事業場全体につき、事業場の設置者に対してされる点で、排水基準の場合の特定施設に対する**計画変更命令**等とは異なっている。実施制限等については濃度規制の場合と同様である。

5　地下浸透水規制

(1) 特定地下浸透水の浸透制限、測定・記録・保存義務、改善命令等

有害物質（2条2項1号）を製造・使用・処理する特定施設（**有害物質使用特定施設**）を設置する特定事業場を、**有害物質使用特定事業場**という。同事業場から**地下に浸透**する水で、有害物質使用特定施設に係る汚水等を含むものを、**特定地下浸透水**という（2条8項）[13]。

有害物質使用特定事業場の設置者は、排出先を問わず[14]、法8条の環境省令で定める要件[15]に該当する特定地下浸透水を浸透させてはならない（12条の3）。違反に対しては**事前命令制**がとられ、知事は、上記省令要件に該当

---

(11) 総量規制につき直罰制がとられなかった代わりに、2010年改正以前から測定記録義務があった。なお、規則に依っていた保存義務が、同改正で法に明記された。
(12) ただし、排水系統別の汚染状態・量を明示するものとされている（法5条1項8号）。
(13) なお、地下浸透水規制においては、指定地域特定施設（2条3項）が除外されている。これは、同施設が、生活環境項目に着目して規律されており、有害物質を含む水が地下に浸透するおそれがないからである。
(14) 12条の3は単に「排出する者」としているため、地下浸透だけでなく、公共用水域に排出する場合も、本条の規律を受ける。

第4章　水質汚濁　179

する特定地下浸透水を浸透させるおそれがあるときは、設置者に対し、期限を定め、①特定施設の構造・使用の方法・汚水等処理方法の改善を命じ（**改善命令**）、②特定施設の使用・特定地下浸透水の浸透の一時停止を命ずること（**一時停止命令**）ができる（13条の2）。

特定地下浸透水につき測定・記録・保存義務が課されるのは、濃度規制の場合と同様である（14条1項）。

(2) **計画変更命令付き届出義務、実施制限**

有害物質使用特定施設の設置・変更につき、知事に対し届出義務がある点は、濃度規制の場合と同様である（5条2項・7条）[16]。計画変更命令等、実施制限およびこれらの違反に対する罰則についても、濃度規制の場合と同様である（8条1項・9条・30条・33条2号）。

6 その他の規制

(1) **有害物質漏洩規制**

事業場からのトリクロロエチレン等の有害な物質の漏洩による**地下水汚染**事例が、毎年継続的に確認され、中には、周辺住民の利用する井戸水から汚染が検出された例もあった。生産・貯蔵設備等の老朽化や作業ミス等による漏洩が原因の大半を占める。地下水は都市用水の約25％を占める貴重な淡水資源である一方、地下水汚染は、地下における水の移動経路が複雑であるため、原因者の特定が難しく、自然の浄化作用による水質改善が期待できないこと等から、一度汚染すると**回復が困難**という特徴がある。

そこで2011年改正法は、**地下浸透水**規制とは別に、非意図的な漏洩を規制する、次の制度を新設した。

①有害物質を貯蔵する施設（有害物質**貯蔵指定施設**）[17]および②有害物質**使用特定施設**の設置者（特定地下浸透水を浸透させる者を除く）[18]は、当該施設の**構造・設備・使用方法**等につき届出義務がある（5条3項）。また、同設置者は、構造・設備・使用方法等に関する基準（**構造基準**等）の遵守を義務づ

---

[15] 有害物質の種類ごとに環境大臣が定める方法により特定地下浸透水の有害物質による汚染状態を検定した場合に、当該有害物質が検出されることであり（規6条の2）、環境省の告示（平成元年8月21日環境庁告示第39号）で、具体的に定められている。

[16] ただし、排水系統別の汚染状態・量を明示するものとされている（法5条1項8号）。

[17] 厳密には、有害物質を貯蔵・使用する施設を「指定施設」といい（2条4項前段）、有害物質を貯蔵する指定施設で、当該施設から有害物質を含む水が地下に浸透するおそれがあるものとして政令（4条の4）で定めるものをいう（5条3項かっこ書）。

[18] 有害物質を使用しても浸透させない者が対象となる。有害物質を含む水（特定地下浸透水）を浸透させる者は地下浸透水規制を受ける。なお、漏洩規制は事業場ではなく施設に着目して規制される点で、他の規制と異なる。

けられる（12条の4）。知事は、当該施設が構造基準等を遵守していないときは、施設の構造等につき**改善命令**等ができる（13条の3）。

さらに設置者は、定期的に施設の構造等を点検し、その結果の記録・保存が義務づけられる（14条5項）。有害物質貯蔵指定施設制度は、漏出による環境負荷防止のための費用負担責任は設置者にあり、また、漏出事例の多発から事前的対応が必要であるため、PPPと未然防止原則により正当化される。

施設と事業場に対する規制につき整理しておくと、次表のとおりである。

図表4-6：特定事業場と指定事業場（法の適用関係）

施設	事業場	排水基準遵守義務(12・13)	浸透制限・改善命令等(12-3・13-2)	構造基準等遵守義務・改善命令等(12-4・13-3)	地下水質浄化命令(14-3)	報告検査(22)
特定施設	特定事業場	○（区別せず）	—	—	○（区別せず）	○（区別せず）
有害物質使用**特定施設**	有害物質使用**特定事業場**		○	○		
有害物質貯蔵**指定施設**	有害物質貯蔵**指定事業場**	—	—	○	○	○

上記①は、特定施設ではなく、指定施設（2条4項）であり、①を設置する工場・事業場は有害物質貯蔵**指定事業場**（14条の3第1項）として、特定事業場とは区別して、別に規制されている。要は、浸透させない貯蔵目的であるため浸透制限を受けないが、漏洩の場合に浄化措置命令の対象になる。

(2) 地下水の水質浄化措置命令

知事は、特定事業場・有害物質貯蔵指定事業場で、有害物質を含む水の地下への浸透により、現に人の健康被害が生じ、または生ずるおそれがあるときは、被害防止に必要な限度で、当該事業場の設置者（相続・合併・分割による地位承継者を含む）に対し、相当の期限を定め、地下水の水質浄化のための措置を命ずること（**水質浄化措置命令**）ができる（14条の3第1項）。

浸透時の設置者に対しても命じうるが（14条の3第2項）、現設置者が浸透時に当該事業場の設置者でなかった場合、現設置者は**協力**義務を負うにとどまる（同3項）。原因者に対する命令を許容するのはPPPの表れである[19]。

浄化措置命令は、未然防止原則に立つ地下浸透水規制（12条の3）と異なり、事後的な汚染除去を定める制度である。

●コラム● 水濁法14条の3の構造

この条文はよく質問を受けるので、3つのケースに分けて整理しておこう。

	浸透時の特定事業場の設置者（浸透者）	現在の特定事業場設置者（現設置者）	命令	協力義務	根拠条文（14条の3）
ケース1	X	X	Xに対し○	―	1項本文
ケース1′		X′（合併・相続・分割＝地位承継）	X′に対し○	―	1項本文かっこ書
ケース2	X	Y（譲受人等）	Xに対し○	―	2項
			Yに対し×	―	1項ただし書
				Yについて○	3項

　1項本文は、ケース1の場合であり、浸透者Xと現設置者Xが一致しており、当然に現設置者たるXに対する1項に基づく命令が可能である。また、1項かっこ書は、ケース1′のように現設置者X′が浸透者Xの地位を合併等により承継した場合であり、やはりX′に対する1項の命令が可能である。

　1項ただし書は、ケース2の場合であり、浸透後の譲渡等により、浸透者Xと現在の設置者Yが一致しないため、Yに対する命令ができないと規定する。2項は、同様にケース2の場合で、浸透者Xに対する命令ができると規定する。3項は、同様にケース2の場合で、Yに対する命令はできないが、協力義務を規定したものである。

　地下水汚染はしばしば土壌汚染と同時に生じる。①浄化措置命令と②土対法5条に基づく調査命令の要件は類似しているが、①は当該地点……で地下水を飲用に供している等の状況を要するのに対し、②では土壌汚染のおそれがある地点の周辺……で、同様の状況があれば足り（土対令3条1号イ、ロ、同規則30条）、汚染のある地点と地下水の飲用等の地点が離れていても命令を発出できる点で、より広く適用できる。このことは指示措置・措置命令（土対法7条）についても同様であり、水濁法のほうが要件が狭く、特別な場合であるため、両方が発出される場合、水濁法が優先的に適用される。

(3) **報告徴収・立入検査**

　知事は、水濁法の施行に必要な限度で、特定事業場・有害物質貯蔵指定事業場の設置者・過去の設置者に対し、特定施設・有害物質貯蔵指定施設の状況、汚水等処理方法その他必要事項の報告を求め（報告徴収）、または当該事業場に立ち入り、当該施設その他の物件を検査させること（立入検査）ができる（22条1項）。また、総量規制についても、知事は、一定の場合に報

---

[19] ただし、遡及責任ではなく、浸透時に指定されていた有害物質による汚染に限られる。水質法令研究会『逐条解説水質汚濁防止法』（中央法規、1996年）293頁。

告徴収権限を有する（同条2項）。なお、これらの権限は、政令市長に委任されている（28条1項、令10条7号）。報告懈怠、虚偽報告、検査拒否・妨害・忌避には罰則がある（33条4号）。

環境大臣も同じ権限をもつが、水質汚濁による健康・生活環境に係る被害の防止のため緊急の必要がある場合に行われる（22条3項）。

(4) 生活排水対策

工場等以外の汚染源のうち、生活排水については非規制的手法がとられている（14条の5以下）。家庭における対策の努力（14条の7）と下水道整備等の地域対策を前提に、知事は生活排水対策重点地域の指定ができる（14条の8）。当該地域において生活排水対策推進計画を作成し、計画に基づく施策を実施するのは市町村であるが、知事は対策の推進に関する助言・勧告ができる（14条の9第6項）。なお、農地や都市の道路などの面的（非特定）汚染源（ノンポイントソース）については、具体的措置が定められていない。

7　無過失責任

工場・事業場における事業活動に伴う有害物質の排出または地下への浸透により、人の生命または身体を害した事業者は、損害賠償の無過失責任を負う(19条1項)。

複数事業者による共同不法行為が成立する場合でも、原因力が著しく小さい事業者については、裁判所は賠償額を減額できる（20条）。また、天災その他不可抗力が競合した場合、賠償額および責任を減免できる（20条の2）。

損害賠償請求権は、被害者が損害および賠償義務者を知った時から5年、損害発生時から20年で、時効消滅する（20条の3）。

第2節　水質汚濁分野における環境保護訴訟の概観

　水質汚濁は、海、湖沼のほか、陸域でも地下水や河川の汚染として生じうるが、その場合、廃掃法や土対法も適用されうる。典型事例では他法の適用を確認するが、裁判例の検討では、主として水濁法が問題となった事案のみを扱う。

【典型事例4-1】

> 　Ａ県に居住するＣは、長年、Ｃ所有の敷地内にある井戸水を飲料水として使用してきたところ、中毒症状を発症した。Ｃが平成Ｘ1年4月に調査したところ、井戸水からは環境基準を上回る高濃度のカドミウムおよび鉛が検出された。また、Ｃ宅の隣にはB_1が開設した化学工場があり、B_1は、製造工程中で使用したカドミウムおよび鉛を含んだ水を、長年にわたり同工場敷地の地下に浸透させてきたことが明らかとなった。B_2は、平成Ｘ1年1月にB_1から同工場を譲り受けるとともに、Ａ県知事に対して直ちに所要の届出をし、平成Ｘ1年6月から同工場を稼働する予定である。
>
> 　平成Ｘ1年5月の時点で、以下の設問に答えよ。
> 〔設問1〕　Ａ県知事は何法に基づきどのような対応ができるか。
> 〔設問2〕　Ｃは、Ａ県知事がいかなる対応もしようとしない場合、Ａ県に対してどのような訴訟上の請求ができるか。
> 〔設問3〕　Ｃは、B_1およびB_2に対してどのような訴訟上の請求ができるか。
>
> （平成19年度〔第2問〕を改題）

一　水質汚濁防止法の法律関係（設問1）

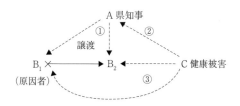

【時系列】

長年		B_1による工場操業（水質汚濁・土壌汚染）、Ｃ井戸水飲用
平成Ｘ1年1月		B_1→B_2、工場譲渡
	4月	Ｃの中毒症状、Ｃの調査で井戸水汚染の発見
	5月	（この時点での法的対応）
	6月	B_2による工場の稼働（予定）

1　水質汚濁防止法による対応
⑴　本件工場に対する規制（法の適用関係）
　本件工場の製造過程で使用されているカドミウム・鉛（令2条4号）は、**有害物質**（2条2項1号）に該当し、有害物質を含む本件工場の排水施設は**特定施設**（2条2項）に該当する。したがって、特定施設を設置する工場である本件工場は、**特定事業場**（2条6項）に該当する。さらに、有害物質を使用しているから、有害物質使用特定施設を設置する有害物質使用特定事業場（2条8項）にも該当するため[20]、B_1からの汚水等は**特定地下浸透水**（2条8項）に該当する。

　本件では、B_2はB_1から特定施設を譲り受けており、特定施設の承継（11条1項）に該当するため、地位承継者であるB_2はA県知事に対しその旨を届け出（11条3項）ているはずである。これが**典型事例4-1**における「所要の届出」である[21]。

⑵　B_2（現設置者）に対する改善命令等（13条の2）
　B_2は、本件工場をそのまま使用する予定であるから、「有害物質使用特定事業場から水を排出する者」に該当し、特定地下浸透水の**浸透制限**（12条の3）を受け、8条の省令要件に該当する特定地下浸透水を浸透させてはならない。

　本件では、隣地の井戸水から高濃度のカドミウムおよび鉛が検出されており、B_2が、本件工場をそのまま稼働させれば、法8条の省令要件に該当する「特定地下浸透水を浸透させるおそれ」があるといえよう。そこでA県知事としては、B_2に対し、特定施設の使用・浸透の一時停止命令その他の**改善命令等**ができる（13条の2）。

　なお、B_1は現排水者ではなく「第12条の3に規定する者」に当たらないから、B_1に対し、法13条の2に基づく命令はできない。

⑶　B_1（浸透時設置者）に対する浄化措置命令等（14条の3）
　本件では、隣地の井戸水から「環境基準を上回る高濃度のカドミウムおよび鉛が検出され」ているだけでなく、Cが現実に中毒症状を起こしていることから、「現に人の健康に係る被害が生じ」ている。

　A県知事は、14条の3第1項に基づき、特定事業場の設置者であるB_2に

---

[20]　特定地下浸透水の浸透制限（12条の3）は有害物質使用特定事業場を規制対象とするため、通常の特定事業場と区別する実益がある。

[21]　相続・合併・分割（11条2項）の場合にも地位承継が生じるが、14条の3の適用において違いが生じる。

対し、地下水の水質浄化に係る**措置命令**等ができるはずであるが、B_2 は工場をまだ稼働しておらず、「当該浸透があった時において」設置者であった者（B_1）とは異なる。よって、同項ただし書により、B_2 に対し措置命令等はできない。

そこでA県知事は、**浸透時設置者**の B_1 に対し、浄化措置命令等ができる（14条の3第2項）。B_2 は、措置命令を受けた B_1 による措置に**協力**する義務を負うにとどまる（同条3項）。

(4) **代執行**＊

B_1、B_2 が以上の命令に従わない場合、水濁法に廃掃法のような特則（257頁）がないため、A県知事は、措置命令等による代替的作為義務につき、相当の履行期限を定め、文書で戒告の上、**行政代執行法**に基づく代執行ができる。

すなわち、①他の手段による**履行確保が困難**であり、②不履行の放置が**著しく公益に反する**とき、A県知事は、自ら義務者のなすべき行為をなし、または第三者にさせた上で、その費用を義務者から徴収できる（代執2）。

(5) **刑事告発**

特定地下浸透水の浸透制限（12条の3）に直罰はないが、改善命令、浄化措置命令違反に対しては罰則（30条・34条）があるから、B_1 が措置命令等に、B_2 が改善命令等に従わない場合には、刑事告発ができる（刑訴239条2項）。

2　土壌汚染対策法による対応

以下は、第7章を学習後に再読されたい。

本件では、地下水汚濁により同時に土壌汚染が生じているため、A県知事は、水濁法のほか、土対法による規制権限を行使しうる。

(1) **調査命令（5条）**

鉛（2条1項）とカドミウム（令1条1号）は、土対法の**特定有害物質**（2条1項）に該当する。本件では、高濃度の井戸水汚染があり、Cの健康被害まで生じているから、5条1項にいう政令の基準に該当すると考えられる。そこでA県知事は、本件工場がある土地の所有者である B_2 に対し、土壌の汚染状況につき**調査命令**ができる（5条調査）。

(2) **要措置区域の指定（6条1項）**

本件では、高濃度の井戸水汚染があり、Cの中毒症状まで生じているから、土壌汚染状況調査の結果、汚染状態が6条1項1号の**省令基準**に該当し、かつ、健康被害が生じるものとして同項2号の**政令基準**に該当することは明らかと考えられる。

その場合、A県知事は、本件工場のあるB₂所有地を、**要措置区域**として指定することになる。

(3) **汚染除去等計画作成・提出の指示、計画提出命令、措置命令**

A県知事は、要措置区域の指定と同時に、指示措置等を示して、**汚染除去等計画**の作成・提出を指示する（7条1項本文）。この指示は、土地所有者たるB₂に対してすることが原則であるが、本件で土壌汚染の原因者がB₁であることは明らかである。そこでA県知事は、原因者に措置を講じさせることが相当であり、かつ、B₂に異議がない場合には、原因者であるB₁に対して指示ができる（同項ただし書）。

B₁が指示に従わなければ、A県知事はB₁に対し**計画提出命令**（7条2項）ができ、基準不適合の場合には計画変更命令（7条4項）もできる。B₁は提出した計画に従った措置義務があり（7条7項、直罰なし）、措置がされない場合、B₂社に対し、**措置命令**ができる（7条8項）。以上の命令違反に対しては、いずれも罰則がある（65条1号）。

(4) **刑事告発**

措置の指示に罰則はないが、調査命令、措置命令違反には罰則があるから（65条1号）、違反があればA県知事は、刑事告発ができる（刑訴239条2項）。

(5) **C所有地の土壌汚染に対する対応**＊

以上では、B₁、B₂に対する対応を検討したが、厳密にはC所有地も同様に汚染されていると考えられるから、A県知事は、C所有地も要措置区域として指定することになろう。さらに上記と同様に、A県知事は、Cではなく、B₁に対し指示や措置命令をすることになろう。

二　環境行政訴訟（設問2）

A県知事が設問1の措置をとれば、本件紛争は解決しうるが、A県知事がB₁、B₂に対し何らの法的措置もとろうとしない場合、Cは、A県知事の不作為に対し、いかなる法的措置をとりうるか。

1　水質汚濁防止法に基づく請求

まずCは、A県を被告として（行訴11条1項1号）、A県知事がB₂（現設置者）に対し改善命令等を、B₁（浸透時設置者）に対し浄化措置命令等を、それぞれするよう求める**非申請型義務付け訴訟**（行訴3条6項1号）を提起するとともに、**仮の義務付け**を申し立てる（行訴37条の5第1項）ことが考えられる。

水濁法は、地下水を含む水質汚濁の防止による国民の健康保護を目的とし

ており（1条）、改善命令等（13条の2）、浄化措置命令等（14条の3）の制度は、いずれも健康被害が生ずるような地下水の浸透を防止し、現に水質汚濁があった場合には地下水の浄化を義務づける趣旨である。そうすると、少なくとも同法は特定事業場付近の居住者で地下水を利用する者の健康を個別的に保護する趣旨を含むといえる。したがって、本件でCには**原告適格**（行訴37条の2第3項）がある[22]。

問題は**重大な損害**要件であるが、本件では高濃度の井戸水汚染があり、Cに中毒症状まで生じているから、**不可償要件**とともに、肯定されよう。後述のように、CはB_2に対し直接の民事訴訟を提起しうるが、**補充性**は否定されない。

この点、改善命令等、浄化措置命令等のいずれも、根拠規定は「できる」と規定し、また、いかなる水質汚濁がある場合にいかなる措置をとるべきかは、個別事案における専門技術的な判断を要するから、A県知事に一定の**行政裁量**が認められる。

しかし、裁量も無制約ではなく、健康被害の防止という重要な法目的に照らし、特に上記命令等が基準違反状態の是正を求める制度であることに鑑みれば、裁量の幅は狭く、所定の要件に該当するにもかかわらず命令をしないことは、特段の事情がない限り、裁量権の**逸脱濫用**として違法となろう。

　　　　本件における裁量は、健康被害防止のための措置をとるとして、その具体的な措置内容、すなわち、当該事案において特定施設の構造、使用方法、汚水等処理方法のいずれをどのように改善させるべきか、どの程度の期間停止させ、改善を実現させるかといった事項につき、**専門技術的知見を生かして適切に判断するための裁量**であり、所定の要件を満たすにもかかわらず、一切の命令をしないという裁量はないと解すべきである。

よって、本件において上記の義務付け訴訟、仮の義務付けはいずれも認容されよう。

2　土壌汚染対策法に基づく請求

Cは、A県を被告として（行訴11条1項1号）、A県知事がB_2に対し調査命令を、さらにB_2所有地につき要措置区域の指定を、さらに、B_1（またはB_2）に対する汚染除去等計画作成・提出の指示、計画提出命令、措置命令等をするよう求める**非申請型義務付け訴訟**（行訴3条6項1号）を提起するとともに、**仮の義務付け**を申し立てる（行訴37条の5第1項）ことが考えられ

---

[22]　仮に井戸水の利用等がなく、財産権侵害のみにとどまる場合、現在の判例の考え方に照らせば、原告適格が否定される可能性がある。

る（第7章〔305頁〕）。

　　なお、本件において、Cは汚染された地下水を摂取しなければ健康被害の悪化を防ぐことはでき（この点、大気汚染とは異なる）、被害を容易に回避しうるから重大な損害を否定することも考えられる。しかし、Cは本来利用可能な井戸水を利用できなくなっており、また、法はCを含む近隣住民の健康保護を目的としているから、適切でない。

　　また本件では、C所有地も汚染されているが、まずCに対する調査命令の義務付けは、C自らが調査をすればよいだけであるから、事案として想定しにくい。要措置区域の指定[23]の義務付けについては、Cが自己所有地に対する不利益処分を求めることになるが、措置に要した費用の請求に関する特例（8条）の適用を求めて提訴することはありうる。同様に、事案によっては上記指示、命令についても自らに命令するよう求める場合もありうるが、B_1またはB_2に対する指示、命令を求める場合がほとんどであろうと思われる。

三　環境民事訴訟（設問3）

1　損害賠償請求（対原因者B_1）
(1)　健康被害

　B_1は事業活動に伴い有害物質である鉛とカドミウムを浸透させて（侵害行為）、Cの井戸水を汚染し、その結果（因果関係）、Cの中毒症状を引き起こした（健康被害）。

　有害物質による中毒症状は深刻な健康被害であり、優に**受忍限度**を超える。B_1は水濁法19条により**無過失責任**を負うため、B_1の過失の有無は争点にならない。受忍限度判断（私法上の違法）は過失の判断を包摂するが、水俣病事件のように、生命・身体・健康に深刻な被害が生じている場合、通常は当然に受忍限度を超えるため、実質的に受忍限度論はあまり問題とならない。

　Cは治療費、通院費や慰謝料など健康被害にかかる損害の賠償をB_1に対し請求しうる。

　実務では**消滅時効**や**除斥期間**が問題となることが多いが、本問では平成x1年頃までB_1による有害物質の浸透行為があり、期間制限の問題はなさそうである。

---

[23]　形質変更時要届出区域の指定については、指定申請制度（土対14条）があるから、申請をした上で、指定がされない場合に、申請型義務付け訴訟を提起することになろう。

(2) 財産的被害

本件でCには土地浄化費用（相当額）等の財産的損害も生じている。Cとしては汚染者であるB_1に対し、不法行為（民709条）に基づく損害賠償請求をすることになるが、健康被害を生ずるような水質汚濁・土壌汚染を受けたのであり、受忍限度を超えるといえよう。

また、健康被害の場合とは異なり、無過失責任ではないが、B_1にとって、鉛等の浸透による隣地の土壌汚染は予見・回避可能なはずであるから、**過失**も認められよう。

2 操業差止め（対現所有者B_2）

本件でB_2は6月から稼働を予定しており、水質汚濁・土壌汚染の継続・拡大が容易に予想されるところである。Cとしては、**人格権**（身体権）ないし浄水享受権に基づく操業差止請求訴訟を提起し、また、民事仮処分（民保23条2項）を求めることになろう。さらに、土地所有権に基づく妨害排除（予防）請求権の構成もありうる。

いずれの場合も、請求が認容されるためには、侵害行為が私法上違法であることが必要である。これは、受忍限度論で判断され、かつ、一般に**違法性段階説**により、損害賠償の場合と比べて高い違法性が要求されるが、有害物質の放出による水質汚濁・土壌汚染であり（侵害行為の態様・程度）、深刻な健康被害（被侵害利益の性質・内容）を生じている本件では、工場稼働による社会的有用性を考慮しても、受忍限度を超えると考えられる。

第3節　水質汚濁分野の環境行政訴訟

一　訴訟形式

　水質汚濁をめぐる抗告訴訟としては、典型事例に挙げたものがありうるが、裁判例では事後的な損害賠償請求訴訟が多い。また、水質汚濁は大気汚染、土壌汚染または自然破壊と並列で主張されることも多いが、行訴法改正前には、義務付け訴訟がほぼ認められなかった事情もあり、裁判例が少ない。

　札幌地決昭和49年1月14日判タ304号131頁（札幌高判昭和49年11月5日行集25巻11号1409頁も同旨）は、公有水面**埋立免許**の効力停止が求められた事案で、埋立てと埋立工事による漁業被害は回復困難と言えず、また、埋立地に建設される火力発電所の操業に伴う温排水等による損害は埋立免許による直接の損害ではないとして、申立てを却下した。

　抗告訴訟の原告適格も問題となる。例えば**富士サファリ判決**（静岡地判昭和56年5月8日判時1024号43頁）は、知事が都市計画法（都計法）29条に基づいてした自然動物公園の造成を目的とする**開発許可**につき、開発区域の付近住民、開発区域下を流れる地下水脈水を飲用する住民らが、動物の糞尿等により、飲用水・生活用水として利用している地下水脈が汚染されるとして、排水計画に関する同法33条1項3号不充足等を主張して提起した取消訴訟において、原告適格を否定し却下した。現在の判例の考え方によっても、溢水被害等の危険がある場合は別として、都計法が地下水汚染の防止により関係住民の健康保護を図る趣旨を有するとは言い難いとされ、原告適格は否定されよう。**広島地判平成23年8月31日 LEX/DB 25444359**は、化製場等設置許可取消訴訟につき、化製場法が悪臭、汚水飲料水汚染等による健康・生活環境への被害を受けない個別的利益を保護する趣旨を含むとして被害想定地域内の住民の原告適格を肯定した。

　その他下水道整備に関する裁判例も見られる。例えば**名古屋地判平成14年4月26日判自244号80頁**は、水質汚濁防止のための終末処理場・流域幹線管渠建設に係る都市計画事業認可の取消しを、事業地内の地権者が求めた訴訟で、裁量の逸脱濫用はないとして請求を棄却した。

二　よみがえれ有明海行政訴訟

　本件は、諫早湾干拓事件において、漁民らが、国を被告として、①非申請型義務付け訴訟として、国が干拓事業における潮受堤防の各排水門を開

門して、**開門調査**をすることの義務付け、②行訴法4条に基づく実質的当事者訴訟として、国が開門調査を実施する義務が存在することの確認等を求めた事案である。

判決（福岡地判平成18年12月19日判タ1241号66頁）は、①につき、開門調査は事実行為であり**処分性**を有しないとして、不適法であるとした。②については、公法上の法律関係に関する確認を求めるものであり適法ではあるが、有明海等再生特別措置法および自然再生推進法の各種の調査規定は一般的な行政上の責務としての調査義務を定めたにすぎず、直接、住民に原因調査を求める公法上の権利が発生し、国に調査義務が発生したと解しえないとして、棄却した。本件では、確認の利益自体を否定する考え方もあろう。

三　水俣病認定訴訟

近年多く見られる訴訟に、公健法の認定申請拒否処分をめぐる一連の訴訟がある。第1章第5節（113頁）で軽く触れた。

第4節　水質汚濁分野の環境民事訴訟

　水質汚濁は、例えば廃棄物処理施設やし尿処理場建設など様々な場面で、大気汚染その他の環境被害と同時に問題とされる場合が多い。特に産廃最終処分場をめぐっては、水質汚濁による地下水汚染が大きな争点となるが、第6章で扱う。ここでは差止め、損害賠償の順に、廃棄物処理施設以外の施設による水質汚濁が争われた事案を幾つか取り上げる。

一　差止請求

1　人格権

　水質汚濁による健康や生活環境の悪化が人格権侵害に当たるとして、嫌忌施設の建設・操業の差止めを求める訴えがかねて提起されてきた。

　　　　　認容した裁判例は少ないが、著名なものに**牛深市し尿処理場判決**（熊本地判昭和50年2月27日判タ318号200頁〈16〉）がある。これは、牛深市が計画するし尿処理場からの放流水によって附近住民の漁業・健康上の被害を発生させる蓋然性が高く被害は受忍限度を超えるとし、さらに住民を犠牲にして建設を許容すべき特別事情もないとして、市に対する工事禁止の仮処分申請を認容した判決である[24]。
　　　　　裁判例では嫌忌施設の建設・操業差止請求の法的根拠として、多数の権利利益が主張されてきたが、**人格権**、土地所有権等の**財産権**、漁業権を除き、ほぼ認められていない。上水道水源の清浄さを享受する権利という意味での浄水享受権も権利性が否定される傾向にある。

2　財産権

　水質汚濁紛争における財産権に基づく差止請求としては、例えば井戸水が汚染されるおそれがある場合に、土地所有権に基づく物権的妨害排除請求権としての差止請求等がされるが、公刊されている裁判例の多くは差止めではなく被害発生後の損害賠償請求としてされている。

　　　　　佐賀地判平成17年1月14日判時1894号85頁は、海苔加工排水による塩害でハウス栽培イチゴの不作被害を受けた農家が、適切な処置を怠った漁協と、用水路に海水を滞留させるような瑕疵ある仮堰を設置した町に対する損害賠償請求を認容した。
　　　　　また、水質汚濁だけではなく、多くの場合、法的には土壌汚染の問題と

---

[24]　類例に、し尿処理場の処理能力が処理が必要なし尿の予想量を下回っている等として、建設工事禁止の仮処分を認容した広島高判昭和48年2月14日判タ289号147頁がある。

して処理されているので、第7章で扱う。

3 漁業権*

(1) 漁業権とその法的性質

漁業権とは、一定の水面（通常、岸から3〜5kmまで）において、特定の漁業を一定の期間、排他的に営む権利であり、漁業法に規定されている。漁業権は、知事（一部の漁場では農林水産大臣）の免許によって設定される**みなし物権**であり、**物権的請求権**（妨害排除、妨害予防）を有する（漁業23条）。譲渡は制限され、貸付けは禁止されている（同26条・29条）。

漁業権には、定置、区画、共同の3種あるが、しばしば問題になるのは漁業協同組合（**漁協**）に対して付与される**共同漁業権**、すなわち、一定地区の漁民が一定の漁場を共同に利用して漁業を営む権利（同6条5項）である。漁協の組合員は漁協がもつ共同漁業権を行使する権利（漁業行使権）を有する（同8条1項）。

公有水面の埋立てがされると漁業が不可能となるから、物権である漁業権に対し補償がされることになる。漁協がこれに応じ、漁業権を**放棄**すると、組合員は漁業行使権を失うことになる。漁協による漁業権放棄の有効性が争われる例はあるが(25)、放棄が有効である限り、漁業権を差止請求権の法的根拠とすることは困難である。

(2) 裁判例

水質汚濁を理由とする漁業被害が懸念された事例は一定数見られるが、認容例は少ない。

著名な事件として、**よみがえれ有明海**事件がある（368頁）。

二 損害賠償請求その1（人格権侵害）

1 水俣病訴訟

水俣病訴訟は、人格権侵害を理由とする損害賠償請求訴訟を中心としたものであった（第1章第5節〔113頁〕）。

2 神栖ヒ素裁定

本件（公調委平成24年5月11日判時2154号3頁〈107〉）は、申請人（参加人）らが、被申請国・茨城県に対し、旧日本陸軍が製造・保管していた砒素化合物（ジフェニルアルシン酸; DPAA）を外部に流出しないようにすべき高度の保管義務等を負っていたのに、これを怠ったため、地下水が汚染され、申請人らに健康被害等の損害を生じさせた等と主張して、損害賠償を求めた事案である(26)。公調委による責任裁定の手続が用いられた。

---

(25) 臼杵市埋立免許取消判決（福岡高判昭和48年10月19日判タ300号151頁）。

裁定は、国には健康被害防止のための個別具体的義務はないが、茨城県が、会社寮井戸の原水汚染を確認した1999（平成11）年1月25日以降、同井戸の周辺住民に対し何らの周知措置もとらなかったこと等は、いずれもその権限を定めた水濁法の趣旨・目的や、その権限の性質等に照らし、知事の裁量を逸脱して著しく合理性を欠き、国賠法1条1項の適法上違法となるとして、申請を一部認容した（国の義務、責任は否定）。

　裁定は、水濁法15条・17条の権限に着目した点に特徴がある。すなわち、知事が、合理的な理由もないのに、①水濁法15条に基づく地下水の水質汚濁の状況を常時監視するための水質調査を実施しなかった点、また、②右調査の結果、水質汚染が発見されたのに、具体的事情の下で、知事が、関係機関やその影響が予想される地域の住民に、水質汚染に関する同法17条の公表（周知を含む）措置をとらなかった点を指摘して、著しい合理性の欠如を認定した。

三　損害賠償請求その2　（財産権侵害）

　水質汚濁による財産権侵害につき損害賠償請求を認容した最高裁判決に、**山王川判決**（最三判昭和43年4月23日民集22巻4号964頁〈14〉）がある。

　　　　判決では、国が設置したアルコール工場の廃液を山王川上流に放出してきたが、異常旱魃のため同川の流水を灌漑用水として全面的に利用した農業者らが、廃水に含まれていた多量の窒素のため稲作における減収が生じ、また、灌漑用水を得るための深井戸掘りに費用を要したことから、減収と井戸設置費用分につき、国賠法2条および民法709条に基づく損害賠償請求を請求し、認容された。

　　　　住民訴訟による損害賠償の代位請求（旧4号請求）がされた事案に、**田子の浦ヘドロ判決**（最三判昭和57年7月13日民集36巻6号970頁〈17〉）がある。本判決は、製紙企業4社からの工場排水によって河川が汚染され、田子の浦港にヘドロが堆積したとして、静岡県が支出したヘドロ浚渫費用につき、同県住民が4社を被告として、汚水排出という不法行為に基づく損害賠償を、県に代位して請求する等した事案で、次のように判示した[27]。

　　　　河川港湾等の汚染、ヘドロ堆積等の除去に要する費用は、①地方公共団体が行政上当然に支出すべき部分、②行政裁量により特別の支出措置を講

---

[26]　後に行われた環境省の調査では、旧軍関連施設でDPAAを利用・保管した事実はなく、1993（平成5）年6月以降の不法投棄物が原因である事実が判明した。国内における毒ガス弾等に関する総合調査検討会「茨城県神栖市における汚染メカニズム解明のための調査・地下水汚染シミュレーション等報告書」参照。

ずるのを相当とする部分、③汚水排出者の不法行為等による損害の填補に該当し終局的には当該汚水排出者に負担させるのを相当とする部分、に区分され、住民が地方公共団体に代位して汚水排出者に対し損害賠償請求権を行使しうるのは、③の部分に限られる。①③は明確であるが、②については損害賠償による解決ではなく、特別の支出措置を講ずべき部分であるから、争いはあるが、損害賠償請求権が発生しないと理解してよい。

　損失補償が否定された裁判例として、名古屋高判平成23年11月30日判自366号26頁は、公共工事に伴う水質汚濁等が原因で養殖魚が大量死したとして損失補償を求めた事件で、因果関係を否定した。

---

(27)　本訴訟では、県知事が管理する河川・港湾への4社による排水停止を怠ったことの違法確認や差止めも請求されたが、いずれも財務会計行為に当たらず住民訴訟の対象となしえないとされた（東京高判昭和52年9月5日民集36巻6号1082頁）。

第5節　水質汚濁分野における規制対抗訴訟

一　概観

【典型事例4-2】

> 　Bは、A_1県内の政令指定都市A_2市（人口200万人）内で養豚業を営んでいたが、この度、食による町おこしを狙い、A_2市産のソーセージを売り出そうと考え、現在の養豚場から少し離れた土地を買い、他の養豚業者からの納入も視野に入れ、大規模な原料処理施設Xの設置を含む工場Yの建設を計画している。Bが施設を設置した場合、A_2市内を流れるZ川に排水することになる。
> 〔設問1〕　Bが原料処理施設Xを設置するためには、水濁法上、どのような手続を履践する必要があるか。
> 〔設問2〕　Z川の下流には、A_1県と隣のA_3県の2県でほとんどを陸岸で囲んだW湾があるが、水質測定の結果、近時、人口と産業の集中のために、排水基準だけでは水質環境基準（COD）の確保が可能か疑問視されるに至っている。A_1県、隣県であるA_3県、A_2市および国は連携して、水濁法上どのような対応ができるか。
> 〔設問3〕　Bが設問1の手続を履践し、設問2の規制基準を満たす原料処理施設を設置してから1年が経過した後、国は省令（排水基準を定める省令）を改正して、排水基準を強化した。Bはこの排水基準を満たす施設に改造するために約2億円の投資をする必要があるが、借入の目途が立たない。施設改造を回避したいBは、誰に対し、どのような訴訟上の請求ができるか。

1　水質汚濁防止法の法律関係（設問1）

(1)　特定施設の設置届出

　Bが設置を計画している大規模な原料処理施設Xは、水濁法上、「特定施設」（2条2項2号、令1条・別表第1二イ）に当たるから、特定施設を設置する工場Yは、「特定事業場」（2条6項）に当たる。

　水濁法上のA_1県知事の主要な権限は、**政令指定都市**であるA_2市長に委任されている（28条、令10条）から、Bは、A_2市長に対し、特定施設の設置につき届出をする必要がある（5条）。届出義務違反には罰則がある（32条）。届出受理日から60日を経過するまで、実施制限（9条）があり、違反には罰則がある（33条2号）。

(2)　計画変更命令

　大規模施設であるため、1日当たり平均排水量50㎥の**裾切り**（排水基準を

定める省令別表第2備考2）にもかかわらず、排水基準に適合する必要がある。適合していない場合、A_2市長による計画変更命令（8条）がされる可能性があり、命令がされれば、Bは従う義務が生じ、違反には罰則がある（30条）。

計画変更命令がされず60日を経過すれば、BはXを設置しうる。

2 総量規制（設問2）

水濁法上、国と地方公共団体（A_2）は、毎年、知事の作成する測定計画に従い、水質測定を行い、知事（A_1・A_3）に結果を送付する義務がある（16条）。

W湾は、A_1県とA_3県によりほとんどを陸岸で囲まれた閉鎖系水域と考えられ、人口・産業の集中のために、排水基準だけでは水質環境基準の確保が困難な場合、行政が連携して、総量規制を導入することが考えられる。

まず、環境大臣が、政令で定める指定項目・指定水域・指定地域につき、総量削減基本方針を策定する（4条の2）。本件では例えば、項目としてCOD、水域としてW湾、地域としてZ川流域のA_2市域・A_3県内の陸域をそれぞれ指定することが考えられる。A_1・A_3県知事は、総量削減基本方針に基づき、総量削減計画を定め（4条の3）、これに基づき総量規制基準を策定する（4条の5第1項）ことになる。この際、特別の総量規制基準を定める（同2項）こともできる。

以上により、指定地域内事業場設置者に対する総量規制遵守義務（12条の2）が生じ、違反に対してはA_2市長・A_3県知事による改善命令等（13条3項）がされることになる。同命令違反には罰則がある（30条）。

3 規制対抗訴訟（設問3）

(1) 抗告訴訟

本件でBの特定事業場に適用される排水基準は、省令別表の改正により強化されている。排水基準は全国一律の濃度規制であって、一般的抽象的な規範定立にすぎないから、改正省令（新排水基準）に**処分性**が認められず、取消訴訟等の抗告訴訟は許されないとも考えられる。

しかし、環境基準の場合とは異なり、排水基準の場合、特定施設の設置者は直ちに基準の遵守を義務づけられ（12条）、違反に対しては直罰制（31条1項1号）がとられている。排水基準は、同種の施設設置者に対し一律に法的効果を生じるが、単なる政策目標等ではなく、個別的で直接的な法的効果をもつ行為である[28]。また、省令改正の時点で司法審査を許容しないと、被規制者は不遵守に対する改善命令等の取消訴訟か、直罰による刑事訴訟の中で

排水基準の違法を争うしかないが、司法救済の実効性の観点から問題があろう。

よって、裁判例はないが、排水基準は処分性を肯定する余地もあろう。ただし、排水基準の変更・設定には、行政の専門技術的ないし政策的裁量があるから、違法とされる場合は限定されよう。

(2) **当事者訴訟**

仮に排水基準に処分性が認められない場合、少なくとも当事者訴訟としての確認訴訟による司法救済が認められよう。本件の場合、具体的には、変更後の排水基準の違法確認ないし、Ｂが同基準を遵守する義務のないことの確認の訴えが許容されるべきである。本件でＢは高額の資本投下を余儀なくされ、不遵守の場合には制裁を受け、現時点で司法救済を認める必要性が高いから、**確認の利益**が肯定されよう。

---

(28) 最一判平成21年11月26日民集63巻9号2124頁参照。

第 5 章

大気汚染

第 1 節　大気汚染防止法の概観

一　大気環境に関する法制

　健康被害をもたらす大気汚染の原因は、①工場等の**固定発生源**、②自動車等の**移動発生源**による大気汚染、③建材等による**室内空気汚染**に大別される。①では**硫黄酸化物（SOx）**、②では**窒素酸化物（NOx）**と**浮遊粒子状物質（SPM）**、③ではホルムアルデヒド等の**揮発性有機化合物（VOC）**が、それぞれ主な原因物質とされてきた。

　①による大気汚染は、原因企業を被告とする損害賠償請求がされてきたが、大気汚染防止法（大防法）・条例による一定の改善があった。近年は**アスベスト（石綿）**につき、過去の飛散による健康被害の賠償責任が争われるとともに、今後の建物解体作業時の飛散が懸念され、規制が強化された。また、中国からのPM2.5による**越境大気汚染**の問題が生じている。

　規制対象物質は排出時の状態で規制されるが、環境基準は大気中で安定した状態の物質につき設定される。主なものは次のとおりである。

　　なお、窒素酸化物は、健康影響が判然としないが、光化学オキシダントの原因物質であり、硫黄酸化物と同様に酸性雨の原因でもある。また、一酸化二窒素（N_2O）は、温室効果ガスの1つである（温対2条3項3号）。

図表5-1：主な規制対象物質と環境基準

	規制対象物質 (排出時の状態)	環境基準 (大気中の状態)
■固定発生源：ばい煙（2①）	硫黄酸化物（2①一）	→二酸化硫黄
	ばいじん（2①二）	→浮遊粒子状物質
	窒素酸化物（2①三、令1五）	→二酸化窒素
■移動発生源：自動車排出ガス （2⑰）	粒子状物質（令4五）	→浮遊粒子状物質
	窒素酸化物（令4四）	→二酸化窒素

物質の粒径による分類は、次のとおりである。

図表5-2：ばいじん、粉じん、浮遊粒子状物質の関係

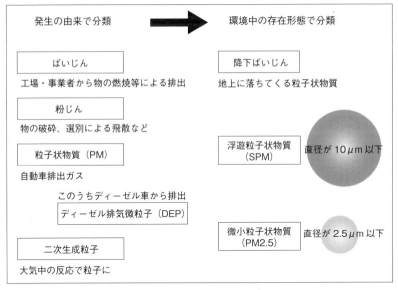

（独立行政法人環境再生保全機構HP）

上記②による大気汚染は長らく改善せず[1]、①と重合する**都市型複合大気汚染**の問題も生じ、大型訴訟が幾つも提起されてきたが、東京都がイニシアティブを取った自動車NOx・PM法（NOx・PM法）の改正強化等により、

---

[1] 移動発生源は不特定多数であり、かつ移動するため、規制が難しく、大防法は構造規制（19条）と交通規制（21条、23条）を用意していたものの、実効的でなかった。

第5章　大気汚染　201

劇的に改善された。なお、NOx による健康被害の科学的知見は十分でなく、裁判例も分かれている。

③による大気汚染は、健康影響等に関する科学的知見が不十分であるため規制がされず、大防法の附則で一部の物質が**有害大気汚染物質**（名称とは異なり、有害性に関する科学的知見が必ずしも十分でない）とされ、罰則もない自主的取組みによる対策がとられるにとどまっている。ただし、室内空気汚染については、シックハウス症候群等の原因になり、**化学物質過敏症**（Chemical Sensitivity; CS）と呼ばれる深刻な健康被害を生じ、建築基準法（建基法）が後追いながら規制を導入した。本来的には CS 等の原因となる化学物質自体の規制のあり方が問題となる。欧州における規制強化を受けて、化学物質の審査及び製造等の規制に関する法律が改正され、ハザードからリスクベースの管理への移行等がされた。

本書では大防法を中心に紹介するが、実際には、地方公共団体の**環境保全条例**や大防法等に基づく**上乗せ条例**等により多層的に規律されている。

二　大気汚染防止法の概観

1　目的（1条）

大防法は、二本立ての目的を有する。

第1に、事業活動等に伴う①**ばい煙**、②**揮発性有機化合物**（Volatile Organic Compounds; VOC）、③**粉じん**の排出等規制、④**水銀規制**、⑤**有害大気汚染物質対策**の実施、⑥**自動車排出ガス規制**等により、大気汚染を防止し、もって国民の**健康保護**、**生活環境保全**を図ることである。

第2に、同法は、⑦大気汚染による**健康被害**に関する**事業者の無過失責任**を定め、**被害者保護**を図ることを目的とする。

大気汚染行為とは、いわゆる毒性等を含む物質またはそのような物質の生成原因物質の排出等をして、当該排出等に係る物質等の影響が相当範囲にわたり、大気の状態等を人の健康保護・生活環境保全の観点から見て、従前よりも悪化させるものをいう（シロクマ判決）。なお、「地球温暖化問題」は「公害」（環基2条3項、公紛26条1項）には当たらないとされ、二酸化炭素それ自体は毒性等を有する物質とは言えず、また高温の大気の生成も大気汚染行為には当たらない（同）。

以下では、①〜⑤の規制を概観した上で、⑦に触れる。

2 ばい煙規制
(1) ばい煙発生施設

法が規制する「ばい煙」とは、①SO_X[(2)]、②ばいじん（すす）、③**有害物質**（カドミウム、鉛、窒素酸化物、塩素等）をいう（2条1項1～3号）。

「ばい煙発生施設」とは、工場・事業場に設置される施設で、ばい煙を排出する、同法施行令2条、別表1で定めるものをいう。例えばボイラー（1号）、各種溶鉱炉（4号等）、廃棄物焼却炉（13号）、各種乾燥施設（14号等）、ガスタービン（29号）等であり、33カテゴリーに分かれる。一定規模以下の施設は、規制されない（裾切り）。

(2) 排出基準

ばい煙排出者は、**ばい煙発生施設**の排出口において**排出基準**（3条）に適合しないばい煙を排出してはならない（13条1項）。

排出基準は、ばい煙ごとに環境省令3～5条で定める、濃度規制をベースとする全国一律の規制である。ばいじんと有害物質は排出口の**濃度規制**であるが、SO_Xについては有効煙突高を加味した**量規制**（**K値規制**）がされる。

排出基準には、通常適用される①**一般排出基準**（3条1項）のほかに、施設集合地域の一定区域内の新設施設に対し①に代えて適用される②**特別排出基準**（3条3項）がある。

排出基準は、最低限遵守されるべき**ナショナル・ミニマム**の**濃度規制**であり、一律の排出基準では大気汚染の防止が十分でない場合もありうる。そこで、都道府県は条例で、（ばい煙、有害物質につき）一般排出基準に代えて、より厳しい**上乗せ規制**排出基準を設定できる（4条）。また、地方公共団体（都道府県に限らない）は、**地域の実情**に応じて、自主条例により、排出基準の対象でない物質・項目の規制や法の規制対象外施設に対する**横出し**規制もできる（32条）。

●コラム● K値規制

$q = K \times 10^{-3} He^2$

- q：SO_X 許容排出量 [m3N/時；温度零度・圧力1気圧の状態に換算した m^3 毎時]
- K：地域ごとに定められた定数
- He：補正された排出口の高さ（煙突実高＋煙上昇高）[m]
  （排出口の煙突実高（H_0）＋煙上昇高（ΔH））

---

(2) 硫黄酸化物（SO_X）は大気中で二酸化硫黄として安定する。そのため排出時点では硫黄酸化物を規制するが、大気質にかかる環境基準は二酸化硫黄について設定される。窒素酸化物と二酸化窒素についても同様である。

Heはばい煙の拡散が始まる高さであり、ばい煙量が同じなら、高い位置から拡散されるほど希釈され、最大着地濃度は小さくなる。Heが高いほど排出口におけるqは大きくできる。K値は地域の区分ごとに異なり、数字が小さいほど規制が厳しい。

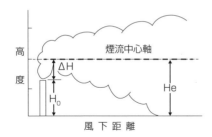

（長野県HPを微修正）

(3) 測定・記録・保存義務、排出基準遵守義務、監督措置

ばい煙排出者は、当該ばい**煙発生施設**に係るばい**煙量・濃度**を**測定**し、その結果を**記録**し、**保存**する義務がある（16条1項）。測定結果を改竄する等の不適正事案が相次いだため、2010年改正で未記録等に対する罰則が新設された（35条3号。従来は性善説に立ち、企業の自主管理が信頼されていたが、排出基準の違反が直罰制になっていても、特定施設の排出口における基準遵守を捜査機関的確に把握できず、現実には刑罰の適用が困難となっていた事情があった）。

排出者は、ばい煙発生施設の**排出口**において**排出基準遵守義務**を負い（13条）、違反には**直罰**がある（33条の2第1項1号。なお、従来は命令前置制であったため、命令がない限り刑罰を科しえず、迅速な違反是正が期待できなかった）。水質汚濁防止法（水濁法）とは異なり、技術的制約から、排出口の開口部が遵守場所とされ、事業場単位でなく施設ごとに規制する**施設主義**をとる。

知事[3]は、ばい煙排出者が、**排出基準に適合しない**ばい煙を**継続排出**するおそれがあるときは、期限を定めて、①施設の構造・使用方法・ばい煙処理方法の**改善命令**、または②施設の使用の**一時停止命令**ができる（14条1項）。命令違反には、直罰より重い罰則がある（33条）。命令発出を容易にするため、2010年改正で、従前要求された**被害要件**が削除された。

(4) 計画変更命令付き届出義務、実施制限

ばい煙を排出する者は、ばい煙発生施設を**設置・変更**する場合、知事に対し、施設の種類・構造・設備・使用方法・ばい煙処理方法、ばい煙量・濃度等の**届出義務**がある（6条・8条）。義務違反には罰則がある（34条1号）。

知事は、施設に係るばい煙量・濃度が**排出基準**に適合しないと認めると

---

[3] ただし、31条1項で令13条のとおり、政令で定める市の長に権限が移されている。

き、届出受理日から60日以内に限り、当該届出に係る施設の構造・使用方法、ばい煙処理方法に関する計画の変更・廃止を命じうる（**計画変更命令等**、9条1項）。届出者は、受理日から60日経過後でなければ、特定施設を設置・変更できない（**実施制限**、10条）。命令違反、実施制限違反にはそれぞれ罰則がある（33条・35条2号）。

⑸　**指定ばい煙に対する総量規制**

　知事は、排出基準のみでは**大気環境基準**の確保が困難な地域では、**指定ばい煙**（SO_X、NO_X。令7条の2）ごとに政令で定める**指定地域**内の大規模工場（**特定工場等**）に対し、**指定ばい煙総量削減計画**（5条の3）を作成し、同計画に基づき**総量規制基準**を定める（5条の2第1項）。新規施設についてはさらに厳しい・・**特別**・・の総量規制基準を定めうる（同条3項）。

　濃度規制をベースとする排出基準では、施設が集中した場合に十分な大気汚染防止ができないため、地域における総量規制が必要となる。

　指定ばい煙排出者は、**総量規制遵守義務**を負い、特定工場等に設置される全ばい煙発生施設の排出口から大気中に排出される当該指定ばい煙の合計量が**総量規制基準**に適合しない指定ばい煙を排出してはならない（13条の2）。違反には直罰がある（33条の2第1項1号）。

　また知事は、指定ばい煙排出者が、**総量規制基準に適合しないばい煙を継続排出**するおそれがあるときは、期限を定めて、①ばい煙処理方法の改善命令、または②使用燃料の変更その他の**措置命令**ができる（14条3項）。命令違反には、直罰より重い罰則がある（33条）。

⑹　**その他**

　政令指定地域については、SO_Xに係るばい煙発生施設につき、季節による燃料使用規制がある（15条・15条の2）。また、ばい煙発生施設におけるばい煙多量排出等の事故が生じた場合、設置者は、応急措置を講じ、復旧に努めるとともに、事故状況を知事に通報する義務があり、知事は必要な措置命令をなしうる（17条）。

3　VOC（揮発性有機化合物）規制

　トルエン、キシレン等の**揮発性有機化合物**（VOC、2条4項）は、SPMの原因（前駆）物質であり、NOxとともに光化学オキシダント（Ox）の生成能を持つと目されるが、定量的関係にかかる科学的知見が不確実とされる。そこで法は、①法規制と②自主的取組みの組み合わせにより対策を講じている（17条の3。2条6項も参照）。予防原則の適用例とされる（大塚B169頁）。

　①の規制対象となる「揮発性有機化合物（VOC）排出施設」とは、工場・

事業場に設置される施設で揮発性有機化合物を排出するもののうち、排出されるVOCが大気汚染の原因となり、排出量が多いために規制が特に必要として**政令**で定める施設をいう（2条5項）。塗装施設、工業用洗浄施設等が該当する（令2条の3・別表1の2）。

VOC排出施設は、排出基準[4]（17条の4）の遵守義務があり（17条の10）、基準不適合の場合、知事は改善命令等ができる（17条の11）。VOC排出施設の設置・変更につき、実施制限を伴う、計画変更命令付き届出義務がある法構造は、ばい煙規制と同様である（17条の5〜17条の9）。VOC排出者には、VOC濃度の測定記録義務があるが（17条の12）、罰則はない。

規制されない事業者一般や国民にも、VOC排出を抑制する責務がある（17条の14・17条の15）。一般環境でのVOCは一定の減少を見たが、光化学オキシダントの環境基準は達成されていない。

4　粉じん規制

粉じん（2条7項）は、①一般粉じんと②特定粉じんに分かれる。②は、石綿その他健康被害のおそれがある政令指定物質であり、①は②以外の粉じんをいう（2条8項）。

(1)　一般粉じん規制

規制対象となる**一般粉じん発生施設**とは、工場・事業場に設定される施設で、一般粉じんを発生・排出・飛散させ、大気汚染の原因となる政令指定施設をいう（2条9項）。コークス炉、鉱物・土砂の堆積場、ベルトコンベア、破砕機・摩砕機等（令3条・別表第2）が該当する。

一般粉じん発生施設を設置・変更する場合、知事に対し、施設の種類、構造、使用・管理方法の**届出義務**がある（18条）。義務違反には罰則があるが（35条1号）、計画変更命令等は予定されていない。

一般粉じん発生施設に対しては、構造、使用・管理に係る省令基準の遵守義務があり（18条の3）、例えば集じん機の設置等が義務づけられる。

(2)　特定粉じん規制

規制は大きく、①施設規制と②作業規制に分かれる。

①施設規制＊

規制対象となる**特定粉じん発生施設**とは、工場・事業場に設定される施設で、特定粉じんを発生・排出・飛散させ、大気汚染の原因となる政令指定施設をいう（2条10項）。石綿を含有する製品を製造する紡織用機械、

---

[4]　利用可能な最善の技術基準（BAT; Best Available technology）が用いられている。リスクでなく技術ベースで設定する趣旨である。

図表5-2-2：解体等工事にかかる規制

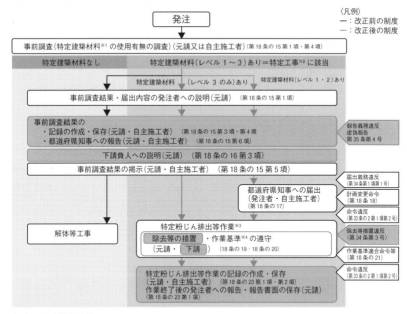

※1　特定建築材料：
　　〈改正前〉
　　吹付け石綿（レベル1）
　　石綿含有断熱材、保温材、
　　耐火被覆材（レベル2）

　　〈改正後〉
　　吹付け石綿（レベル1）
　　石綿含有断熱材、保温材、
　　耐火被覆材（レベル2）
　　石綿含有成型板等（レベル3）
　　（注）レベル3については、政令改正により特定建築材料に追加予定

※2　特定工事：特定粉じん排出等作業を伴う建築工事
※3　特定粉じん排出等作業：特定建築材料が使用されている建築物・工作物の解体・改造・補修作業
※4　作業基準：隔離・負圧、集じん・排気装置の設置、湿潤化、養生等

（環境省資料）

切断機、研磨機等（令3条の2・別表第2の2）が該当する。ただし、現在の特定粉じんは石綿のみであり、特定粉じん発生施設は、2007年度末までに全て廃止されている。

　特定粉じん発生施設を設置・変更する場合、知事に対し、施設の種類、構造、使用方法、処理・飛散防止方法の**届出義務**がある（18条の6）。義務違反には罰則がある（34条1号）。計画変更命令等（18条の8）や実施制限（18条の9）については、ばい煙規制の場合と同様である。

　特定粉じん発生施設については、境界線における濃度の測定記録義務

(18条の12)のほか、隣地との敷地境界における省令の規制基準（敷地境界基準、18条の5）遵守義務がある（18条の10）。基準不適合の場合、知事は改善命令等ができ（18条の11）、違反には罰則がある（33条）。

②作業規制

わが国の建築物には耐火目的等で多量の石綿が使用されてきたため、建築物の解体等に伴う石綿の飛散等による環境被害が強く懸念されている。そこで、近時の改正で規制が強化されてきた。

規制対象となる「**特定粉じん排出等作業**」とは、**特定建築材料**（吹付け石綿その他の特定粉じんを発生・飛散させる原因となる建築材料で、政令〔3条の3〕で定めるもの。2020年改正により、石綿含有成形板などレベル3建材を含むすべての石綿含有建材が規制対象となった）が使用されている建築物その他の工作物を**解体**、改造、補修する作業のうち、作業場所から排出、飛散する特定粉じんが大気汚染の原因となるもので政令（3条の4）に定めるものをいう（2条11項）。この特定粉じん排出等作業を伴う建設工事を**特定工事**と呼ぶ（2条12項）。

建築物等の解体、改造、補修作業を伴う建設工事の元請業者（発注者から直接請け負った者）は、当該解体等工事の特定工事該当性（特定建築材料使用の有無）につき、設計図書や目視その他省令が定める方法による事前調査を行い、発注者に対し、調査結果の書面交付及び説明義務を負い（18条の15第1項。自主施工者の場合は4項）、当該調査の結果を知事に報告しなければならない（6項）。また、元請業者は調査記録を作成・保存するとともに（3項）、施工に際しては、調査記録を現場に備え置き、公衆に掲示する義務がある（5項）。発注者には、調査への協力義務がある（2項）。特定工事を他の者に請け負わせる場合は、下請業者に対しても説明義務がある（18条の16第3項）。

レベル1、2建材に係る特定工事（届出対象特定工事）の発注者（または自主施工者）は、知事に対し、作業開始日の14日前までに、特定工事の場所、作業の種類・実施期間、特定建築材料の種類・使用面積、作業方法等の届出義務を負う（18条の17）。レベル3建材は数も膨大であるため、届出は不要とされた。知事は、届出に係る作業の方法が作業基準に適合しないと認めるとき、届出受理日から14日以内に限り、計画変更命令ができる（18条の18）。命令違反には罰則がある（33条の2第1項2号）。

特定工事の施工者（下請負人を含む）は、作業にあたり省令の**作業基準**（18条の14）遵守義務を負う（18条の20）。基準不適合がある場合、知事は、

作業基準適合命令等ができ（18条の21）、命令違反には罰則がある（33条の2第1項2号）。上記届出対象特定工事において、隔離等の飛散防止措置をせずに除去等の作業をした者には直罰制が採用された（18条の19、34条3号）。通常は違反行為が短時間で終了し、命令前置制が実効性を欠くためである。

　元請業者は、特定粉じん排出等作業が完了したときは、その結果を遅滞なく発注者に書面で報告し、作業記録を作成・保存する義務がある（18条の23）。

　特定工事につき正当な対価が支払われない場合には、作業基準が遵守されないおそれがあるから、特定工事の注文者は、施工者に対し、施工方法、工期、工事費等について、作業基準の遵守を妨げるおそれのある条件を付さないようにする**配慮義務**がある（18条の16）。

5　水銀規制

(1)　水銀排出施設

　2013年、水銀による地球規模での環境汚染を防止するため、「水銀に関する**水俣条約**」が採択され、同条約を担保するための措置等を講ずるべく、2015年、①**水銀汚染防止法**（水銀による環境の汚染の防止に関する法律）が制定されるとともに[5]、②**大防法**が改正され、水銀排出施設に係る届出制度を創設するとともに、水銀排出施設から水銀等を大気中に排出する者に排出基準の遵守を義務づける等の水銀規制が導入された。

　規制対象物質である「水銀等」とは、「水銀及びその化合物」であり（2条13項）、新たに規制される「**水銀排出施設**」とは、工場または事業場に設置される施設で、水銀等を大気中に排出するもののうち、条約の規定に基づきその規制を行うことが必要なものとして政令で定めるものをいう（2条13項、16項）。

　これは水俣条約と連動しており、具体的には①**石炭火力発電所**、②産業用石炭燃焼ボイラー、③非鉄金属（銅、鉛、亜鉛および工業金）製造に用いられる精錬および焙焼の工程製造用の精錬・焙焼工程、④廃棄物焼却設備、⑤セメントクリンカー製造設備が該当する（令3条の5、裾切りあり）。2021年3月末時点で、全国の水銀排出施設数は3924施設で、約9割が④である。

---

[5]　水銀に関する水俣条約の的確かつ円滑な実施を確保し、水銀による環境の汚染を防止するため、水銀の掘採、特定の水銀使用製品の製造、特定の製造工程における水銀等の使用および水銀等を使用する方法による金の採取を禁止するとともに、水銀等の貯蔵および水銀を含有する再生資源の管理等について、定めている。

(2) 施策等の実施方針、排出基準

　まず、法は施策等の実施指針として、①水銀規制と②事業者の自主的取組みを適切に**組み合わせて**、効果的な水銀等の大気中への排出抑制を図ることを旨として、実施すべきものとする（18条の26）。規制と自主的取組みのハイブリッドは VOC 規制（205頁）と共通している。

　水銀排出施設から水銀等を大気中に排出する**水銀排出者**は、その水銀排出施設にかかる**排出基準の遵守義務**がある（18条の33、直罰はない）。

　水銀等にかかる排出基準は、排出削減に関する技術水準と経済性を勘案し、その排出が可能な限り削減されるよう、水銀排出施設の排出口から大気中に排出される排出物に含まれる水銀等の量（**水銀濃度**）について、施設の種類および規模ごとの許容限度として、省令で定められた（18条の27）。水俣条約に基づき締約国の義務として、**BAT**（利用可能な最善の技術）に基づく水銀排出基準が設定されている。

　水銀排出者は水銀排出施設に係る水銀濃度を**測定**し、その結果を**記録**し、**保存**する義務がある（18条の35）。義務違反には罰則がある（35条3号）。

(3) 計画変更命令付き届出義務、実施制限

　水銀等を大気中に排出する者は、水銀排出施設を設置・変更する場合、知事に対し、水銀排出施設の種類・構造・使用方法、水銀等の処理方法など省令で定める事項の**届出義務**がある（18条の28・18条の30）。義務違反には罰則がある（34条1号）。

　知事は、水銀排出施設にかかる水銀濃度が排出基準に適合しないと認めるとき、届出受理日から60日以内に限り、当該届出にかかる施設の構造・使用方法、水銀等の処理方法に関する計画の変更・廃止を命じうる（**計画変更命令**等、18条の31）。届出者は、受理日から60日経過後でなければ、水銀排出施設を設置・変更できない（**実施制限**、18条の32）。命令違反、実施制限違反には、それぞれ罰則がある（33条・35条2号）。

(4) 改善勧告等および改善命令等

　知事は、水銀排出者が、水銀濃度が排出基準に適合しない水銀等を継続して大気中に排出すると認めるとき（おそれでは足りない）、期限を定めて、①施設の構造・使用方法、水銀等の処理方法の**改善勧告**、または②施設使用の**一時停止勧告**その他水銀等の大気中への排出を減少させるための措置をとるよう勧告ができる（18条の34第1項）。行政指導であるため、勧告に従わなくても罰則はない。

　知事は、相手方が改善勧告等に従わないときは、期限を定めて、その勧告

に係る措置をとるよう命じうる（**改善命令**等、同 2 項）。命令違反には罰則がある（33条）。水銀排出施設に関する報告徴収や立入検査権限も認められている（26条）。

(5) 要排出抑制施設の設置者の自主的取組み等

　工場または事業場に設置される水銀等を大気中に排出する施設（水銀排出施設を除く）のうち、水銀等の排出量が相当程度多い施設であって、その排出を抑制することが適当であるものとして政令で定めるもの（**要排出抑制施設**）の設置者は、当該施設に係る水銀等の大気中への排出に関し、単独または共同して、自ら遵守すべき基準を作成し、水銀濃度を測定し、その結果を記録し、保存することその他の水銀等の大気中への排出を抑制するために必要な措置を講ずるとともに、当該措置の実施状況と評価を公表しなければならない（18条の37）。

　事業者は、その事業活動に伴う水銀等の大気中への排出状況を把握し、当該排出抑制に必要な措置を講ずるとともに、国が実施する水銀等の大気中への排出抑制に関する施策に協力しなければならない（18条の38）。

　その他、国と地方自治体の施策における努力義務も規定されている（18条の39・18条の40）。

6　報告徴収・立入検査

　知事は、法の施行に必要な限度で、ばい煙発生施設設置者その他、規制対象者や関係者に対し、必要事項の報告を求め、施設等に立ち入り、物件の検査ができる（26条1項）。環境大臣も同様の権限をもつが、被害防止のため緊急の必要性がある場合に限られる（同条2項）。近年の改正で水銀規制が導入され、アスベスト規制が強化されるのに伴い、立入検査対象が拡大している。

7　有害大気汚染物質対策

　法にいう「有害大気汚染物質」とは、**継続摂取**されると（低濃度による長期曝露）健康を損なうおそれがある大気汚染原因物質をいう（2条16項）。

　中央環境審議会の第9次答申により、2024年3月現在、「有害大気汚染物質に該当する可能性のある物質」（該当可能性物質）として248物質、「**優先取組物質**」として23物質が選定されている。

　有害大気汚染物質に対しては、科学的知見が不十分であることから、予防原則に基づき、関係者の自主的取組に依拠しつつ、情報を通じた誘導的手法を用い、低濃度での長期暴露による健康影響が懸念される物質の大気を媒体とした暴露リスクを低減することとし、以下の通り、命令及び罰則等の強制

力を伴う手段は採用されていない（18条の41参照）。

　事業者は、事業活動に伴う有害大気汚染物質の排出状況を把握し、抑制措置をとる責務を負い（18条の42）、国・地方公共団体は、調査、知見の充実、情報提供等の責務を負う（18条の43・44）。

　環境大臣は、有害大気汚染物質のうち、健康被害防止のために排出・飛散を早急に抑制する必要があると認める場合、政令で定める**指定物質**を排出・飛散する政令で定める施設（指定物質排出施設）につき**指定物質抑制基準**を定め、**公表**する（附則9項）。

　知事は、健康被害防止のために必要があるときは、指定物質排出施設の設置者に対し、指定物質抑制基準を勘案して、排出・飛散の抑制につき必要な**勧告**ができる（附則10項）。

　環境大臣は、指定物質による健康被害防止のため緊急の必要があるときは、知事または政令市の長（31条1項）に対し、知事の勧告に関し、必要な**指示**ができる（附則12項）。知事、環境大臣は、上記勧告、指示に必要な限度で、施設の状況その他必要事項の**報告徴収**ができる（附則11項・13項）。このように、指定物質対策も附則による暫定的な規則にとどまっている。

8　無過失責任

　工場・事業場（道路は含まれない）における事業活動に伴う**健康被害物質**の大気中への排出により、人の生命・身体を害した事業者は、損害賠償の**無過失責任**を負う（25条1項）。健康被害物質とは、ばい煙、特定物質（17条1項、令10条）または粉じんをいう[(6)]。

　複数事業者による共同不法行為が成立する場合でも、原因力が著しく小さい事業者については、裁判所は賠償額を減額できる（25条の2）。西淀川第1次訴訟判決は、寄与度が極めて低い事業者であっても、強い関連共同性（民719条1項前段）を持つ共同不法行為責任を負う場合は、減責を許すべきでないとした。また、天災その他不可抗力が競合した場合は、賠償額および責任を減免できる（25条の3）。

　損害賠償請求権は、被害者が損害および賠償義務者を知った時から5年、**損害発生時**から20年で、時効消滅する（25条の4）。

---

(6)　生活環境被害のみのおそれがある政令指定物質を除くが、実際には定められていない。

第2節　大気汚染分野における環境保護訴訟の概観

【典型事例1-1（再掲）】

> 　　A県では、Bが3年前に設置した工場（大防法の特定施設に該当する）の操業に伴ってばい煙が発生しており、Cら多数の住民は、①そのために居住地周辺のばい煙の状態が環境基準を超え、受忍限度を超える健康被害や庭木の枯死被害を受けていること、および、②Bの工場の排出するばい煙が、大防法の定める規制値を超えていることを訴えている。A県知事はCらの苦情を受け、Bに対し、ばい煙処理方法の改善につき行政指導をしたが、Bは高額の設備投資を要することを理由に直ちには応じておらず、A県知事もそれ以上の措置をとろうとしていない。
> 〔設問1〕　この場合において、住民Cらが被害の回復や、将来における被害の防止を求めるために、とりうる手段としてどのような手続があるかを挙げ、それぞれの特色について述べよ。
> 〔設問2〕　大防法の規制値を超えていることは、訴訟手続においてどのような意味をもつか。
>
> （プレテスト〔第1問〕を改題）

　本問は、①近隣における大気汚染に関する紛争の解決手続と②訴訟における公法上の規制基準の意義を問うている。①には、司法上の手段としての**訴訟手続**のほか、行政上の手段としての**公害苦情処理**、**公害紛争処理**等の手続があるが、ここでは訴訟手続を見る。

一　裁判外手続

　第1章第4節（100、111頁）を参照のこと。

二　訴訟手続（設問1）

1　行政訴訟（対A）
　　──改善命令等の非申請型義務付け訴訟（環境行政訴訟）

　大防法の規制対象であるBの工場（ばい煙発生施設）は、ばい煙に係る**排出基準**（3条）の遵守義務を負う（13条1項）。知事は、排出基準に適合しないばい煙を継続的に排出するおそれがあるとき、施設・ばい煙処理方法に係る**改善命令**や施設使用の**一時停止命令**ができる（14条1項）。

　本件では上記おそれが認められそうであり、A県知事は、Bに対し改善命令等ができるはずだが、行政指導にとどめている。

そこでCらは、A県知事の属するA県を被告として（行訴11条1項1号）、Bに対する上記改善命令等をするよう求める**非申請型義務付け訴訟**（3条6項1号）を提起しうる。また、早期の救済を得るべく、同内容の**仮の義務付け**（37条の5）の申立てもできる。大防法の目的（1条）や改善命令等の趣旨に照らせば、大気汚染による健康被害想定地域内の周辺住民の原告適格は肯定され、重大な損害も認めうる。

2　民事訴訟（対B）——損害賠償と民事差止

また、Cらは、Bの工場操業による被害①を現に受けているから、Bに対し、不法行為に基づく**損害賠償請求**（民709条）訴訟を提起しうる。

この場合、CらはBによる権利侵害が、社会生活上受忍すべき程度を超えることを主張立証する必要がある（受忍限度論）。受忍限度を超えるか否かは、侵害行為の態様・侵害の程度、被侵害利益の性質・内容等の事情を総合的に考慮して判断される。健康被害のある本件では、優に受忍限度を超えるとされよう[7]。

Cらの被害のうち**健康被害**に係る損害部分は、Bに対し**大防法25条**に基づき損害賠償請求ができる。同条は不法行為法の特則であり、**無過失責任**とされるため、CらはBの過失の主張立証を要しない[8]。他方、庭木の枯死は所有権侵害という財産的被害であるから、原則どおり民法709条による（CらはBの過失の主張立証を要する）。

しかし、過去の被害につき金銭賠償を得るのみでは、本件紛争の根本的解決とならない。生命・健康ないし生活環境利益を侵害されている者は、人格権に基づき、侵害行為の停止・予防を請求しうるから、CらはBを被告として、**民事差止請求**訴訟を提起しうる。すなわち、①工場の操業停止、②排出基準（ないし環境基準）を超えるばい煙の排出差止めを求めうる。②は、判決により実現すべき結果は特定されているが、そのための方法の特定が困難なため、一定レベルを超えるばい煙を自己の居住地に侵入させてはならな

---

(7)　大気汚染がある場合でも、例えば発生源から遠い場所に居住する原告が、健康被害に至らない不快感を主張したり、稀に生じる軽微な洗濯物の汚れを損害として視聴するような場合には、受忍限度を超えないとされよう。この場合は、不法行為二分論（76頁）にいう生活妨害型の違法侵害類型が典型的にあてはまる。二分論によれば、深刻な健康被害の場合はそもそも受忍限度論を用いず、権利侵害類型として処理することも可能であろう。

(8)　また、継続的不法行為の場合、被害発生後は故意も問題とされうる。故意がある場合とない場合では非難可能性の程度が異なるとされるが、懲罰的賠償が認められないため、実際上の差異はない。

いとの**抽象的差止め**を請求するものである。この場合も、受忍限度論が用いられるが、損害賠償に比べ高い違法性を求める理解もある（**違法性段階説**）。

加えてCらは、「著しい損害又は急迫の危険を避けるため…必要がある」ことを疎明し、同内容の仮処分命令（民保23条2項）の申立もできる。

三　訴訟における公法上の規制基準の意義（設問2）

環境行政訴訟では、大防法の規制値超過は、改善命令等という**規制権限行使の要件充足の問題**として捉えられる。継続的な規制値超過のおそれがなければ、要件不充足のため、健康被害があっても命令はできない[9]。他方、改善命令等の権限行使には裁量があるため、上記おそれがあっても、直ちに改善命令等が義務づけられないが、規制値違反の程度は権限行使における重要な考慮要素となろう。

環境民事訴訟のうち、**損害賠償請求**では、不法行為の要件である違法性の判断に際して、「規制値を上回る**ばい煙**の排出」は、受忍限度判断の一要素として考慮される。規制値違反の事実だけで、直ちに受忍限度を超える侵害が認められるわけではない。受忍限度判断は、加害者側の事情（侵害行為の態様、当該行為のもつ公共性、被害防止努力、被害防止措置の内容・困難性など）、被害者側の事情（被侵害利益の性質と内容、受益と受忍の彼此相補性、危険への接近など）を総合考慮して判断されるが、本件でも、規制値違反は、**加害者側の事情の重要な要素として考慮**されよう（他方で、本問と異なり、規制値違反がなく適法な操業がされている場合でも、直ちに受忍限度を超える侵害がないとされるわけではなく、具体的事案に即して総合判断される）。

民事差止請求でも、損害賠償請求と同様に受忍限度論が用いられ、規制値違反の事実をもって、直ちに差止めが認容されるわけではないが、規制値違反は、加害者側の事情として、差止めを肯定するための重要な考慮要素の1つとなろう。

---

[9]　不合理な結論に見えるが、周辺住民に健康被害を生じないレベルで規制水準が決定されているはずであり、実際にはかかる事態は生じない建前である。

第3節　大気汚染分野の環境行政訴訟

　典型事例1-1では、教科書事例として、改善命令等の非申請型義務付け訴訟に触れたが、行訴法改正前は同訴訟形式が認められなかった事情もあり、大気汚染分野で行政裁判例は少ない。
　現在の訴訟理論では、第1章第2節二1で触れた**NO_2環境基準判決**（24頁）のような環境規制訴訟が提起できない技術的理由もあって、大気汚染分野では主に事後救済としての民事訴訟による救済が求められてきた（これは、後追いながら規制をかけた大防法により固定発生源規制が一応の成功を見た一方で、移動発生源に対する環境規制が容易でなく、原告が行政訴訟の形式を用いにくかった事情もあろう）。

第4節　大気汚染分野の環境民事訴訟

一　概観

　大気汚染訴訟として、**大阪アルカリ判決**（大審一判大正5年12月22日民録22輯2474頁〈1〉）が著名である。同判決は、結果回避費用を重視し、事業の性質に従い相当の設備を施していれば、**故意過失**はないとした。
　戦後、工場排煙等による農業被害をめぐる裁判のほか、都市部では、戦後の大気汚染紛争は、1960年代に発生した四日市ぜんそくに代表されるように、工場等の**固定発生源**由来のSO_Xによる**工場周辺住民**の健康被害の賠償を求める形で顕在化した。法理論では、因果関係の立証と共同不法行為が問題となった。また、これと並行してごみ焼却場や火葬場等に伴う大気汚染をめぐる裁判も提起された。
　モータリゼーションが進むと、自動車等の**移動発生源**由来の**窒素酸化物**（NOx）および**浮遊粒子状物質**（SPM）による**道路沿道**の大気汚染が問題となり、さらには両者による**都市型複合大気汚染**を生じた。80年代以降も大型

訴訟が複数提起され、抽象的差止請求の可否、複数汚染源の差止め等の法理論が提起された。大防法・条例やNOx・PM法に基づく規制等により大気汚染は改善され、東京大気汚染訴訟を最後に訴訟は係属していない。現在、道路公害は騒音訴訟として提起されるにとどまっている[10]。

過去の石綿飛散等をめぐる訴訟、ハイテク工場周辺や農薬散布、シックハウス等による化学物質過敏症をめぐる訴訟も提起されている。

二　損害賠償請求訴訟

工場等の**固定発生源**由来の大気汚染により周辺住民が健康被害を受けた場合の損害賠償請求訴訟は、①民法709条に基づく**不法行為**訴訟となる（73頁）。**移動発生源**由来の場合は、営造物ないし工作物の**設置・管理の瑕疵**が問題となり、②**道路管理者**に対する国賠法2条を、民間の管理する道路であれば民法717条を根拠とする。両発生源による都市型複合大気汚染の場合は、①②の両方が提起されうる。

1　受忍限度論

健康被害を生ずる場合には、たとえ行政の規制基準を遵守し（例えば四日市ぜんそく判決）、施設の公共性が高い場合でも（例えば後掲吉田町し尿・ごみ処理場判決〔225頁〕）、原則として受忍限度を超えると考えられる。

また、移動発生源の大気汚染では、道路の設置管理の瑕疵が問題とされるが、道路騒音（**国道43号線判決**）と同様に考え（87頁）、受忍限度を超える大気汚染があれば瑕疵ありとされよう（北勢バイパス判決〔津地判平成11年5月11日判タ1024号93頁〕、高尾天狗裁判民事判決〔東京高判平成22年11月12日訟月57巻12号2625頁〕参照）。総合判断では、環境基準超過の有無や彼此相補性（88頁）等も考慮されようが、騒音と異なり、大気汚染では、健康被害の高度の蓋然性が認められる限り、受忍限度を超えるとされよう。

2　疫学的因果関係論

喘息等の気管支疾患は**非特異性疾患**（101頁）であるため、特に因果関係が問題となり、しばしば**疫学的因果関係論**が用いられる（なお、イタイイタイ病判決（名古屋高金沢支判昭和47年8月9日判タ280号182頁〈15〉）等の特異性

---

[10] 公調委裁定平成22年3月12日LEX/DB25463462は、東京23区内の住民（1980〔昭和55〕年に転入）が、自動車排ガスにより気管支ぜんそく等を発症したとして、国道の設置管理の瑕疵を理由とする損害賠償を求めた責任裁定の事案で、沿道汚染と気管支ぜんそくの発症・増悪の集団的因果関係を認める余地があるとしつつ、個別的因果関係がないとした。

疾患でも本理論が用いられたが、病理学的メカニズムの解明に立ち入らずに因果関係を認める点に意義があるとされる)。

(1) 疫学4条件

本理論の嚆矢は、**四日市ぜんそく判決**（津地四日市支判昭和47年7月24日判タ280号100頁〈2〉）である。判決は、被害発生の原因を**疫学**により証明できた場合に、原因と被害との因果関係を推認する**疫学的因果関係論**を採用した。

　　　　　ある因子がある疾病の原因とされるためには、疫学4条件が必要とされる。すなわち、①当該因子は発病の一定期間前に作用する（**時間的条件**）、②因子の作用する程度が著しいほど当該疾病の罹患率が高まる（**量反応関係の条件**）、③因子を消去した場合疾病の罹患率が低下する（**消去の条件**）、④因子が原因として作用する機序が生物学的に矛盾なく説明される（**生物学的妥当性**の条件）ことである。

　　　　　この路線を継承した判決（イタイイタイ病判決、千葉川鉄公害訴訟判決〔千葉地判昭和63年11月17日判時臨増平成元年8月5日号161頁〕）も含め、裁判所は疫学的因果関係の証明のみで直ちに因果関係を認めない。疫学的因果関係の証明に加え、他の事実や**反対事実の不存在**を考慮した上で、集団的因果関係を推定している。実際には、疫学的調査自体が十分に実施されていない実情がある。調査不備のゆえに十分な立証ができない場合に、その不利益を被害者原告に負わせてよいかとの指摘もある。

(2) 集団的因果関係と個別的因果関係

疫学的因果関係論は、**集団**レベルの因果関係（**集団的因果関係**）に関する理論である。さらに、各原告**個人**レベルの因果関係（**個別的因果関係**）が認められなければ、法的因果関係ありとはされない。

多くの裁判例は、個別的因果関係の判断で他原因（喫煙等）による罹患可能性等を検討している。次の例で説明しよう。

図表5-3：集団的因果関係と個別的因果関係

被告	原告	罹患率	集団的因果関係
$Y_{1\sim 10}$	X_α　1～100	7	あり
	X_β　1～100	1.3	?
	X_γ　1～100	0.9	なし
	全国	1	—

疫学的因果関係論は、集団 $Y_{1\sim 10}$ による加害行為と、集団 X_α、X_β、X_γ に生じた損害との間の集団的因果関係の判断手法である（ここで α、β、γ は場

所あるいは時期の違いを想定されたい)。他集団に比べ、**疾病の罹患率（相対的危険度）**が高い集団 X_α については、本理論によって集団的因果関係が認められようが、さらに $X_\alpha 1$、$X_\alpha 2$……ら各原告について、個別的因果関係の有無が検討されるわけである。

これに対し、相対的危険度が1.3倍である集団 X_β については立場が分かれようが、集団 X_γ は集団的因果関係が認められないため、$X_\gamma 1$、$X_\gamma 2$……らにつき個別的因果関係を検討するまでもなく、法的因果関係がないとされる。集団的因果関係の判断は、いわば「ふるい分け」に相当する。

集団的因果関係が肯定されても、当該集団に属する個々人との関係で、個別的因果関係をいかに判断するかは処理が分かれる。

学説には、①集団的因果関係から個別的因果関係を推定するという説や、②相対的危険度（オッズ比）が**相当程度高い（3〜5倍）**場合にのみ個別的因果関係の推定を認める説がある。後掲尼崎判決のように、否定する事情がない限り個別的因果関係を事実上推定する例もある。

　　　　以上は、非特異性疾患についての説明である。特異性疾患の場合は他原因を想定しえないから、集団的因果関係の証明があれば個別的因果関係を認定してよい。水俣病認定問題では因果関係ではなく、むしろ罹患の有無自体が争われている（114頁）。

3　共同不法行為

(1)　民法719条の解釈

　　　　共同不法行為者の責任につき定めた民法719条1項前段は、「数人が共同の不法行為によって他人に損害を加えたときは、各自が連帯してその損害を賠償する責任を負う」とし、後段は「共同行為者のうちいずれの者がその損害を加えたかを知ることができないときも、同様とする」と定める。
　　　　ただし、現在の解釈論はこの文言から離れて展開されている。

旧来は、共同不法行為の成立には、個々の加害行為と結果との間の因果関係が必要としていた（山王川判決）。しかし、各加害者の行為が独立に不法行為の要件を満たす場合は、709条により当然に不法行為責任を負うはずであり、709条とは別に本条を規定した意味がない。

そこで、大気汚染訴訟を中心として、**四日市ぜんそく判決**をベースに、下級審および学説が同条の解釈論を展開してきた。

　　　　これは、西淀川第1次訴訟判決、川崎公害第1次訴訟判決（横浜地川崎支判平成6年1月25日判タ845号105頁）、倉敷公害訴訟判決（岡山地判平成6年3月23日判タ845号46頁）が採用している。

(2) 強い関連共同性がある場合（719条1項前段）

　共同不法行為は、各加害行為の間に共同関係（**関連共同性**）がある場合に成立する。共謀のような主観的認識がなくても、**客観的**に共同していると認められれば、関連共同性は肯定される（**客観的関連共同性説**）。

　ところで、719条1項が前段、後段を分けて規定する以上、両者には相違があるはずである。そこで有力説は、前段は強い関連共同性を、後段は弱い関連共同性を規定したと理解する（大塚B500頁以下）。

　前段は、石油化学コンビナート公害のように、加害者間に製品・原材料の受渡関係、資本の結合関係、役員の人的交流関係があるなど**緊密な一体性**が認められる場合、すなわち、**強い関連共同性**がある場合に適用される。

　この場合、個別加害行為と結果との間の因果関係は問題とならず（擬制される）、共同行為による結果発生の立証があれば、各加害者が全損害につき賠償責任を負う。加害者による減免責の**反証**は許されず、常に全責任を負う。

　いかなる事情があれば、強い関連共同性ありと言えるかは一義的でないが、例えば、**西淀川第1次訴訟判決**（大阪地判平成3年3月29日判タ761号46頁〈10〉）は、予見可能性等の主観的要素だけでなく、工場相互の立地状況、地域性、操業開始時期、操業状況、生産工程における機能的技術的な結合関係の有無・程度、資本的経済的・人的組織的な結合関係の有無・程度、汚染物質排出の態様、必要性、排出量、汚染への寄与度およびその他の客観的要素を総合して判断し、共同不法行為を認めた。

　運用次第では前段の適用が困難となるが、同判決は、**被害発生の認識可能性**という程度の主観的要素を重視して強い関連性を肯定しうるとした（広く前段を適用する点に賛否はあるが、少なくとも都市型複合大気汚染では、個別加害行為と結果との間の因果関係立証は相当に困難であり、合理性がある）。

　2階建て道路のような**一体的道路**による道路公害の事案でも、強い関連共同性が肯定されており、その際は位置的関係、汚染物質の排出態様等が考慮されている。

(3) 弱い関連共同性がある場合（719条1項後段類推）[11]

　これに対し、719条1項後段は、例えば工場等の固定発生源と道路を利用する移動発生源が複合して生ずる都市型大気汚染のように、結果の発生に対

---

[11] 後段は条文上、加害者不明の場合を規定しているが、本文は寄与度不明の場合に条文を適用するものであるため、正確には類推適用となる（大塚B502頁）。

して社会通念上一個の行為と認められる程度の一体性がある場合、すなわち、弱い関連共同性がある場合に（類推）適用される。

この場合、共同行為による結果発生の立証があれば、個別加害行為と結果の因果関係が推定される。ただし、加害者による減免責の反証が可能とされ、成功すれば各加害者は部分的に責任を免れうる。

西淀川第1次訴訟判決は、この考え方を、被告全体の寄与度が不明な場合にも類推適用する。例えば、移動発生源からの汚染が不明な場合、複数の固定発生源に全体の責任を負わせるが、7割の寄与度しかない事実が反証されれば、被告全体がその限度でのみ責任を負うわけである[12][13]。

(4) 具体例によるまとめ

例えば、図表5-4で工場を設置する企業甲乙丙があり、大気汚染により生じた損害を100とする。甲乙丙の大気汚染への（真実の）寄与度はそれぞれ10、40、20で、全体で70であり（寄与度不明が30）、甲と乙の間には強い関連共同性が、甲乙と丙の間には弱い関連共同性があるとする。

この場合、甲を見ると、乙の寄与度分も責任を負わされるため、少なくとも50の責任を負う。しかし、丙との間では弱い関連共同性しかないため、丙の寄与度分20については、反証に成功すれば免責される。丙は、甲乙の寄与度分50につき反証できれば、自己の寄与度分20のみ責任を負えばよい。

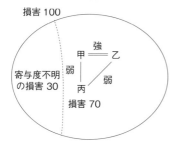

図表5-4：共同不法行為のモデル例

損害100
寄与度不明の損害30
甲 強 乙
弱 | 弱
丙
損害70

寄与度　　責任
甲：10　→50（反証できれば丙の20を免責）
乙：40　→50（〃）
丙：20　→20（反証できれば甲＋乙の50を免責）

甲＋乙＋丙＝70　寄与度不明30につき反証必要

---

(12) 公害訴訟ではないが、建設アスベスト訴訟最判（最一判令和3年5月17日民集75巻5号1359頁）は立証責任の転換を含め、さらにこの理解を発展させた。

(13) 判例では、共同不法行為者が相互に負担する損害賠償債務は、いわゆる不真正連帯債務とされていた。しかし、債権法改正により、連帯債務の絶対的効力事由が削減されたため（436条以下。例えば、連帯債務者の1人に対する履行の請求や、連帯債務者の1人についての免除、消滅時効の完成も、他の連帯債務者にも効力が生じない）、今後は不真正連帯債務に関する規律も連帯債務の枠組みで処理すれば足り、不真正連帯債務の概念自体が不要になったと考えられている。

ここで、甲乙丙全体の寄与度が不明な場合、全体で70しか寄与していないと反証できれば、不明分30につき免責される（不明分30の反証に失敗すれば、全体で70を超える責任を負わされうるが、その場合は甲乙丙がそれぞれの寄与度分の反証に成功していないのであり、反証の程度に応じ、実際の寄与度よりも多くの責任を負うわけである）。

　　なお、大防法25条の２は、寄与度の著しく小さい事業者については、裁判所が賠償額を定めるにあたり、その事情を斟酌できると規定している。

(5)　瑕疵と過失行為による損害惹起の場合の民法719条適用の可否＊

　都市型複合大気汚染では、道路の設置管理の瑕疵と工場操業等の過失行為により損害が惹起される。道路の設置管理の「瑕疵」（状態）と第三者の過失「行為」が競合して損害を発生させた場合、営造物（工作物）責任の要件と不法行為の責任要件は異なるから、各要件を充足する限度で賠償責任が競合するだけで、共同不法行為が成立しないとの見解もありうる。

　しかし、いずれも不法行為責任であって違法評価の対象が異なるにすぎず、瑕疵が損害惹起の要素を含むから、719条１項の（類推）適用を認めるべきである（後掲尼崎判決同旨）。

三　民事差止請求訴訟

1　抽象的差止（不作為）請求

　一定以上の大気汚染形成の差止めを求める訴えを**抽象的差止請求**と呼ぶが、その適法性には争いがある。道路公害を例とすれば、被告となる道路管理者が一定レベル以下に大気汚染をとどめる措置方法は、例えば道路供用の停止・廃止、走行制限等の交通規制、トンネル化、植樹帯の設置、交通需要自体の抑制（ロード・プライシング、パーク・アンド・ライド等）、自動車単体規制の強化、高排出車両の侵入抑制など様々なものが考えられる。原告は一定レベルの大気汚染形成さえされなければよく、そのための措置には関心がない。然るに、原告は訴えにおいて、被告が実施すべき措置の内容まで特定する必要があるかという問題である。以下、**尼崎判決**（神戸地判平成12年１月31日判タ1031号91頁）をベースに触れる。

　まず①**訴訟物**（審理対象）の特定が不十分との指摘もあるが、判決で禁止されるべき全ての将来の侵害行為の予測・特定を原告らに要求することは酷であって、原告が人格権の侵害行為と侵害結果を特定すれば、裁判所は、人格権侵害をしない義務の履行請求権の有無を判断しうる。すなわち、原告は権利侵害の原因自体の排除を求めれば足り、原因除去手段（被告が実施すべ

き措置の内容）まで具体的に主張する必要はない。被告においても判決の命ずる大気質を達成するための手段を費用対効果等を踏まえて適切に選択する自由が残るし、特定のための能力も組織も欠く原告に特定させ、裁判所に審理させる司法的解決はかえって不都合である。

　　　次に、②給付条項としての明確性を欠くとの指摘もある。これは、判決に従い、いかなる措置をとれば不作為義務を履行したことになるのかが明確ではないため、被告を不安定な地位に置き、また、大気汚染は刻々変化するため、執行すべき範囲も明確でなく執行方法等をめぐり混乱を生ずるから、かかる訴えは不適法だとする考えである。しかし、差止対象となる汚染が測定方法を含め数値によって客観的に指定されたレベルの大気汚染であれば、明確性を欠くとはいえない。

　　　さらに、③強制執行ができないとの指摘もあるが、適切に特定された方法で測定を行えば、間接強制により可能であるから、不適法とする理由にはならない。

　抽象的差止請求は、個別的な環境政策の形成を求める訴訟でもあり、少なくとも人格権侵害が問題となる場面で、訴訟技術的な理由により根本的救済を否定することは妥当でなく、被害救済の必要性の観点から積極的に肯定すべきであろう。

●コラム● 　抽象的差止判決の主文

尼崎判決の主文は次のとおりである。
「被告らは、被告国において、国道43号線を自動車の走行の用に供することにより、被告公団において、兵庫県道高速大阪西宮線を自動車の走行の用に供することにより、……同原告らそれぞれの居住地において、左記方法によって浮遊粒子状物質につき１時間値の１日平均値0.15mg／立方メートルを超える数値が測定される大気汚染を形成してはならない。

記

濾過捕集による重量濃度測定方法又はこの方法によって測定された重量濃度と直線的な関係を有する量が得られる光散乱法、圧電天びん法若しくはベータ線吸収法を用いて、地上３メートル以上10メートル以下の高さで試料を採取して測定する方法」

2　複数汚染源の差止め

　差止めの対象となる侵害行為が複数ある場合、どの加害者に対し、どのような形で汚染物質の排出差止めを求めうるかは争いがある（共同不法行為は損害賠償責任に関する理論であり複数汚染源の差止めの議論とは直接関係がない）。学説は、①個別的差止説、②分割的差止説、③修正分割的差止説、④連帯的差止説に分かれている。以下、①④②③の順で見る。

(1) 個別的差止説、連帯的差止説と問題点
(a) 個別的差止説
　①は、加害汚染源による侵害がそれぞれ受忍限度を超えない限り差止請求ができないとする。しかし、各汚染源単独では受忍限度を下回る排出量にとどまるものの、汚染源全体で見ると受忍限度を超える排出をしている場合に、差止めが認められない結論となり、被害者救済の点で十分でない。
(b) 連帯的差止説
　逆に④は、どの汚染源に対しても、汚染状態を一定基準以下にするよう請求できるとする。しかしこれでは、原告によりたまたま被告とされ狙い撃ちされた汚染源のみがゼロまでの排出削減を強いられ、現実的でなく、公平の観点からも妥当な解決をもたらすとは限らない。

(2) 分割的差止説
(a) 分割的差止説、修正分割的差止説
　②は、複数汚染源を被告として、汚染を一定基準以下にするよう請求できるが、各汚染源は自己の寄与度を主張立証すれば、その割合に応じた責任を負うにとどまるとする。ただし、寄与度の主張立証や反証は、必ずしも容易でなく煩雑な場合もあろう。
　そこで③は、②の立場を取りつつ、被告とされた各汚染源につき**一律の削減率を決定**し、その範囲で削減を義務づける。

(b) モデル例
　工場 $\alpha\beta\gamma$ による大気汚染の差止めが求められた事案で、排出量がそれぞれ40、30、30とする。全体の汚染100を50にする必要がある場合、②なら、操業実態、風向、地形や位置関係等による実際の寄与度を立証できれば、例えば $\alpha:25$、$\beta:15$、$\gamma:10$ の削減量となる。③なら、$\alpha\beta\gamma$ いずれも半減させる必要があり、単純に $\alpha:20$、$\beta:15$、$\gamma:15$ の削減量となる。
　③は、すべての汚染源を差止めの対象としえない場合に、適正レベルまで汚染削減がされない可能性があるが、簡明な処理として実務でも受け入れやすいのではないか。②を原則としつつ、処理が困難な場合に③で処理する形がよいと思われる。

四　主な裁判例

1　嫌忌施設の設置・操業

　かねて大気汚染のおそれをもつごみ焼却場、火葬場等の嫌忌施設の設置・操業をめぐり多くの法的紛争が生じてきた。主な裁判例を幾つか紹介する。

なお、廃棄物の焼却による大気汚染は廃棄物処理法（廃掃法）の規律も受ける。焼却施設は現在、廃掃法の規制が強化され、溶融炉等の新しい嫌忌施設とともに、大気汚染よりも廃棄物処理施設として問題とされる傾向がある。

吉田町し尿・ごみ処理場判決（広島高判昭和48年2月14日判タ289号147頁〈3〉）は、周辺住民が人格権等に基づき建設差止めの仮処分を求めた事案で、他施設の被害例を踏まえ、施設自体と立地条件を検討し、周辺住民に健康被害を及ぼす蓋然性が高いとして、建設を差し止めた。

小牧・岩倉ごみ焼却場決定（名古屋地判昭和59年4月6日判タ525号87頁、名古屋高決昭和59年8月31日判タ535号321頁〈5〉関連事件）は、周辺住民が人格権等に基づき建設・操業差止めの仮処分を申請した事案で、排出物質の濃度（環境基準以下か）に関するアセスが著しく不十分であり、受忍限度を超える被害発生の蓋然性が高いとして、操業を差し止めた（判決後に公害防止対策がとられたため、高裁〔前掲名古屋高決昭和59年8月31日〕は蓋然性が少ないとして、仮処分の執行停止を認めた）。

その他、大型店舗の駐車場使用の差し止め（大阪地決昭和57年11月24日判タ491号85頁〔認容〕）や、大気経由の感染リスクが問題とされた国立感染症研究所判決（92頁）もある。

2　固定発生源（工場）をめぐる訴訟

古く**土呂久事件**は、鉱山における砒素の採掘と亜硫酸の製錬に伴う亜硫酸・亜砒酸ガスによる大気汚染で、周辺住民が慢性砒素中毒に罹患した事件である。閉山後に鉱業権を取得したが、操業をしなかった企業の鉱害賠償責任が問われた事案で、福岡高宮崎支判昭和63年9月30日判タ684号115頁〈旧11〉は、無過失責任を定める鉱業法109条[14]は、原因たる操業の責任（原因主義）でなく、鉱業権を有すること自体の責任（所有者主義）を法制化したものとして、責任を認めた。

千葉川鉄判決（前掲千葉地判昭和63年11月17日〈9〉）は、製鉄所溶鉱炉の操業に伴う大気汚染による健康被害を理由として損害賠償等を求めた事案で、疫学的因果関係論を用いて請求を認容した。

西淀川第1次訴訟判決は、NOxと健康被害の因果関係を否定して、道路管理者の責任を否定したが、SO_2と浮遊粉じんにつき、前述のとおり、企業10社の共同不法行為責任を認めた。本件は都市型複合大気汚染の事案であり、固定発生源のみが主要汚染源ではないが、寄与分につき責任を負わせたものである。

---

[14]「鉱物の掘採のための土地の掘さく……鉱煙の排出によって他人に損害を与えたときは、損害の発生の時における当該鉱区の鉱業権者（……）が、損害の発生の時既に鉱業権が消滅しているときは、鉱業権の消滅の時における当該鉱区の鉱業権者（……）が、その損害を賠償する責に任ずる」と規定する。

固定発生源をめぐる裁判は、化学物質過敏症等をめぐる紛争のほか、福島第一原発事故とこれを受けた原発規制の強化により、石炭火力発電所の建設が各地で計画されており、その建設・操業の差止請求訴訟が提起されている。判決はまだ出ていないが、過去に締結した民民間の協定に基づき、石炭火力発電所の新設について協議義務の履行を求めた裁判例がある（名古屋地判平成29年10月27日 LEX/DB25449049は一部認容したが、名古屋高判平成30年10月23日 LEX/DB25561979は原判決を取り消した）。

3　移動発生源をめぐる訴訟（道路公害訴訟）

　1970年代からは道路公害訴訟が提起されてゆく。都市型複合大気汚染として、固定発生源に加え、道路管理者を被告とする一連の裁判が提起された。道路をめぐる訴訟は多岐にわたるが、①公共事業としての**道路建設の差止め**を求める事前救済訴訟（しばしば自然保護の目的で提訴される）と②供用開始（被害発生）後の**事後救済訴訟**に大別される。民事訴訟の多くは、②として提起されてきた。

　西淀川第2次～第4次訴訟判決（大阪地判平成7年7月5日判時1538号17頁〈11〉）では、固定発生源企業との間で和解が成立し、道路管理者たる国と旧道路公団に対する損害賠償責任のみが肯定された。判決はNO_2につき、SO_2の**相加的影響**により健康被害を生じさせたと認定した上で、移動発生源の寄与は一般環境で20%、道路沿道で35%であるとした。工場排煙と自動車排ガスが入り混じって結果を引き起こしている場合は共同不法行為の規定を類推適用すべきとしたが、強い関連共同性はないとし、責任は寄与度に限定されるとした（疫学調査等で認められる大気汚染の集団への寄与度を採用した）。工場排煙による大気汚染の影響が相当程度認められる地域に特別な環境対策を施さずに巨大幹線道路を設置し、供用を続けることは、諸制約の存在を考慮しても違法であるとし、幹線道路の50m以内に居住し、健康被害を受けた者には受忍限度を超える違法性が認められるとした。

　名古屋南部判決（名古屋地判平成12年11月27日判タ1066号104頁〈12〉）は、名古屋市の住民らが、固定発生源（企業10社）と道路管理者（国）を被告として、共同不法行為に基づく損害賠償と、人格権に基づく大気汚染物質の排出差止めを請求した事案である。判決は、固定発生源間に強い関連共同性を認める一方、移動発生源は沿道20mの限度でのみ責任が認められるため、固定発生源との共同不法行為は認められないとし、両者につきそれぞれ賠償請求を一部認容した。なお、いわゆる千葉大調査（居住地域の異なる小学生の呼吸器症状を対比した千葉大学の調査）に依拠しつつ、疫学的因果関係論を用い、集団的因果関係を認めたが、個別的因果関係の

判断で、アトピー素因につき3割、喫煙につき4割を損害額から減額した。また判決は、国道につき一定濃度を上回るSPMを排出してはならないとの抽象的差止めを容認した。

尼崎判決は、尼崎市の住民原告らが、市南部の訴外工場群（別に和解が成立）および国・旧公団の道路から排出される大気汚染物質により、気管支喘息等を発症・増悪したとして、①国賠法2条に基づく損害賠償請求と②一定レベル以上の大気汚染を形成してはならないとの抽象的差止めを求めた事案で、いずれも一部容認した。まず①につき、主に自動車排出ガスによって形成された国道43号線沿道50m以内の大気汚染と健康被害の間の因果関係を肯定し、2階建構造の43号線と高速大阪西宮線には強い関連共同性があるとして、共同不法行為の成立を認めた。②につき、43号線沿道50m以内に居住する気管支喘息患者の居住地で1日平均値0.15mg/m³以上のSPMが測定される大気汚染を形成してはならないとの限度で容認した（コラム〔223頁〕参照）。

東京大気判決（東京地判平成14年10月29日判時1885号23頁）は、23区内の住民原告（公健法認定患者）らが、①道路管理者である国、東京都および旧道路公団に対し国賠法2条1項、②ディーゼル自動車を製造販売する自動車メーカー7社に対し不法行為に基づく各損害賠償と、③NO_2・SPMの排出差止めを求めた事案で、①を一部容認し、②③を棄却した。

①につき判決は、23区内の昼間12時間交通量が4万台を超え、大型車混入率も相当高い幹線道路の沿道約50m以内の居住者の気管支ぜん息の発症・増悪につき、自動車排出ガスとの因果関係を認めた。ただし、どの大気汚染物質にどの程度の濃度でどの程度の期間曝露した場合に発症・増悪に至るのか等の事実については、現在の医学的知見等においても未だ解明されていないとして、原因物質を特定せず、自動車排ガスと結果との因果関係を肯定した点に特徴がある。

先に③を見ると、判決は一定の数値を超える汚染濃度に一定期間曝露した場合に、高度の蓋然性をもって気管支ぜん息の発症・増悪等の健康被害が発生するとの信頼すべき知見はないとして棄却した。抽象的差止請求自体が不適法であると判断したものではないが、**自動車排ガス総体**を原因物質としたために、差止請求の容認が困難になったとの見方もできる。

②につき判決はまず、（結果回避義務の前提としての）(i)**予見義務**につき、(a)自動車排出ガスへの曝露による健康被害の発生に至るには、一定の幹線道路への自動車の集中・集積による沿道地域での局所的な大気汚染が不可欠であるところ、被告メーカーらにおいて、発生予測は可能であった。しかし、

(b)独自に事業として自動車の製造、販売活動を行う被告メーカーらによる生産量・販売量の企業間調整等は困難である（法的にも問題がある）こと、販売した自動車の走行を支配・管理できず、本件地域等の大都市地域の幹線道路における自動車の集中、集積による自動車交通量の増大に対し何らの適切な回避措置をとりえないこと、上記医学的知見に未解明部分があること等に鑑み、被告メーカーらが製造・販売する自動車につき、各時点で、許容限度の遵守を超えた一層の低減措置を講ずべきであるとして、どの様なまたはどの程度までの排ガス低減措置を講ずれば健康被害の回避が可能であるかの予見は極めて困難であったとした。

次に、(ii)**結果回避可能性**につき、具体的状況下における結果回避義務違反の判断は、(ア)結果回避義務に違反とされる行為の性質およびこれによる結果発生の蓋然性の程度・危険の大きさ（権利侵害の蓋然性の程度）、(イ)当該行為により侵害される利益の性質・内容（被侵害利益の重大性の程度）、(ウ)当該結果回避義務を課すことで被告メーカーらおよび社会が被る不利益の内容・程度等を比較考量して総合的に判断すべきとして、個々の結果回避義務違反を詳細に検討し、結論としてすべてを否定した。

本件は**間接的寄与者**による不法行為責任が問題とされた事案で、過失が主要争点となった。(i)につき(a)を超えて、(b)までの予見可能性がそもそも必要であるか、(ii)につき、継続的加害行為の場合は、社会的問題となった後の行為の継続による損害発生の蓋然性は高く、それも明確に認識しうるのに、沿道住民の特別の犠牲の下に企業や国民一般による利益の享受を正当化できるか、外部不経済の内部化の観点から批判がある。

現在は、大気質の改善により、道路大気汚染訴訟は係属していない。

なお、一連の石炭火力訴訟でも、大気汚染による権利侵害の主張がされている（第10章で触れる）。

4 アスベスト裁判

石綿（アスベスト）とは、安価な繊維状の天然鉱物であり、断熱性、保温性、防音性、耐薬品性、絶縁性等に優れるため、スレート材、ブレーキパッド、防音材、耐火被覆材、断熱材、保温材等に長く使用されてきたが、現在では製造等が原則禁止されている。

石綿は繊維が極めて細いため、飛散した石綿粉塵を吸入すると、肺線維症（じん肺）や悪性中皮腫の原因となり、肺癌を起こす可能性がある。吸入してから30〜40年の長い潜伏期間を経て重篤な疾病を発病する場合が多い。

石綿紡織工場の作業者、建設作業従事者等（とその家族）が被害者とな

る労働災害を中心としたアスベスト裁判は、①企業の安全配慮義務違反等（ただし企業が現存していない場合は被告としえない）、さらに②労働安全規制権限の不行使を理由とした国を被告とする国賠訴訟等が多数提起されてきた。

泉南アスベスト事件・最一判平成26年10月9日民集68巻8号799頁〈13〉は、労働大臣が石綿製品の製造等を行う工場・作業場における石綿関連疾患の発生防止のために、昭和33年には、旧労働基準法に基づく省令制定権限を行使して、罰則をもって石綿工場に局所排気装置を設置することを義務付けなかったことが違法であるとして、②を認容した（いわゆる一人親方である等のため、①は請求できなかった）。

また、**建設アスベスト事件・最一判令和3年5月17日民集75巻5号1359頁**など4件は、労働大臣が建設現場における石綿関連疾患の発生防止のために労働安全衛生法に基づく規制権限を行使しなかった（防じんマスクの着用義務付けと警告表示・警告掲示の義務付けを怠った）ことが、屋内作業従事者及び一人親方等との関係で違法になるとして国の責任を認めたため、国は「特定石綿被害建設業務労働者等に対する給付金等の支給に関する法律」に基づく給付金制度を創設して、被害者救済を開始した。他方、同最判は建材メーカーについても、警告せずに危険な石綿建材を製造・販売したこと（警告表示義務違反）を違法とし、被害者ごとに、一定の高いシェアを有していた建材メーカーの共同不法行為による連帯責任を認めたが、被害者は長期間にわたり、多数の建設現場で多種多様な石綿含有建材を取り扱ったことから、どの建材からの粉じんが病気発症の主要な原因となったのかは被害者ごとに異なっているため、建材メーカーも被害救済スキームに参加しておらず、その後も訴訟が継続している。

なお、裁判によらず、アスベストによる健康被害の救済に関する法律に基づき、①石綿の吸入により指定疾病にかかった旨の認定を受けた被認定者と②指定疾病に起因して死亡した患者遺族に対し、医療費、特別遺族弔慰金等の救済給付を支給する行政上の救済も行われている。

一般環境を通じた石綿粉塵への曝露を理由とする裁判として、**神戸地判平成24年8月7日判時2191号67頁**は、クボタの旧神崎工場から飛散した石綿に曝露した周辺住民AとBの相続人らが、(i)クボタを被告として大防法25条1項に基づく損害賠償を、(ii)国を被告として規制権限不行使の違法を理由とする国賠法1条に基づく損害賠償をそれぞれ請求した事案で、原告Aにつき(i)のみを認容し、(ii)を棄却した（Bについては因果関係を否定しいずれも棄却）。控訴審判決（大阪高判平成26年3月6日判時2257号31頁）は一審判決を維持した。上告不受理で確定。

大防法に基づく規制権限（特に特定粉じん規制）が十分でなかった時期であるため、(ii)を肯定しにくい事情があるが、労働安全規制により労働者

に加えて同時に周辺住民が保護される場合、法規制の受益者としての立場は共通しており、生命・健康という法益の重要性に鑑みれば、周辺住民もまた労働安全規制権限の不行使の違法を主張しうると解しえないか、問題提起しておきたい。

五　化学物質過敏症（CS）をめぐる訴訟＊

1　概観

化学物質過敏症（Chemical Sensitivity; CS）は、かなり大量の化学物質に接触した後、または微量の化学物質に長期に接触した後で、非常に微量な化学物質に再接触した場合に出てくる不愉快な症状とされる。個人差があり、患者個々人の自覚症状も異なるためその存在自体を疑問視する向きもあったが、現在では概ね承認されている。わが国では、10人に1人が予備軍とされ、患者の7割が女性とも言われる。

CSはシックハウス症候群等の室内空気汚染から罹患する場合のほか、農薬散布や工場からの排出ガスによる環境曝露で罹患する場合もある。症状の軽減はあっても、完治はしない。現代社会には化学物質が多用されているため、行動の著しい制限を受け、しばしば家庭の崩壊につながる深刻な病であり、筆者は現代の水俣病と呼んでいる。

原因物質は多岐にわたるが、シックハウスではVOCのうち、**ホルムアルデヒド**、トルエン、キシレン等が挙げられる。建材としての合板、パーティクルボード、さらには家具・カーテンにも含有され、特に夏期において放散量が高まる。

室内空気汚染の法規制は遅きに失した感がある。1997年6月に**旧厚生省指針値**が設定され、1998年3月には業界で任意の自主規制がされたが、建材へのホルムアルデヒド等の使用を規制する建基法の改正（法28条の2第3号・令20条の5〜9）は2002年7月、施行は翌年7月であった。

以下では、シックハウス裁判を例にCS訴訟を見る。

2　法律構成と裁判例

典型例として不動産を購入して居住した原告が、建材による室内空気汚染によりシックハウス症候群ないしCSに罹患した場合の司法救済には複数の法律構成が考えられる。なお大塚教授は、CSこそまさに予防原則が発動すべき場面であると指摘されている。

(1)　契約不適合責任

まず、健康被害を生じるような建物は瑕疵があるといえるから、契約不適

合責任を追及しえよう。**東京地判平成17年12月5日判タ1219号266頁**は、改正前民法の瑕疵担保責任が争われた事案であるが、購入マンションの引渡当時の室内ホルムアルデヒド濃度が厚生省指針値を相当程度超える水準にあったと推認され、品質につき当事者が前提とした水準に到達していない瑕疵があるとして、契約解除を認め、損害賠償請求を認容した。本件ではいわゆる「健康住宅」との売込みであった点に特徴がある。期間制限にかかる事案では契約不適合責任は追及できない。

(2) 不法行為責任

同様に、健康被害を生じるような建物の開発・販売が不法行為に当たるとの構成もありうる。**ダイア建設判決**（東京地判平成21年10月1日消費者法ニュース82号267頁）は、マンション開発業者には、開発にあたり、設計業者や施工業者に対し、旧厚生省指針値に適合するようなF1等級の建材を使用させなかった点、また、完成後にホルムアルデヒド室内濃度を測定して適切な措置をとらなかった点等について過失があり、マンションを購入してCSに罹患した原告に対し、不法行為に基づく損害賠償責任を負うとして、売買代金相当額の損害や慰謝料請求を認容した。

CS裁判はシックハウス以外にも多岐にわたるが、不法行為構成がとられる場合も多い。

イトーヨーカ堂判決（東京高判平成18年3月31日判時1959号3頁）は、原告が購入した中国製ストーブの使用により有害物質が発生し、CSに罹患した事案で、販売会社の不法行為責任を認めた。

佐賀地判平成28年10月18日判タ1443号231頁は、隣家の外壁塗装等を請け負っていた被告に、原告がCSである旨を説明し、薬剤散布時の風向きへの配慮と事前通告を求めていたにもかかわらず、被告従業員がシロアリ駆除の薬剤を事前通告なしに散布した結果、同薬剤に曝露し、体調不良に陥るとともに、住居が化学物質に汚染され居住できなくなり、治療費や住居の使用利益相当額の損害等が生じたと主張し、使用者責任による3000万円余の損害賠償を求めた事案で、不法行為の成立を認めた（しかし、治療費と慰謝料のみの認容であり、請求の大半は棄却された）。

(3) 債務不履行責任

不動産売買契約に伴う付随義務としての売主の安全配慮義務違反として、債務不履行に基づく解除・損害賠償請求をする構成も考えられる。公刊物では認容例が見当たらないが、**大阪掖済会病院判決**（大阪地判平成18年12月25日判時1965号102頁）は、被告病院に勤務していた原告が、検査器具の洗浄に使用する消毒液含有の化学物質グルタルアルデヒドでCSに罹患したとして、

雇用契約に基づく安全配慮義務違反を理由に損害賠償を請求した事案で、原告がグルタルアルデヒドの吸入により刺激症状を起こした疑いが相当程度あり、原告に対しては防護マスクやゴーグルの着用を指示すべきであったから、何らの指示をしなかったことは使用者として適切さを欠き、安全配慮義務に違反するとして、請求を一部認容した。

　　なお、近年、「香害」として、合成洗剤や柔軟剤、化粧品類等に含まれる合成香料による頭痛やめまい、吐き気などの健康被害が主張されるケースがあり、ひどい場合にはCSを発症する。花王事件（東京地判平成30年7月2日労判1195号64頁）では、長期間の成洗剤の原料などの検査分析業務によりCSを発症したことに安全配慮義務違反があるとして、約2000万円の損害賠償請求が認容された。

(4) その他の構成

　その他、詐欺（民96条）・錯誤（民95条）を理由とする意思表示の取消し、消費者契約法4条1項に基づく売買契約の取消しを理由とする不当利得返還請求の構成が考えられるが、認容例は見当たらない（ただし裁判例も判断していないだけで、必ずしもこれらの構成を否定する趣旨ではない）。

　また、製造物責任法3条に基づく損害賠償請求の構成も考えられるが、不動産には適用がないため（同法2条1項）、VOCを含有する建材等の動産の欠陥につき製造業者を被告として請求する形となろう。

3　争点

　法律構成にもよるが、CS訴訟の大きな争点は**因果関係**である。すなわち発生源・発生機序の特定がある程度される必要があり、シックハウス訴訟であれば、使用合板に関するMSDS（Material Safety Data Sheet; 安全性データシート）記載の放散等級・放散量、建材のサンプリング測定、建築士による鑑定が必要となる場合もある。

　　　例えば、**宮崎地判平成24年7月2日判時2165号128頁**は、県が森林病害虫等防除法に基づき行った薬剤の空中散布と、散布区域の原告周辺住民が主張するCS罹患等との間に相当因果関係はないとして、国賠法1条1項の責任を否定した。

　CS罹患の原因には患者個人の体質（**素因**）等の個別事情も関与するため、素因など他原因の有無・程度が争点となる場合もある。CSについては裁判所の理解も進み、診断書があれば実際の症状出現を観察する負荷試験（チャレンジ・テスト）なしでも罹患の立証を認める傾向がある。

　契約不適合責任では過失が問題とならないが、不法行為構成では、建設当

時の予見可能性が問題とされうる。**横浜地判平成10年2月25日判時1642号117頁**は、新築建物の賃借人がCSに罹患し、退去した事案で、貸主は目的物を通常の使用に適する状態で提供する契約上の義務として、建物を健康上良好な居住環境において借主に提供する義務を負担するが、建物建築の時点（1993〔平成5〕年）ではCS発症を予見しえなかったから過失はなく、債務不履行の責任を問いえないとした。

第5節　大気汚染分野における規制対抗訴訟

　大気汚染を伴う廃棄物処理施設の設置等をめぐる紛争は廃掃法の裁判例として扱う。大防法に基づく規制権限としての不利益処分への対抗など教科書的な事例は想定しうるが、取り上げるべき裁判例は見当たらない。もっとも、水濁法の排水基準と同様、排出基準の処分性を肯定しうるから、基準強化につき規制対象となる事業者は抗告訴訟を提起しうる。

第6章

循環

第1節　循環法の概観

一　循環法の体系

1　概観

循環型社会とは、①製品等の廃棄が抑制され、②製品等が循環資源となった場合は適正な循環的利用を行い、③循環的利用が行われない場合は適正処分をすることで、もって天然資源の消費を抑制し、環境負荷をできる限り低減する社会をいう（循基2条1項）。環境法の基本理念である SD（持続可能な発展、123頁）の具体化といえる。

循環法は多岐にわたるが、**循環基本法**（正式名称は**循環型社会形成推進基本法**）の下、一般法として、再生利用を推進する**資源有効利用促進法**（正式名称は「資源の有効な利用の促進に関する法律」）と、廃棄物の適正処理を図る**廃棄物処理法**（**廃掃法**、正式名称は「廃棄物の処理及び清掃に関する法律」）があり、個別物品の特性に応じ**容器包装リサイクル法**（**容リ法**、正式名称は、「容器包装に係る分別収集及び再商品化の促進等に関する法律」）等の個別リサイクル法がある。本書では循環基本法、廃掃法、容リ法を扱う。

廃棄物法制はわが国経済のいわば**静脈**を規律する法律であり、動脈に相当する経済活動にも不可避的に影響する。環境の観点から経済を見ると、製品等の廃棄段階という出口規制のみでは不十分かつ非効率であり、生産、流通段階から環境配慮が要請される。

図表6-1：循環法の体系

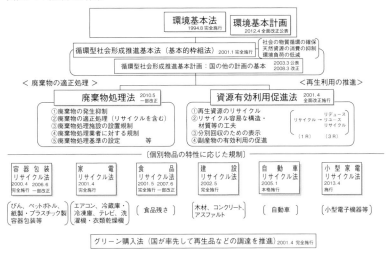

（環境省資料を微修正）

> ●コラム● 循環経済
>
> 近時、循環経済（サーキュラーエコノミー）への移行が説かれている。これは、従来の3Rの取組みに加え、資源投入量・消費量を抑えつつ、ストックを有効活用しながら、サービス化等を通じて付加価値を生み出す経済活動であり、資源・製品の価値の最大化、資源消費の最小化、廃棄物の発生抑止等を目指すもので、企業の事業活動の持続可能性を高めるため、ポストコロナ時代における新たな競争力の源泉となる可能性を秘めているとされる。

2　循環基本法

(1)　環境政策の優先順位（3R）

　循環政策における最良は、①発生（排出・廃棄）抑制（リデュース、Reduce）であり、これに勝る政策はない。①より劣る政策として、②リユース（再使用、Reuse, 2条5項）がある。さらに数段劣る政策に、③リサイクルがあり、大きく(i)再生利用（Material Recycle, 2条6項）と(ii)熱回収（Thermal Recycle, 2条7項）に分かれる。③が困難な場合に、④適正処分をするが、③と④は、環境負荷の観点から見れば、優劣つけがたい場合も少なくない。上記①②③を3Rと呼び、循環基本法は、①②③(i)(ii)④の順で、技術的・経済的に可能な範囲で政策に優先順位をつけ（5～7条）、②③を「循環的な利用」（本書では単に循環利用）と呼ぶ（2条4項）。

　なお、循環基本法では有価無価を問わず、廃棄物、中古品・未使用品・副

第6章　循環　235

産物を合わせ「**廃棄物等**」として法の適用対象とし（2条2項）、そのうち有用なものを**循環資源**と呼ぶ（同3項）。

(2) その他

法は、循環型社会形成推進基本計画の策定手続を定めるとともに（15条・16条）、国の種々の責務を定める（17〜31条）。これらは各種リサイクル法、グリーン購入法、廃掃法等で一部具体化されている。

3 拡大生産者責任（EPR）

事業者は排出者として一般的責務を負うが（11条1項・18条1項）、特にEPRが重要である。

(1) 意義

拡大生産者責任（Extended Producer Responsibility; EPR）とは、**製品の廃棄後まで拡大された生産者の物理的・金銭的責任**であり、循環法の分野で提唱、採用されてきた。PPP（汚染者支払原則）の派生原則といえる。その本質は、**環境配慮設計**（Design for Environment; DfE）にあり、しばしば一般廃棄物（パソコン、冷蔵庫、テレビ、自動車等）を念頭に、廃棄後の段階まで製品製造者に責任を負わせる意図で議論されてきた。

EPRは、外部費用の内部化の観点から、製造段階から予め廃棄後の環境負荷を考慮（環境配慮）して製品を設計すれば（発生抑制、再利用、リサイクルのしやすさなど）、製品の**ライフサイクル**（LC）全体の環境負荷を最小化しうるとの考え方に基づく（例えばそもそも製品に有害物質を使用しなければ〔代替物質の開発・採用等による〕、有害物質による環境汚染はない。製品に使用する原材料の量や種類を減らしたり、再利用しやすいものを使えば、廃棄物の発生を抑制しうる）。

多くの場合、製造者は製品の設計を支配できる（コントローラビリティ）から、EPRを正当化しうる。

(2) 循環基本法の規定

循環基本法はEPRにつき、①**原材料等の廃棄抑制措置**（11条1項・17条1項）、②耐久性向上、修理実施体制の充実等による**製品・容器等の廃棄抑制措置**（11条2項・17条2項・20条1項）、③設計の工夫、材質・成分表示など製品等の**情報提供**（11条2項・20条2項）、④**引取り・引渡し・循環利用の実施**（11条3項・18条3項）、⑤（循環利用可能事業者による）**循環利用**（11条4項）を定めている。①②は発生抑制に資する措置、③④は循環利用に資する措置、⑤は循環利用行為をする責務を定めている。

大塚教授の整理では、特に重い負担を製造者に課しかねない④を義務づけ

る場合、(i)**役割分担の適切性**（公が肩代わりすべきでない）、(ii)**事業者の果たす役割の重要性**（コントローラビリティの有無）、(iii)循環資源の**処分の技術上の困難性・循環利用の可能性**を検討する必要がある（11条4項・18条3項）。さらに、無償引取り等の義務化には、**比例原則**による限定があり、**使用期間**が長期でないことも必要とされる。

有償引取り（家電リサイクル法〔正式名称は「特定家庭用機器再商品化法」〕が採用した）は、廃棄時点で排出者が費用支払義務を負うため、**不法投棄**を誘発しやすい。

二　廃棄物処理法の概観

1　目的（1条）

廃掃法の目的は、①廃棄物の排出抑制（発生抑制）、②廃棄物の**適正処理**、③生活環境の清潔保持により、**生活環境の保全**と公衆衛生の向上を図ることである。①は循環法政策の王道であるが、部分的な手当てにとどまり、③も規定は少ない。法制の中心は②である。

2　廃棄物の定義

(1)　廃棄物該当性──総合判断説

廃棄物とは、「汚物又は不要物であって、固形状又は液状のもの」をいい、**放射性物質**等を含まない（2条1項）。廃棄物に該当すれば、廃掃法の厳格な規制を受けるのに対し、該当しなければ同法で規制されない。廃棄物概念は適正処理だけでなく、同時にリサイクルのあり方をも決している（廃棄物概念を限定しすぎると適正処理の確保が困難となり、他方、拡大しすぎると、規制負担が資源利用の取組みを阻害し廃棄物の排出抑制と再生利用を目的とする法の趣旨にも合致しなくなる）。

廃棄物該当性は、廃掃法適用の有無を決する重要概念である。

廃棄物の定義には争いがある。**占有者意思のみ**を基準に判断する**主観説**では、占有者が廃棄物でないと強弁すれば法規制の潜脱を許しかねない。他方、占有者意思にかかわりなく客観的基準で廃棄物該当性を決する**客観説**も、基準設定が容易でなく、基準と運用如何では法規制による負担が不相当に生じ、リサイクルを阻害し萎縮させる懸念がある。

そこで判例・通説は、「不要物」とは、自ら利用しまたは他人に有償で譲渡できないために、事業者にとって不要となった物をいい、その物の①**性状**、②**排出状況**、③通常の**取扱形態**、④**取引価値の有無**および⑤事業者の**意思**等を総合判断して廃棄物該当性を決する**総合判断説**を採用する（おから決

定〔最二決平成11年3月10日刑集53巻3号339頁〈34〉〕）。

①は、用途に要求される品質を満足し、生活環境に支障を生じるものでないか、②は、需要に沿った計画的な排出で、排出前後に適切な保管や品質管理がされているか、③は、製品として市場が形成され、通常は廃棄物として処理されていないか、④は、占有者と取引の相手方間の譲渡が有償でされ、客観的に見て当該取引に経済的合理性があるか等の観点から考慮される。

⑤の事業者意思は、客観的に把握する必要が指摘され、**定義の客観化**が試みられている。例えば廃タイヤ通知（平成12年衛環65号・衛産95号）は、タイヤの180日以上の乱雑放置をもって廃棄物該当性を認め、占有者意思を客観的に推定している（同通知は他の廃棄物に準用される。平成13年環廃産513号）。

(2) **取引価値の有無**

a．**逆有償**

市場において商品は一般に金員と引換えに引き渡されるが、廃棄物の処理を委託する場合は、処理費用を支払うため、廃棄物は金員と同方向に引き渡される。

廃棄物処理では、形式的には【通常商品取引】のように廃棄物の引渡しへの対価（例えば10）が排出事業者に支払われるが、別に運搬料等の名目で金員（例えば100）が処理業者に支払われる場合がある。これは、廃棄物に該当しない有価物であると強弁して法規制を免れようとする偽装取引であり、**逆有償**と呼ばれる。わかりにくいネーミングであるが、要は、実質的に見て、【廃棄物処理委託】の形態で、排出事業者が「手元マイナス」（北村463頁参照）になっている場合である。

総合判断説は、取引価値の有無によってのみ廃棄物該当性を判断するわけではないが、逆有償の場合には取引価値が否定され、廃棄物とされる（法規制の対象となる）可能性が高い。

b．**有償性**

幾つかの裁判例は、総合判断説の5要素のうち、④取引価値の有無を重要なメルクマールとする。

木くず判決（東京高判平成20年4月24日判タ1294号307頁〈35〉）は、家屋解体業者が解体工事により生じた木くずをチップ原料用に選別した上、再生利用

としてチップ製造業者に対し無償で処分を委託した事案で、当該木くずは、受託業者の**再生利用**が製造業として**確立・継続**しておらず、ぞんざいに扱われて不法投棄等がされる危険性がある以上、廃棄物に当たるとした。同判決の理解は次のとおりである。

　市場で売却できない無価値物は不法投棄等の危険性が高いため、廃棄物該当性を否定するには、原則として**有償性**を要する（ただし、有償性は市況により左右されるため〔例えば古紙価格は海外の需要にも左右され、鉄くず価格は資源価格の変化にも反応する〕、絶対的な基準ではない）。

　有償でない場合でも、再生利用に関連する一連の経済活動の中で、各事業者にとって価値があるか否かを**個別的**に検討し、**再生利用可能性**が認められればよい。ただし、再生利用目的（⑤事業者の意思）は製造事業としての**確立継続性**によって客観的に裏づけられねばならない。

　木くず判決に倣えば、取引価値の有無は結局、**有償性**と**再生利用可能性**により判断される。有償なら取引価値が認められるが、有償でなくとも、再生利用事業の確立継続性が肯定され、再生利用可能性がありとされれば、廃棄物該当性を否定する重要なメルクマールである取引価値が認められる。

　総合判断説の5要素は、排他的でなく関連し合うが、ここにも定義の客観化傾向がある。

　　　　再生利用事業は最初から確立継続した事業として存在せず、試行錯誤を許容する法環境の中で育成発展を図るべきであるから、再生利用可能性は社会通念に照らし合理的に判断すべきであり、資源の有効活用・省資源の取組みや環境ビジネスの起業を阻害するものであってはならない。この点、**徳島地判平成19年12月21日 LEX/DB25421194**は、木製品の製造業者である原告が、自社工場内で発生した木くずの一部をボイラーで燃焼して蒸気を発生させ、同工場内のプレス・乾燥施設の熱源に利用していたところ、ボイラーが法の要件に適合しない等としてボイラーにつき（法15条の2の7に基づく）改善・使用停止命令等を受けたため、本件各処分の取消しを求めた事案である。判決は総合判断説に依拠した上で、①ボイラーは木くずを燃料とし、木くずも燃料としての品質を備えていること、②ボイラーは木くず燃焼用に設計・設置され、木くずの排出状況は需要に沿った計画的なものであり、排出前に適切な保管や品質管理がされていること、③排出事業者が自ら木くずを燃料として利用することも、木くずの通常の取扱い形態の1つに当たり、④木くずの利用価値を肯定できること、⑤木くずを適切に燃料利用する意思であったことのほか、⑥ボイラーから排出されるダイオキシン類等の有毒物質が関係法令による排出基準値を下回ること等を総合的に勘案し、本件木くずは「廃棄物」には当たらないとし

た。判決の事実認定を前提とする限り、妥当である。

(3) 疑い物

　法18・19条は、監督権限を行使しやすくするために、廃棄物だけでなく、廃棄物であることの疑いのある物（**疑い物**）を対象として、報告徴収、立入検査権を行政庁に付与している。

(4) 放射性物質と廃棄物について＊

　　原子力発電所の操業等により発生する放射性廃棄物は原子炉等規制法により規制されるが、高レベル放射性廃棄物については処理がまだ決まっていない。福島第一原発事故に由来する災害廃棄物のうち、放射性物質により汚染された廃棄物等（特定廃棄物）は、廃掃法でなく、特別法（放射性物質汚染対処特措法）により処理がされるが、災害廃棄物のうち汚染レベル（放射線量）の低い廃棄物には、廃掃法の規定が適用される。

3　廃棄物の種類と処理責任

(1) 産廃と一廃

　廃棄物は、大きく**産業廃棄物**（**産廃**）と**一般廃棄物**（**一廃**）に分かれる。産廃は、**事業活動に伴って生じた廃棄物**のうち、法2条4項1号、政令2条で定めるものをいい、一廃は産廃以外の廃棄物をいう。同じ廃棄物でも事業活動に伴って生じたものでなければ、一廃になる（例えば、カマボコなどの食品製造業者Ｂ社の製造過程で生じる魚の残渣や野菜くずは動植物性残さであり、産廃〔令2条4号〕であるが、Ｂ社の社員食堂から生ずる調理くずや残飯は政令各号のいずれにも当たらないため、一廃となる）。産廃の内訳は**図表6-2**のとおりである。

　このうち、①廃プラスチック類、②ゴムくず、③金属くず、④がれき類、⑤ガラスくず、コンクリートくず[(1)]および陶磁器くずの5つを、**安定5品目**（令6条1項3号イ）と呼ぶ（**図表6-2の※**）。

　廃掃法はまず一廃規制を定めてから（法第2章）、これを準用する形で産廃規制を定める（法第3章）。一廃は年間4000万トン強排出されるのに対し、産廃は約4億トンであり、不適正処理、不法投棄等の問題も多くは産廃に関している。ゆえに産廃紛争事例の方が多い。

　一廃には、排出事業者が排出する**事業系一般廃棄物**（例えば、飲食店事業を営む者が排出する不要な食品残さ）が含まれるため、市町村に処理責任を負

---

(1) 廃棄物処理法施行令2条9号の「コンクリートの破片その他これに類する」「物」には、自然石も含まれ、廃墓石の台石等もこれに該当するから、許可を得ずに収集運搬をする行為は、産廃無許可収集運搬罪に当たる（広島高岡山支判平成28年6月1日 LEX/DB25448093）。

図表6-2：産廃の種類

産業廃棄物
(国内および国外の事業活動に伴って生じた廃棄物)

※が安定5品目

法第2条第4項第1号

1 燃え殻 　　2 汚泥

3 廃油　　　　　4 廃酸

5 廃アルカリ　　6 廃プラスチック類※

政令第2条

7 紙くず（建設業〔工作物の新築、改築、除去に伴って生じたものに限る〕、パルプ製造業、製紙業、紙加工製品製造業、新聞業、出版業、製本業、印刷物加工業から生ずる紙くずならびにPCBが塗布または染み込んだ紙くずに限る）

8 木くず（建設業〔工作物の新築、改築、除去に伴って生じたものに限る〕、木材製造業、木製品製造業、パルプ製造業および輸入木材卸売業および物品賃貸業から生ずる木くずならびに貨物の流通のために使用したパレット〔パレットへの貨物の積み付けのために使用した梱包用の木材を含む〕およびPCBが染み込んだ木くずに限る）

9 繊維くず（建設業〔工作物の新築、改築、除去に伴って生じたものに限る〕、繊維工業〔衣服その他の繊維製品を除く〕から生ずる木綿等の天然繊維くずならびにPCBが染み込んだ繊維くずに限る）

10 動植物性残さ（食料品製造業、医薬品製造業、香料製造業から生ずる動物または植物に係る固形状の不要物に限る）

11 動物系固形不要物（と畜場、食鳥処理場から生ずる獣畜、食鳥に係る固形状の不要物）

12 ゴムくず ※　　13 金属くず ※

14 ガラスくず、コンクリートくず
（工作物の新築、改築、除去に伴って生じたものを除く）および陶磁器くず※

15 鉱さい

16 がれき類（工作物の新築、改築、除去に伴って生ずるコンクリート、レンガの破片等）※

17 動物のふん尿
　（畜産農業に係るものに限る）

18 動物の死体
　（畜産農業に係るものに限る）

19 ばいじん
　（集じん施設で集められたもの）

20 1～19または21を処理したもので1～19に該当しないもの

法第2条第4項第2号
21 輸入された廃棄物（航行廃棄物、携帯廃棄物を除く）

（北海道庁HPを微修正）

わせる現行制度には批判もある[(2)]。不法投棄された産廃など、処理責任者が

---

(2) 大塚479頁は、あるべき処理責任の所在に従い、廃棄物を、家庭系（市町村）、事業系（排出事業者）、製品系（製造者）の3つに分類し、規制を分けるべきとする。

不明な場合は市町村が処理責任を負うケースもある[3]。

わが国の一廃は約8割が焼却され、1～2％が埋立処分されている。産廃は、全体の半分強が再生利用、4割強が中間処理等での減量化、4％が最終処分と推計されている。

(2) **特別管理廃棄物***

爆発性、毒性、感染性その他の人の健康・生活環境に係る被害のおそれがある性状を有する廃棄物を特別管理廃棄物といい、特別管理一般廃棄物（PCB使用部品、ばいじん、感染性一般廃棄物等）および特別管理産業廃棄物（著しい腐食性を有するpH2.0以下の廃酸、重金属等を一定濃度を超えて含む鉱さい等）に分けられる（令1条・2条の4）。有害性、危険性のゆえに、通常の廃棄物よりも厳格な規制がされている。

(3) **処理責任**

一廃と産廃では処理責任の所在が異なる。市町村は、その区域内の**一般廃棄物処理計画**を定め（6条）、同計画に従って、生活環境の保全上支障が生じないように、処理（収集運搬と処分）する責任を負う（6条の2）。もっとも、処理の民間委託が進んでいる。また、条例で、一廃の排出に指定収集袋の使用を義務づけるごみ処理有料化が多くの自治体でとられている。PPPを強化する経済的手法といえる。

これに対し、産廃は市町村ではなく民間ベースで処理され、**汚染者支払原則**（PPP）に基づき、排出事業者の自己処理（**排出事業者処理責任**）が原則とされる（11条1項・3条1項）。例外が2つあり、①産廃処理業者への**委託**も許され（12条5項）、また、②地方公共団体は一廃と合わせて処理できる（**合わせ産廃**、11条2・3項）。①は不法投棄等の不適正処理を招く事案が多く、法政策上の課題となってきた（なお、産廃処理は委託品目の許可を持つ者にしか委託できない）。現在では、処理業者の不適正処理につき排出事業者が責任を負う場合があり（19条の6、後述）、また、排出事業者は、産廃の運搬・処分の委託に際し、**当該産廃の処理状況の確認**を行い、当該産廃の発生から最終処分終了までの一連の処理行程で適正な処理がされるよう必要な措置を講ずる努力義務を負う（12条7項）。

(4) **処理基準・委託基準**

一廃、産廃いずれについても**処理基準**（一廃：6条の2第2項、令3条、産廃：12条1項、令6条）の遵守義務がある（一廃：7条13項、産廃：14条12項）。

処理業者への委託には、**委託基準**の遵守義務がある（一廃：6条の2第2

---

[3] 高知古ビニール事件（高知地判昭和49年5月23日判タ309号217頁〈旧21〉）参照。

項、令 4 条、産廃：12条 5 項・6 項、令 6 条の 2）。

　処理責任の所在を明らかにするため、処理業者による**再委託**は原則として許されない（一廃：7 条14項、産廃：14条16項本文）が、産廃の場合、**再委託基準**に従えば、再委託が許される（14条16項ただし書、令 6 条の12）。産廃については、保管と称した不法投棄の例が見られたため、事業者の**保管基準**（規 8 ）が定められている（12条 2 項）。

⑸　**投棄・焼却等の禁止**

　以上、自治体、排出事業者の処理責任を見たが、法16条は、「何人も、みだりに廃棄物を捨ててはならない」と規定する。違反には直罰（**廃棄物不法投棄罪**）があり（25条14号）、両罰規定もある（32条 1 号）。

　最二決平成18年 2 月20日刑集60巻 2 号182頁〈50〉によれば、「みだりに」に当たるか否かは、「生活環境の保全及び公衆衛生の向上を図るという法の趣旨に照らし、**社会的に許容される**」か否かで判断される。同判決は、工場から排出された汚泥、金属くず等の産廃を敷地内に掘られた穴に投入して埋め立てることを前提に、その穴の脇に**野積み**した行為が「みだりに」廃棄物を捨てる行為に当たるとした。

　通常の財物とは異なり、廃棄物は占有者の事実上の支配領域内にあっても、適切に管理されなければ、なお生活環境保全上の支障を生じうる。上記最判は、「**捨てる**」とは「不要物としてその**管理を放棄**」することをいうとした。その態様・期間等に照らして判断される。例えば飛散・浸出防止措置を講じた短期間の仮置きは「捨てる」には当たらない。

　広島高判平成30年 3 月22日 LEX/DB25449400は、湾岸および公有水面占用許可を取得した海域で造船所を経営していた被告人が、廃業して造船所施設を解体撤去した後、従前より許可区域外の海域で施設の土台等として利用・管理していたコンクリート塊合計約71トンを 1 年以上にわたり何らの保全措置を講じることなく権限の及ばない海域に放置した行為が、不作為形態による管理の放棄として不法投棄罪に該当するとした。

　また、野焼き等の焼却も、処理基準に従う場合、影響軽微その他政令で定める場合等以外は、一般的に禁止された（法16条の 2 ）。違反には直罰があり（25条15号）、両罰規定もある（32条 1 号）。

　処理業者が不法投棄に及ぶ可能性を強く認識しながら、それでもやむをえないと考えて処理を委託した場合、排出事業者は不法投棄罪につき**未必の故意**による**共謀共同正犯**の責任を負う（最三決平成19年11月14日刑集61巻 8 号757頁）。

不正軽油密造の副産物である**硫酸ピッチ**の不適正処理が社会問題化したため、何人も、**指定有害廃棄物**（健康・生活環境に重大な被害を生ずるおそれがある性状を有する廃棄物として政令で定めるもの）については、政令基準に従う場合を除き、**保管**、収集、運搬または処分が禁止された（16条の3）。正常な経済活動では発生しない特殊な廃棄物であり、保管自体が禁止される。違反には直罰がある（25条16号）。規制の結果、不正軽油はほぼ撲滅された。

4　業規制

実際に廃棄物を処理するのは多くの場合、廃掃法の許可を得た廃棄物処理業者である。

(1)　業の種類と許可制

廃棄物の**処理**は、**収集運搬**と**処分**に大別され、処分には**中間処理**と**最終処分**がある。一廃・産廃に対応し、それぞれにつき**業許可**が必要である（廃棄物を地表・地中の一部を形成するなど原状回復が困難な状態に至らせた場合には〔保管ではなく〕埋立処分に当たる〔最一決平成14年7月15日刑集56巻6号279頁〕）。

一廃・産廃の別に、処理責任、許可権者と業の種類、適用条文を整理すると、次のとおりである。

図表6-3：廃棄物処理業許可の種類と規制

	処理責任	許可権者	収集運搬業（許可要件）	処分業（許可要件）
一廃	市町村	市町村長	7条1項（5項）	7条6項（10項）
産廃	民間（排出事業者）	知事	14条1項（5項）	14条6項（10項）

許可要件には、①**施設・能力**要件（一廃：7条5項3号・10項3号、産廃：14条5項1号・10項1号）と、暴力団員や禁固以上の実刑等の②**欠格**要件（一廃：7条5項4号・10項4号、産廃：14条5項2号・10項2号）がある。②のうち、「その業務に関し不正又は不誠実な行為をするおそれがあると認めるに足りる相当の理由がある者」を欠格事由とする**不正・不誠実**要件（7条5項4号チ）は、申請者の資質、社会的信用の面から適切な業務運営がはじめから期待できない者を排除する趣旨であり、例えば無許可での焼却炉設置や周辺住民の健康影響を全く配慮しない企業姿勢を理由に欠格要件該当性を認めた裁判例がある（さいたま地判平成15年2月26日判自244号65頁）。

さらに一廃の場合には、市町村が処理責任を負うため、③当該市町村による処理の困難（**処理困難要件**）および④一廃処理計画への適合（**計画適合要**

件）が追加的に要求される（7条5項1号・2号・10項1号・2号）。

ただし、①排出事業者が自ら処理をする場合（**自社処理**）、②専ら**再生利用**の目的となる廃棄物（**専ら物**）のみの処理を業として行う者は、業許可を要しない（業許可の**特例**制度。一廃：7条1項ただし書・6項ただし書、産廃：14条1項ただし書・6項ただし書）。専ら物は古紙、くず鉄、あきびん類、古繊維等に限られている。また、後述の**再生利用認定**、**広域認定**を得た場合も許可を要しない。

近時、経営効率化の観点から分社化等の例があるが、2017年改正により、規制が合理化された（自ら処理の拡大）。すなわち、親子会社が一体的な経営を行う等の要件に適合する旨の知事の認定を受けた場合、当該親子会社は、業許可を受けずに、相互に親子会社間で産廃処理ができるものとされた（12条の7）。処理委託契約やマニフェスト等も不要になる。親会社と子会社は、排出事業者責任を共有することとなる。

一廃処理業には**参入規制**、**需給調整**があり、許可には、市町村の処理責任と一廃処理計画に基づく広い**裁量**が認められている[4]。申請につき一廃処理計画への適合性を審査しなければ違法（法7条5項2号違反）となる（福岡地判平成25年3月5日判時2213号37頁）。これに対し、産廃処理業の許可は、警察許可（健康・安全・公衆衛生等の目的による規制の解除）として、要件を充足する限り不許可とする（効果）**裁量はない**とされる（和歌山地判平成12年12月19日判自220号109頁）。

(2) マニフェスト制度

産廃の委託処理については、処理の流れを自己管理させ適正処理に誘導するため、**産業廃棄物管理票**（**マニフェスト**）制度が採用されている（12条の3）。委託者、運搬・処分受託者には**5年間の管理票保存義務**がある（12条の3第6項・9項・10項、規8条の26・8条の30・8条の32）。

紙ベースの管理票に代えて、情報処理センター（13条の2以下）の管理する電子情報処理組織の使用（電子マニフェスト）が認められ（12条の5）、むしろ推奨されている。普及率は2018年度で約6割である。

廃棄物の不適正処理への対応強化の観点から、電子マニフェストの活用による、不適正事案の早期把握や原因究明等を図るために、2017年改正により、特定の産廃[5]を多量に排出する事業者に、紙マニフェストの交付に代え

---

(4) 最一判平成16年1月15日判タ1144号158頁。
(5) 特管物の多量排出事業者のうち前々年度の発生量が50トン以上（PCB廃棄物は50トンの中に含めない）の事業場を設置する者を対象とされている（規8条の31の2）。

て電子マニフェストの使用が義務づけられた（12条の5）。

マニフェスト制度違反に対しては、知事による勧告・公表・命令（12条の6）、措置命令（19条の5第1項3号）、直罰（27条の2第1号～10号）・命令違反の罰則（27条の2第11号）がある。廃棄物の不適正処理への対応強化の観点から、2017年改正でマニフェストの虚偽記載等を抑止するために、罰則が強化された。

●コラム● マニフェストの流れ

まず**❶**排出事業者 $α$ は、産廃の引渡しと同時に収集運搬業者に対し、当該委託に係る産廃の種類・数量、運搬・処分受託者の氏名等を記載した複写式の管理票（Ⓐ、Ⓑ1、Ⓑ2、Ⓒ1、Ⓒ2、Ⓓ、Ⓔの7枚）を渡して署名捺印をもらい、Ⓐを控えとして保管する（12条の3第1・2項）。Ⓐは委託、Ⓑは収集運搬、ⒸⒹは処分、Ⓔは最終処分関係と見るとわかりやすい。

❷収集運搬業者（運搬受託者）$β$ は、産廃の引渡しと同時に中間処理業者に対し、Ⓑ1～Ⓔ票を渡して（回付）署名捺印をもらい、Ⓑ1票・Ⓑ2票を受け取り、Ⓑ1票を控えとして保管する。さらに**❸**中間処理業者への運搬を終えた後、10日以内にⒷ2票を排出事業者 $α$ に送付する（同3項）。

図表6-4：マニフェスト制度

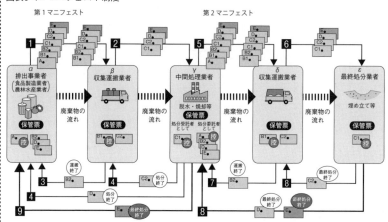

（一般財団法人 食品産業センター HP を微修正）

❹中間処理業者 $γ$ は処分受託者として、処理終了後10日以内にⒹ票を排出事業者に、Ⓒ2票を収集運搬業者に返送する（同4項）。さらに**❺**新たに処分委託者として新規にマニフェスト（第2マニフェスト）を交付する。

❻収集運搬業者（運搬受託者）$δ$ は、産廃の引渡しと同時に、最終処分業者に対し、Ⓑ1～Ⓔ票を渡して署名捺印をもらい、Ⓑ1とⒷ2票を受取り、Ⓑ1票は控えとして保管する。さらに、**❼**運搬終了後10日以内に署名、捺印されたⒷ2票を処分委託者 $γ$ に送付する

(同3項)。

8 最終処分業者εは、処分終了後10日以内に最終処分終了の記載(最終処分の場所の所在地および最終処分年月日を記載)したⒹ票とⒺ票を処分委託者γに、Ⓒ2票を収集運搬業者δに送付する(同4項)。

9 中間処理業者γは、最終処分終了の記載されたⒺ票を受取った場合、排出事業者αが交付したⒺ票に、最終処分終了の記載を転記して10日以内に排出事業者に返送する。

図表6-5:主な中間処理施設の種類(廃掃令7条)

処理施設の分類		規模
第1号	汚泥の脱水施設	処理能力10m³/日を超える
第4号	廃油の油水分離施設	処理能力10m³/日を超える
第6号	廃酸・廃アルカリの中和施設	処理能力50m³/日を超える
第7号	廃プラスチック類の破砕施設	処理能力5t/日を超える
第8号	廃プラスチック類の焼却施設	次のいずれかに該当するもの イ)処理能力が100kg/日以上 ロ)火格子面積が2m²以上
第11号	汚泥、廃酸または廃アルカリに含まれるシアン化合物の分解施設	すべての施設

(鳥取県生活環境部循環型社会推進課「産業廃棄物処理施設〔中間処理施設〕設置許可申請の手引」2019年1月)

　産廃処理業者は、受託した産廃の適正処理が困難となり、または困難となるおそれがある事由(規則10条の6の2)が生じたときは、遅滞なく、その旨を委託者に書面により通知しなければならない(14条13項)。この**処理困難通知**(ギブアップ通知)を受けた排出事業者など管理票交付者は、速やかに処理状況を把握し、適切な措置を講じ(12条の3第8項)、30日以内に措置内容等報告書を知事に提出しなければならない(規8条の29)。

(3) 優良産廃処理業者認定制度

　不法投棄等の不適正処理と異なり、適正な産廃処理には相応のコストがかかる。委託する側の排出事業者は、市場における経済合理的行動として、できる限り安価な処理費用を提示する事業者を選択するため、市場では適正処理を行う処理業者が適切に評価されない傾向がある。

　そこで、適正処理をするという意味で信頼できる処理業者に関する情報を提供すべく設けられた制度が、**優良産廃処理業者認定制度**(令6条の9・6条の11、規9条の3・10条の4の2)である。

　さらに、優良業者については、許可更新期間(5年)につき2年の延長を与える恩恵的な**規制緩和**もされている(14条2項・7項・14条の4第2項・7項、令6条の9第2号・6条の11第2号・6条の13第2号・6条の14第2号)。

図表6-6：最終処分場の種類

産業廃棄物の種類	標準的な設置例	説　明
安定型最終処分場	・廃プラスチック類 ・ゴムくず ・金属くず ・ガラスくず、コンクリートくず（がれき類を除く）および陶磁器くず ・がれき類	埋立てができるものは、廃プラスチック類、ゴムくず、金属くず等の5種類（有機物の付着がないもの）であって、埋立処分後、そのものが生化学的に安定しており、汚染水を発生することなく、環境を汚染する度合いが極めて少ないものとして処分できるものである。この処分場には遮水工、浸出水の集水、その処理等は要求されない。
管理型最終処分場	・燃え殻（無害） ・汚泥 ・ばいじん（無害） ・木くず ・シュレッダーダスト　等	燃え殻、汚泥など安定型産業廃棄物以外のものであって一定量以上の有害物質を含まないものを処分対象とする最終処分場で、地下水などの汚染を防止するため、底にシートを張るなど遮水工を行い、浸出水を集め、排水基準を満たすよう処理して放流する構造を有する。
遮断型最終処分場	・有害な貴金属を含む 　燃え殻 　ばいじん 　汚泥 　鉱さい　等	人の健康を害するような重金属やPCB等の有害産業廃棄物を埋め立てるためのもので、その廃棄物を埋め立てした処分場には雨水も入らないし、処分場から汚水も出ないようになっている。

（公益財団法人　岡山県環境保全事業団 HP を微修正）

5　施設規制

(1)　施設の種類と許可制

廃棄物処理施設（令7条）の設置には**知事の許可**を要する（一廃：8条、産廃：15条）。業許可と異なり、自社処理の場合も必要である。ただし、①一定規模以下の中間処理施設の場合（**裾切り**）、後述の②**再生利用認定**がある場合は、許可を要しない。最終処分場については裾切りが廃止されており、ミニ処分場も許可が必要である。市町村による一廃処理施設の設置は届出で足りる（9条の3）。

中間処理施設は、**焼却**、**溶融**、**破砕**、中和、乾燥、脱水、油水分離等の施設など多岐にわたる。

最終処分場には安定型、管理型、遮断型の3種類がある。

安定型は基本的に素掘りの穴に埋め立てる処分場で、管理型と異なり、通常、遮水工をもたず、**安定5品目**の処分のみが許される。地滑り・沈下防止工、立札、擁壁等、囲い、雨水排出設備、浸透水採取設備の設置（省令〔共同命令（後出）〕2条1項1号・3号・1条1項3号・4号）等が要求される。

これに対し、**管理型**は安定5品目以外の廃棄物を処分するため、水質汚濁

など生活環境への悪影響を防止する高度の設備が求められる。処分場の排水系統は次の3つに大別しうる。①降雨等により処分場に入り廃棄物に接触した水（浸出水）は汚染されるため、そのまま放流できず、**浸出水集排水設備**で水を集め、調整池に送り、**浸出水処理設備**で処理した後に公共用水域に放流する。これに対し、②遮水シートの下を流れる地下水は廃棄物に触れていないはずであるから、**地下水集排水設備**で集められ、無処理で放流される。③廃棄物に触れていない処分場の**外周水路**も同様である。

遮断型は有害な重金属やPCB等を埋め立てるため、水の出入りが生じないよう厳格に管理され、設置数は少ない。

(2) 許可要件

知事は、①省令の定める**技術基準**、②**適正配慮要件**、③**能力要件**（経理的基礎を含む）、④**欠格要件**を充足しない限り、設置許可をしてはならない（一廃：8条の2第1項、産廃：15条の2第1項）。

①は、上記(1)のような施設基準であり、安定型と管理型で大きく異なる。②は、施設設置・維持管理計画につき、(ⅰ)周辺地域の生活環境保全と(ⅱ)周辺施設（教育、医療施設等）への適正配慮を求める。これは、後述のミニアセスで判断される。③は、申請者の能力が施設の設置・維持管理を的確かつ継続的に行うに足りるものとして、省令基準に適合するよう求める。知識・技能に加え、**経理的基礎**を要する。④は、同趣旨の業規制の規定を準用する。

これらの要件を充足する場合、行政庁に不許可とする**効果裁量**はないと解されているが[6]、知事は、生活環境保全上必要な**条件**を付し（同条4項）、また、施設の過度の集中により**大気環境基準**の確保が困難な場合、不許可にできる（同条2項）。後者では環境基準が一定の法的効果をもつ。

許可された施設も、知事の検査を受け、申請書記載の計画に適合するとの**適合認定**を得なければ使用できない（8条の2第5項・15条の2第5項）。

(3) 同意制

嫌忌施設である廃棄物処理施設の設置・操業をめぐり、かねて設置者と地元住民との間で紛争が生じた。そのため、多くの自治体が**要綱**等により、施設設置許可申請に先立ち、関係地域住民の合意書の添付（**住民同意**）を要求する**同意制**等の運用がされた。

法は同意を許可要件としておらず、同意制は行政指導にとどまり法的拘束

---

[6] 札幌地判平成9年2月13日判タ936号257頁、札幌高判平成9年10月7日判時1659号45頁参照。ただし、現行法とは生活環境影響調査など設置許可手続は異なる。

力はない。**品川マンション判決**（最三判昭和60年7月16日民集39巻5号989頁〈旧72〉）に従い、申請者が行政指導に従わない真摯かつ明確な意思表明をした後も行政指導を継続して許可をしない場合は、特段の事情がない限り、許可の留保は違法となろう。業許可の更新期間（5年間）の逸失利益等の国賠請求を認容した裁判例（後掲近江八幡市判決、281頁）もある。同意を求める要綱等の変更を促す立法政策として、次のミニアセスが導入された。

(4) **生活環境影響調査（ミニアセス）**

設置許可では、いわゆるミニアセスメント手続が導入され、許可申請に際し、**生活環境影響調査**書の添付が義務づけられている（一廃：8条3項、産廃：15条3項）。生活環境保全という法目的に照らし、調査範囲は大気、騒音、振動、悪臭、水質、地下水であり、自然環境は調査対象外とされる。

知事は申請書、同調査書等を**告示・縦覧**し、**関係市町村長**および**専門家**から**意見聴取**をする（一廃：8条4項・5項・8条の2第3項、産廃：15条4項・5項・15条の2第3項）。住民等の**利害関係者**は（事業者ではなく）知事に**意見提出**ができる（8条6項・15条6項）。

施設が環境影響評価法（アセス法）・条例の対象となる場合には、その結果を以て上記ミニアセスに代えうる（大は小を兼ねる）[7]。上記の**適正配慮要件**は、ミニアセスによる科学的知見を前提とする要件と理解され、例えば公害関係法令が定める基準を満たしていれば適正配慮ありとされる。

従来の廃掃法が住民参加手続を設けていなかった（行手法10条の公聴会も開催されなかった）ことから、1997年改正で導入された手続である。しかし、①事業者が立地や施設の内容を全て決定してから行う許可申請時の手続であるため、住民に情報提供する**時期**が遅く、住民意見に対応をする柔軟性を欠く点、②意見提出のみの住民参加であり、事業者に直接に不安を訴え意見を交わす**手続**になっていない点、③事業者の住民対応等を評価できる**許可基準**でない点（許可基準の実体的内容の問題）[8]等の限界が指摘されている。

(5) **維持管理・廃止等**

設置者は、施設につき知事の**定期検査**を受け（一廃：8条の2の2、産廃：

---

(7) アセス法2条2項1号ヘ・2号イ（施行令別表第1の6）により、①第一種事業（埋立面積30ha以上）、②第二種事業（同25ha以上）、③条例の対象施設に該当する場合、法・条例アセスをミニアセスに代替可能である。その他の場合、ミニアセスが必要となる。

(8) 例えば、条例の定める設置のための事前手続を無視する、住民対応、周辺環境への配慮が全くないなど、不誠実な態度・姿勢・行為が見られる場合には、7条5項4号チの欠格事由該当として不許可とする余地もありえよう。前掲平成15年さいたま地判参照。

15条の2の2)、省令の技術基準および申請書記載の維持管理計画に従い、**維持管理**する義務がある(一廃:8条の3、産廃:15条の2の3)。また、設置者は施設の維持管理に関する**記録・備置義務**があり、利害関係者に**閲覧**させる義務がある(一廃:8条の4、産廃:15条の2の4)。

処理施設の廃止には知事への**届出**義務がある。**最終処分場**の場合は、埋立処分の終了を届け出て、省令の技術基準への適合につき知事の**確認**を得たときに限り、**廃止できる**(一廃:9条4項・5項、産廃:15条の2の6第3項)。

最終処分場については、埋立処分終了後の維持管理の適正を図るため、省令で定める一定の設置者に、埋立処分終了までの間、毎年度、処分場ごとに**維持管理積立金**の積立義務がある(一廃:8条の5、産廃:15条の2の4)。

知事は、廃止後の最終処分場跡地など廃棄物が地下にある土地で、形質変更により生活環境保全上の支障のおそれがある区域を指定する(15条の17)。指定区域内の土地の形質変更には事前届出が義務づけられ、省令基準に適合しない場合、知事は計画変更命令ができ(15条の19)、基準不適合の形質変更者に対し措置命令ができる(19条の11)。

6 規制緩和——再生利用認定と広域認定

リサイクル促進のために2種類の規制緩和がされている。

再生利用認定は、①再生利用の内容、②申請者能力、③施設が省令基準に適合するとの環境大臣の認定を得た者の**業許可、施設許可を不要**とする制度である(一廃:9条の8、産廃:15条の4の2)。自動車用の廃ゴムタイヤに含まれる鉄をセメントの原材料として使用する場合等がある。

広域認定は、①処理内容、②申請者能力、③施設がそれぞれ**省令基準**に適合するとの環境大臣の**認定**を得た者は、**処理業許可を不要**(施設許可は必要)とする制度である(一廃:9条の9、産廃:15条の4の3)。例として廃パソコン、廃二輪車、繊維製品等がある。

広域認定は再生利用認定と異なり、廃棄物処理にかかる規制緩和である。単に他人の廃棄物を広域的に処理するのではなく、製品の性状・構造を熟知する製造業者等が処理を担うことで、廃棄物減量等の適正処理を確保しうる場合を想定する。業許可の規制緩和にとどまり、廃棄物処理である以上、処理施設の許可制は維持される(再生利用認定の場合は施設許可も不要)。

7 監督措置

(1) 報告徴収・立入検査

知事・市町村長は、必要な限度で、①事業者、一廃・産廃またはこれらの疑い物の処理業者、処理施設設置者等に対し、必要な報告を求め(18条1

項)、また、②その職員に、関係者の事務所・事業場・処理施設等に立ち入り、帳簿書類その他の物件の検査等をさせることができる（19条1項）。また、環境大臣は、再生利用・広域認定業者とその事務所等に対し、同様の報告徴収・立入検査ができる（18条2項・19条2項）。虚偽報告や検査拒否等には罰則がある（30条7号・8号）。

廃棄物であることの疑いのある物（**疑い物**）をも対象としたのは、本来廃棄物たる物を有価物と称し、法の規制を免れようとする事案があり、**廃棄物の認定に困難**を伴ったため、監督権限の行使を容易にする趣旨である。

(2) **業にかかる事業停止命令・許可取消し・改善命令**

市町村長・知事は、一廃・産廃処理業者に**法令違反**等がある場合、事業の全部／一部の**停止命令**ができ（一廃：7条の3、産廃：14条の3）、違反が**悪質**な場合には、業許可の**取消し**が**義務**づけられ、悪質でない場合は**裁量取消**しができる（一廃：7条の4、産廃：14条の3の2）。**義務的取消し**（後発的事由の場合は講学上の**撤回**に当たる）は、深刻な対行政暴力の事案に鑑み、許可取消しにおける行政裁量をなくし、法運用の適正を図る趣旨である[9]。

また、従前、取消処分を受けた法人の役員が他法人の役員を兼務していた場合に、許可取消しの無限連鎖が起こりえたが、2010年改正で、廃掃法上の違反が悪質な場合を除き、許可取消しが役員を兼務する別法人の許可取消しに連鎖しないように改められた[10]。

> すなわち、法人Aの許可取消原因が廃掃法上の悪質性が重大である場合（例えば役員aが廃掃法違反で罰金刑に処せられ欠格事由に該当した場合〔14条の3の2第1項1号・7条5項4号ニ〕）は業許可が義務の取消しとなる。この場合、法人Aと法人Bの役員を兼務する役員bも欠格要件に該当することになり法人Bの許可も取り消される。これは、取締役会の各役員に対する監督義務、役員同士の相互監督義務等に鑑み、法人Aの役員aの法令違反行為を監督すべきであった役員bが役員を務める

---

[9] 改正前に許可取消しの裁量の逸脱濫用が争われた裁判例に、宇都宮地判平成16年3月24日 LEX/DB28091132（棄却）。廃棄物処理業務とは無関係な道交法違反等でも欠格事由となり、裁量なく義務的取消しとなる点が憲法22条等に反するとして争われた訴訟で、ダイトー判決（東京高判平成18年9月20日判例集未登載）は合憲とした。

[10] 法14条5項2号ニの「役員」とは、「業務を執行する社員、取締役、執行役又はこれらに準ずる者」で、相談役、顧問その他名称の如何を問わず、「法人に対し業務を執行する社員、取締役、執行役又はこれらに準ずる者と同等以上の支配力を有する」者を含む（同法7条5項4号ホ）。ここで「取締役と同等以上の支配力」とは、代表権のない平取締役と同等以上の支配力であれば足りるとされ、経営方針を単独の意思で決しうるような強大な権限を有する者であることまでは要しないとされる（南相馬市判決）。

図表6-7：無限連鎖の修正

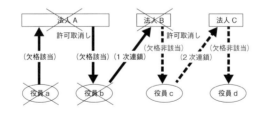

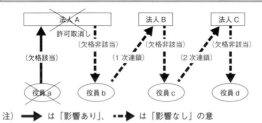

注）　→ は「影響あり」、⇢ は「影響なし」の意

（環境省資料）

　法人Ｂについては法令遵守の徹底を期待できないためとされる。従前はさらに法人Ｂと法人Ｃの役員を兼務していた役員ｃも欠格要件に該当するから法人Ｃの許可も取り消され、法人Ｃと法人Ｄの役員を兼務していた役員ｄも欠格要件に該当し……という形で、義務的取消しの無限連鎖が生じた。しかし、(i)役員ｃについてまで役員ａの監督義務を一律に認めるべきでないから、取消しを一次連鎖で留める改正がされた。また、(ii)法人Ａの許可取消原因が、廃掃法上悪質性が重大でない場合は、法人Ａのみの許可取消しで留める改正がされた。

　また、市町村長・知事は、一廃・産廃の**処理基準**に適合しない**処理**をした者に対し、期限を定めて、当該廃棄物の保管、収集、運搬または処分方法の変更その他必要な措置を命じうる（**改善命令**：19条の3第1号・2号）。

(3) 施設にかかる改善命令等・許可取消し

　知事は、許可**施設**が**技術基準**等に適合しないと認めるときは、施設設置者に対し、期限を定めて、施設につき必要な**改善命令・使用停止命令**ができ（一廃：9条の2、産廃：15条の2の7）、違反が悪質な場合には、業許可の場合と同様に、設置**許可の取消し**が**義務づけられる**（一廃：9条の2の2、産廃：15条の3）。以上(2)(3)を整理すると、次のとおりである。

図表6-8：業・施設に対する事業停止命令、許可取消し、改善命令等

		事業停止命令	許可取消し	改善命令等
業	一廃	7条の3	7条の4	19条の3①
	産廃	14条の3	14条の3の2	19条の3②
施設	一廃	−	9条の2の2	9条の2※
	産廃	−	15条の3	15条の2の7※

※使用停止命令を含む。

　ただし、設置許可が取り消されれば、業許可が取り消される（逆も真なり）など、両許可はリンクしている。

　例えば、B社につき、水濁法の排水基準違反で有罪が確定した場合、B社が設置操業する廃棄物処理施設の設置許可は義務的に取り消される。すなわち、水濁法は、廃掃法7条5項4号ニの「その他生活環境の保全を目的とする法令で政令で定めるもの」に該当する（廃掃令4条の6第4号）ところ、上記の場合は水濁法「の規定に違反し……罰金の刑に処せられ」（廃掃法7条5項4号リの欠格事由）に該当する。

　設置許可の義務的取消し（15条の3第1項1号）では、14条5項2号イを通じて、7条5項4号ニを準用しているから、B社の有罪確定は、許可取消事由に該当する。したがって、B社の産廃処理施設の設置許可は義務的に取り消される[11]。（廃掃法ではなく水濁法違反の事実でも）不法投棄や不適正処理が多く見られる廃棄物処理では、社会的に法令遵守（**コンプライアンス**）が強く求められる。「生活環境保全」という**目的共通法令**の重大な違反者に対し、廃棄物処理業や施設許可を与えるのは不適当であるから、生活環境保全関係法令を遵守しない者を廃棄物処理から排除すべく、かかる個別環境法相互の連携措置を設けたのである。

(4) 原状回復等の措置命令

　図表6-8のような事業停止命令等は今後の環境被害を防止するための（いわば未来形の）監督措置であるのに対し、すでに生じた環境被害を除去させる（いわば過去形の）監督措置として措置命令制度がある。

(a) 処理業者等に対する監督

　市町村長は、①一廃処理基準に適合しない処理がされた場合で（**基準不適**

---

[11] 業許可についても同様に、14条の3の2第1項1号が、14条5項2号イを通じて準用する7条5項4号ハに該当するから、義務的許可取消しがされる。

合要件)、②生活環境の保全上支障が生じ、またはそのおそれがあるとき(**支障要件**)は、必要な限度で、(i)処理者および(ii)委託基準に適合しない委託をした者に対し、期限を定めて、**支障除去等**の措置を講ずるよう命じうる(**措置命令**、19条の4)。措置命令は、基準不適合要件に加え、支障要件を満たす場合に、**支障**を**除去**すべく、単なる事態悪化防止のための停止・改善命令等を超えた**原状回復**命令等を想定している。

産廃の不適正処理に対しては、措置命令の対象が、廃棄物の処理過程に関与する関係者にさらに拡大されている。知事は、①産廃の**処理・保管基準**に**適合しない処理がされた場合**(**基準不適合要件**)[12]、②生活環境の保全上**支障**が生じ、または生ずるおそれがあるときは(**支障要件**、例えば堆積された不法投棄産廃の一部が付近の遊歩道に崩落し始めているような場合)、(i)**処理者**、(ii)**委託基準違反者**のほか、(iii)**管理票**にかかる義務違反者(例えば適正処理困難通知に対し、管理票交付者として速やかに処理状況を把握し、適切な措置を講じる義務〔12条の3第8項〕に反した排出事業者など)、(iv)(i)ないし(iii)を要求・依頼・教唆・幇助した者(例えば不法投棄を承認した土地所有者)に対し、**措置命令ができる**(19条の5)。命令違反には罰則がある(25条1項5号)。

②の支障要件は、「人の生活に密接な関係のある環境に何らかの支障が現実に生じ、又は通常人をしてそのおそれがあると思わせるに相当な状態が生ずること」と解されている(旧筑穂町判決)。

(b) **2017年改正**

2016年1月、愛知県の産廃処理業者が、食品製造業者等から処分委託を受けた食品廃棄物を食品として不正に売却していた事実が発覚し、立入検査等により県内4ヶ所に約9000m³もの不適正保管が確認された。県は業許可を取り消さず、保管量等を適正化するように改善命令を出すとともに、排出事業者宛てに処理困難通知を出すよう指導した。改正前法では、許可を取り消された処理業者は、改善命令の対象に含まれていなかったため、県は不適正保管されている廃棄物の撤去を優先するため、業許可を取り消せなかったとされる。かかる法の不備を是正すべく、改正法は次のように、許可取消し後の処理業者等が廃棄物をなお保管している場合における対応強化等を図った。

---

[12] 安定型では、①浸透水基準による規制しかないが、それは、場内水・放流水の水質が②排水基準を超えることを予定していないため(場内水はそのまま浸透させるはずであり、浸透水規制でカバーできるし、浸透段階の水質が良好であれば、無処理で放流しても生活環境保全上は問題がないはず)であるから、(管理型に適用される)②の超過があれば、処理基準不適合の産廃処分の存在が相当程度推認される(旧筑穂町判決)。

市町村長、知事等[13]は、業許可を取り消された者等が廃棄物の処理を終了していない場合にも措置命令ができるようになった（19条の10第1項・第2項）。

業許可を取り消された処理業者等は、廃棄物の処理が終了していない場合、排出事業者に書面で通知しなければならない（14条の3の2第3項・14条の2第4項）。なお、この通知を受けた排出事業者は、必要な措置を講じなければならない（改正後の12条の3第8項）。

(c) **排出事業者に対する監督**

さらに知事は、③不適正処理者等が**無資力**である等措置を十分に講じえず（**措置困難要件**）、④排出事業者が処理に関し**適正な対価**を負担せず（おおよそ**相場の半値以下とされる。不適正対価要件**）、または不適正処理がされると知り、または**知りえた場合**（**故意過失要件**）は、(v)**排出事業者**に対し、**相当範囲内**で措置命令ができる（19条の6）。

以前は、適法な委託がされると、もはや排出事業者を措置命令の対象としえなかったが、かねて排出事業者が取引上、優越的地位に立ち、より安価な処理費用を提示する処理業者に委託するため、処理業者は不利な条件で受託せざるをえず、不法投棄など不適正処理を誘発する傾向があった。そこで2000年改正で、排出事業者において委託基準違反がなくても、**不適正処理に加功**したと評しうる場合には、責任を負わせる制度に変更したのである。民事上有効な契約に関し、法の制度趣旨を踏まえ、契約の一方当事者に行政法的責任を課したものであり、汚染者支払原則の徹底といえる。

排出事業者は自己の事業活動に伴い廃棄物を排出して利益を得ているのに、資力に乏しい処理業者等のみによって支障除去が困難である場合、公費を使うのは不合理であるし、適正な処理費用を負担する他の排出事業者との関係でも不公平である。本来、自己処理責任を負う排出事業者が自らの選択で委託をしたのであり、処理業の許可制度も排出事業者を免責する趣旨ではないから、妥当な法政策と言える。

(5) **雑品スクラップ対策**

近時、エアコン室内外機、洗濯機、掃除機、扇風機、炊飯器といった鉛等の有害物質を含む電気電子機器等のスクラップ（**雑品スクラップ**）等が、環境保全措置が十分に講じられないまま、破砕や保管されることで、火災や有害物質等の漏出等の生活環境保全上の支障が発生していた。しかし、有価な

---

[13] 一定の場合には環境大臣が措置命令権限をもつ（19条の10第1項柱書後段・同2項柱書後段）。

資源として取引される場合が多いため、廃棄物に該当せず、規制困難な事例があった。

そこで、有価で取引され廃棄物に該当しない雑品スクラップ等の保管等に際して、行政による把握や基準を遵守させるなど一定の管理の必要が認識され、2017年改正法により、新たに**有害使用済機器**に対する規制が導入された（17条の2）。

有害使用済機器とは、①使用が終了し、収集された電気電子機器（廃棄物を除く）のうち、②その一部が原材料として相当程度の価値を有し、かつ、③適正でない保管・処分が行われた場合に人の健康・生活環境に係る被害を生ずるおそれがあるものとして政令で定めるものをいう[14]（17条の2第1項）。

有害使用済機器の保管または処分を業として行おうとする者（**有害使用済機器保管等業者**）は、あらかじめ省令で定めるところにより、その旨を当該業を行おうとする区域を管轄する知事に届け出なければならない。ただし、適正な有害使用済機器の保管ができる者として環境省令で定める者は、**届出除外対象者**として届出を要しない。すなわち廃棄物・リサイクル関係法令の許可等を受けた者（廃棄物処理法の許可等および家電・小型家電リサイクル法の認定事業者等）がこれに当たる（規則13条の2）[15]。

有害使用済機器保管等業者は、政令で定める保管・処分基準の遵守が義務づけられる（17条の2第2項）。法に基づく廃棄物に関する基準を基本とするが、火災の防止の観点から、原因となりうる油、電池・バッテリー等を分別した上での保管・処分が求められている。

また、都道府県による報告徴収・立入検査、改善命令・措置命令の対象に追加された（17条の2第3項）。違反には罰則がある（30条7号・8号・26条2号・25条1項5号）。

⑹ 行政代執行

措置命令にかかる措置（原状回復行為）は**代替的作為義務**であるから、**行政代執行**が可能である。行政代執行法2条は、不履行の放置が著しく公益に反することを要件とするが、廃掃法は**要件を緩和**する特別規定を置く。

---

[14] 取引の全体像に関する実態把握の蓄積があるリサイクル法の対象機器（家電4品目および小型家電28品目）が対象として指定されている。

[15] その他小規模事業者（事業場の敷地面積100m²未満の事業者）、いわゆる雑品スクラップ業者以外の者であって、有害使用済機器の保管等を業として行う者（例えば、不良品等の処分を行うために本業に付随して一時保管を行う製造業者等）が除外されている。

すなわち、上記の基準不適合要件および支障要件を満たす場合で、①措置命令**不履行**（1号・3号）、②相手方**不確知**（2号）、③**緊急**（4号）のいずれかの場合には、行政庁が自ら支障の除去等の措置を講じ（行政代執行）、その費用を徴収しうる（一廃：19条の7、産廃：19条の8）。

産廃の不適正処理につき原因者に措置命令をしたが、遵守されないため、措置工事の行政代執行をした場合、廃棄物の実態調査、周辺環境調査等に要した費用も、**事務管理**（民702条）に基づき原因者に対し費用償還請求ができる（名古屋高判平成20年6月4日判時2011号120頁〔51〕）。本来、事務管理は義務なく他人のために事務を管理する行為であるため〔民697条〕、本人の意思に反する場合は、本人が現に利益を受けている限度においてしか費用償還請求ができないが〔民702条3項〕、判決は、本人の意思が強行法規や公序良俗に反するなど社会公共の利益に反するときは、かかる本人の意思や利益を考慮すべきではなく、当該管理行為につき事務管理が成立し、費用償還請求ができるとした）。

(7) **運用上の課題**

自治体によっては、自社処理と称する無許可業者や一部の悪質な許可業者による不適正処理に対し、単に行政指導にとどめたり、一定の原状回復措置を講じたことを理由に引き続き事業を許容する運用がされてきた。かかる不十分な法運用が岐阜市椿洞、青森岩手県境など一連の大規模な産廃不法投棄事案を発生させた原因ともされる。また、不適正処理をする悪質業者は安価で処理を受託できるため、適正処理をする良質業者が市場から追い出される「悪貨が良貨を駆逐する」事態を招きかねない。

よって、監督措置の厳格適用が必要である。行政庁が不適正処理業者等に対する監督権限を適切に行使しなかったために、施設周辺住民等に被害が生じた場合は、国賠責任を負う余地がある（千葉地判平成2年3月28日判タ739号79頁〈旧99〉〔認容〕、那覇地判平成19年3月14日自保ジャーナル1838号161頁〔棄却〕等）。

8　発生抑制

市長村長は一廃の多量排出事業者に対し、減量化計画の作成を指示できる（6条の2第5項）。また、環境大臣が指定した適正処理困難物（耐火金庫、オイルヒーター、電動介護用ベッド等指定一般廃棄物）の製造者等に対し、必要な協力を求めうる（6条の3）。

また、政令で定める産廃の**多量排出事業者**は、**減量化計画**を知事に提出し、実施状況を**報告**する義務がある（12条9項・10項）。知事は同計画と実施状況を**公表**する（同条11項）。

9　協定

公害防止協定は、廃棄物処理分野で多用されている。

福津市判決（最二判平成21年7月10日判時2058号53頁〈59〉）では、廃掃法上の規制権限をもたない町とその区域内に産廃処理施設を設置している産廃処分業者とが締結した公害防止協定の法的拘束力が争われた。すなわち、当該施設の使用期限と、期限徒過後の産廃処分を禁ずる定め（**期限条項**）に基づき、町が事業者に対し**施設の使用差止請求**をした事案である（請求を認容した一審判決〔福岡地判平成18年5月31日判自304号45頁〕を、原判決〔福岡高判平成19年3月22日判自304号35頁〕が、期限条項は知事に許可権限を集中させた趣旨に反するとして取り消していた）。

最判は、公害防止協定の法的性格には触れず、協定により、法に基づき知事から受けた許可期間内でも、一般に処分業者は届出によりいつでも自由に事業を廃止でき、期間内の使用は義務づけられていないとして、同法の趣旨に反しないとした。なお、差戻後控訴審では協定が自由意思による合意であり**公序良俗**にも反しない等として町の請求が認容された（福岡高判平成22年5月19日判例集未登載）。

10　法改正と経過措置*

廃棄物法制は頻繁に改廃される。法改正に際しては既存の法律関係との調整を図るため、通常、経過措置が置かれる。法に基づく許可等については、特段の経過措置がない限り、処分時の法律が適用される（新法主義）。経過措置として、例えば①第1次改正法の附則で規定Aの適用除外が定められた後、②第2次改正法の附則で規定Bの適用除外のみが定められた場合、①による適用除外の余地はなくなり、②の施行後は、規定B以外の②の規定がすべて（規定Aを含めて）適用される（後掲エコテック行政高裁判決）。環境法は常に進展するため、明示的な経過措置がない限り、新たな環境規制を優先的に適用する解釈は妥当と言えよう。

三　容器包装リサイクル法（容リ法）の概観

1　目的

市町村が処理責任を負う一廃には、容器包装廃棄物が大量に含まれる（家庭から排出されるごみ重量の2、3割、容積で約6割）。容リ法は、循環型社会形成のため、事業者にも一定の義務を課した。本法は**一廃**のうち**容器包装廃棄物**の①**排出抑制**、②**分別収集**による**分別基準適合物の再商品化**の促進等により、一廃の減量・再生資源の十分な利用等を図る法である。

2 基本方針・再商品化計画・分別収集

主務大臣（43条。環境大臣、経済産業大臣、財務大臣、厚生労働大臣および農林水産大臣）は、排出抑制・分別収集・再商品化の促進等に関する**基本方針**を定め（3条）、基本方針に即し、3年ごとに5年を一期とする**再商品化計画**を定める（7条）。

市町村は、容器包装廃棄物の分別収集をするときは、①基本方針に即し、②再商品化計画を勘案し、かつ③一廃処理計画に適合する**市町村分別収集計画**（3年ごとに5年を一期とする）を定めねばならない（8条）。**分別収集は義務**ではなく、市町村により差がある。排出者（住民等）は、市町村の定める基準（10条2項）を遵守して適正に分別排出しなければならない（10条3項）。

3 規制の概要

(1) 容器包装

容器包装とは、商品の費消、分離により**不要**となる商品の容器・包装を言い（2条1項）、①省令（則1条別表第1）に定める**特定容器**（2項）と②①以外の**特定包装**（3項）に分かれる（有償無償を問わないため、例えばレジ袋も含まれる）。判別の微妙な物もあるが[16]、アルミ缶、スチール缶、紙パック、段ボール（以上は有価であり、再商品化義務はない。2条6項かっこ書、規3条）やガラス瓶、ペットボトル、その他のプラスチック等が対象となる。

(2) 対象事業者

再商品化義務を負う対象事業者は、①飲料メーカー等の特定**容器利用事業者**（2条11項）、②特定**容器製造等事業者**（12項）、③特定**包装利用事業者**（13項）である。④特定包装製造等事業者は多数あり、把握困難なため、対象とされていない。中小零細事業者につき裾切りがある（11項4号等）。利用、製造等には輸入が含まれる（9・10項）。以下、①②③を**特定事業者**（11条3項）と呼ぶ。

図表6-9：特定事業者

	利用	製造等
特定容器	①	②
特定包装	③	―（法適用なし）

(3) 再商品化義務

再商品化とは、①製品の原材料としての利用（燃料製品の場合、政令〔令1

---

[16] 経済産業省「容器包装に関する基本的考え方について」（2006年12月）。

条〕指定製品に限る)、②燃料以外の製品としての使用(例えば、製品としてのガラスのカレット)、③①②をする者に譲渡可能な状態にすることを言う(2条8項)。

再商品化の対象は、すべての容器包装廃棄物(2条4項)ではない。**分別基準適合物**、すなわち市町村分別収集計画に基づき**分別収集**(2条5項)された容器包装廃棄物のうち、(i)省令**基準に適合**し、(ii)省令設置基準適合**施設**で**保管**されているもの(上記のアルミ缶など省令指定の再商品化不要物を除く)に限られる。

特定事業者は、容器包装区分ごとに省令で定める特定分別基準適合物(2条7項)につき、利用・製造量に応じて算出される**再商品化義務量**を再商品化する義務を負う(11~13条)。

> やや複雑だが、所定の計算(分別収集計画量 or 再商品化可能量のうちいずれか少ない量×特定事業者責任比率)で再商品化義務総量を出し、これを区分、業種、排出見込量に応じて按分して義務量が算出される。

(4) 再商品化義務の履行方法

特定事業者の再商品化義務には、3つの履行方法がある。

最も一般的な方法は、②指定法人(21条1項、(公財)日本容器包装リサイクル協会)に再商品化を委託する**指定法人ルート**である。特定事業者が、指定法人と再商品化契約(23条1項)を締結し、委託料金の支払い等をしたときは、委託相当量につき再商品化したものとみなされる(14条)。

また、指定法人による独占の弊害への懸念から、③主務大臣の認可を得た**独自ルート**も認められる(15条)。これは、特定事業者自らまたは指定法人以外の者に委託して再商品化するものであるが、実例はない。

最後に、①特定事業者が自らまたは他の者に委託して回収する特定容器・包装(ガラス瓶等のリターナブル商品)で主務大臣の認定を得たもの(約90%の自主回収率が必要、規20条)は、例外的にそもそも事業者の義務量に含まれない(18条、自主回収ルート。再商品化義務自体が生じないため、厳密には同義務の履行方法ではない)。

(5) 費用負担と拡大生産者責任

このように容リ法の再商品化義務は、主として費用負担により履行されるが、これは拡大生産者責任(EPR)に基づく。EPRの考え方は、再商品化義務の規定(11~13条)とみなし規定(14条)、次項4の市町村への資金拠出規定(10条の2)に現れている。

図表6-10：再商品化義務履行の３ルート

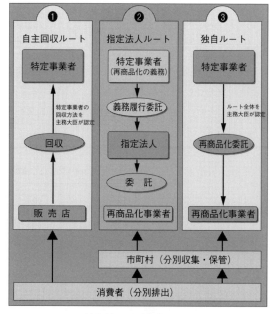

（(公財) 日本容器包装リサイクル協会資料）

(6) 監督措置

　主務大臣は、特定事業者が再商品化義務を果たさない場合、必要な指導・助言ができる（19条）。さらに特定事業者が正当理由なく、再商品化義務を履行しない場合は**勧告**ができ、勧告に従わない場合はその旨の**公表**が、公表しても措置をとらない場合は勧告にかかる**措置の命令**ができる（20条１～３項）。命令違反には罰金刑（46条）がある。

4　事業者が市町村に資金を拠出する仕組み

　かねて自治体の年間数千億円の分別収集コストに対し、事業者は１桁小さい再商品化費用を負担するにとどまっていた。これを是正するため、2006年改正は、特定事業者が指定法人を通じて一定の資金を市町村に拠出する仕組みを導入した（10条の２）。これは、指定法人等の再商品化に要する費用が想定される費用を下回り、**再商品化が合理化**された場合、これに寄与した市町村に対して指定法人等が金銭を支払う仕組みである。再商品化費用の効率化に寄与する要因には、市町村の取組みと事業者の取組みによるものがあるため、市町村への拠出総額は、**効率化分の２分の１**とされる（各市町村への

資金の配分は、質の高い分別収集・選別保管を促進するため、市町村ごとの分別基準適合物の質やこれによる再商品化費用の低減額に着目して行われる）。

現行法では、容器包装廃棄物の処理費用の相当部分を占める分別収集が、市町村の責任とされているため（10条）、特定事業者に対するDfEの経済的誘因が十分に働かず事業者の役割が十分果たされていないとの問題意識に立ち、質の高い分別収集・再商品化の推進を図る趣旨である。しかし、なお事業者負担が少ないため、経済的誘因は不十分との批判が強かった。実際、この拠出金制度は、実際に要した再商品化費用の総額が想定額の総額を下回った場合に、その差額の一部を市町村に拠出する制度であり、実際に要した費用が想定額に徐々に近付くため、最終的に拠出金がゼロになる仕組みとなっており、2021年度にはついにすべての品目について０円となった。大量に使用されているペットボトル等について、リユースの拡大や**デポジット制度**等の経済的手法の導入が検討されるべきであろう（5頁）。なお、OECDやフランスでは、製品・容器の環境負荷の程度に応じて委託料を変える「調整料金制度」が採用されている。

5　発生抑制

主務大臣は、省令で、**指定容器包装利用事業者**（容器包装を用いる事業者で、容器包装の過剰使用の抑制その他の合理化が特に必要な業種として政令で定めるものに属する事業を行うもの）が容器包装の使用合理化により容器包装廃棄物の排出抑制を促進するために取り組むべき措置に関し、当該事業者の**判断基準**を定める（7条の4）。これはレジ袋の有料化、マイバッグの配布等の取組みへ事業者を誘導する趣旨の規定であったが、2019年の省令改正により、レジ袋などのプラスチック製買い物袋の有料化が必須とされた（小売業に属する事業を行う者の容器包装の使用の合理化による容器包装廃棄物の排出の抑制の促進に関する判断の基準となるべき事項を定める省令2条1・2項）。強い批判もある環境法政策の変更である。

主務大臣は、指定容器包装利用事業者に対し、判断基準を勘案して、必要な指導・助言ができる（7条の5）。**容器包装多量利用事業者**には**定期報告**義務がある（7条の6、令6条）。判断基準に照らし排出抑制の取組みが「著しく不十分」なときは、主務大臣は判断の根拠を示して、必要な措置をとるよう**勧告**ができる（7条の7第1項）。勧告に従わない場合、その旨の**公表**ができ（同2項）、公表後も正当理由なく従わない場合で、排出抑制の促進を「著しく害する」ときは、勧告に係る措置の**命令**ができる（同3項）。命令違反には罰金刑（46条の2）がある。

第2節　廃棄物分野における環境保護訴訟の概観

【典型事例6-1】

> 　A県D町において産廃最終処分場（管理型）の設置操業を計画するB社（A県知事から産廃処理業の許可を取得済み）は、廃掃法に基づく許可を得るべく、法令に基づき、D町や地元住民に対し真摯に対応した。その結果、地下水汚染を懸念する一部の地元住民からは合意を得られなかったものの、やり取りを通じて、D町および大多数の地元住民の了解を取りつけることができた。
> 　そこで、廃掃法に基づいて許可申請をし、平成X1年5月、A県知事から産廃最終処分場の設置許可を取得できたので、B社は建設に取りかかろうとしている。
> 〔設問1〕最後まで反対をした建設予定地の近隣数十mの場所に住む住民Cらは、B社処分場の操業により有害物質を含む汚水が漏出し、それによって日常的に飲用している井戸水が汚染される可能性が高いことを理由に、上記処分場の建設差止めを求める訴訟を提起したい。Cらが専門家に相談したところ、本件処理施設設置計画は、浸出水処理設備の処理能力の点で、いわゆる共同命令（「一般廃棄物の最終処分場及び産業廃棄物の最終処分場に係る技術上の基準を定める省令」。後述（265頁））への適合性に疑義があるとの指摘があった。またB社は多額の債務を抱えているとの情報もある。Cらは、平成X1年7月時点で、誰に対し、どのような訴訟を提起しうるか。
> 〔設問2〕B社は、「A県知事の許可を得ているし、廃掃法の諸基準を遵守して操業するから問題はない」、「有害物質を含む汚水漏出、被害発生、因果関係の存在は、住民側で立証すべきだ」と主張している。この主張に対して、Cらはどのような主張ができるか。また、管理型と安定型の最終処分場で主張に相違があるか。
>
> （平成23年度〔第1問〕を改題）

一　廃棄物処理法の法律関係（設問1）

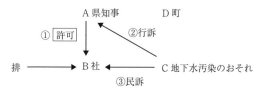

　本件では、A県知事により、Bの管理型産廃最終処分場計画につき、廃掃法15条1項の①**設置許可**がされている。そこでCらとしては、②Aを被告

として設置許可の違法を争う行政訴訟、③Bを被告として建設（操業）差止めを求める民事訴訟の提起が考えられる。

二　環境行政訴訟（設問1）

1　設置許可取消訴訟（対A）

A県知事が所属するA県を被告とする、Bに対する産廃処理施設設置許可（15条1項）の取消訴訟が考えられる（なお、事案によっては、改善命令〔15条の2の7第1号・2号〕の非申請型義務付け訴訟もありえよう）。

問題は、近隣に住み日常的に地下水を利用する周辺住民Cらの**原告適格**である。法が生活環境の保全を**目的**とし（1条）、**設置許可**にあたり生活環境保全への適正な配慮が考慮され（15条の2第1項2号）、生活環境の保全上必要な**条件**を付しうる（同条4項）こと等からすれば、法は、産廃含有の有害物質を原因とする周辺住民の健康被害や生活環境の悪化を防止し、その生命・身体の安全や生活環境の保全をも個別的に保護する趣旨を含むと言え、生活環境上の**被害想定地域**内の住民の原告適格は**肯定**される。

本件Cらは、処分場建設予定地の近隣数十mの場所に住み、日常的に井戸水を利用しているから、適格がある。

本件ではすでに設置許可がされ、Bが処理施設の建設に取りかかろうとしている。そこで、Cらとしては既成事実の形成を防ぐべく、取消訴訟の提起とともに、設置許可の**効力**を停止する執行停止の申立てが考えられる。執行停止が認容された場合、Bは処理施設の設置ができなくなる。

2　違法事由

本件許可の違法事由として、①15条の2第1項1号および②15条の2第1項3号の要件不充足が考えられる。

(1) 技術基準

法は、産廃処理施設につき、技術基準への適合を求め（15条の2第1項1号）、同基準は「共同命令」と呼ばれる省令（一般廃棄物の最終処分場及び産業廃棄物の最終処分場に係る技術上の基準を定める省令）で具体化されている。よって、Bの計画する浸出水処理設備の処理能力が共同命令の要求する技術基準に適合しないとすれば、15条の2第1項1号の要件を満たさないのにされた設置許可として、違法となる。

(2) 経理的基礎

また法は、申請者の能力として、産廃処理施設の設置・維持管理を的確に行う**知識・技能**に加え、維持管理を継続して行うに足りる**経理的基礎**を要求

する（15条の2第1項3号、規12条の2の3第1号・2号）。よって、多額の債務を抱えるBが上記経理的基礎を満たさないとすれば、15条の2第1項3号の要件を満たさないのにされた設置許可として、違法となる。

三　環境民事訴訟（設問1・2）

1　施設の建設・操業差止訴訟（対B）

　CらはBを被告として、**人格権**ないし**浄水享受権**に基づく**建設（操業）差止め**の民事訴訟を提起しうる。実務上は、既成事実の形成を防ぐべく、建設・操業を仮に差し止める仮の地位を定める**仮処分**を申し立てる場合が多い。

2　受忍限度論と因果関係の立証

(1)　受忍限度論と規制（法令遵守）

　民事訴訟（私法上の違法判断）では**受忍限度論**が用いられるが、少なくとも有害物質による健康被害が生じる高度の蓋然性があれば、受忍限度を超えるとされよう（鹿屋市判決、〔277頁〕参照）。裁判例でも、自明として受忍限度論に触れないものも多い。①「受忍限度」を超える被害②「発生の（高度の）蓋然性」の立証が必要とされるところ、廃棄物訴訟では①よりも②の審理に重きが置かれると考えてよい。

　理論的には、受忍限度判断の一要素として**法令基準の遵守状況**が考慮される。設置許可がされ、処理基準・維持管理基準の遵守が命令や罰則の担保の下に義務づけられていても、許可も無謬ではないし、操業後の基準遵守を保証しない。また、基準自体が被害発生防止のために十分である保証もない。

　結局、許可の有無、法令基準の遵守の有無は、受忍限度判断の際の一要素にすぎず、許可の取得のみでは私法上の違法を否定しえない。本件で上記二2の法令違反があるとすれば、受忍限度を超える健康被害の高度の蓋然性が肯定されやすい。

(2)　因果関係の立証

　主争点は、健康被害という人格権侵害が生ずる高度の蓋然性、すなわち**因果関係**の有無である。原則として、原告が立証責任を負うが、廃棄物訴訟では立証の困難に配慮し、**証明の公平な分担の見地**から、2つのアプローチがとられている（大塚教授の整理による）。

　第1の**相当程度の可能性**アプローチでは、まず原告が**侵害発生の高度の蓋然性**につき**相当程度の可能性**の立証（一応の立証）をする（後掲丸森町決定〔276頁〕が主導的裁判例である）。同アプローチはさらに、①立証責任の転換、②事実上の推定に分かれる。①では、被告処理業者が上記蓋然性の不存在を

立証すべきであり、立証がなければ蓋然性が認められる。②では、被告が上記蓋然性の不存在につき具体的根拠を示し、必要な資料を提出して反証すべきであり、反証がなければ蓋然性が認められる（例として後掲甲府地決〔275頁〕）。①は被告に立証責任を転換し**本証**を求めるのに対し、②は事実上の推定にとどまり被告に**反証**を求めるにすぎない点で異なる。

第2の**因果関係分割**アプローチは、処分場の建設・操業と健康被害の因果関係の連鎖を、有害物質の(i)**搬入**、(ii)**漏出**、(iii)**到達**に3分割した上で、(i)(iii)を原告が、(ii)を被告が立証すべきとする（後掲**エコテック民事判決**等）。**新潟水俣病第1次訴訟**の地裁判決に類似するが、立証責任の転換を明示せず、相当程度の可能性アプローチを併用する裁判例（**全隈町判決**〔東京高判平成19年11月29日 LEX/DB25463972〈39〉〕等）もある。

安定型ではいかなる廃棄物を受け入れ、どの程度の**展開検査**（廃棄物の受入時にその種類・性状等を目視で確認すること）をして廃棄物を処分するか、管理型ではいかなる漏出防止措置を講じ、いかに管理運営するかは、住民に関知しえない事柄であり、事業者の姿勢次第であるから、かかる事業者側の事情は、事業者に立証を負担させることが**公平**とされる。事業者は処分場の操業者として**専門的**な対策を講ずべき立場にあり、環境保全義務を負っている点（環基8条参照）からも、上記いずれのアプローチも支持されよう。

(3) 安定型と管理型の違い

安定5品目のみが搬入される**安定型**最終処分場では、(i)がないはずだが、実際には安定5品目以外の有害物質が混入し、または搬入物に含有・付着するおそれがあるとして、主に(i)が争われる。特に、いかなる排出事業者からいかなる産廃を受け入れるか、産廃をいかなる体制で目視によりチェックするか（**展開検査**）が争点となる。(i)を立証できれば、安定型では、雨水を避ける屋根や遮水工等の遮水設備をもたないから、(ii)も通常認められよう。(iii)は、原告による水の利用方法・状況を前提に、施設と原告の位置関係、地質・地形・地下水等の地理的条件等を考慮して判断される。

これに対し、**管理型**最終処分場では、(i)に争いがない。搬入された有害物質が、処分場外に漏出するか否か(ii)が主たる争点となる。(iii)は安定型と変わりない。

(4) あてはめ

本件では、共同命令違反の懸念があり法規制を遵守していない施設である事実、B社に資力がなく維持管理能力が欠如している事実を立証できれば、いずれのアプローチでも因果関係を立証できよう。

第3節　廃棄物分野の環境行政訴訟

廃棄物処理施設の設置に加え、廃棄物行政の違法を争う訴訟も散見されるが、本書では、多数に及ぶ裁判例のうち、産廃紛争を中心に主なものを紹介する。住民訴訟も多く提起され、認容例もあるが、以下では扱わない。

一　抗告訴訟

1　訴訟形式
(1)　取消訴訟

廃棄物紛争をめぐる抗告訴訟としては、廃掃法の根幹を成す処分である廃棄物処理施設**設置許可**および廃棄物処理**業許可**の取消訴訟が多いが、**措置命令の義務付け訴訟**も現れている。いずれの訴訟も認容例があるが、仮の救済の認容例はわずかである（なお、適合認定が争われた例〔大分地判平成10年4月27日判夕997号184頁〕や一廃最終処分場の事業用地につき土地収用がされ事業認定が争われた例〔日の出町行政判決（東京高判平成20年3月31日判自305号95頁〈旧63)）〕もある）。

業許可の取消訴訟では、業の新規許可のみならず、変更・更新の許可が争われるが、訴訟係属中に許可の**有効期間**が満了すると、**狭義の訴えの利益の消滅**が問題となる。更新・変更の許可は、従前の許可とは別個の処分と解され、新訴提起を要するとの理解が一般的であろうが、従前の許可を前提にした更新許可により処理業を継続している場合、更新許可がされても従前の許可の取消訴訟は訴えの利益を失われないとした例もある（さいたま地判平成19年2月7日判自297号22頁。ただし、控訴審・**東京高判平成21年7月1日** LEX/DB25441707は、問題の施設が廃止され、判決の効果により侵害状態を解消して法益を回復する可能性が皆無となった場合には訴えの利益を失うとして、原判決を取り消し、訴えを却下した）。かかる事案では、処分業者に対する更新許可の抽象的差止訴訟が許容されるべきであろう。

(2)　処分差止訴訟

業・設置許可がされる前の段階であれば、**許可差止訴訟**の提起がありうるが、処分により直ちに周辺住民の健康被害等が生じるわけではない。そのため、現在の判例通説に従えば、**大阪高判平成19年1月24日** LEX/DB25420838、**大阪地判平成18年2月22日**判夕1221号238頁のように、**重大な損害要件**が否定されやすい。仮の差止めも同様である（例として大阪地決平成17年7

月25日判タ1221号260頁)。

(3) 非申請型義務付け訴訟

旧筑穂町判決(福岡高判平成23年２月７日判タ1385号135頁〈54〉)は、安定型最終処分場の周辺住民が県を被告として提起した非申請型義務付け訴訟で、県知事が事業者に対し、法19条の５に基づく生活環境保全上の支障除去等の措置命令をすることの義務付けを認容した。

本件で被告は、支障除去等の措置には幅広く様々な方法が想定され、法も措置命令等は「必要な限度」でなしうるものとし、「行政処分の指針について(通知)」(平成17年８月12日環廃産発第050812003号)が「支障の程度及び状況に応じ、その支障を除去し又は発生を防止するために必要であり、かつ経済的にも技術的にも最も合理的な手段」の選択を求めており、処分の特定がないと主張した。これは、処分要件の不充足を主張して、行政庁がおよそ行政過程を進めようとしない**抽象的不作為**を選択しながら、処分の選択裁量を理由に司法審査を回避しようとするに等しい。

しかし、かかる過剰な特定を要求する見解は妥当でない。すなわち、上記通知に言う最も合理的な措置は、本来行政庁が然るべき行政過程を経て選択すべきものであり、そのための能力と組織をもつのも行政庁である。然るに、抽象的不作為の場合に、選択能力に乏しい原告や裁判所に選択を強いるのは酷であり、適切でもない。過度の特定を強いれば、原告は特定性要件を満たすべく、考えうる具体的な措置を請求の趣旨として可能な限り列挙することになりかねない。それは、裁判所の審理を無用に複雑化するのみならず、専門性に乏しい裁判所が具体的措置を選択した場合には、かえって行政庁の適切な**内容形成裁量**の行使を妨げる結果となる。むしろ、内容形成裁量を残しその適切な行使を求める抽象的義務付け判決こそが、司法と行政の役割分担として適切である。

本判決の主文は、被告県知事は事業者に対し、本件処分場につき「19条の５第１項に基づき、生活環境の保全上の支障の除去又は発生の防止のために必要な措置を講ずべきことを命ぜよ」との内容であり、「当該処分場につき、当該法条に基づき何らかの措置をせよ」と命じているに等しく、行政庁に内容形成裁量を残している。少なくとも抽象的不作為の場合、処分の特定はこの程度で足りるのであり、抽象的義務付け判決を容認した例として本判決を支持したい。

2 原告適格

(1) 生活環境・健康

問題となる訴訟要件は原告適格であり、通常は**生活環境・健康被害**が主張される。

業許可については**高城町産廃業許可判決**（最三判平成26年7月29日民集68巻6号620頁〈49〉）がある。同最判は、産廃処分業許可取消訴訟の原告適格の判断において、①生活環境保全と公衆衛生の向上という法の目的（1条）、産廃処分業の許可制（14条6項）、許可要件としての施設・能力要件（14条10項1号）、これらの規定を受けた廃掃法規則の具体的な基準、②産廃処理施設の設置許可要件としての省令の技術基準と周辺地域の生活環境保全への適正配慮（15条の2第1項1号・2号）、維持管理に係る規制（15条の2の2等）、③処分業許可にかかる生活環境の保全の観点からの付条件（14条11項）、処理基準・付条件違反に対する事業停止命令等の監督権限（14条の3第2号・3号・14条の3の2第2項）、④業許可にかかる更新制（14条7項）、⑤設置許可でミニアセスの添付と手続履践の要求（15条3～6項）等を挙げる。

そして、周辺住民のうち、当該最終処分場から有害物質が排出された場合にこれに起因する大気や土壌汚染、水質汚濁、悪臭等による健康・生活環境に係る著しい被害を直接的に受けるおそれがある範囲（**被害想定地域**）内の住民は、当該最終処分場を事業の用に供する施設としてされた産廃処分業許可取消訴訟の原告適格を有するとした。

また、被害想定地域の具体的判断について、処分場の種類・規模等の具体的な諸条件を考慮に入れた上で、当該住民の居住地域と当該処分場の位置との**距離関係を中心**として、社会通念に照らし合理的に判断すべきであり、ミニアセスの調査対象地域内の住民の原告適格を肯定した（本件処分場の中心地点から約1.8km内の住民につき肯定、20km以上離れた住民につき否定）。

施設設置許可についてもパラレルに考えてよい（例えば後掲エコテック行政高裁判決）。

この点、住民の居住を必要条件と考えるべきではない。例えば通勤通学や農作業従事など被害想定地域内で日常的に一定時間活動する者は、上記おそれに変わりがない以上、適格を認めるべきである（**ダック判決**〔横浜地判平成11年11月24日判タ1054号121頁〈旧48〉〕は年3回茶畑の収穫や手入れをする原告が周辺住民に準ずるとして適格を認め、前掲平成19年さいたま地判も通勤者に適格を認めた）。

(2) **財産権**

自然人の生活環境・健康が適格を基礎づけうるのに対し、**財産権**について個別保護要件を満たさないとした適格否定例がある（例えば後掲平成21年奈良地決）。また例えば、住民が構成する権利能力なき社団（同決定）や施設設置予定地に隣接する建物で食品加工業を営む法人（前掲平成19年大阪高判・平

成18年大阪地判）等の団体も、同様に否定例がある。

なお、安定型最終処分場につき、地滑り、設備の沈下または産廃流出等の事故による直接的な被害想定地域内の居住者に適格を認めた例（前掲平成10年大分地判〔268頁〕）もあるが、やはり財産権を想定していない。

(3) 環境媒体との関係

廃棄物訴訟では、被害想定地域の設定とあてはめが、しばしば問題となる。生活環境への影響は、係争処理**施設の種類**と排出先の**環境媒体**により異なる。具体的には、中間処理施設のうち、焼却・破砕・溶融施設等は**大気汚染**を通じ、最終処分場は**水質汚濁**を通じた悪影響が問題とされやすい。結局、被害想定地域の判断は、**処理施設**の種類・構造・規模等を踏まえ、原告の居住・活動地域と施設の**距離関係**（地理的条件）を中心として、社会通念に照らし合理的に判断される。

大気汚染については、例えば産廃破砕施設の中心部から3kmの範囲内の住民・通勤者（前掲平成19年さいたま地判〔268頁〕）、PCB等分解・洗浄施設の設置予定地から最大約6.4kmの範囲内の住民（**名古屋地判平成18年3月29日**判タ1272号96頁、後掲名古屋高判平成19年3月29日）、焼却炉の建設予定地から半径2km（後掲・令和4年岐阜地判〔272頁〕）につき、適格肯定例がある。**水質汚濁**については、例えば管理型最終処分場の下流8.5kmで生活・農業用水として取水し、または井戸水を利用する住民（**福島地判平成14年5月21日訟月49巻3号1061頁**）や、管理型最終処分場の設置が予定される台地全体の居住者等で地下水を利用する者（後掲**エコテック行政高裁判決**）につき、適格を認めた例がある。

他方、**福井地判平成22年6月25日判自340号87頁**は、一廃収集運搬処分業の許可更新を受けた処理業者（補助参加人）につき、欠格事由該当を理由に、事業地域内の住民が、許可の義務的取消し（法7条の4第1項）の義務付けを求めた事案で、廃棄物処理の過程で生活環境に直接的かつ著しい被害を現に受け、または被害が想定される範囲の住民に当たらない（施設から1km以上離れている）として、適格を否定した。

原告適格が認められる周辺住民には、処理業者が原告として提起する不許可処分取消訴訟に補助参加する利益が認められる。**吉永町最終処分場決定**（最三決平成15年1月24日集民209号59頁〈45〉）は、民訴42条にいう「訴訟の結果について利害関係を有する第三者」を、原告適格と区別していない。

3　執行停止

廃棄物の不適正処理がされると、井戸水汚染など生活環境に不可逆の影響

が生じうるから、本来、執行停止が積極的に活用されるべきであるが、認容例は僅少である。**奈良地決平成21年11月26日判タ1325号91頁**は、安定型の産廃最終処分場設置許可の執行停止を認めた。同決定では、同一処分業者による既設処分場での不適正処理の経過が重視されている。

4　本案審理

処分要件の不充足の違法が主張されるが、民事訴訟と異なり、原告勝訴事例は比較的少ない。廃掃法違反がない場合、民事訴訟の提起が検討される。

(1)　申請者要件

典型事例6-1でも見たが、**経理的基礎**の要件（法15条の2第1項3号、規12条の2の3第2号）を欠くとした**エコテック行政地裁判決**（千葉地判平成19年8月21日判タ1260号107頁〈43〉）は、管理型処分場の設置許可がされた時点で、周辺住民らが生命・身体等に係る重大な被害を直接に受けるおそれのある災害等が想定される程度に、処分業者が経理的基礎を欠く状態であり、許可が違法であるとした。

また、**岐阜地判令4年5月16日判自502号70頁**は、産廃処理施設（焼却炉）設置許可の取消しを周辺住民が求めた事案で、経理的基礎の要件は、不適切な操業により生命・身体等に直接被害を受ける周辺住民の利益を保護する趣旨を含むと解したうえで、設置者の事業計画が採算性のないものである場合など、継続的に適切な操業をおよそ期待できない経理的事情がある場合であることを要すると判示した上で、焼却炉燃料費の過少見積もり、許可申請後の仕様変更を反映した計算でないことを指摘し、黒字転換の時期を合理的に予測できない等として許可を取り消した。

他に、処理業者が業務に関し不正または不誠実な行為をするおそれがあるとの主張（法15条の2第1項4号・14条5項2号イ・ニ・7条5項4号チ）がされる場合もある（例えば前掲平成21年奈良地決）。

(2)　手続的瑕疵

エコテック行政高裁判決（東京高判平成21年5月20日 LEX/DB25441484〈48〉）は、必要な**生活環境影響調査**を欠いたとして設置許可を違法とした。手続瑕疵を争える事案は必ずしも多くないが、本件は改正法附則により適用が除外されると理解して手続を履践しなかった事案である。

かねて自治体の指導要綱等が求める同意の不取得を理由に、許可申請を拒否する事例があった。しかし、同意要求は行政指導にすぎず法的根拠がないから、行政庁に同意不取得を理由として申請を拒否する裁量はなく、不許可処分は違法となる（前掲札幌地判平成9年2月13日〔注(7)〕）。

(3) 裾切り要件＊

　前掲平成19年さいたま地判は、産廃処分業（破砕）の範囲の変更許可を違法とした。

　まず、変更許可（14条の2）においても許可要件の充足が必要とされる（同条2項）。変更申請にかかる「事業の用に供する施設」（14条10項1号）は、省令（規10条の5第1号イ(4)）で定める基準（廃プラスチック類……の処分を業として行う場合には……処分に適する破砕施設……を有すること）に適合する必要があるところ、15条の2の基準を満たし、15条1項の設置許可を得た施設であれば、上記省令基準にいう「処分に適する」といえ、14条10項1号の要件を充足すると考えられる。

　ところで、設置許可は政令で定める処理施設について必要とされるところ（15条1項本文かっこ書）、廃プラ類の破砕施設は「1日当たりの処理能力が5トンを超えるもの」とされている（令7条7号）。本判決は、処理能力とは各産廃を単独で処理する場合の公称能力をいい、処理業者が通常投入を予定している廃プラ類の割合にかかわらず、廃プラ類単独での処理能力をもって判断すべきとした。そして、裾切りで許可不要と理解して係争施設につき許可を得ていなかったとして、違法と判断した。

(4) 適正配慮要件

　名古屋高判平成19年3月29日 LEX/DB25420872 では、PCB等の分解・洗浄施設の設置許可の取消訴訟で、法15条の2第1項2号の生活環境への**適正配慮要件**の充足が争われた。判決は、知事の専門・技術的裁量を認め、環境影響につき専門家の意見に基づき適切に判断する必要があるとした。そして、同号の基準適合性については、専門家や専門審査会の意見に看過し難い過誤・欠落があり、知事の判断がこれに依拠したと認められる場合に違法となるとしたが、本件で問題はないとして、請求を棄却した。

(5) 行政事件訴訟法10条1項論

　廃棄物訴訟では近時、行訴法10条1項による主張制限が問題とされる場合がある。

　エコテック行政地裁判決では、経理的基礎要件が問題となった。第三者固有利益限定説では主張制限を受けないが、厳格制限説によれば、事業者の経営の健全性確保のために財政的裏づけを求める趣旨の規定違反は主張しえないとされうる。しかし、処理業者が経理的基礎要件を満たさない場合、適正処理をするコストを回避して不適正処理をするおそれが高まるから、生活環境被害のおそれも高まると言え、同説の立場でも、違法主張を認めるべきであろう。本判決は、およそ経理的基礎を欠く場合に限定して違法主張を認め

た点に特徴がある。

　また、一廃処理業許可取消訴訟の事案であるが、**長野地中間判平成23年9月16日判自364号33頁**は、①処分困難要件、②施設基準、③申請者の能力要件、④経理的基礎要件、⑤欠格事由（不正・不誠実行為）を満たさないとの原告周辺住民の違法主張につき、**厳格制限説**に立った上で、①④⑤の主張を許さなかった。一廃特有の①は議論があろうが、④⑤を満たさなければ適正処理は期待できないから、厳格制限説でも違法主張を認めるべきであろう。

二　主な裁判例

　　　上記に触れたほか、主な裁判例を挙げておく。実例は民事訴訟ほど多くない。

　南相馬市判決（福島地判平成24年4月24日判時2148号45頁）（控訴取下げにより確定）は、知事に対し管理型処分場等の設置許可取消しの義務付け等を周辺住民が求めた事案で、処分が廃掃法15条の3第1項1号・14条5項2号・同号イ・7条5項4号ハに該当する（設置事業者の役員が禁固以上の刑に処せられた）ため、知事は処分取消義務を負うとして、請求を認容した。産廃処理施設から継続的に排出されるダイオキシン類等の有害な物質により、施設周辺に居住し、生活・農業用水を施設周辺から直接利用して生活を営んでいる者の生命・健康に損害を生ずるおそれがあるとして、「重大な損害」を認めた。なお、補充性につき、かかる損害は事後的な金銭による回復に委ねることが相当でない性質であり、たとえ民事上の請求は可能であっても、右許可の取消し処分を義務づけるほかに、右損害を避けるための適当な方法はないとした。

第4節　廃棄物分野の環境民事訴訟

　廃棄物処理をめぐる民事訴訟の多くは、産廃処理施設の建設・操業の民事差止めを求める訴訟であり、係争施設により問題状況が異なる。

一　中間処理施設の建設・操業差止め

　ダイオキシン排出による健康被害のおそれを理由に、焼却施設の建設差止めを認容した例に、**甲府地判平成10年2月25日判時1637号94頁**がある。決定は、焼却施設に人体に有害な重金属類が搬入され、焼却処理の過程で、強い毒性があり微量の摂取でも健康を損ないかねないダイオキシン類の発生可能性があるとした。その上で、焼却施設を建設・操業しようとする事業者が、操業による有害物質発生の実態と環境汚染の防止対策に係る具体的資料を提出し、近隣住民への健康侵害のおそれがないことを明らかにしない限り、侵害のおそれが推認されるとして、中間処理施設の建設の差止めを認めた。

　他方、**岡山吉備郡産廃堆積事件判決**（岡山地判平成14年1月15日 LEX/DB28071810）では、産廃の堆積、野焼き、焼却がされている事案で、周辺住民が堆積産廃の搬出、爾後の搬入差止め、損害賠償を求めた。判決は、原告らの生活空間における有害物質の汚染状況等からみて、本件土地における汚染原因物質の排出が、原告らに現に何らかの健康被害を与え、または生活環境の顕著な悪化をもたらしているために、原告らが健康被害を受ける危険が差し迫っていることを要するとし、その立証がないとして請求を棄却した。

　健康被害を生じる場合は通常、受忍限度を超えるとされ、受忍限度論に触れない裁判例も少なくない。

　　　　この点、一廃処理施設につき、**日の出町民事判決**（東京高判平成21年6月16日 LEX/DB25451325。前掲**日の出町行政判決**の関連事件）は、受忍限度判断の考慮要素として次の5点を挙げている。
　　　　すなわち、①搬入廃棄物の有害性、②処分場からの有害物質の流失・飛散の有無・程度を検討した上、③①②による生命・健康被害発生の**現実的危険**の有無、④処分場の必要性・公共性の有無・程度、⑤被害防止措置の有無・効果等の諸事情を総合的に考慮して、処分場の操業による生命・健康侵害が受忍限度を超える場合は、人格権に基づく差止等請求権が認められるとした。判決は、周辺環境において環境基準等を超過する有害物質が検出される状況にないとして③を否定したが、受忍限度論に因果関係の判断を取り込んだものといえる。

二　最終処分場の建設・操業差止め

1　安定型最終処分場

多数の裁判が提起され、原告勝訴例も多数ある。

安定型処分場は、管理型と異なり、構造上、遮水工・遮水シートを有しない素掘りの穴を埋め立てていくため、**安定5品目**の処分のみが許容されている。しかし実際には、廃棄物の分別が困難であり、安定5品目以外の有害廃棄物が混入して処分場に搬入され、例えば地下水を汚染して周辺住民に環境被害を与える場合がありうる。

処分場の場合、地下水等を通じた水質汚濁が問題となるケースが少なくない。安定型処分場の建設差止めを認めた指導的裁判例である**丸森町決定**（仙台地決平成4年2月28日判タ789号107頁〈38〉）を紹介しておこう。

本決定は、「人は、生存していくのに飲用水の確保が不可欠であり、かつ、確保した水が健康を損なうようなものであれば、これも生命或いは身体の完全を害するから、人格権としての身体権の一環として、質量共に生存・健康を損なうことのない水を確保する権利がある」とする。そして、「洗濯・風呂その他多くの場面で必要とされる生活用水に当てるべき適切な質量の水を確保できない場合や、客観的には飲用・生活用水に適した質である水を確保できたとしても、それが一般通常人の感覚に照らして飲用・生活用に供するのを適当としない場合には、不快感等の精神的苦痛を味わうだけではなく、平穏な生活をも営むことができなくなる」から、「人格権の一種としての**平穏生活権**の一環として、**適切な質量の生活用水**、一般通常人の感覚に照らして飲用・生活用に供するのを適当とする水を**確保する権利**がある」とする。そして、「これらの権利が将来侵害されるべき事態におかれた者、すなわちそのような**侵害が生ずる高度の蓋然性**のある事態におかれた者は、侵害行為に及ぶ相手方に対して、将来生ずべき侵害行為を予防するため事前に侵害行為の差止めを請求する権利を有する」としたのである。

これは、**人格権**の一種として**浄水享受権**を認めたものである。表現や論理構成に変種があるものの、類似の問題状況にある安定型処分場の建設・操業を差し止めた裁判例は少なくない。

> 例えば大分地決平成7年2月20日判時1534号104頁（水質汚濁は否定したが、地盤崩壊の危険性を理由に操業差止めの仮処分を認容）、熊本地決平成7年10月31日判タ903号241頁（遮水工を設置しない限り建設等をしてはならないとした）、東京高判平成19年11月28日 LEX/DB25463973（井戸

水汚染の蓋然性を肯定）等がある。

2　管理型最終処分場の構造と裁判
　管理型処分場には、安定5品目以外の有害な廃棄物の処分が予定されるため、有害物質の処分場外への漏出を防ぐ構造が必要であり、鉛直・表面遮水工等を設けねばならない。地下水が豊富であるなど処分場の立地自体に問題があるケースもある。

　管理型の場合、安定型と異なり、汚染物質の①**搬入**自体は主争点とならず、むしろその②**漏出**と③原告への**到達**が問題となる。②では地質（透水性）、遮水工の施工・寿命・破損、施設の汚水処理能力や管理運営能力、設置者の資力等が、③では水の利用状況（井戸水、水道水、農業用水）や場所的関係・地形的条件等が考慮される。

　法は、種々の規制を設けて汚染物質の漏出防止を図っているから、十分な汚染防止設備があり、②漏出のおそれがないと判断されれば、差止請求は棄却される。安定型と異なり、管理型の裁判では漏出防止設備・対策の技術論争となる事情もあり、差止認容例は2件のみである。**鹿屋市判決**（鹿児島地判平成18年2月3日判タ1253号200頁）は、浄化処理に十分な設備でない点、エコテック民事判決（千葉地判平成19年1月31日判時1988号66頁〈40〉。ただし、控訴審である東京高判平成21年7月16日判時2063号10頁は原判決を取り消し、経理的基礎にかかる事実認定を変更し、請求を棄却した）は十分な運営費用を最終処分場の廃止まで負担し続けられる資力（**経理的基礎**）が不十分である点にそれぞれ着目して、建設・操業の差止めを認容した。

3　立証責任の転換
　廃棄物処理を巡る環境民事訴訟においても、原告側が立証の困難を有している事情に変わりはない。事案により変種があるが、例えば**丸森町決定**は、**住民が侵害発生の高度の蓋然性**につき一応の立証をしたときは、事業者がそれにもかかわらず侵害発生の高度の蓋然性のないことを立証すべきであり、それがない場合には、侵害発生の高度の蓋然性の存在が認められるとした。これは、立証責任の転換を認めたものと理解しうる。

三　主な裁判例

1　中間処理施設等
　焼却施設の設置操業をめぐっては、ダイオキシンの危険性がしばしば主張されてきた。

　　　　津地上野支決平成11年2月24日判タ1037号243頁〈37〉は、焼却施設の操

業禁止仮処分事件で、ダイオキシン類の危険性を指摘した上で、事業者が各設備の具体的内容を疎明する資料を提出しなかったことから、操業による健康被害発生の高度の蓋然性が一応認められるから、法令の構造基準を充足する設備を備え、維持管理基準に沿った維持管理が可能となり、受忍限度を超える周辺住民への被害発生の蓋然性が消失するまでは、操業停止命令もやむをえないとして、認容した（本件施設は改正法の経過措置として許可は不要だが、法令基準の遵守が必要であった）。事業者側の安全対策の立証を重く見た判断といえる。

焼却施設の操業差止めの認容例として、他に長野地飯田支判平成15年4月22日 LEX/DB28081843、名古屋地判平成15年6月25日判時1852号90頁、徳島地判平成16年1月14日 LEX/DB25410542等がある。

他方、棄却例として、**名古屋地判平成21年10月9日判時2077号81頁**はまず、設置者において、①施設が構造基準に適合し、かつ、②施設を稼働させた場合に継続的に維持管理基準を充足できることを相当な資料、根拠に基づき立証しなければ、本件施設によって住民らの受忍限度を超えて生命の安全等が侵害される蓋然性があることが事実上推定されるとした。その上で、①②が相当な資料、根拠に基づき立証された場合は事実上の推定が破れ、住民らにおいて生命の安全等が侵害される蓋然性につき、さらに立証する必要があるところ、その立証がないとした。その他の棄却例に、京都地決平成11年12月27日判タ1080号229頁（ごみ焼却施設の必要性の有無を主要な争点と捉える点に違和感がある）等がある。

焼却施設より高温で溶融する**溶融施設**が導入されてきた。

四日市ガス化溶融処理施設判決（津地四日市支判平成18年9月29日判自292号39頁）は、ダイオキシン類等の排出により受忍限度を超える程度の健康被害が生じる蓋然性がなく、条例アセスの手続違反もない等として、人格権に基づく使用・差止請求を棄却した。

産廃の不適正処理、不法投棄も人格権侵害を立証できなければ司法救済を求めえない。前掲**岡山地判平成14年1月15日**は、解体業者の自己所有地への長年にわたる①大量の産廃の搬入・堆積による土壌汚染・水質汚濁、②野焼きによる大気汚染、③堆積廃棄物の崩壊による土石流の危険を理由に、人格権侵害に基づき搬入済み産廃の搬出と搬入差止め等を求めた訴訟で、具体的な被害立証がないとして請求を棄却した。

2 最終処分場

安定型処分場については、すでに触れた裁判例のほか、認容例が多い。

広島地判令和5年7月4日 LEX/DB25595453は、安定型産廃最終処分場の設置許可取消訴訟において、施設の設置による周辺地域の生活環境へ

の影響を的確に予測し、その分析を通じて、その地域状況に応じた適切な生活環境保全対策等の検討に結実させるためには、その地域の生活環境の現況に対する、必要十分で、かつ、正確な把握が不可欠の前提であるのに、生活環境影響調査の法定項目である地下水の現況把握は予定地周辺の必要な井戸の調査を怠っており、また、農業用水に影響する水質の現況把握についても、調査地点の設定が不適切であり調査指針の沿っていないから、法15条の2第1項2号の適正配慮要件の適合性につき、その判断過程に看過し難い過誤・欠落があるとして認容した。

　管理型処分場は鹿屋市判決とエコテック民事判決のほか、**広島高岡山支判平成25年12月26日 LEX/DB25541023**は、処分場から漏出される有害物質により付近の川や浄水場の水を摂取する者の生命・身体について社会生活上受忍すべき限度を超えた被害を受ける蓋然性が高いと認められるとして、原判決（岡山地判平成24年12月18日 LEX/DB25541112）を取り消し、差止請求を認容した（かなりあっさりとした判断である）。

　一廃処分場の操業差止請求の棄却例に、福島地いわき支判平成13年8月10日判タ1129号180頁（相当程度の可能性アプローチをとり、受忍限度を超えて浄水享受権を侵害しない安全性につき相当の根拠・資料に基づく立証があるとした）、大津地決平成12年1月31日判自202号64頁（被害の蓋然性なし）等がある。

　処分場の設置・操業をめぐっては、しばしば**公害防止協定**が問題となる。**福津市判決**には、すでに触れた（11頁、259頁）。

　奈良地五條支判平成10年10月20日判時1701号128頁は、地域住民代表と被告産廃処理会社代表者との間で締結された公害防止協定違反を理由に、原告地域住民による廃棄物の撤去請求を認容した。①施設に関する協定が保護しようとする住民の生活環境保全の権利は、地域住民が個々に有しており、協定が住民個々人の権利を設定する趣旨と認めた点、②協定上は明確でない撤去請求権を条項の合理的意思解釈により認めた点に特徴がある。

　また、やや珍しい紛争として、複数の市町村が一廃と産廃の処分を処理業者に委託したところ、不適正処理がされ、生活環境保全上の支障が生じた場合において、汚染水対策に費用を捻出した市町村から他の市町村に対する事務管理基づく有益費の償還請求が認容された事例がある（**福井地判平成29年9月27日判タ1452号192頁**（敦賀市））。福井地判令和3年3月29日判時2514号62頁（福井市）もほぼ同旨の判決である。これに対し、後者の控訴審である**名古屋高金沢支判令和4年12月7日 LEX/DB25593981**は、排出自治体が一般廃棄物の処理について一般的・抽象的責任を負うにすぎ

ず、その区域外においてまで生活環境の保全上支障又はそのおそれを生じさせた場合における支障除去又は防止のために必要な措置を講ずる義務を負わず、措置に要した費用は他人のための事務に要した費用には当たらないから、事務管理は成立しない等として原判決を破棄し、福井市の請求を棄却した。

3 その他の施設

寝屋川リサイクル施設判決（大阪地判平成20年9月18日判タ1300号212頁）は、廃プラ選別・圧縮施設、リサイクル施設の周辺住民が、VOCを含む既知・未知の有害化学物質の排出により健康被害を受けたとして、設置者を被告とし人格権に基づく操業差止請求をした事案で、一定の有害化学物質の排出はあるが、健康に影響を及ぼす程度でなく、受忍限度内として請求を棄却した。**杉並病原因裁定**とは異なり、再商品化適合物のみが扱われている点を指摘している。

第5節　廃棄物分野における規制対抗訴訟

一　廃棄物処理法と規制対抗訴訟

　数が多く多岐にわたるため、本節では産廃訴訟を中心とした主要裁判例の紹介にとどめる。

1　法に基づく規制権限行使への対抗*
⑴　申請に対する不作為・返戻・不許可

　業・施設設置の許可申請が拒否されたり、申請が放置された場合に、申請者たる産廃処理業者が不作為の違法確認訴訟や拒否処分取消訴訟を提起した例は多いが、許認可申請をめぐる一般的な行政訴訟と特に変わりはない。また、しばしば国賠訴訟の形式もとる。

　近江八幡市判決（大阪高判平成16年5月28日判時1901号28頁〈46〉）では、A市が、「地元住民の同意か公害防止協定の締結がなければ業・施設設置の許可をしない」との取扱要領を定めていた。産廃処分業の許可申請をしたBに対し、A市職員は同要領に基づく行政指導をしていたが、地元自治会の同意が得られなかったBは、行政指導に協力できないとして許可を求めた。これに対しAは申請書を返戻し、Bは事業を断念した。

　判決は、BがAの行政指導に協力できない旨の意思を真摯かつ明確に表明したのに、**同意書**等の徴求を求め続け、提出がないとして事前審査を終了させず、許可申請に対する判断を留保したことは、同意書等の提出を事実上強制したものであり、違法な措置だとして、国賠請求を認容した。同種、類似の裁判例は少なくない[17]。

　上記事案を前提に訴訟方法を概観してみよう。

　法令に基づき許可申請がされる（行政庁の事務所に到達する）と、行政庁には**審査応答義務**が生じる（行手7条。返戻は許されない）。相手方が任意に行政指導に従っている限り、申請に対する不作為は違法とならない。しかし、相手方が行政指導に従わない旨の明確な意思表示をした場合は、処分に必要な相当期間（通常要すべき標準的な期間である標準処理期間〔行手6条〕が参照される）を経過すると、申請に対する不作為は違法となる。

---

[17]　例えば前掲注⑺札幌高判平成9年10月7日、名古屋高判平成10年11月12日判タ1025号286頁、広島高岡山支判平成12年4月27日判自214号70頁、前掲福島地判平成14年5月21日、長野地判平成22年3月26日判自334号36頁等。

よって、①**不作為の違法確認訴訟**は認容される。①では、申請に対する不作為（判断留保）を違法と評価できれば足りる。②**国賠訴訟**では、判断留保に加え、同意書等の提出を求める行政指導の継続など行政の一連の行為の違法主張がされる（品川マンション判決によれば、行政指導に対する不協力が社会通念上正義の観念に反する特段の事情がある場合は、行政指導は違法とされない余地もあるため、この点も審理される）。

産廃規制では、許可申請が法令要件を満たしていれば、行政庁に拒否する裁量はないから、③**拒否処分取消訴訟**、さらに③と併合提起された④**許可の申請型義務付け訴訟**も認容されよう。

(2) 許可の要否

フジコー判決（東京高判平成5年10月28日判タ863号173頁）は、建設廃棄物の適正処理を図るべく「排出事業者」の範囲を限定し、許可制による規制範囲を拡大した行政解釈（厚生省通知）を違法として、許可取得に要した費用等の国賠請求を認容した。

現在の訴訟理論では、許可の要否に関する理解が行政庁と事業者で食い違う場合、国賠訴訟によらず、公法上の当事者訴訟で司法救済を求めえよう。

千葉地判平成18年9月29日LEX/DB25420796は、産廃処理施設を使用しようとする者が、同施設が、使用に廃掃法15条1項の許可を要しない「既設ミニ処分場」に当たるとして、施設使用につき同許可を要しない地位の確認を求める訴えを、適法とした（請求は棄却）。

本件では、①争いのある許可の要否を本件訴訟で確認すれば、事業者による処分場使用の可否が判明し、行政庁との間の現在の紛争を直接かつ抜本的に解決するのに有効適切な手段といえる（**確認対象の適否**）。②行政庁は係争施設が既設ミニ処分場に当たらず許可が必要であると通知、警告しており、事業者と行政庁の間で、許可の要否に関して深刻な見解の相違があるところ、許可不要と判断して使用した場合には刑事罰の危険があり、刑事手続で許可の要否を争わせるのは酷であるし、事業者は有罪を恐れて結局、使用を控えざるをえず、後の時点でも司法審査の機会が得られない（**即時確定の必要性**）。③行政庁の通知には処分性がなく、本件では特段の処分も予定されていないため、抗告訴訟によって許可の要否を争いえない（**方法選択の適否**）。以上から、確認の利益が肯定される（なお、東京高判平成19年4月25日LEX/DB25420883は原判決を取り消して訴えを却下したが、誤りであろう）[08]。

2　条例規制への対抗*

産廃処理施設の設置はしばしば紛争となるが、廃掃法には立地規制がない

上に規制も弱く、また、現在では多くの市町村が法の規制権限をもたないため、地域の実情に応じた対応を可能とすべく、様々な独自条例が制定されてきた。地方自治法14条は、地方公共団体は、「法令に違反しない限り」で条例制定権を有する旨を定めており、廃掃法等の法令に違反する条例は効力を有しない。

徳島市公安条例判決（最大判昭和50年9月10日刑集29巻8号489頁）は「条例が国の法令に違反するかどうかは、両者の対象事項と規定文言を対比するのみでなく、それぞれの**趣旨、目的、内容及び効果**を比較し、両者の間に矛盾牴触があるか」によって決するとした。整理すると次のようである。

まず、①ある事項につき法律で規律する**明文規定がない場合**は、条例で規律しうる。しかし、当該法令全体からみて、明文規定の欠如が特に当該事項につき**いかなる規制をも施すことなく放置する趣旨**と解されるときは、当該事項を規律する条例は違法となる。

次に、②同一事項を規律する**法律と条例が併存する場合**は、次のように処理する。

（ⅰ）条例が法律と**異なる目的**を有し、条例の適用により法律の意図する**目的・効果を阻害しない**とき、または(ⅱ)同一目的であっても、法律が全国一律に同一内容の規制をする趣旨でなく、地方の実情に応じた**別段の規制を容認する趣旨**と解されるときは、条例は適法である（1999年分権改革前の地方自治法下の判示であるが、自治事務でもなおこの判断枠組みは有効である）。

横出し条例は一般的に許容されやすいのに対し、上乗せ条例は法律にこれを許容する明示規定がない場合、以上のような検討が必要となる。

同一目的を有する場合に、法律の委任なく産廃処理施設に対する規制を強化する自主条例を制定しても違法になるおそれがあるため、条例はしばしば他の目的・観点から制定されてきた。

　　自然保護や林道管理に関する条例がしばしば問題となってきたが、水源保護条例の事案として、**紀伊長島町判決**（最二判平成16年12月24日民集58巻9号2536頁〈53〉）がある。問題とされた水道水源保護条例は、規制対象事業場に認定した施設につき、指定地域内の設置を禁じていたが、最判は条例の適法性には直接触れず、設置計画を了知しながら、条例を制定し上記認定をした経緯を問題視し、事業者との間で十分な協議と適切な指導をし、その地位を不当に害しないように配慮する義務に違反した場合には処

---

(18)　その他当事者訴訟の活用例に、長野地判平成20年7月4日判タ1281号177頁（産廃処理業の範囲変更許可申請に関連し公共下水道の使用させる給付請求を認容）等がある。

分が違法となると判断した（差戻後の名古屋高判平成18年2月24日判タ1242号131頁は認定処分を違法とした）。

3　競業者訴訟

参入規制のある一廃では、同業他社による訴訟も散見される。

最三判平成26年1月28日民集68巻1号49頁は、市町村長から一定の区域につきすでに一廃の収集運搬・処分業の許可・更新を受けている者は、当該区域を対象として他の者にされた同様の処分につき、取消訴訟の原告適格を有するとした。判決は、法が許可要件に関する市町村長の判断を通じて、処理業の需給状況を調整する仕組みを採用しているとした上で、一定区域における需給均衡が損なわれると、既存許可業者の事業の適正運営が害され、衛生・環境の悪化、ひいては住民の健康・生活環境への被害発生のおそれがあるため、これを防止するために法は種々の法規制を設けているとし、法が当該区域の衛生・環境を保持する基礎として、既存許可業者の営業上の利益を個別的利益としても保護する趣旨を含むと解した。この判断は、一廃処理業が市町村による収集運搬が困難な場合に出される補完的性質を持ち、また、法7条12項による料金上限を設定など、産廃処理業と異なり、契約自由の原則が修正されている点に照らしても妥当である。

二　容器包装リサイクル法と規制対抗訴訟

【典型事例6-2】

> 小さなデパートを経営するＢ法人は、自ら販売する商品に用いる包装（容リ法2条3項の「特定包装」に当たる）に関し、循環的利用につき何らの対応もとっていない。
> 〔設問1〕　この場合において、主務大臣Ａは、どのような措置を講じうるか。
> 〔設問2〕　Ｂ法人は、自らが同法2条13項・同条11項4号に該当するなどと主張して、循環的利用につき何らの対応もとる必要がないと考えている。この場合、Ｂ法人は、主務大臣Ａとの関係で、どのような訴訟を提起できるか。
> 　　　　　　　　　　　　　　　　　　　　　　　　（平成22年第1問を改題）

1　主務大臣のとりうる措置（設問1）

Ｂが容リ法の「特定包装利用事業者」（2条13項）に当たる場合、Ｂは一定量の再商品化義務量の再商品化義務を負う（13条1項）。しかるにＢは何らの対応もしていない。

Ａとしては、再商品化の実施確保に必要なときは、Ｂに対し、必要な指導・助言ができる（19条）。さらにＡは、Ｂが正当理由なく再商品化義務を履行しない場合、Ｂに対し、**勧告**ができ、勧告に従わない場合はその旨の公

表が、公表しても措置をとらない場合は勧告にかかる措置の命令（20条1〜3項）ができる。命令違反には罰金刑（46条）があり、Aは刑事告発（刑訴239条2項）の措置もとりうる。

2　容器包装リサイクル法の義務を争う訴訟（設問2）

Bが2条13項・同条11項4号（中小事業者の適用除外）に該当する場合、再商品化義務を負わない。よって、AのBに対する容リ法に基づく同義務の履行要求は、法的根拠がなく違法（少なくとも法的には無意味）となる。Bは、この違法をいかにして争いうるか。

(1)　義務不存在等の確認訴訟

再商品化義務は法の規定により自動的に（特段の処分を要せず）課せられる法的義務である。そのため、Bは国を被告として、抗告訴訟ではなく、公法上の実質的当事者訴訟（行訴4条）としての**再商品化義務不存在**確認訴訟を提起しうる。

(2)　勧告（20条1項）への対応

容リ法の勧告は、相手方の法的地位を変動させず、罰則もない行政指導にすぎないから、現在の判例の考え方では、処分性が認められず、勧告の差止・取消訴訟は提起しえないであろう。

そこで(1)と同様に、勧告に従う義務の不存在確認訴訟を提起しうる。勧告の違法確認も考えうるが、争点は結局、再商品化義務の存否であり、実際には(1)と同内容の訴訟となろう。

(3)　公表（20条2項）への対応

公表は事実上の打撃をもたらすが、一般に処分性が否定されており、差止・取消訴訟は困難であろう。Bとしては、名誉権、営業権に基づき、公表の差止（公表後は撤回）請求訴訟を提起しうる（容リ法に基づく公表を公法上の法律関係と捉えれば公法上の当事者訴訟となり、私法上の法律関係と捉えれば民事訴訟となるが、両者に実質的な違いはない）。この訴訟の争点も、再商品化義務の存否が中心となろう。公表によりBの信用が毀損された場合は、国賠請求も認容の余地がある。

(4)　命令（20条3項）への対応

措置命令は不遵守の罰則を伴い、明らかに処分性をもつから、①命令の差止訴訟（行訴3条7項・37条の4）の提起・仮の差止めの申立て（同37条の5第2項）を、命令がされた場合は、②命令の取消訴訟の提起・執行停止の申立てをすることになろう。争点は2条13項・同条11項4号該当性となる。

3 ライフ判決

　容リ法関連の裁判例として著名な**ライフ判決**（東京地判平成20年5月21日判タ1279号122頁〈57〉）のみ紹介する。

　再商品化義務量の算定にあたり、特定容器の利用・製造等事業者の責任比率による按分は、販売見込み額を基礎とするため（11条2項2号ロ）、実際には最終製品の販売者である特定容器利用事業者が9割以上を負担している。

　かかる（相対的な）過重負担が憲法14条に反するとして、スーパーのライフが国賠訴訟を提起した事件で、判決は、憲法も合理的な区別を許容するとした上で、①EPRを採用した容リ法の目的には合理性があり、②利用事業者が容器の材料選択や製品設計等の決定権（コントローラビリティ）をもつのに対し、製造事業者は利用事業者の選択の枠内で技術的側面から**従たる選択権**をもつにすぎないから、容器包装廃棄物の減量化・再資源化という目的達成のために、利用事業者に経済的誘因を与えて商品販売額に再商品化費用を内部化させることが最も効果的であり、立法目的と合理的関連性がある政策だと評し、請求を棄却した。

第7章

土壌汚染

第1節　土壌汚染対策法の概観

一　土壌環境に関する法制

　水質汚濁、大気汚染が**フロー汚染**であるのに対し、土壌汚染は**ストック汚染**である。フロー汚染は放置しても自然の力で一定限度まで浄化されるが、ストック汚染は自然浄化を期待しにくい。土壌汚染は現在進行形の汚染よりも、むしろ過去の蓄積としての汚染にどう対処するかという問題である。

　わが国では戦後、カドミウム米など農作物汚染を通じた健康被害が問題とされた。1970年制定の農用地土壌汚染防止法により、**農用地**の土壌汚染対策**公共事業**が開始されたが、長らく**市街地**の土壌汚染には法規制がなかった。

　市街地を対象とする**土壌汚染対策法**（土対法）制定は2002年と遅い[1]。法が対象を過度に限定したために土対法のカバー領域は狭かったが、2009年改正で拡大され、さらに2017年にも、課題対応のため改正が行われた（現在は土壌汚染調査の約半数が法令調査である）。

　土壌汚染に係る**環境基準**は、**図表7-1**のとおり、**カドミウム、鉛、六価クロム、水銀、砒素**等の重金属、**ベンゼン、トリクロロエチレン**等のVOCにつき設定されている。土壌汚染は地下水汚染、廃棄物の不適正処理や不法投棄等の結果としても生じ、同一事案に水質汚濁防止法（水濁法）や廃棄物処

---

[1]　例えば著名なアメリカのスーパーファンド法（The Comprehensive Environmental Response, Compensation, and Liability Act, CERCLA）の制定は1980年であった。

図表7-1：主な土壌汚染環境基準

項目	環境上の条件
カドミウム	検液1ℓにつき0.01mg以下であり、かつ、農用地においては、米1kgにつき0.4mg以下であること
全シアン	検液中に検出されないこと
有機燐	検液中に検出されないこと
鉛	検液1ℓにつき0.01mg以下であること
六価クロム	検液1ℓにつき0.05mg以下であること
砒素	検液1ℓにつき0.01mg以下であり、かつ、農用地（田に限る）においては、土壌1kgにつき15mg未満であること
総水銀	検液1ℓにつき0.0005mg以下であること
アルキル水銀	検液中に検出されないこと
PCB	検液中に検出されないこと
銅	農用地（田に限る）において、土壌1kgにつき125mg未満であること
ジクロロメタン	検液1ℓにつき0.02mg以下であること
トリクロロエチレン	検液1ℓにつき0.03mg以下であること
テトラクロロエチレン	検液1ℓにつき0.01mg以下であること
ベンゼン	検液1ℓにつき0.01mg以下であること
セレン	検液1ℓにつき0.01mg以下であること
フッ素	検液1ℓにつき0.8mg以下であること

（環境省HP）

理法（廃掃法）が適用される場合もある。

二　土壌汚染対策法の構造

1　目的

　本法は、土壌汚染による**健康被害防止**を目的とし、水濁法等と異なり、**生活環境保全を目的としていない**。現在では人為による進行形の土壌汚染はあまりなく、また、健康被害のおそれがない限り、私有財産制の下で私有地における財産権行使にあえて介入する必要がないためである。

　ただし、汚染土壌の拡散防止措置は、未然防止目的をもつと言える。

2　規制対象物質

　本法の対象物質は、**特定有害物質**（2条1項）であり、政令（1条）で定める**カドミウム、六価クロム、水銀、鉛、砒素、トリクロロエチレン**等の26物質である。**自然由来**の土壌汚染も対象とされる[2]。

　放射性物質や**油類**は対象とされない。油類は直ちに健康被害を生じないため対象でないが、民法が適用される。**ダイオキシン**はダイオキシン類対策特別措置法が規制する。

3　調査の契機
(1)　法定調査と自主調査

　土壌汚染は潜在しており、その存在自体が把握されていない。そのため、汚染の有無・程度につき、必要に応じ、調査で明らかにする必要がある。

　法は、次の3つの調査契機を法定するが、条例に基づき調査義務が発生する場合もある。ただし、土壌汚染は不動産価値を左右する重要事項であるため、現在の不動産取引実務では、法令上の調査義務の有無にかかわらず、通常、取引の前提として、土壌汚染の有無が調査されている（**自主調査**）。

(a)　特定施設の廃止（3条）

　使用が廃止[3]された**有害物質使用**特定施設（水濁2条2項。180頁参照）に係る工場・事業場の敷地であった土地については、土地**所有者等**に土壌汚染の**調査義務**が発生する（3条1項。ただし、法施行前の廃止には適用されない〔附3条〕）。所有者等が設置者でない場合でも、使用廃止を知った知事から**通知**（3条3項）があれば、調査義務を負う。使用廃止日（3条3項の場合は通知日）から120日以内に報告する義務がある（規1条）。汚染の有無・程度が不明な段階での調査義務（汚染除去義務とは異なる）を所有者等に課す制度である。所有者等が環境リスクを発生させる状態を所有権等により支配している点に帰責性を見出し、**状態責任**の観点から正当化される[4]。後述最判は3条3項通知に処分性を認めた。

　ただし、廃止後に予定される利用方法に照らし、健康被害のおそれがない旨の知事の**確認**があれば、**調査猶予**がされる（3条1項ただし書）。工場敷地として利用され、関係者以外の者が立ち入れないことが確実である場合など、実例は多い。　調査猶予を受けた者は、当該確認にかかる**土地利用方法を変更**しようとするときは、予め、知事に**届出**義務がある（3条5項）。義務違反には罰則がある（66条1号）。知事は、健康被害が生ずるおそれがな

---

(2)　環境省「土壌汚染対策法の一部を改正する法律による改正後の土壌汚染対策法の施行について」（2010年）。2009（平成21）年法改正前法では、自然由来の有害物質が含まれる汚染された土壌をその対象としていなかった。しかし同年改正法は、汚染土壌搬出等の規制を創設した。かかる規制を及ぼす上で、健康被害防止の観点からは、自然由来の有害物質が含まれる汚染土壌を、それ以外の汚染土壌と区別する理由がないため、同規制を適用すべく、自然由来の有害物質が含まれる汚染された土壌を法の対象とすると、行政解釈を変更した。

(3)　参議院環境委員会の改正法附帯決議第5項では、工場等の操業中からの土壌汚染対応が求められている。

(4)　旭川地判平成21年9月8日民集66巻2号158頁は調査義務の合憲性を争ったが、本案の判断はされていない。

いと認められないときは、当該確認を取り消す（3条6項）。

　この点、調査が猶予されている土地において、土壌汚染状況の把握が不十分で、地下水汚染の発生や汚染土壌の拡散が懸念される事態が生じていたため、2017年改正法は、土壌汚染状況調査の実施対象となる土地を拡大することとした。

　調査猶予を受けた者が、土地の掘削その他の**土地の形質変更**をし、またはさせるとき（軽易な行為等を除く）には、予め知事に**届け出**なければならない（3条7項）こととし、知事は、この場合、指定調査機関による法定の土壌汚染状況調査とその結果報告を命ずるものとされた（**調査命令**、3条8項）。届出義務違反、命令違反には罰則がある（66条1号・65条1号）。

　3条3項通知に処分性を認めた最判に照らせば、確認[5]、確認拒否、確認取消しにも処分性を認めえよう。

　本法で**所有者等**とは、土地の所有者、管理者、占有者のうち、土地の**掘削等の権限**をもち、調査実施主体として最も適切な者とされる。

(b)　**大規模な土地の形質変更時の調査命令（4条）**

　3000m^2（有害物質使用特定施設の敷地である場合は900m^2、規22条本文・但書）以上の土地につき、掘削等の**形質変更**をする者は、着手の30日前までに、知事に対しその旨の**届出義務がある**（4条1項）。届出義務違反には罰則がある（66条2号・68条）。この場合、知事は、土壌汚染のおそれに関する**省令調査基準**（規26条）該当性を認めるときは、土地所有者等に対し、土壌汚染の状況調査および結果報告を命じうる（**調査命令**、4条3項）。大面積土地の形質変更が汚染拡散など土壌汚染の社会的リスクを伴うためである。単に大規模な土地取引がある場合も含めるべきとの立法論もあったが、見送られた。

　従来、土壌汚染に対する法の適用事例がわずかであったために、法定調査の契機を拡大し、調査の**透明性・信頼性**を高める趣旨で、改正により創設された調査義務である。

(c)　**健康被害のおそれがある場合の調査命令（5条）**

　知事は、健康被害のおそれに関する**政令要調査基準（5条）**該当性を認めるときは、土地所有者等に対し、土壌汚染の状況調査および結果報告を命じうる（**調査命令**。5条1項）。人が飲用に供する地下水の取水口があること（規30条）など要件が詳細かつ厳格に定められているため発動しにくく、実例もない。5条命令違反には罰則がある（65条1号、68条）。相手方不確知で、

---

[5]　土壌汚染の拡大を懸念する隣地住民が確認の違法を争う場合が想定されよう。

放置が著しく公益に反する場合、知事は自ら調査できる（同条2項）。

以上(b)(c)の調査命令には、法律の文言上、知事に一定の裁量が認められるが、汚染調査の範囲や具体的な調査方法に関する専門技術的裁量であり、広範ではない。

(2)　土壌汚染状況調査（2条2項）

上記(a)(b)(c)ルートにより義務づけられる法定調査は、環境大臣が指定する者（**指定調査機関**、3条8項）[6]に、環境省令で定める方法により調査させ、結果を報告する**土壌汚染状況調査**（2条2項）でなければならない。

土壌調査は、フェーズ1～3に分けられる。

フェーズ1＝地歴調査は、不動産登記簿謄本や航空写真等による資料収集で土地の来歴を調べ、土壌汚染の可能性を調べる。

フェーズ2＝概況調査は、試料調査であり、法定の「土壌汚染状況調査」はこれに当たる。土壌汚染のおそれの分類により、試料採取等の密度を変えて行う。なお、実務では、簡易な試料調査を含むフェーズ1.5調査がされる場合もある。

フェーズ3＝詳細調査は、調査の結果、土壌汚染が発見され、措置を要する場合に、汚染対策を決定、措置するための調査である。

法定の土壌汚染状況調査は**サンプル調査**であり、**全量調査**ではない。適切な調査がされた結果、汚染が判明しなかった場合でも、それは当該調査ポイントで汚染がなかったにすぎず、当該土地に全く土壌汚染がないことを意味しない[7]。そのため、後に別ポイントの調査で汚染が判明し、土地取引後に紛争が生じる場合もありうる。

なお、法定調査と異なり、自主調査で土壌汚染が発見されても、知事への報告義務はない。

(3)　土壌汚染の濃度基準

健康被害のおそれとしては、飲用井戸の利用など①地下水経由の**曝露**リスク（土壌**溶出**量基準）、および経口摂取・皮膚接触による②**直接摂取**リスク（土壌**含有**量基準）が想定されている（6条1項、規31条）。①はVOCを、②は重金属を想定しており、②には**土壌環境基準**と同じ数値が用いられてい

---

[6]　指定調査機関が玉石混交であった状態に鑑み、09年改正で信頼性向上のための規制強化がされ、現在、5年の更新制（32条）、技術管理者の選任（33条）、帳簿記載・備付・保存義務（38条）、適合命令（39条）、指定取消し（42条）等により規律されている。

[7]　更地にすれば調査が容易であるが、例えば土地上に建物が存在する等の場合、調査は制約される。

る。

　これらの**濃度基準**を超える場合、(少なくとも土対法施行後は)土地取引に支障を生じるから、**取引通念上通常有すべき性状を欠く**といえ、改正前民法570条の「**瑕疵**」に当たる(東京地判平成20年7月8日判タ1292号192頁等)。

4　区域指定

　土壌汚染状況調査の結果、一定の汚染レベルを超える汚染が判明した土地については、健康被害のおそれの有無に応じ、2種類の**区域指定**がされ、土対法上の措置がされる。

(1) 要措置区域の指定(6条)

　知事は、特定有害物質による土壌汚染が、①**汚染状態基準**(規31条)不適合、かつ②**健康被害基準**(令5条)[8]該当の場合、当該土地の区域を、健康被害防止のための当該汚染の除去・拡散防止その他の措置(**汚染除去等の措置**)が必要な区域(**要措置区域**)に指定し(6条1項)、**公示**する。要措置区域内では土地の形質変更が禁止される(9条)。

(2) 形質変更時要届出区域の指定(11条)

　知事は、①**汚染状態**基準不適合要件のみに該当する(②健康被害基準は満たさない)場合、当該土地の区域を、土地の形質変更時に届出を要する区域(**形質変更時要届出区域**、本書では要届出区域ともいう)に指定する(11条)[9](土地の形質変更のうち、「形」とは形状変更であり、一定規模以上の切土、盛土がされるような場合を、「質」とは工場敷地を宅地に変更するような場合を指す)。区域指定件数のうち8割以上を占める。

　形質変更をする者は、着手日の14日前までに、省令所定の事項を知事に届け出る義務があり(12条1項)、知事は、施行方法が省令基準不適合の場合、届出日から14日以内に限り、**計画変更命令**ができる(同条4項)。

　2017年改正で、リスクに応じた規制の合理化の観点から、次の条件を満たす土地の形質変更で、予め知事の確認を受けた施行および管理方針に基づく行為については、従来の工事ごとの事前届出に代えて年1回程度の事後届出で足りるものとされた(12条1項1号・4項)。

---

[8]　健康被害基準(令5条1号イ→令3条1号イ→規30条1〜4号)は、汚染状態基準と異なり、健康保護の観点から、人への曝露経路遮断の有無を基準とする。例えば土壌汚染があっても上水道の敷設があれば、健康被害基準は満たさず、後述の要届出区域の指定がされるにとどまる。小澤98頁以下。

[9]　規則レベルで、自然由来特例区域、埋立地特例区域、埋立地管理区域の特例が置かれ、搬出を伴わない形質変更を規制しない等とし、また区分が台帳に記載される(規58条5項9〜11号・53条3号)。

①土壌汚染状況調査の結果、汚染が専ら自然または当該土地の造成時の水面埋立てに用いられた土砂に由来する土地の形質変更

　②地下水や土地の利用状況に応じ、人の健康被害が生じ、または生ずるおそれがない土地[10]の形質変更

(3)　**指定区域台帳（15条）**

　知事は、要措置区域および要届出区域（本書ではあわせて**指定区域**という）の**台帳を調製**し、保管する（15条1項）。周辺住民等関係者への情報提供、汚染拡散の防止、取引安全を図る趣旨である。

　汚染除去等がされた場合、区域**指定が解除**され（6条4項・11条2項）、解除は**公示**され、かつ解除理由等と合わせて台帳に**記載**される。

(4)　**指定申請**

　以上は、法定調査で汚染が判明した場合の処理である。これに対し、**自主調査**の場合、判明した土壌汚染を行政庁に報告する義務等はなく、従来、法は適用されなかった。

　2009年改正で、土地所有者等は、**区域指定の申請**ができ（14条1項）、調査が法令所定の方法で公正にされている場合、知事は区域指定ができる制度が導入された（同条3項）。区域指定後は、法の適用を受ける。土地取引やリスク・コミュニケーション等の目的で所有者等が望めば、土壌汚染対応に法を適用し、透明性を高める趣旨である。実例は多い。

(5)　**土壌汚染の制度的管理**

　従来、**清浄土壌**を求める市場の要請から、汚染の程度や措置の必要性に関係なく、汚染除去措置として、**覆土、封じ込め**等に比べ10倍程度高額となる**掘削除去**が大勢（約8割）を占めていた（掘削除去の偏重）。かかる過剰な対策要求は、土壌汚染の存在・懸念を理由とする低未利用地（ブラウンフィールド）の拡大と、搬出土壌による**汚染拡散**の問題を引き起こした。

　2009年改正前法の区域指定では講ずべき措置が明確でなかったが、現行法は①規制対象区域を分類し、講ずべき措置内容の明確化を図るとともに、②搬出土壌の適正処理確保の制度を創設した。これにより、過剰な掘削除去と汚染拡散を回避し、メリハリのある汚染管理を制度的に図りうる（**制度的管理**）。ただし、不動産取引の慣習もあって、その後も7割以上が掘削除去であり、状況は改善されていない。

---

[10]　規則により、臨海部の工業専用地域に位置する土地に限定されている（ただし、人為由来汚染の位置が特定されている土地は含まない）。

> ●コラム● 土対法の諸基準
>
> 　土対法では、調査命令発動や区域指定のための基準として複数の基準が登場する。本文で触れた主な基準を簡潔に整理すると、次のとおりである。
> 　①4条調査命令のための基準：省令調査基準（規26条）
> 　　　例）汚染状態基準不適合が明らかな場合等
> 　②5条調査命令のための基準：政令調査基準（令3条、規28条）
> 　　　例）汚染状態基準不適合が明らかで、かつ地下水汚濁が確実な場合等
> 　いずれも、次の③(i)汚染状態基準を用いているが、形質変更を予定しない5条命令の調査基準の方が厳しく、命令発動要件が厳格化されている。
> 　③6条区域指定のための基準
> 　　これは(i)汚染状態基準（規31条）と(ii)健康被害基準（令5条）に分かれる。
> 　　(i)は、さらに地下水経由リスクを考慮する土壌溶出量基準と、直接摂取リスクを考慮する土壌含有量基準に分かれる。いずれも環境基準が用いられている。
> 　　(ii)は人への曝露経路遮断の有無を問題とする基準である。

5　汚染除去等の措置

(1) 要措置区域指定時の汚染除去等計画の提出等（7条）

　知事は、要措置区域の指定と同時に、健康被害の防止に必要な限度で、同区域内の土地所有者等に対し、講ずべき汚染除去等の措置（**指示措置**）およびその理由、当該措置を講ずべき期限その他の省令事項を示して、**汚染除去等計画の作成・提出を指示**する（7条1項本文）。計画では、指示措置のほか、これと同等以上の効果を有すると認められる汚染除去等の措置として省令で定めるもののうち、土地所有者等が講じようとする措置（**実施措置**）を併せて記載しうる。

　ただし、①土地所有者等以外の者（**原因者**）の行為による汚染であることが明らかな場合であり、②原因者に措置させることが**相当**であり[11]、かつ、③土地所有者等に**異議**がないときは、環境省令で定めるところにより、原因者に対し指示をする[12]。知事は、汚染除去等計画を提出しないときは、**計画提出命令ができる**（7条2項）。命令違反には罰則がある（65条1号）。

　原因者が明らかな場合は原因者への指示を優先する（**原因者負担主義**）ものとされるが、実際には原因者が不明の場合も多い。

　知事は、汚染除去等計画の提出があった場合、当該計画に記載された実施措置が省令の**技術的基準**に適合しないと認めるときは、提出日から30日以内

---

[11]　例えば、汚染土地の購入者が土壌汚染のおそれを認識していたため、市場価格よりも著しく安い価格で当該土地を購入したような場合は「相当」ではないとされる。
[12]　原因者が複数の場合は、寄与度に応じた指示がされる（規34条2項）。

に限り、**計画変更命令**ができ（7条4項）、この期間は**実施制限**に服する（7条6項）。いずれにも罰則がある（65条1号）。

汚染除去等計画の提出者は、当該計画に従った**措置義務**があり（7条7項、直罰なし）、措置した旨を知事に**報告**しなければならない（7条9項）。報告義務違反には罰則がある（69条1号）。

知事は、汚染除去等計画に従って実施措置を講じていないと認めるときは、その者に対し、**措置命令**ができる（7条8項）。命令違反には罰則がある（65条1号）。原因者でない現所有者が重い責任[13]を負う場合もありうるが、**状態責任**の観点から立法政策上許容されている。

従来の制度では、土地所有者等が実際に実施した措置とその内容について、知事が事前に確認・指導する仕組みがなかったため、不十分な措置の実施や誤った施行方法による汚染拡散のおそれが指摘されていた。そこで、2017年改正法は、以上の汚染除去等の措置内容に関する計画提出命令制度を導入したのである。

なお、知事は、7条1項の指示をしようとする場合に、①過失なく相手方を確知できず、かつ、②放置が著しく公益に反する場合、その者の負担において、講ずべき汚染除去等の措置を自ら講ずることができる（7条10項前段、**簡易代執行**）。「その者の負担において」の解釈は分かれており、①土地所有者等の責任を重視して「その者」が所有者等のみを意味するとする説、②簡易代執行の費用負担においても原因者負担を貫徹すべく「その者」が7条1項ただし書にいう原因者を含むとする説がある。

(2) 措置内容

図表7-2のとおり、土壌**含有量**基準超過の場合は**盛土**、土壌**溶出量**基準超過の場合は**原位置封じ込め**の措置を原則とするが、汚染状況等を踏まえ他の措置が必要な場合もある[14]。措置のイメージを図表7-3に掲げておく。

6　搬出汚染土壌の適正処理

汚染土壌は、「廃棄物」に該当せず、廃掃法の適用を受けないと解されている（ただし、工場排水等の処理や製造工程で生じる泥状のものは、「汚泥」として「廃棄物」に該当する）。土対法は、業規制と運搬・搬出規制を用意する。

---

[13] 東京地判平成24年2月7日判タ1393号95頁。
[14] 担保権の実行等により一時的に土地所有者等となった者に対する指示の内容は立入禁止等に限定される（規36条2項）。

図表7-2：措置の種類

	原則として行う措置	それ以外の措置
土壌含有量基準超過 （直接摂取リスク防止）	盛土	舗装、立入禁止、土壌入換え
土壌溶出量基準超過 （地下水経由摂取リスク防止）	原位置封じ込め	遮水工封じ込め、遮断工封じ込め、原位置不溶化、不溶化埋め戻し
土壌含有量と土壌溶出量基準超過の両方		土壌汚染の除去（掘削除去、原位置浄化）

（環境省資料を微修正）

図表7-3：措置のイメージ

①立入禁止

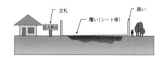

②原位置封じ込め

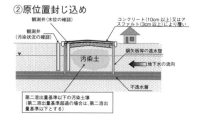

③原位置浄化（分解）

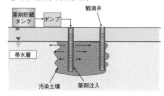

④掘削除去

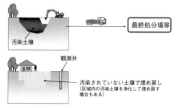

⑤遮断工封じ込め

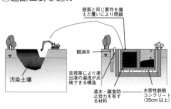

⑥原位置不溶化

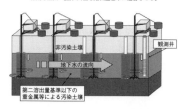

（環境省HP）

(1) 業規制

　汚染土壌の処理（指定区域内の処理を除く）を業とする者（**汚染土壌処理業者**）は、汚染土壌**処理施設**ごとに、知事の**許可**を要し（22条1項）、**処理基準遵守義務**（6項）、処理記録・備置・閲覧義務（8項）を負う。

　業の許可要件（施設、能力〔資力、技術〕、欠格非該当要件。3項）、5年更新制（4項）、基準不適合処理に対する改善命令（24条）、違反時等の許可取消し等（25条）など、廃掃法における業規制に類似する。

(2) 運搬・搬出規制

　汚染土壌の区域外搬出には、省令の**運搬基準**遵守義務があり（17条）、**委託**する場合には汚染土壌処理業者への委託義務がある（18条）。廃掃法に倣い、**管理票**（マニフェスト）制度が導入された（20条・21条）。

　指定区域内の汚染土壌を**区域外へ搬出**する者は、着手の14日前までに、省令所定事項を知事に届け出る義務がある（16条1項）。知事は、届出者に対し、①省令所定の運搬基準違反があれば運搬方法の変更を（4項1号）、②汚染土壌処理業者に委託しない場合は委託を（同2号）、それぞれ命じうる。

　知事は、汚染拡散防止のため必要と認めるときは、①運搬基準違反につき運搬者に対し、または、②委託義務違反につき搬出実行者に対し、それぞれ**措置命令ができる**（19条）。

(3) 2017年改正

　2017年改正により、リスクに応じた規制の合理化がされ、基準不適合が**自然由来**等による土壌を搬出する場合は、処理施設での処理に限定せず、知事へ届出を行い、運搬方法や搬出先等について、汚染の拡散がないことの確認を受けた上で、同一の地層の自然由来等による基準不適合の土壌がある他の指定区域への移動も可能とされた（16条1項7号・18条1項2号）。

　これは、基準不適合が自然由来等による土壌は濃度が低くかつ同一地層に広く存在しているところ、これらを区域外へ搬出する場合は、事前に知事へ届出し、人為由来と同様に知事の許可を受けた汚染土壌処理施設で処理する必要があったため、同一の地層の自然由来等による基準不適合の土壌がある他の区域への搬出ができず、工事の利便性が悪いとの指摘に答えた規制の合理化である。

　また、国や自治体等が行う水面埋立て等による汚染土壌処理について、知事との協議の成立により、処理業の許可を得たものとみなす特例を定めることとされた（27条の5）。

7　求償（8条）

　7条1項本文の指示を受けた土地所有者等は、実施措置を講じた場合、原因者に対し、①当該実施措置にかかる**汚染除去等計画の作成・変更**と、②当該**実施措置に要した費用**について、「指示措置にかかる汚染除去等計画の作成・変更と指示措置に要する費用の額」の限度で、請求できる（8条1項）。ただし、原因者がすでに上記限度額に相当する費用を負担し、または負担したものとみなされるときは、請求できない（同項ただし書）。

　この**求償権**は、①当該指示措置等を講じ、かつ、原因者を知った時から3年、②措置等から20年を経過したときは、時効消滅する（2項）。

　本来、期間制限の起算点は汚染行為時とも考えられるが、汚染除去等の**指示措置等を講じた時点**としている。

　　　土壌汚染は通常、過去の行為であり、自己所有地の汚染である。汚染物質に関する科学的知見が未発達の過去の時点では、汚染行為であるとの認識さえなかった可能性がある。にもかかわらず、原因者は8条に基づき、転々流通した後の現所有者から、過去の行為につき（無過失でも）求償を受ける。8条は、土地の公共性の高さを踏まえ、土地の**危険源創設行為**に事後的に責任を負わせたものとされる。

　　　別に、民法上の責任を負うべき場合はあるが（311頁）、過去の適法な汚染行為が、原因者負担原則により事後的に遡及して違法と評価されるケースは、例外と考えた方がよいように思われる。

　8条は汚染者支払（原因者負担）原則から、不法行為法を修正し、現所有者等が、土対法の適用を受ける土壌汚染に関して負った**公法上の責任**につき、特に求償しうるとした**不法行為法の特別規定**である（川崎判決〔317頁〕）。立法論はともかくとして、法の定める手続を経ない場合は求償ができず、同条の類推適用も消極に解すべきと思われる。例えば自主調査で汚染が判明し、指示を受けずに汚染除去をした場合は、8条の「指示を受けた」という要件を満たさないから、特別規定たる8条に基づく求償はできない（14条の指定申請によって土対法のルートに乗せて、指示を受ければよい）。

　8条2項により、原因者は法施行前の行為につき遡及的に責任を負うが、公法上の責任であるから、刑罰の不遡及を定めた憲法39条には反しない[15]。

　求償の範囲は、**指示措置等の費用**に限定される。例えば、原位置封じ込めの指示に対し、高額の**掘削除去**をしたとしても、**原位置封じ込めに要する費**

---

[15]　法成立以前の原因者に責任を遡及させる公害防止事業費事業者負担法の規定を合憲とした例として、名古屋地判昭和61年9月29日判夕631号137頁参照。

用の限度でしか求償はできない。

　　　　原因者が無資力の場合、たとえ土壌汚染につき善意無過失であっても、汚染原因者でない現在の土地所有者等が土壌汚染の除去にかかるすべての費用負担を強いられることになる。が、東京地判平成24年２月７日判タ1393号95頁〈32〉は、国が土対法の制定と施行にあたり、同法施行前に土地を取得した汚染原因者でない所有者の措置義務を免責する経過措置を定めなかったこと、自己資本３億円以上の法人に対する助成措置を定めなかったことを理由として国に対する国家賠償が求められた事案で、立法裁量を理由に請求を棄却した。

8　その他

　環境大臣又は知事は、土地所有者等、土壌汚染状況調査、汚染除去等の措置や土地の形質変更を行った者に対し、当該土地の状況、措置や形質変更の実施状況その他必要事項について報告を求め、又は職員に立入検査をさせることができる（54条１項）。ただし、健康被害を防止するため緊急の必要がある場合に限る（同条２項）。汚染土壌の搬出・運搬・処理の適正についても報告徴収・立入検査ができる（同条３項・４項）。

　特定有害物質の基準の見直しに伴う法の制度運用では、土地所有者等に過剰な負担をかけるべきでないとされる。原則として、新たな科学的知見に基づく見直し後の基準が適用されるものの、特に知事の指示に基づく汚染除去等の措置が完了した後に、**土壌環境基準が強化**されたような場合に、土地所有者等に対して、同環境基準の強化を理由として、汚染除去等の追加的措置を求めることができるかという問題がある[16]。

　この場合は、行政法上の信義則と比例原則の観点から、土壌環境基準の強化のみを理由に、当該措置の再実施（追加的措置）が求めるべきでないとされる。ただし、汚染が深刻な場合は、健康被害のおそれへの対応が必要であるから、土対法５条１項に基づく土壌汚染状況調査の対象となる土地の基準を満たす場合には、現場の状況を確認の上、①指導により汚染の摂取経路を遮断するための措置を講じさせるか、②同項の調査命令を発出すべきものとされている。

　土壌汚染が判明した場合、汚染地の価値はおおよそ、汚染がないとした場合の価値から、浄化費用を控除した価値となるはずである（汚染の程度が著しい場合は、所有者は会計上、土地評価額を減損する必要があり、税法上の評価

---

[16]　中央環境審議会「土壌の汚染に係る環境基準及び土壌汚染対策法に基づく特定有害物質の見直しその他法の運用に関し必要な事項について（第４次答申）──カドミウム及びその化合物、トリクロロエチレン（令和２年１月）」。

額も減価されるべきであろう）[17]。

　汚染地はたとえ完全に浄化されたとしても、汚染地であったがゆえの**スティグマ**（stigma）分の減価が生じる（浄化費用が本来の地価を上回る場合、汚染地はマイナスの価値をもつが、所有権放棄は許されないとされる）。

　知事は、当該都道府県内の土地につき土壌汚染に関する情報の収集、整理、保存および提供等をする（61条1項）とともに、公益的施設の設置者に対し、土壌汚染を自主的に把握させる努力義務がある（2項）。

　なお、土対法の施行状況は次のとおりである。

図表7-4：土対法の施行状況（2022年度）

第2章　土壌汚染状況調査	
・法第3条関係	
第1項　有害物質使用特定施設の使用が廃止された件数	797件
第1項　法第3条第1項ただし書の確認申請件数	1050件
第1項に基づき、調査結果が報告された件数	239件
うち、基準不適合の件数	121件
うち、基準適合の件数	111件
うち、確認中の件数	7件
第3項　調査・報告義務の通知の件数	368件
第4項　調査の報告及び是正命令の件数	0件
第5項　土地の利用方法の変更の届出件数	137件
第6項　法第3条第1項ただし書の確認の取消し件数	106件
第7項　土地の形質の変更の届出件数	333件
第8項　調査命令件数（当該年度に発出した命令の総件数）	329件
うち、当該年度に法第3条第7項の届出を受理した件数	326件
第8項に基づき、調査結果が報告された件数	346件
うち、基準不適合の件数	111件
うち、基準適合の件数	231件
うち、確認中の件数	4件
・法第4条関係	
第1項　土地の形質の変更の届出件数	14,695件
第1項　土地の形質の変更の届出を要しない土地として指定した件数	0件
第2項に基づき、調査結果が報告された件数	685件
うち、現に有害物質使用特定施設が設置されている工場若しくは事業場の敷地又は法第3条第1項本文に規定する使用が廃止された有害物質使用特定施設に係る工場若しくは事業場の敷地	117件
うち、基準不適合の件数	257件
うち、基準適合の件数	425件
うち、確認中の件数	3件
第3項　調査命令件数（当該年度に発出した命令の総件数）	84件
うち、当該年度に法第4条第1項の届出を受理した件数	72件
第3項に基づき、調査結果が報告された件数	82件
うち、現に有害物質使用特定施設が設置されている工場若しくは事業場の敷地又は法第3条第1項本文に規定する使用が廃止された有害物質使用特定施設に係る工場若しくは事業場の敷地	15件
うち、基準不適合の件数	34件
うち、基準適合の件数	48件
うち、確認中の件数	0件
・法第5条関係	0件
第3章　区域の指定等	
・法第6条関係	
第1項　要措置区域の指定件数	93件
第4項　要措置区域の指定の解除件数	70件

---

[17] 相続税評価額は減価が認められているが、固定資産税評価額は実務上、減額されていないようである。

- 法第7条関係
    - 第1項　汚染除去等計画の提出の指示件数 　　　　　　　　　　　　　　　　　93件
        - うち、土壌汚染を生じさせる行為をした者に対する指示件数　　　　　21件
    - 第1項　汚染除去等計画書が提出された件数　　　　　　　　　　　　　　　　94件
    - 第2項　汚染除去等紫衣各所の提出命令の件数　　　　　　　　　　　　　　　　4件
    - 第3項　変更後の汚染除去等計画書の提出件数　　　　　　　　　　　　　　　33件
    - 第4項　汚染除去等計画書の変更の命令件数　　　　　　　　　　　　　　　　　0件
    - 第8項　実施措置を講じていないと認められた場合の命令件数　　　　　　　　　0件
    - 第9項　工事完了報告書が提出された件数　　　　　　　　　　　　　　　　　53件
    - 第9項　実施措置完了報告書が提出された件数　　　　　　　　　　　　　　　84件
- 法第11条関係
    - 第1項　形質変更時要届出区域の指定件数　　　　　　　　　　　　　　　　　497件
    - 第2項　形質変更時要届出区域の指定の解除件数(全部の指定の解除のみ)　　176件
- 法第12条関係
    - 第1項　着手前の土地の形質の変更の届出件数　　　　　　　　　　　　　　1083件
    - 第2項　着手後の土地の形質の変更の届出件数　　　　　　　　　　　　　　　55件
    - 第3項　非常災害時届出件数　　　　　　　　　　　　　　　　　　　　　　　1件
    - 第5項　土地の形質の変更の施行方法に関する計画の変更の命令件数　　　　　　0件
- 法第14条関係
    - 第1項　要措置区域等の指定の申請件数　　　　　　　　　　　　　　　　　　224件

第4章　汚染土壌の搬出等に関する規制

- 法16条関係
    - 第1項　搬出しようとする土壌の規準適合認定の申請件数　　　　　　　　　　94件
    - 第1項　汚染土壌の区域外搬出の届出件数　　　　　　　　　　　　　　　　790件
        - うち、区域間の移動の件数　　　　　　　　　　　　　　　　　　　　　3件
        - うち、飛び地間の移動の件数　　　　　　　　　　　　　　　　　　　　28件
    - 第2項　汚染土壌の区域外搬出の変更届出件数　　　　　　　　　　　　　　100件
    - 第4項　汚染土壌の運搬方法、汚染土壌処理業者に関する変更の命令件数　　　　0件
- 法第19条関係
    - 汚染土壌の運搬・処理等の措置命令件数　　　　　　　　　　　　　　　　　　0件
- 法第22条関係
    - 第2項　汚染土壌処理業に係る許可申請件数(更新を除く)　　　　　　　　　　2件
    - 第5項　汚染土壌処理業に係る許可更新申請件数　　　　　　　　　　　　　　13件
- 法第23条関係
    - 第1項　汚染土壌処理業に係る変更の許可の申請件数　　　　　　　　　　　　13件
    - 第3項　汚染土壌処理業に係る変更の届出件数　　　　　　　　　　　　　　　103件
    - 第4項　汚染土壌処理業に係る休止、廃止又は再開の届出件数　　　　　　　　　9件
- 法第24条関係
    - 汚染土壌処理業者に対する改善命令件数　　　　　　　　　　　　　　　　　　0件
- 法第25条関係
    - 汚染土壌処理業者の許可の取消し・停止件数　　　　　　　　　　　　　　　　0件

第5章　指定調査機関

- 法第36条関係
    - 第3項　指定調査機関に対する改善命令件数　　　　　　　　　　　　　　　　0件
- 法第39条関係
    - 指定調査機関に対する適合命令件数　　　　　　　　　　　　　　　　　　　　0件
- 法第42条関係　　　　　　　　　　　　　　　　　　　　　　　　　　　　　　　件

第7章　雑則

- 法第54条関係
    - 第1項に基づく、報告徴収・立入検査件数　　　　　　　　　　　　　　　　565件
    - 第3項に基づく、報告徴収・立入検査件数　　　　　　　　　　　　　　　　　28件
    - 第4項に基づく、報告徴収・立入検査件数　　　　　　　　　　　　　　　　　64件
    - 第5項に基づく、報告徴収・立入検査件数　　　　　　　　　　　　　　　　　　4件
- 法第56条関係
    - 第2項　資料の提供の要求等の対応件数　　　　　　　　　　　　　　　　　　99件

第8章　罰則

- 法第65条関係
    - 違反件数　　　　　　　　　　　　　　　　　　　　　　　　　　　　　　　　0件
- 法第66条関係
    - 違反件数　　　　　　　　　　　　　　　　　　　　　　　　　　　　　　　　2件
- 法第67〜69条関係
    - 違反件数　　　　　　　　　　　　　　　　　　　　　　　　　　　　　　　　0件
- 区域指定状況(当該年度末時点)　　　　　　　　　　　　　　　　　　　　　　　1件
    - 要措置区域として指定されている区域数(当該年度末時点)　　　　　　　　281件
    - 形質変更時要届出区域として指定されている区域数(当該年度末時点)　　3,541件

(環境省HP抜粋・微修正)

第2節　土壌汚染分野における環境保護訴訟の概観

【典型事例7-1】

> A県のB₁社は、戦後長らくA県内にある同社所有地（以下「本件土地」という）上に、鉛を扱うため水濁法上の規制を受ける大規模な甲化学工場を設置してきたが、バブル崩壊の煽りを受けて1994年に同工場を廃止し倒産した。
> 　地元不動産業者であるB₂社が本件土地を競落し、さらに大手開発業者であるB₃社が、2000年に経営破綻したB₂社から譲受した。B₃社は1万m²余の大規模プロジェクトを企画し、本件土地を約100戸の戸建て分譲地として売り出す計画を立て、土対法上の所定の手続を経て、2014年6月、工場の撤去作業を開始したところ、土壌環境基準を大幅に超える鉛汚染の可能性が明らかとなった。
> 　鉛は、人の健康被害を生ずるおそれのある物質として、水濁法および土対法により規制されている。
> 〔設問1〕
> (1)　本件土地における土壌汚染の有無を確認したい場合、A県知事は、土対法上、誰に対しどのような措置をとりうるか。なお、健康被害のおそれは現時点で不明である。
> (2)　(1)の結果、深刻な健康被害のおそれが判明した場合、A県知事は、土対法上、本件土地についてどのような措置をとりうるか。
> 〔設問2〕
> 設問1と異なり、B₃社の自主調査の結果、本件土地について、健康被害のおそれはないが、基準を超過する土壌汚染の存在が判明した場合、B₃社は本件土地について土対法上の取扱いを受ける余地はあるか。
> 〔設問3〕
> 設問1(2)の場合で、隣地住民Cが指定調査機関に依頼し土壌汚染状況調査をしたところ、鉛の土壌汚染は本件土地からC所有地まで拡大しており、C所有地の一部も汚染除去等の措置が必要であると判明した。CはB₃社に対処を申し入れたが、何ら対応はなく、被害は拡大している。井戸水を長年利用しており健康被害を懸念するCは、誰に対し、どのような請求ができるか。

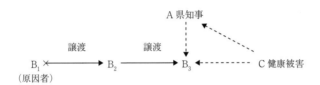

本問では、原因者B₁と中間者B₂に資力がないため、**典型事例4-1**と異な

り、B_1・B_2を処分の相手方、訴訟の被告として想定する必要はない。

一　土壌汚染対策法の法律関係（設問1・2）

1　調査・区域指定等（設問1）

(1) 調査（設問1(1)）

　鉛は水濁法が規制する「有害物質」であるから、甲化学工場は同法の「特定施設」（2条2項1号）のうち、「有害物質使用特定施設」（2条8項）に該当する。廃止された甲の敷地であった本件土地につき、土対法3条による特定施設の廃止時の調査義務の発生も考えられるが、法附則3条の経過措置により、法施行（2003年2月15日）前の施設廃止（1994年）については3条が適用されない。

　健康被害のおそれが不明であるため、5条の調査命令もできない。

　本件では、$3000m^2$を超える**大規模な**土地の形質変更であり、その届出（問題文の「所定の手続」）がされているはずである（〔4条1項〕）。知事は、省令のおそれ基準に該当する場合、B_3に対し土壌汚染状況調査の**調査命令**ができる（2項）。

(2) 区域指定と汚染除去等計画の提出等（設問1(2)）

　深刻な健康被害のおそれがある本件土地は、要措置区域指定の②健康被害要件とともに、①**汚染状態基準不適合要件**の双方に該当すると考えられる。

　よって、A県知事は、本件土地を**要措置区域**に指定するとともに（6条）、**指示措置**等を示して、**汚染除去等計画の作成・提出を指示する**（7条1項本文）。本件では、B_1社と B_2社は事実上消滅しているから、土地の所有者等（7条1項）に当たる B_3社が相手方となろう。指示に従わない場合に罰則はないが、A県知事は**計画提出命令**ができる（同条2項）。

　計画に記載された実施措置が省令の技術的基準に適合しない場合、A県知事は30日以内に限り、**計画変更命令**ができる（7条4項）。B_3社はこの期間、**実施制限**に服し（7条6項）、違反には罰則がある（65条1号）。

　B_3社は、当該計画に従った**措置義務**があり（7条7項、直罰なし）、措置した旨を知事に報告する義務がある（7条9項）。報告義務違反には罰則がある（69条1号）。

　A県知事は、計画に従った実施措置がされない場合、B_3社に対し、**措置命令**ができる（7条8項）。以上の命令違反に対しては、いずれも罰則がある（65条1号）。

　結局、原因者でない現所有者が重い責任を負う結果となるが、状態責任の

観点から立法政策上許容されている。

2 自主調査による汚染の判明（設問2）

省令所定の**汚染状態基準不適合要件**（6条1項1号）のみを満たす土壌汚染地については、**形質変更時要届出区域**の指定が考えられる。

2009年改正前は、土壌汚染の大半は自主調査で判明したが、土対法上の報告義務もなく、同法の適用はなかった。現行法は**申請による指定制度**を設けているため、B_3は申請により同区域の指定を受けられる（14条）。

二 環境訴訟（設問3）

1 民事訴訟
(1) 差止請求

Cは、B_3社を被告として、**人格権**または**所有権**に基づく妨害予防・排除請求訴訟を提起しうる。**汚染物質の除去**や**原状回復**等の**対策措置**が具体的な請求内容となろうが、請求の可否は、**受忍限度論**で判断される。

すなわち、土壌汚染につき物権的請求権を行使した場合も、人格権に基づく場合と同様に、やはり受忍限度論による。①端的に受忍限度論を用いるか、②受忍限度を超える被害をもって「妨害」と理解することになる。

本件の土壌汚染は、土壌環境基準を大幅に超える汚染であり、かつ、健康被害のおそれありとして要措置区域の指定要件を満たすほどの汚染であるから、受忍限度を超える被害といえよう。

Cは、紛争の早期解決のため、同内容の**民事仮処分**の申立てもできる。

(2) 損害賠償請求

健康被害は生じていないが、本件土地からの土壌汚染の拡大により、汚染除去等の措置が必要となっている。そこで、CはB_3社を被告として、汚染**除去費用**等につき、**不法行為**（民709条）に基づく損害賠償請求をすることが考えられる。原因者の責任を認めうる場合もあるが、本件でB_1社には資力がない。B_3社はCの対処要請に応じていないから、事案によっては少なくとも損害拡大分について責任を負う場合がありえよう。

仮に原因者の不法行為責任を問いうる場合、C所有地の汚染除去等の措置として、例えば①原位置封じ込め（500万円）で足りるところ、Cが自ら②掘削除去措置（2000万円）を講じた場合、Cは必要以上に自己所有地を浄化したにすぎないとされ、措置に要した費用全額②ではなく、①の限度でしか請求が認められない可能性がある。

2　行政訴訟

　本件で本件土地の①**要措置区域の指定**とB₃社に対する②**汚染除去等計画の作成・提出の指示**がされなければ、①と②の非申請義務付け訴訟の提起が考えられる。Cとしては、仮に①②がされたにもかかわらず、計画提出がされない場合には、③**計画提出命令**の、さらに、計画に従った実施措置が講じられない場合には、④**措置命令**を、B₃社に対してするよう、それぞれ求める非申請型義務付け訴訟の提起を、A県を被告として提起することが考えられる（**典型事例4-1**も参照）。

　少なくとも法は健康被害の防止を目的とし（1条）、措置命令も同目的の制度であるから（7条1項）、本件土地の隣地で長年井戸水を利用し具体的な健康被害が懸念されうるCの原告適格と重大な損害は認められよう。その他、一定の処分ないし訴訟対象も問題となりうる。また、仮の義務付けの申立てもありうる。

第3節　土壌汚染分野の環境行政訴訟

一　概観

　典型事例7-1のように土壌汚染紛争につき、第三者原告が行政を被告として規制権限行使を求める訴訟は、理論上ありうる。実例は少ないため、抗告訴訟のみ鳥瞰する。
　土壌汚染に対しては、知事は調査→区域指定＋計画作成提出指示→措置命令→簡易代執行という一連の規制権限を有する。
　3条3項通知の処分性を認めた**最二判平成24年2月3日民集66巻2号148頁**によれば、例えば要措置区域の指定や指示の処分性も肯定しうるから（324頁）、理論上、第三者原告も、法に基づく上記の一連の規制権限行使につき、それぞれ**非申請型義務付け訴訟**を提起しうる場合があろう。ここでは訴訟対象につき若干触れておく。
　行政過程を尊重する裁判所の傾向を考慮すると、行政過程の進展を踏まえ、提訴時点で法律上、直近に予定される処分を対象として義務付けを求めるのが原則であろう。例えば土壌汚染の状況は、調査命令に基づく土壌汚染状況調査によって明らかになるから、当該調査結果を踏まえ、関係者の対応を含めた行政過程で、事案ごとに行政庁が適切に案件を処理することが法の趣旨にも適うといえる。すなわち、一連の行政処分の中で直近に予定される処分を飛び越えた後続の処分を求めることは、**行政過程の進展可能性**に照らせば、通常必ずしも適切でなく、また、社会経済上も合理的でない場合が少なくないように思われる。
　したがって、例えば汚染が判明した時点で調査命令ではなく、措置命令の義務付けを直ちに求めることは、調査の結果、法に基づく区域指定がされ、適切な汚染除去等が行われる可能性を考えれば、適切とはされにくい。事案によるが、訴訟要件としては、より適切な救済方法として、措置命令に先立つ指示の義務付けの訴えがあると理解し、措置命令の義務付け訴訟は**補充性**を欠くとされうる（前橋地判平成20年2月27日 LEX/DB25400325参照）。

　　＊抽象的義務付け訴訟の可能性：以上の考え方によると、紛争の一回的解決につながらず、司法過程が行政過程の進展に対応できない。すなわち、第三者原告が得た勝訴判決に基づき知事が調査命令をしたが、仮に要措置区域の指定と指示をしない場合、第三者原告は、改めて次段階の処分

の義務付けを求める新訴提起を要する。あるいは知事が調査命令の義務付け訴訟の係属中に調査命令を発した場合、当該訴訟は狭義の訴えの利益を失い不適法となる。行政過程を尊重すれば、その分、司法救済が細切れになりやすく、救済に難を生じる憾みがある。

　この点、不適法却下を覚悟で、行政過程において考えうるすべての処分の義務付け訴訟を提起しておき、裁判所が早期の処分について審理を先行させて判決をし、司法過程を維持しつつ、随時、行政過程に戻しながら、司法救済を図る処理も一応考えられるが、曲芸的な運用であり、釈然としない。

　この問題は畢竟、行政過程の進展に合わせて司法過程が進行しないことにより生じている。規制権限行使を求める場面では、常に原告側のイニシアティブで司法過程を動かす必要があるため、原告の負担は小さくない。結局、原告は、動かない行政過程を動かす目的で司法救済を求めているのであり、事案と行政過程の進展に応じた柔軟な司法救済が必要とされている。これを可能にするには、司法過程の動態性を承認し、特定の事案につき個別法に基づく行政過程の進行を義務づける柔軟な**抽象的義務付け**の訴えの許容が必要であろう。

　なお、廃掃法を参照した汚染土壌搬出規制についても、廃掃法におけると同様の行政訴訟を想定しうる。例えば、汚染土壌処理業許可（22条1項）の取消訴訟、運搬者・搬出者に対する措置命令（19条）、処理業者に対する改善命令（24条）や業許可の取消し・一部停止命令（25条）の非申請型義務付け訴訟がありうるが、実例は見当たらない。ただし、廃掃法とは異なり生活環境保全の趣旨が明確でないため、裁判所により、原告適格や重大な損害が限定的に解される可能性もある。

二　主な裁判例

　名古屋地判平成16年8月30日判自270号75頁は、旧7条に基づく土壌汚染地に対する措置命令の義務付けを第三者原告が求めた事案である（行訴法改正前の訴訟であり、無名抗告訴訟としての義務付け訴訟である）。

　判決は、少なくとも当該土地付近に居住し、特定有害物質の土壌汚染により健康に重大な被害を受ける蓋然性がある場合に原告適格を認める余地があるとした上で、対象土地から約4km以上離れた場所に居住する原告に上記蓋然性はないとして、訴えを却下した。

　本判決は、原告適格につき、**重大な健康被害**の蓋然性を要求する。土壌汚染には健康被害のほか財産権侵害がありうるが、土対法は健康保護を目的と

し、措置命令制度も健康被害防止の必要を要件とするから、現在の判例の動向に照らせば、単に財産権侵害にすぎない土壌汚染の場合には、**原告適格**が認められない可能性がある。

　土対法は、私有財産への介入に謙抑的であるため、規制権限の発動要件がそもそも限定されており、行政訴訟が機能しにくい。したがって今後も、土対法に基づく環境保護訴訟としての行政訴訟の利用は低調であろう。

第4節　土壌汚染分野の環境民事訴訟

一　概観

　他の環境分野と同様、土壌汚染による第三者の健康・財産権侵害もありうるが、土壌汚染訴訟は、土壌汚染の調査・汚染除去等に伴う費用負担をめぐって生ずる契約当事者間の民事紛争が多い点に特徴がある。

1　法律構成
(1)　契約当事者間の紛争

　土地取引後に予期せぬ土壌汚染が判明した場合、法的紛争が顕在化する。裁判例では、土壌汚染地の買主から売主に対し、土壌汚染対策費用等の損害賠償を請求する事例が相次いでいる。

　民法上の法律構成として、①**瑕疵担保責任**（改正前民570条。改正後は契約不適合責任〔民562～564条〕）、②売買契約に付随する信義則上の情報提供（説明）義務違反としての**債務不履行責任**（415条）、③**不法行為責任**（709条）、④不当利得の返還請求（703条）が考えられる（また、①や⑤錯誤無効、⑥消費者契約法4条に基づく取消しの主張もありうる）。

(2)　非契約当事者間の紛争

　これには、(i)**中間取引**がある場合と、(ii)**純粋第三者**の場合がある。
　(i)の典型は、$B_1 \to B_2 \to B_3$ のように、中間者を挟んで、土地が取引された場合の B_3 と B_1 間の紛争である（その他土壌汚染にかかる調査会社や浄化工事をした施工会社の不手際を攻撃する訴訟等も見られる）。(ii)は、例えば汚染地の隣地住民Cが被害を受けた場合に B_1 ないし B_3 を相手とする紛争である。
　以下では、損害賠償請求に共通する論点として、先に損害に触れてから、上記法律構成のうち①②③を概観する。

2　損害

　後述（313頁）の契約不適合責任では履行利益の損害賠償請求が可能であるが、旧瑕疵担保責任に基づく損害賠償では、瑕疵がないと信頼したことにより失った利益（信頼利益）賠償のみが認められた（東京地判平成14年9月27日LEX/DB28080755）。浄化費用など**土地使用目的に適合させるための費用**がこれに当たる。したがって、転売等による得べかりし利益（履行利益）は賠償範囲に含まれない。これに対し、債務不履行や不法行為に基づく損害賠償の範囲は理論上、履行利益が含まれうるが、実例は少ない。

土壌汚染の場合の信頼利益として、裁判例で多く問題となるのは、①土壌汚染調査費用、②土壌汚染対策（浄化工事等）費用、③その他の費用である。
　①調査費用のうち、フェーズ１、２調査の費用は、自己所有地の資産価値の調査に要する費用であり、汚染の有無にかかわらず発生するため損害ではないとの見解が有力である。ただし、契約締結時に（一切の）汚染が存在しないことが契約当事者間で予定されていた場合や、非契約当事者間で隣地の土地利用により土壌汚染リスクが生じた場合は、調査費用も損害になりうると考える。これに対し、フェーズ３調査の費用は、土壌汚染がなければ支出しなかったはずの調査費用であり、信頼利益に含まれる（後掲東京地判平成18年９月５日が同様の理解を示す）。
　　この点、東京地判平成27年８月７日判タ1423号307頁は、一定程度の汚染の存在が契約当事者の共通認識となっていた事案で、隠れた瑕疵の有無を判断するための調査費用（土地の利用履歴調査、土壌汚染状況調査）は、結果として隠れた瑕疵の有無にかかわらず生じるから、瑕疵との因果関係がなく、土壌汚染詳細調査のうち基準値を上回る土壌汚染の存在を前提に、その濃度および分布状況を判断するための調査のみ損害と認めた。フェーズ１、２の損害を否定し、フェーズ３の損害を認めたものといえる。
　②**対策費用**は当然に信頼利益に含まれるが、どの程度の浄化措置について認められるかは問題である。少なくとも土対法７条に基づく**指示措置に要する費用**相当額は損害と認められる。
　③**その他の費用**としては、例えば(i)汚染井戸水の摂取等を原因とする健康被害（慰謝料、治療費）、(ii)**代替井戸掘削費用**、(iii)土壌汚染対策のための工事中断により発生した工期遅延期間中の支払利息、(iv)弁護士費用等は当然に認められよう（後掲福島地郡山支判平成14年４月18日は単に井戸水汚染のみの場合に慰謝料や水質検査費用を損害と認めている。また、公調委裁定令和５年10月31日判時2594号19頁は、土壌汚染が広範囲にわたることを理由に、井戸水の監視費用〔50年分〕を損害として認めた）。
　他方、例えば地価下落による損害はしばしば否定されるが（上記福島地郡山支判等）、浄化措置により一応地価が回復すると見れば、②に吸収されるといえようか（ただし、スティグマ分は回復されない可能性がある）。
　なお、買主の専門性や売主の説明の程度を考慮して、過失相殺がされる場合もある（後掲東京地判平成18年９月５日）。

二　主な裁判例その1（契約当事者間）

1　瑕疵担保責任と契約不適合責任
(1)　瑕疵担保責任とは
　従来、売買の目的物に①隠れた瑕疵があり、買主が②これを知らず（**善意無過失**）、かつ、③そのために契約目的を達しえないとき、買主は契約解除や**損害賠償**請求ができた（改正前民570条・566条）。後述(5)（313頁）のとおり瑕疵担保責任は廃止され、現在では契約不適合責任を検討することになるが、従前の裁判例と議論は、今後もなお一定の意味を有するため、以下で触れておく。

　買主が土壌汚染の存在につき説明を受けて購入した場合は、①②に当たらないから、瑕疵担保責任は追及しえない。説明が不十分であったり、当事者が想定しない土壌汚染が判明した場合に紛争が生ずる。③例えば汚染除去により売買の目的が達成できる場合、解除は認められず、損害賠償のみが認められる。

　土壌汚染という①隠れた瑕疵があれば、多くの場合、②は満たすであろう。土壌汚染訴訟で最も問題となるのは、①である。

(2)　「隠れた瑕疵」の判断
　フッ素判決（最三判平成22年6月1日民集64巻4号953頁〈30〉）では、売買契約締結後（10年以上後）に土対法の規制対象となったフッ素が、契約対象土地に溶出量・含有量基準値を超えて含まれていたため、買主が売主に対し、瑕疵担保責任に基づき、対策工事費用の損害賠償を請求した。

　最判は、瑕疵につき、**契約当事者間で目的物がどのような品質・性能を有することが予定されていたかを、契約締結当時の取引観念を斟酌して判断す**べきとした。その上で、①契約締結当時の取引観念上、フッ素の土壌含有に起因する健康被害のおそれは認識されておらず、②契約当事者間に、土地が備えるべき属性としてフッ素の非含有や、契約締結当時における有害性認識の有無にかかわらず健康被害のおそれがある一切の物質の非含有を特に予定していた事情もない本件では、改正前民法570条の「瑕疵」がないと判断した。

　このように瑕疵の有無は、**契約締結当時の取引観念**を基準に、**契約当事者間の意思**を解釈して判断される。

　　　「瑕疵」の判断については、売買の目的物が**通常備えるべき品質・性能**を有するか否かを基準として判断する**客観説**と、契約当事者の意思を基準

とする**主観説**の対立があるが、最判は後者を採用した。上記②の事情は、実際上、契約書に条項化されなければ立証困難と思われ、契約に**特約**がある場合はそれに従うとの意味といえる。判例は、主観説を基礎としつつ、取引観念という客観的要素を加味して当事者の意思を判断している。

　最判に従うと、契約**締結後に含有物質の危険が判明**した場合には瑕疵担保責任を問いえない帰結となる点に、批判もある。しかし、売主が事後的な科学的知見の進展如何で責任を負うおそれが残り、長期間にわたって不安定な地位に置かれるのは妥当でない。契約締結当時に一定の知見を有しながら売主が情報提供を怠ったような場合は債務不履行や不法行為責任を問いうるにせよ（後述2〔314頁〕・3〔315頁〕）、瑕疵担保責任は否定してよい。

(3)　**土壌汚染の程度・種類と「瑕疵」**

　有害物質が土壌に含有されていても、土壌汚染の程度次第では「瑕疵」に当たらない。瑕疵というためには、土壌溶出量・含有量**基準値を超える汚染土壌が一定以上存在**することが必要である（土壌汚染の程度は資産価値の評価に影響するから、健康保護を主目的とする調査命令等の発動基準とは異なり、予定される土地利用形態を重視すべきではない。例えば井戸水利用の予定がないから瑕疵がないと評価すべきでない）。

　　東京地判平成24年9月27日判時2170号50頁の事案では、売買契約の対象土地内に石綿（アスベスト）が含有されていたが、契約当時は石綿を含有する土壌・建設発生土について法令上の規制がなかった。本判決は、契約が性能として土対法・東京都環境確保条例所定の有害物質が基準値以下であることを求めているところ、①契約当時、石綿の含有量を問わず廃石綿等に準じて処理する実務的取扱いが確立していたとはいえず、②本件土地に含有されていた石綿の量が健康被害のおそれがある限度を超えていなかったとして、瑕疵を否定した。中でも②が瑕疵を否定する主要な事情と言えよう。

　他方、上記東京地判平成27年8月7日は、契約当事者間においては、売主による調査結果その他本件契約締結当時、買主が認識し（え）た事情から予見できない程度の汚染であり、かつ、工場用地等としての利用に支障を生じさせる汚染は存在しないことが予定されていたとし、瑕疵があるとした。

　　福岡高那覇支判令和5年10月31日判自512号162頁は、土壌の鉛汚染の存在による忌避感・嫌悪感が土地の財産的価値（取引価格）を減少させるとして、「瑕疵」を認め、取引額の10％の市場価値の減少を損害額として賠償を命じた。

油類は土対法の規制対象物質ではないが、瑕疵となりうる。

(4) 免責特約*

瑕疵担保責任は、法定責任であるが、特約で変更できる。しかし売主は、責任を負わない旨の特約をした場合でも、**知りながら告げなかった事実**については、責任を免れない（改正前民572条）。

東京地判平成24年9月25日判時2170号40頁の事案では、土壌汚染につき一切の責任を負わない旨の免責特約が付された売買契約の対象土地から、法令の基準値を超える六価クロムが検出された。判決は、売主が土対法や（東京都環境確保）条例に準拠した方法で土壌汚染調査を行った際に基準値を超える六価クロムが検出されていなかった場合は、たとえ売主がかつて同土地上で六価クロムを使用した事実があっても、土壌汚染の看過につき悪意と同視すべき重大な過失はないとして、改正前民法572条を適用せず、免責特約を有効とした。

そもそも土壌汚染状況調査は全量調査でないため、汚染の不存在を保証するものではなく、汚染を発見できずに取引される場合がある。本件で売主は原因者と考えられるが、その場合でも、**法令準拠調査**により発見しえなかった瑕疵については、免責特約を有効として責任を否定したものである。

(5) 契約不適合責任

2017年の債権法改正により、瑕疵担保責任（改正前民570条）は廃止され、**契約不適合責任**が新設された。すなわち、特定物と不特定物を区別せず、引き渡された目的物が種類、品質または数量に関して契約の内容に適合しないものであるときは、買主は、売主に対し、①目的物の**修補**、②**代替物**の引渡し、または③不足分の引渡しによる履行の**追完**を請求できる（562条1項）。「隠れた瑕疵」は、「契約の内容に適合しない」場合の1つであり、従来、瑕疵担保責任が問題となったケースは今後、この契約不適合責任として処理されていくことになる。

契約不適合責任は、特別の法定責任ではなく、**債務不履行責任**であり、売主の**帰責事由**が必要となり、損害賠償の範囲は信頼利益に限定されず、要件を満たせば**履行利益**まで可能となる。また、買主は催告により**解除**（564条）ができ（不履行が軽微である場合はできない。541条ただし書）、履行可能であれば、**追完請求**や**代金減殺請求**（563条）ができる（買主の責めに帰すべき場合はできない。562条2項・563条3項）。買主は、不適合を知った時から1年以内にその旨を売主に通知しないときはこれらの請求ができない（566条本文、**期間制限**）。ただし、売主が引渡しの時にその不適合を知り、または重過失

で知らなかったときは、この限りでない（同条ただし書）。

　以上の大きな制度変更を受けて、今後の土壌汚染訴訟では、契約不適合責任が問われることになるが、瑕疵担保責任をめぐる議論は、フッ素判決を含めて、その出発点となるものであり、当面なお意義を有する。

2　債務不履行責任

　土壌汚染紛争をめぐる債務不履行責任は、説明義務や浄化義務違反という構成で主張されている（その他建物賃借人による土壌汚染につき、賃借人の原状回復義務違反を理由に、支出した土壌汚染調査費・汚染対策費用の損害賠償請求を認容した裁判例として、東京地判平成19年10月25日判タ1274号183頁がある）。

(1)　説明義務違反

　東京地判平成18年9月5日判タ1248号230頁は、売主は、土壌汚染の認識がなくとも、**土壌汚染を発生せしめる蓋然性のある方法で土地の利用**（この事案では機械等の解体作業用地として使用）をした場合、買主に対し、**土壌の来歴や従前からの利用方法**につき**信義則上の説明義務**を負うとした。土壌汚染の調査は、専門技術と多額の費用を要するから、調査の要否を買主に適切に判断させる必要がある点を理由とする。

　判決は、説明義務の不履行がある場合、売主は、買主が土壌汚染調査の必要はないと信頼したことで被った損害の賠償責任を負うとして、汚染（鉛、フッ素）浄化費用、浄化の必要範囲を確定する調査費用の賠償請求を認容した。

　土地取引では通常、土壌汚染の調査がされるが、（十分な）調査がされず引渡し後に土壌汚染が判明した場合の費用負担のあり方がしばしば問題となる。判決は、土壌汚染につき悪意の場合はもちろん、土壌汚染の原因行為をした売主は、売買契約に付随する信義則上の義務として、**土壌汚染の可能性**につき**説明義務**を負うとしたものである（同様に売主の説明義務違反を認めた裁判例として、東京地判平成15年5月16日判時1849号59頁がある）。

　説明義務を課される土壌汚染の可能性は事案ごとに異なりうるが、売主として、社会通念上知りうる範囲の可能性を説明すれば足り、具体的には本判決が示すような土地の来歴・従前からの利用方法（具体的な場所、施設、使用物質等）その他土壌汚染調査の要否を判断するに必要な事項を説明すれば、説明義務を果たしたと評価すべきであろう。

　説明義務を果たすために（事案によっては説明義務の内容として）、土壌汚染の調査が行われる場合も多いが、調査は全量調査でないため、引渡し後に土壌汚染が判明する場合がある。**法令準拠調査**によって発見しえなかった土

壌汚染については、取引上要求される十分な注意を払ったと言え、売主は説明義務違反を負わないと解する。

本判決の売主は原因者であるが、原因者から購入した**中間者が**売主の場合でも、信義則上、土壌汚染の可能性につき、合理的に知りうる範囲の説明義務があろう。換言すれば、土壌汚染の可能性につき善意である中間者は、説明義務違反の債務不履行責任を負わない。

(2) 浄化義務違反＊

東京地判平成20年11月19日判タ1296号217頁は、売買契約の付随義務として土壌中の砒素を**環境基準値未満に**浄化して引き渡す信義上の義務を負うとし、土地の土壌調査・浄化処理費用の一部につき損害賠償を命じた。

3　不法行為責任

契約当事者間でも不法行為責任が問題とされる場合がある。

(1)　説明義務違反

大阪高判平成25年7月12日判時2200号70頁の事案では、売主（原因者）が産廃の埋設と鉛汚染を知りながら、何ら告知・説明せずに売却した行為が不法行為に当たるとの主張がされた。

判決は、売主の説明義務が生ずる前提として土地に瑕疵が必要であるとし、瑕疵の判断につき**フッ素判決**を用いた。まず、①埋設産廃につき、土地の用途、売買目的、廃棄物の質・量、必要な工事内容等を考慮し、建築の支障となる質・量の異物の存在により特別の除去工事を要するとして、瑕疵に当たるとする一方、②鉛につき、法令の基準値超であるものの、契約締結当時に基準値は未設定であったとして、瑕疵に当たらないとした。結局、廃棄物除去・土壌浄化措置費用から鉛汚染分を控除して損害賠償請求を認めた。

説明義務違反の債務不履行構成と結論において差異はないように思われる。

(2)　他の構成

この点、原因者B_1からB_2が土壌汚染地を購入した場合に、損害と原因者の作為義務違反はB_2が汚染除去をした時点で発生すると解し、B_2の汚染除去のときにB_1の不法行為が成立したと捉える有力な見解がある（316頁）。「措置を講じ」た時点から求償の期間制限を設ける**8条との整合性**を重視する。

しかし、かかる見解によると、契約不適合責任が期間制限により追及できない場合も、売主は責任を免れず、土地取引をめぐる法律関係の安定性を欠く帰結となりかねない。8条はあくまで**不法行為の特則**であり、健康被害防

止のために必要な措置費用の求償のみ認めたにすぎない。契約不適合責任との整合性を考えると、瑕疵ある土地を説明なく不注意に売却したことを不法行為と捉え、契約当事者間の不法行為は売買の際の説明義務違反に限定されると解すべきではないか。なお、仮に土壌汚染を知って安く購入していれば、不法行為にも、隠れたる瑕疵にもならず、売主に責任追及ができないのは当然である。

三　主な裁判例その2（非契約当事者間）

1　不法行為

　事後的に土壌汚染が判明した土地の現所有者が、直接の契約関係にない過去の原因者に対し、汚染対策費用の請求をする場合、契約不適合責任や債務不履行責任を追及しえず、**不法行為**構成をとる必要がある。汚染行為は土地所有権の行使ともいえるが、土地に公共性がある以上、所有者にも完全に自由な処分権はない。そこで汚染行為を危険源創設行為と捉え、行為から一定期間経過後に被害が発生したと構成すれば、不法行為が成立する余地がある。

　ここで検討すべき問題は3点ある。まず、①行為の違法性判断は受忍限度論による。土壌汚染による健康被害が生じた場合は優に受忍限度を超えるが、財産権侵害の場合は汚染の程度も考慮されよう。また、②汚染行為の時点で、問題とされた物質の有害性・危険性が一般に認識されていなかった場合には予見可能性（過失）を欠き、あるいは受忍限度を超えないとされる可能性がある。現在では土壌汚染リスクが強く認識されているから、比較的最近の汚染については責任を問いやすいであろう。これに対し、③汚染行為が20年の期間制限にかかる場合には、不法行為責任を問えないのではないかが問題となる。

2　川崎事件（不作為不法行為）

　③の問題につき、**不作為不法行為**という構成が主張されている。川崎市の土壌汚染財産被害事件をめぐり、活発な議論がある。

　本件は、土地現所有者Xが、川崎市（原因者とされる）が搬入した焼却灰・耐久消費財が土壌汚染の原因である等として、市に対し、国賠法1条1項に基づき、土壌汚染対策工事費等の損害賠償を請求した事案である。

(1)　**公調委裁定（平成20年5月7日判時2004号23頁〈106〉）**

　裁定はまず、(i)市による上記搬入と委託業者による埋立て（1968〜70〔昭和43〜45〕年）により土壌汚染が生じたと認定した。その上で、(ii)市には、

遅くとも X の調査により土壌汚染が判明し汚染土壌等処理対策のための実施計画書が提出された時点（2004〔平成16〕年）で、自己の**先行行為**（汚物の搬入、委託業者を通じての埋立行為、同業者による他所廃棄物の埋立てを知りながら適切に処置しなかった不作為）に基づく**土壌汚染除去義務**（作為義務・結果回避義務）が生じているとし、これに違反する行為により損害を与えたとして賠償請求を認めた。

原因行為自体を不法行為と捉えず、先行行為（不作為を含む）により後に危険を生じさせた者は、後に所有者となった者に対し、自ら発生させた危険を除去すべき作為義務を負い、危険が除去されるまでは不作為による不法行為が継続するとの考え方である。したがって、行為時から20年の消滅時効の起算点は、土壌汚染対策工事が完了した時点となる。

古い土壌汚染行為自体に違法性や過失を認めるのは困難である。そこで裁定のように、土壌汚染行為を**危険源創設行為**たる先行行為と捉え、不作為不法行為構成を肯定的に評価する学説も有力である[18]。

(2) 　**川崎判決（東京地判平成24年1月16日判タ1392号78頁、東京高判平成25年3月28日判タ1393号186頁〈32〉）**

これに対し、東京地判は、先行行為に基づく（条理上の）作為義務（結果回避義務）は認められないとして、不作為不法行為の考え方を否定した（これは、川崎市が、X を被告として、同裁定に関し、本件土地にかかる国賠法上の損害賠償債務の不存在確認を求めた本訴事件とその反訴事件である。控訴審・東京高判平成25年3月28日判タ1393号186頁も東京地判を維持した）。

判決は、原因行為自体の事実関係を否定したほか、作為義務を否定する理由として、①原因行為が廃掃法の前身である**当時の清掃法**に違反しておらず、搬入廃棄物が健康被害のおそれのある特定有害物質を含有するとの認識がないとしてもやむをえないこと、②埋立てにより生命・身体、財産等に重大な損害を生ずる差し迫った状況を認識していた事実がないこと、③廃棄物中の有害物質を除去できる立場にあったという事情もないこと等を挙げている。

汚染行為は危険源の創設にすぎず、埋立時点で重大損害が切迫するものではなく、②③は通常①を前提とするから、①が特に重要である。私見は以下のとおり**不作為不法構成をとる必要はない**と考える。

---

[18]　大塚直「土壌汚染に関する不法行為及び汚染地の瑕疵について」ジュリ1407号（2010年）66、71頁。

(3) 私見＊[19]

　過去の土壌汚染行為のすべてが、違法かつ過失ありとして不法行為責任の対象とされるわけではない。他方、たとえ自己所有地であっても、そもそも土地所有権は絶対でなく、所有者も長い歴史の一時期だけ土地を所有するにすぎない。国土の一部を形成する土地の公共性に鑑みれば[20]、都市法により土地利用が制約を受けるごとく、汚染行為もまた自由ではない。現在では、水濁法、土対法や関係条例により土壌汚染行為が規制されている。

　では、いかなる場合に汚染行為が不法行為法（私法）上、違法となるか。

　まず、土壌汚染は汚染行為により直ちに生ずるものとは限らず、通常、時間差があり、しかも行為時の所有者は汚染行為者であるから、汚染行為自体を不法行為と捉えられないとの理解もありうる。しかし、判例（最二判平成19年7月6日民集61巻5号1769頁）[21]を参照し、土地の基本的な安全性を欠く（受忍限度を超える）程度の土壌汚染がある場合、汚染行為は不法行為に当たるというべきである。

　私見は、行為時を基準として汚染行為を、違法汚染行為と適法汚染行為に分けて処理する。行為者は法令を基準に行動するはずであり、行為者の自由は、法令の規制がない限り尊重されるべきである（環境法規制が未整備であったとしても行為者の責任ではない）から、ここでいう違法とは、公法上の環境法違反の意味である。すなわち、以下の処理では、公法上の違法が私法上の違法と一致する。ただし、受忍限度を超えない軽微な公法上の違法は、私法上違法ではない。

(a) **行為時違法汚染行為**

　行為時の法令に違反する汚染行為（**行為時違法汚染行為**）の場合は、故意過失により自ら法令違反をして危険を作出した以上（危険源の創出）、私法上の違法を認め、実際に生じた危険につき責任を負わせても不都合はない。しかし、土壌汚染は通常、汚染行為時から、汚染発見時までに長期

---

[19]　私見は百選〈106〉橋本佳幸解説をベースとしている。
[20]　動産と異なり、土地はそれ自体公共性を有するため、自由に棄損できない。なお、動産であっても、芸術品等の文化財については一定の公共性が承認される。
[21]　建物の建築に携わる設計者、施工者および工事監理者は、建物の建築にあたり、契約関係にない居住者を含む建物利用者、隣人、通行人等に対する関係でも、当該建物に建物としての基本的な安全性が欠けることがないように配慮すべき注意義務を負い、これを怠ったために建築された建物に上記安全性を損なう瑕疵があり、それにより居住者等の生命・身体または財産が侵害された場合には、設計者等は、不法行為の成立を主張する者が上記瑕疵の存在を知りながらこれを前提として当該建物を買い受けていたなど特段の事情がない限り、これによって生じた損害について不法行為による賠償責任を負う、とした。

間が経過し、不法行為に基づく損害賠償請求権が期間制限（20年）にかかる場合が多かった。

債権法改正を受けて、現在では人の生命・身体侵害の場合の特則（84頁）による救済を期待しえようか。継続的汚染行為の途中で規制がされ違法となった場合は、危険源を管理支配している以上、その後の汚染行為は（公法上も私法上も）違法と評価しうる（過失も認めやすい）。

しかし、多くの場合、川崎事件のような行為時適法汚染行為が問題となろう。

(b) **行為時適法汚染行為**

行為時に適法であった行為（**行為時適法汚染行為**）は、原則として事後的に違法有過失とされ賠償責任を負わない（多くの場合、汚染物質の危険性が不明であるため、〔将来的な〕被害の予見可能性がないのが通常であり、少なくとも過失がない)[22]。ただし例外的に、①健康被害が生じた場合や②行為者が汚染物質につき**特別の知見**を有していた場合は、違法汚染行為と同様に、**期間制限の起算点を損害発生時まで遅らせるべきである**。

まず、①健康被害案件については、危険源の創出たる汚染行為は、事後的に違法と評価されうる。ただし、8条求償による場合以外は、過失、特に予見可能性、さらには結果回避可能性も事案ごとに検討されよう。この帰結は健康被害の防止を法目的とする土対法の求償制度とも整合的である（健康被害のおそれがなければ要措置区域の指定・指示もされず、求償できない）。健康被害を受けた者との関係では、健康被害の賠償が必要であるが、現所有者との関係では、8条求償によって、健康被害防止に必要な対策費用に限定されるわけである。②たとえ行為時に規制対象でなく公法上の違法がなくとも、投棄物質の危険性につき特別の知見を有するにもかかわらず、漫然投棄したような場合には、危険源の創出を違法と評価しうるから、①に準じて処理する。

(c) **考察**

このように考えると、適法汚染行為については、上記①②の場合を除き、土対法8条に基づく求償によらない限り不法行為責任を問えない帰結となり、批判もあろう。

しかし、公法規制への信頼は一定の保護に値するし、法令違反のない所有権行使については一定の法的安定性を与えるべきであろう。また、上記帰結は、瑕疵担保責任（当時）につき、契約締結当時の取引観念を基準とする**フッ素判決**の処理とも整合的と考える（フッ素判決の事案は原因者と現所有者の間に中間者がいない事案であり、もし中間者がいれば不法行為

---

[22] 例えば、予見可能性を否定して、契約当事者間の不法行為責任を否定した裁判例に、前掲平成20年前橋地判（306頁）。ただし、売主が規制権限をもつ自治体であったという事情がある。

第7章 土壌汚染 319

構成によるほかないが、そのために結論を大きく変えるべきだとは思われない）。

不作為不法行為は、先行行為後のいかなる行為を不法行為と捉えるかにより、作為義務の発生時点など複雑な構成となりかねない。上記理解により、原因者責任の範囲を明確化し、簡明な処理を図れば、ブラウンフィールド問題の解決にもむしろ資するのではないか。土壌汚染リスクはむしろ合理的に分散させるべきであり、土壌汚染は、調査結果、対策費用、対策施工等に関する保険制度の整備構築や汚染除去措置に対する助成[23]等の公金支出により、社会全体で負担すべき課題であると思われる。

3　専門業者の責任＊

前掲東京地判平成20年11月19日は、土壌調査と浄化作業にミスがあった事案とも言える。判決は、浄化工事を受注した専門業者らは、注文者（売主）に対して汚染浄化義務を負う一方、第三者（買主）に対してまで同様の義務を負わないとし、不法行為に基づく損害賠償責任を否定した。

しかし、門外漢の売買契約当事者は専門家による処理を信頼せざるをえない。専門家であるはずの専門業者らによる調査や汚染土壌処理のミスに紛争の根本原因がある場合、専門業者の行為が、第三者（買主）に対する不法行為を構成する場合があると思われる。

4　共同不法行為

複数当事者による土壌汚染の場合は、共同不法行為が成立しうる。例えば旧B_1所有地で、B_2が廃掃法に反する産廃の不適正処理をし、B_1がこれを容認していたような場合は、強い関連共同性がある。また、主観的関連共同性がなく、例えばB_1が所有地につき汚染行為をした後さらに同土地を取得したB_2が汚染行為をしたような場合でも、現所有者B_3に対する共同不法行為が成立しうる（事案によっては強い関連共同性も肯定しうる）と考える[24]。

この点、川崎事件控訴審では、市による廃棄物の搬入行為等と訴外業者の埋立行為が、Xに対する共同不法行為に当たるとの主張がされた。判決は、市の行為がそもそも違法性を欠き、（客観的）関連共同性もないと判断した。同高判は、共同不法行為の成立には行為者各人が独立に不法行為要件を満たすことを求める趣旨にも見えるが、第5章（219頁）で見たとおり妥当でなく、有力説に従うべきである。

5　規制権限不行使による国家賠償責任

川崎事件では、政令市として川崎市長が土対法上の代執行権限（現7条10

---

[23] 土対法の指定支援法人制度（44条）は、基金を設け、地方公共団体を通じた助成措置を予定しているが、まだ利用実績は少ない（2例のみ）。

[24] 最三判平成13年3月13日民集55巻2号328頁参照。

項）を有していたため、原因者だけでなく、権限者としての規制権限の不行使についても責任が問われた。前掲平成24年東京地判は、代執行の権限行使要件（相手方不確知）を満たさないとして、法令上の作為義務を否定した。

土対法上、健康被害のおそれがなければ、指示、措置命令、代執行の権限行使要件を満たさないため、汚染による財産権侵害にとどまる場合には、規制権限不行使の違法を争う余地はないであろう。

ただし、（実際には想定しにくいが）要措置区域の指定と指示がされるべきであるのに違法にされないために8条求償ができなかった場合には、土地所有者等の利益をも保護する8条の趣旨に鑑み、不作為が国賠法上違法とされる余地はあろう。

四　主な裁判例その3（純粋第三者が原告の場合）

以上は、土地の現所有者が原告となる場合であり、裁判例も多い。以下に、隣地住民など純粋の第三者が被害を受けた場合を見るが、実例は少ない。

1　不法行為責任

土壌汚染の拡大等により、近隣第三者に健康・財産被害が生じた場合、不法行為に基づく損害賠償請求がされる。

行為の違法性判断には**受忍限度論**が用いられるが、井戸水汚染等による健康被害の場合には、優に受忍限度を超えるとされよう。

福島地郡山支判平成14年4月18日判時1804号94頁は、工場騒音にかかる前掲最一判平成6年3月24日判夕862号260頁（139頁）に依拠し、工場の操業に伴う公害が、第三者に対する関係において、違法な権利・利益侵害になるかは、①侵害行為の態様、②侵害の程度、③被侵害利益の性質と内容、④本件工場の所在する地域環境、⑤侵害行為の開始とその後の継続の経過・状況、⑥その間にとられた被害防止措置の有無・内容・効果等の諸般の事情を総合的に考察して決するとした。

土壌汚染訴訟における重要な争点は、（結果回避可能性の前提としての）**予見可能性**である。上記考慮要素でいえば①（ないし⑤⑥）、違法性と別に独立して過失を判断するとすれば、過失の有無であろう。上記事件では、汚染行為当時、テトラクロロエチレンにつき発癌性が指摘され、水道水の暫定水質基準（1984〔昭和59〕年）が設定されていた事実から予見可能性があったとされた。

いかなる場合に汚染行為が不法行為となるかは、上記三2(3)（318頁）と

第7章　土壌汚染　321

同様に考えてよい。汚染行為と健康・財産被害の間には、通常、時間差があるが、期間制限の起算点は損害発生時と解される。なお、三 4（320頁）と同様、共同不法行為を認めうる事案もあろう。

2　規制権限の不行使*

裁判例はないが、行政庁による要措置区域の指定と指示の不作為ゆえに、井戸水汚染により健康被害を受けたような場合、規制権限不行使の違法につき国賠法上の違法があるとされよう。調査命令権限の不行使も相当因果関係が認められる限り、同様と考えられる。

これに対し、財産被害に留まる場合には、求償権侵害に当たる場合を除き、健康保護を目的とする土対法に基づく規制権限行使の違法は認められにくい。

3　差止請求

典型事例7-1で見たように、人格権または所有権に基づき、妨害排除（予防）請求権として、汚染地の現所有者に対し、汚染物質の除去や原状回復等の対策措置を求める差止請求をなしうる。原因者は現在、汚染地の支配管理権を有しないから、被告としえないであろう。裁判例は見当たらない。

第5節　土壌汚染分野における規制対抗訴訟

事例は少ないが、典型事例を中心に概観する。

一　概観

【典型事例7-2】

> B_2社は大手化学工業会社であり、A県にあるB_1社の所有地2900m^2（以下「本件土地」という）を安価で購入した。B_1社は、金属製品製造業を営んできたが、近年、事実上倒産しており、すでに廃業している。本件土地上にはB_1社の水銀精製施設甲があり、水銀による土壌汚染が疑われているが、B_2社は本件土地上に、引き続き水銀を含む有害物質を工程に使用する有機化学工業製品の製造施設乙を建設操業する予定である。
>
> 〔設問1〕
> (1)　A県知事が、甲の取壊しにより、B_1社の廃業について知った場合、本件土地の土壌汚染調査が土対法のどの規定に基づき行われることになるか、説明しなさい。
> (2)　B_2社が土対法上の制度を用いて、(1)の調査を当面回避するにはどうすればよいか。その場合、A社はどのような義務を負うか。
> 〔設問2〕B_2社は、設問1の調査義務を免れるために取消訴訟を利用できるか。
> 〔設問3〕土壌汚染状況調査の結果、A県知事が本件土地を要措置区域として指定し、指示措置等を示して、汚染除去等計画の作成・提出を指示した場合、不服のあるB_2社は、司法救済を求めうるか。形質変更時要届出区域に指定された場合はどうか。

1　土壌汚染対策法の法律関係（設問1）

(1)　調査義務

水銀は「有害物質」（水濁2条2項1号、令2条7号）かつ「特定有害物質」（土対2条1項、令1条13号）に当たる。よって、B_1の水銀精製施設甲は、水濁法2条2項1号の「特定施設」および土対法3条1項の「有害物質使用特定施設」に当たり、B_2はその設置者ではないが、現所有者である。

本件では、近年、甲が廃止されており、県知事による法3条3項の通知があれば、土壌汚染状況調査（2条2項）をし、報告する義務（3条1項）がB_2に生じる。これは、現在の土地所有者が土壌汚染に係るリスクを支配している点に鑑みた**状態責任による原因者負担主義の修正**とされる。

調査義務違反には命令の可能性があり（3条4項）、命令違反には罰則が

ある（65条1号）。

(2) 調査猶予

　この場合でも、知事の確認が得られれば**調査猶予**が得られる（3条1項ただし書）。本件では、甲、乙いずれも化学工場として利用されているため、確認が得られる可能性がある。ただし将来、土地利用方法を変更する際には届出（5項）が必要であり、例えば宅地等に変更する場合には確認が取り消され（6項）、調査が必要となる。届出違反には罰則がある（66条1号）。

2　土壌汚染対策法の義務賦課を争う訴訟（設問2・3）

(1) 調査義務を争う訴訟（設問2）

　B_2社が調査義務を免れるべく取消訴訟を提起するには、A県知事の**法3条3項通知**（かつての3条2項）に処分性が認められる必要がある。前掲最二判平成24年2月3日は、①通知が土地所有者等に調査報告義務を生じさせる点で、**法的地位に直接的な影響**を及ぼすものであり、②報告懈怠に対する調査命令も速やかにされるとは限らず、**早期に実効的な権利救済を図る必要**があるとして、通知の処分性を肯定した。よって、B_2社は3条3項通知の取消訴訟を提起しうる。

(2) 要措置区域指定、汚染除去等計画の作成・提出指示を争う訴訟（設問3前段関係）

　裁判例等はないが、B_2社は、要措置区域の指定（6条1項）、汚染除去等計画の作成・提出指示（7条1項）に違法ありと考えれば、いずれについても取消訴訟を提起しうると考えたい。

　まず、指定に際しては必ず指示がされ、提出された計画に従い指示措置ないし実施措置をさせるために区域指定をする法構造に鑑みれば、両者は密接な関係にあり不可分一体と言える。指示違反に罰則はないが、計画提出命令がされるという法構造も、3条3項通知と調査命令の場合と類似しており、上記最判に照らし、処分性を肯定する余地がある。

　　　3条3項通知の時点では、汚染の有無・程度が不明であるため早期の調査命令があるとは限らないと言えるのに対し、指示の場合にはすでに健康被害のおそれを前提として措置内容も特定されており速やかに計画提出命令など行政過程が進行するとも考えられる。計画提出にかかる費用は求償権の内容にも含まれており、調査命令と同様に小さくない費用負担が生ずる（フェーズ3調査を前提としよう）から、司法救済の実効性という観点からは処分性を認める必要に差異はないと思われる。

(3) 形質変更時要届出区域の指定を争う訴訟（設問3後段）

　要届出区域の場合には、要措置区域と異なり、指定の際に措置指示もされず、その後の措置は予定されていない。単に、将来の形質変更にあたり届出義務が生ずるにとどまり、また、施行方法の変更命令がされるか、されるとしてその内容も、現時点では不明である（いかなる形質変更が許容されるかは、事案進展を待たなければ明らかとならず、形質変更に対する制限は抽象的なものにとどまる）から、要措置区域の指定と比べれば、処分性を認め難いともいえる。

　しかし、要届出区域の指定により、所有地が（健康被害のおそれがないとはいえ）、汚染状態基準不適合要件に該当するとの判断がされたのであり、この点に不服がある場合、将来の事案進展を待たずに争点はすでに明確であるし、いわば土壌汚染地の烙印を押された以上、土地利用に実際上の制約を生じる。また、後の時点の処分が行政過程に当然には予定されておらず、司法審査を得る機会もない。調査義務の賦課についても処分性を認める上記最判に照らせば、司法救済の実効性の観点から、要届出区域の指定にも処分性を認めえよう。

3　その他の訴訟

　例えば、所有者が指示措置と同等の効果を有すると考える措置を講じたが、措置として不十分であるとされた場合、所有者は要措置区域**指定解除**の義務付け訴訟を提起しうるか。

　上記のとおり、指定に処分性ありと考える以上、裏返しとして指定解除にも処分性を認めうる。指定解除については法令上の申請権がないため、非申請型義務付け訴訟となり、重大な損害要件がハードルとなる。要届出区域の場合も同様に考えてよかろう。

二　裁判例

　土対法の義務賦課に対抗する訴訟としては、前掲最二判平成24年2月3日のほか、**前掲前橋地判平成20年2月27日**がある。本判決は、県知事が汚染地について区域指定と原告らに対する措置命令を行っていれば、原告らは土対法に基づき原因者に求償ができたはずであるとして、原告ら所有土地の有害物質汚染を原因とする工場等の移転費用等相当額の損害につき、県を被告として国家賠償を求めた事案で、本件では汚染調査が行われておらず、県知事が区域指定に係る権限を行使する前提を欠くとして、請求を棄却した。

　なお、宅地所有者が、土壌汚染対策に多額の費用を要するのに、固定資産

課税台帳に登録された宅地価格で考慮されていないとして争った行政訴訟に、佐賀地判平成19年7月27日判自308号65頁（請求棄却）がある。

●コラム● 土壌汚染と土地取引

　本文では、土対法の規制を前提に、土壌汚染に関し事後的に紛争が発生した場合を見たが、実務では、土地取引における重要なリスクとして土壌汚染（の潜在的可能性）が十分に認識されている。土壌汚染の存在等は土地取引における重要事項であり（宅建業35条）、土壌汚染について説明しなかった宅地建物取引業者は不告知、不実告知の業法違反（同47条1号）となるおそれがある。

　土壌汚染は、不動産鑑定においても価値下落要素として考慮されるが、土壌汚染には調査費用、汚染除去費用、実際にされる除去措置など様々なリスクを伴う。土壌汚染の可能性が考えられる土地の取引においては、法的リスクを慎重に検討する必要がある。

```
          譲渡      譲渡     契約交渉中
A社×(汚染) ──→ B社 ──→ C社 ………→ D社
```

汚染？

　①現在Cが所有する土地について土壌汚染の可能性が考えられる場合、D社（買主）はどのような配慮をすべきか、②同じくC社（売主）はどのような配慮をすべきか、考えてみよう。

第8章

自然保護

第1節　自然保護法制の概観

一　自然保護法制

1　生物多様性の保護

　自然保護の主目的は、**生物多様性**の保護にある。生物多様性には3つのレベルがあり、様々な①**生態系**が存在し、生物の②**種間**（生物種・群）、③**種内**（遺伝資源）に様々な**差異**があること（多様性）をいう（生物多様性基本2条1項参照）。④景観の多様性を含める場合もある。生物多様性は人類の生存基盤、遺伝子を含めた貴重資源、アメニティ等として保護の必要がある[1]。

　わが国の**生物多様性の危機**は4つあるとされる。すなわち、①開発・乱獲による種の減少・絶滅と生息・生育地の減少、②里地里山等の二次的自然の手入れ不足による自然の質の低下、③外来種による生態系の攪乱、④気候変動等の地球環境の変化による危機である。

　　　　生態系保護は多くの場合、土地利用のあり方の問題に帰着する。土地利用基本計画（国土利用計画9条）の5つの地域区分で、日本国土は①都市計画地域（都市計画法）、②農業地域（農振法[2]、農地法）、③森林地域（森林法）、④自然公園地域（自然公園法）、⑤自然環境保全地域（自然環

---

(1)　2022年12月の生物多様性条約のCOP15において、2030年までの生物多様性の世界目標（GBF; Global Biodiversity Framework）が採択され、2030年までに生物多様性の損失を食い止め、反転させ、回復軌道に乗せるネイチャーポジティブ（自然再興）の方向性が示された。
(2)　正式名称は農業振興地域の整備に関する法律。

境保全法）に大別されるが（主として（ ）内の法律により規律されるが、地域には重複がある）、都市の自然も考慮すると、自然保護は全地域の課題である。

自然は国民共有の有限な資産であり、一度失われれば原状回復は困難であるから、国民の信託に基づき行政が管理すべきとする**公共信託論**が有力に主張されてきた[3]。その要請は、自然管理への参加であり、環境権の手続的側面とも捉えうる。

2　自然関連法と政策手法

自然保護の基本法として、生物多様性基本法があり、優れた自然景観を保護するための**自然公園法**（自公法）があるが、わが国に統一的な自然保護法は存在しない。山岳・森林（森林法）、河川（河川法）、海域（公有水面埋立法〔公水法〕、海岸法、港湾法）、湖沼（湖沼水質保全特措法）、湿地（未制定）、原生自然（自然環境保全法）、農地（農地法・農振法、土地改良法）、都市緑地（都市緑地法）など自然の状態に応じ、また森林伐採、埋立て、採石（採石法）その他開発行為の態様に応じて、縦割りの基本法および個別法が散在し（かっこ内は一例にすぎない）、時に重複して存在する（例えば大規模〔1ha 以上〕な開発行為には都市計画法〔都計法〕の開発許可制度が適用される）。保護法ではなく、開発法、業法も少なくないため、本書では**自然関連法**と呼ぶ。

自然関連法の諸制度を横断的に見ると、①**規制**的手法は、(i)**地域指定**（ゾーニング）による各種の行為規制と、(ii)**種の指定**による保護に大別される。(i)には、**自公法**の**自然公園**、自然環境保全法の自然環境保全地域、絶滅危惧種法の生息地等保護区、鳥獣保護法の鳥獣保護区、森林法の保安林等の制度があり、指定地域内での影響を及ぼす各種行為が規制される。(ii)には絶滅危惧種法の希少種としての指定、文化財保護法の天然記念物制度等がある。②**誘導**的手法としては、(iii)**アセスメント**による環境配慮要請が重要であるが、他にも(iv)土地所有者との各種**協定**、(v)風景地・生息地等保護のための**土地の買上げ**等がある。③**事業的手法**として、自公法の国立・国定公園事業・生態系維持回復事業、自然再生推進法に基づく自然再生事業等がある。

これら各種制度の運用は、国・地方レベルの各種環境管理計画等に基づき具体化されていくが、運用を実効化するために、個別法の各種参加手続の充実が課題とされ、立法論として、環境保護団体や市民に違法な開発行為等を是正する訴権を与える団体訴訟・市民訴訟の導入が必要となっている。特に

---

(3) 原田尚彦『環境権と裁判』（弘文堂、1977年）116頁以下。

手続の法整備は、手続的権利としての環境権の要請であり、自然保護分野における環境権の具体化とも捉えうる。

二　自然公園法

1　目的

　本法の目的（1条）は、①優れた自然の**風景地の保護**と、②**国民による利用の増進**であったが、2009年改正で、③**生物多様性の確保**が追加された（3条2項参照）。

　③の観点から、**外来生物**規制（20条3項12号・14号等参照）や**生態系維持回復計画**（38条）等の制度が導入されている。自然環境保全法と異なり、保護のみならず利用増進をも目的とする点に特徴がある。①③と②は緊張関係にある。**過剰利用**（オーバーユース）による自然破壊の問題に対応する法政策として、**利用調整地区**制度（23条）等が採用される一方で、近年は保護と利用の好循環を実現するための法改正が行われている。

2　公園の種類

　自公法上の公園は、3つに分かれる。

　①わが国の景観を代表するとともに、世界的にも誇りうる傑出した自然の風景地とされる**国立公園**（環境大臣指定、国レベル管理）、②国立公園の景観に準ずる**国定公園**（環境大臣指定、都道府県レベル管理）、③都道府県の風景を代表する**都道府県立**公園（都道府県指定・管理）である（2条1～4号）。

　①②は自公法で規律されるのに対し、③は**条例**により指定され（72条）、法規制の範囲内で必要な規制ができる（73条は上乗せ条例を認めない趣旨の規定とされる）。以下、①②を説明する。

　国立公園は環境大臣が管理するが、権限は地方環境事務所長に委任されている（69条）。国定公園は環境大臣が指定するが、管理をする都道府県知事が許可等の規制権限を有している（20条等）。

　現在の指定状況は次のとおりである。

図表8-1：自然公園の指定状況──自然公園面積総括表

令和6年6月30日現在

種別	公園数	公園面積 (ha)	国土面積に対する比率 (%)	内訳					
				特別地域				普通地域	
				特別保護地区					
				面積 (ha)	比率 (%)	面積 (ha)	比率 (%)	面積 (ha)	比率 (%)
国立公園	35	2,444,364	6.467	366,126	15.0	1,826,108	74.7	618,255	25.3
国定公園	57	1,391,216	3.681	47,060	3.4	1,256,756	90.3	134,460	9.7
都道府県立自然公園	311	1,915,027	5.067	─	0.0	679,403	35.5	1,235,625	64.5
合計	403	5,750,607	15.214	413,186	7.2	3,762,267	65.4	1,988,340	34.6

＊国土面積は、37,797,539ha（令和6年全国都道府県市区町村別面積調（国土地理院））による
※端数処理により内訳と合計は一致しない。

（環境省HP）

3　公園計画と公共事業

　自然の風景地の保護と利用を適正に行うために、公園ごとの**公園計画**（2条5号、7条）に基づき、ゾーニング規制をするとともに、適切な利用を推進するための施設整備（公園事業）を行う（9条）。

　公園計画は次のとおり、**規制計画**と**事業計画**に大別される。

図表8-2：公園計画

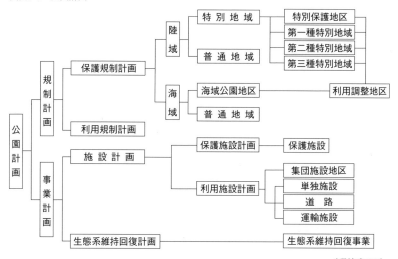

（環境省HP）

(1)　規制計画

　規制計画は、①**保護規制計画**と②**利用規制計画**に分かれる。①は次に見るが、②は、自動車利用適正化対策（**マイカー規制**）など、適正な利用と周辺の自然環境の保護を図るため、利用の増大に対処すべく、利用の時期・方法等の調整・制限・禁止を定める計画である。

図表8-3：保護規制計画の概要

特別保護地区 (21)	公園の中で**特に優れた自然景観、原始状態**を保持している地区で、最も厳しく行為が規制される。	許可制
第一種特別地域 (20、規9-12一)	特別保護地区に**準ずる景観**をもち、特別地域のうちで風致を維持する必要性が最も高い地域であって、現在の景観を極力保護することが必要な地域。	
第二種特別地域 (20、規9-12二)	**農林漁業活動**について、つとめて調整を図ることが必要な地域。	
第三種特別地域 (20、規9-12三)	特別地域の中では風致を維持する必要性が比較的低い地域であって、通常の農林漁業活動については規制のかからない地域。	
海域公園地区 (22)	熱帯魚、サンゴ、海藻等の動植物によって特徴づけられる優れた**海中の景観**に加え、干潟、岩礁等の地形や、海鳥等の野生動物によって特徴づけられる優れた**海上の景観**を維持するための地区。	
普通地域 (33)	特別地域や海域公園地区に含まれない地域で、風景の保護を図る地域。特別地域や海域公園地区と公園区域外との緩衝地域（バッファーゾーン）である。	届出制

※都道府県立自然公園には特別保護地区および海域公園地区の制度がない。

利用調整地区 (23)	特に優れた風致景観をもつ地区で、利用者の増加によって自然生態系に悪影響が生じている場所において、**利用者の人数等を調整**することで自然生態系を保全し、**持続的な利用を推進**することを目的とする地区。	認定制

（環境省HPを修正）

(2) 事業計画

事業計画には①**施設計画**と②**生態系維持回復計画**（後述）があり、①は(i)**保護施設計画**と(ii)**利用施設計画**に分かれ、その配置と整備方針が定められる。(i)は植生復元・動物繁殖、砂防・防火、自然再生のための保護施設（2条6号、令1条10〜12号）、(ii)は公園の利用・管理のための施設を総合的に整備し、快適な公園利用の拠点とする**集団施設地区**（36条）や、遊歩道、橋、広場、宿舎・避難小屋、休憩所や博物館などの利用施設（2条6号、令1条1〜9号）にかかる計画である。

(3) 公園事業

公園事業は、公園計画に基づき上記の保護施設、利用施設に関して執行する事業であり（2条6号）、原則として国立公園は国（10条）、国定公園は都道府県によって行われる（16条）が、私人も認可を受けて公園事業の一部を執行できる（10条3項、16条3項）。

4 規制計画

(1) 保護規制計画

公園内の特定行為を規制し、開発や過剰な利用から保護するための計画であり、陸域と海域に分かれ、**図表8-3**の地域が公園内に設けられている（ゾ

ーニング）。すなわち、保護の必要性に応じ、陸域では①**特別保護地区**、②規則（9条の2）の定める3種の**特別地域**と、③緩衝地帯（バッファ）としての**普通地域**の指定がされる。工作物の新・改・増築、木竹の伐採、土石採取、土石等の貯蔵、土地の形状変更等の行為が、①②では**許可制**、③では**届出制**になる。

規制対象行為は地域により異なる。例えば高山植物など環境大臣が指定する植物（コマクサ、カタクリ等）の採取は、②では要許可となるが（20条3項11号）、①ではおよそ植物採取自体が要許可となり（21条3項7号）、逆に③では植物採取につき届出も不要となる。また例えば廃タイヤの野積み行為は、②では20条3項8号の大臣指定物（廃掃法2条の廃棄物が指定されている）の「集積」に当たり要許可となるが、①ではおよそ物の集積自体が要許可となり（21条3項5号）、逆に③では物の集積につき届出は不要となる。

環境大臣は特別地域内に(i)**植栽等**規制区域（20条3項12号）、(ii)**動物放出**規制区域（14号）、のほか、後述の(iii)**立入**規制区域（16号）、(iv)**乗入**規制区域（17号）を指定できる。(i)(ii)は生物多様性確保（外来生物規制）、(iii)(iv)は利用調整の観点からの行為規制である。

海域では、④**海域公園地区**と③普通地域が指定され、④では一定の行為が**許可制**となる。地域指定は、政策的・技術的な見地から行われ、いかなる地域をいかに指定するかの裁量は広範とされる[4]。

国立公園では環境大臣が、それ以外では知事が**公園管理者**として規制権限を有する。普通地域であっても、公園の風景保護に必要なときは、公園管理者は行為者に対して、必要な限度で届出にかかる行為を禁止、制限し、または必要な措置を命じうる（33条2項）。

具体的な**許可基準**は規則（11条）に定められており、許可に際しては、公園の風致・景観の保護に必要な限度で**条件**を付しうる（32条）。また、応急措置等につき例外があり、国の機関が行う行為には許可を不要とする**特則**がある（68条）。公園管理者は、許可に先立ち、必要がある場合、立入検査、立入調査（35条2項、後述）ができる。

自然破壊が懸念される過剰利用に対処するために、持続可能な発展（SD）の観点から、陸域、海域を問わず、上記①②④の地域で一定期間内の利用者の人数等を調整する**利用調整地区**制度（23条、73条）が導入されている。同

---

[4] 首都圏近郊緑地保全法に基づく建設大臣による特別保全地区の指定・告示の例であるが、東京地判平成25年5月7日判自379号43頁参照。

地区への立入りは原則として禁止され（同条3項）、国立公園につき環境大臣の、国定公園につき知事の**認定**を受けなければ立ち入れない（24条1項）。国または都道府県は**認定手数料**を徴収できる（31条）。手数料制度は、実費を勘案した額となるが、**過剰利用**に対する**経済的手法**の側面をもちうる[5]。現在、吉野熊野国立公園の西大台、知床国立公園の知床五湖が指定されている。

(2) 規制権限

保護規制の違反には、直罰制がとられている（82条以下。2021年改正法により罰則が強化された）。さらに、環境大臣は国立公園、知事は国定公園の特別地域につき、公園保護のため必要なときは、①**許可制**（20条3項・21条3項・22条3項・23条3項の規定）、②許可に付された**条件**（32条）に違反した者に対して、その保護に必要な限度で、**中止命令、原状回復命令**等の必要な**措置命令**ができる（34条）。③普通地域における33条2項の命令に違反した場合も同様である。

原状回復命令等の措置命令に際し、過失なく相手方を確知できない場合は**行政代執行**ができ、要した費用を原因者から回収しうる（34条2項）。

なお、例えば公園事業で設置された施設が毀損されたために、修繕や再建が必要な場合等は、公園事業の執行が必要となった限度で、原因者に対し費用負担を求めうる（59条）。

公園管理者はこれらの命令をする前提として、まず事実関係を把握するために、報告徴収または立入検査ができる。すなわち、公園管理者は、公園保護に必要なときは、特別地域等で許可、普通地域で制限命令等を受けた者に対し、当該行為の実施状況その他必要な事項につき**報告徴収**ができる（35条1項）。さらに命令をするために必要なときは、必要な限度で、職員に、当該公園の区域内の土地・建物内に立ち入り、許可・届出に係る行為等の実施状況を検査させ（**立入検査**）、これらの行為の風景に及ぼす影響を調査させること（**立入調査**）ができる。

---

[5] 地域自然資産法（地域自然資産区域における自然環境の保全及び持続可能な利用の推進に関する法律）の「地域自然環境保全等事業」は、国立公園等の自然の風景地、名勝地その他の自然環境の保全および持続可能な利用の推進を図る上で重要な地域で実施する事業であり、同事業を実施する区域内への立入りについては入域料を収受できる。これは、当該地域の自然環境を地域住民の資産として保全し、その持続可能な利用を推進するための経費に充てられるが、受益者負担の原則に基づき利用者が負担する金銭であるとされる。

5　損失補償制度

　法は上記の許可を得られないために損失を受けた者に、通常生ずべき損失を補償する（64条以下）。これは、憲法29条3項の具体化であるが、損失補償の要否、範囲、補償額については考え方が分かれている（第6節〔380頁〕）。なお、鉱業等の調整にかかる紛争については、特別の行政救済手続として、公害等調整委員会による裁定制度がある。

6　公園の能動的・協働型管理

　2002年以降、従来の開発規制を中心とする受動的な管理から移行し、①環境再生と適切利用を推進する**能動的管理**と②地域住民等の参加による**協働型**管理のための新しい制度が導入されてきた。

(1)　生態系維持回復事業（2条7号、38〜42条）

　自然公園の一部地域では、シカによる自然植生等への食害、外来植物の侵入による在来植物の駆逐等により、希少な動植物の生息・生育環境が脅かされ、生息数の減少につながるほか、生態系自体が変化し従来の自然公園の景観を損なうおそれがある。そこで、行為規制にとどまらず、生態系の積極的な維持回復措置を講ずるため、（特定の動植物を対象にした取組みを個別に進めるのではなく）生態系の過程や動植物間の相互作用等に注目した総合的取組みをモニタリングに基づき順応的に行う制度として、**生態系維持回復事業**が導入された。

(2)　過剰利用の調整

　過剰利用を調整しつつ、適切利用を推進するための制度である①**利用調整地区**についてはすでに触れた（332頁）。また、環境大臣は、特別地域内で、湿原や高山植物群落など特に保護が必要な場所につき、指定期間内の立入りを規制する**立入規制区域**を指定できる（20条3項16号、21条3項1号）。また、四輪駆動車、スノーモービル、モーターボート等（車馬等）を無秩序に乗り入れる行為を規制する**乗入規制区域**も指定される（20条3項17号。特別保護地区では21条3項10号で禁止される）。

(3)　公園管理団体

　環境大臣は国立公園、知事は国定公園について、公園内の自然の風景地の保護と適正利用の促進を目的とする一般社団・財団法人、特定非営利活動法人その他環境省令（規15条の13）で定める法人であって、①**風景地保護協定**（後述(2)）に基づく自然の風景地の管理その他の自然の風景地保護に資する活動、②公園内の施設補修その他の**維持管理**のほか、公園の保護と適正利用の推進に関する③情報・資料の収集・提供、④必要な助言・指導、⑤調査・

研究等の業務（50条）を適正かつ確実に行いうるものを、その申請により、**公園管理団体**に指定できる（49条以下、75条）。地元NPOなど民間団体が環境管理の過程に参加できるこの制度は、協働型管理の取組みといえよう。

(4) 風景地保護協定

土地所有者等による管理が不十分で風景の保護が図れないおそれのある国立・国定公園内の自然の風景地については、環境大臣、地方公共団体または**公園管理団体**が、土地所有者等との間で風景地保護のための協定（風景地保護協定）を締結し、この土地所有者等に代わり自然の風景地の管理ができる（43条以下、74条）。締結には土地所有者等の全員合意が必要である（43条2項）。

図表8-4：風景地保護協定

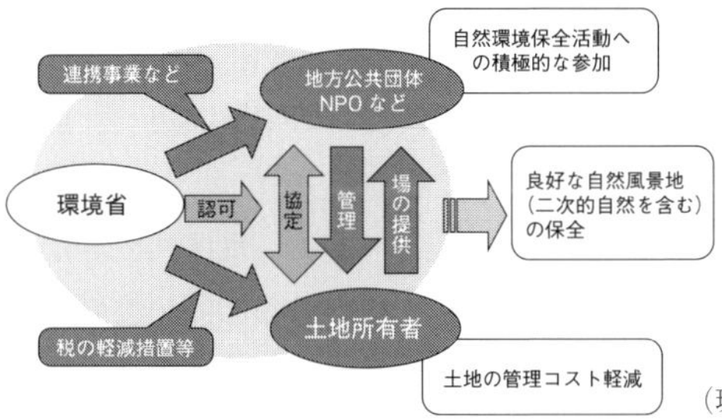

（環境省HP）

公園管理団体が協定を締結するときは、予め公園管理者の認可を受ける必要がある（43条5項・45条）。協定は承継効を有する（48条）。土地所有者等に税の優遇措置等のメリットを与えつつ、民間公益活動による風景地保全を図る制度である。阿蘇くじゅう国立公園の阿蘇地域と、上信越高原国立公園の浅間地域に例がある。

(5) 保護と利用の好循環

自然公園法は2021年改正で、自治体や関係事業者等の地域の主体的な取組を促す仕組みを新たに設け、保護のみならず利用面での施策を強化し、「保護と利用の好循環」（自然を保護しつつ活用することで地域の資源としての価値を向上）を実現するための制度を導入した。

①利用拠点整備改善計画制度（16条の2〜7）

例えば廃屋の撤去と跡地を活用した旅館や店舗などの整備（他にも例えば建物の色彩などの景観デザインの統一、広場や散策路の整備、電柱の地中化等）を行うことで、公園内の自然と調和した街並みづくりを促進し、魅力的な滞在環境を整備するための制度である。

例えば国立公園を区域内に含む自治体Aのα温泉街を新規に整備する場合を考えると、まず環境大臣が公園計画を変更（8条1項）し、αを集団施設地区に指定（36条1項）する。Aは、**集団施設地区**その他公園利用のための拠点（**利用拠点**）となる区域（**利用拠点区域**）について、利用拠点の質向上のための公園事業に係る施設の整備改善などに関し必要な協議を行う**協議会**を旅館事業者（B）等を構成員として組織できる（16条の2、国定公園の場合は16条の7）。事業の実施者等は協議会を組織するよう要請でき（16条の2第3項）、協議会からの変更提案も可能である（8条の2、登山道整備、自然再生事業など公園事業の変更計画は9条の2）。

協議会が**利用拠点整備改善計画**を作成し、環境大臣等の**認定**（16条の3）を受けた場合、例えば国立公園事業の執行にかかる認可（10条6項）が不要となり（16条の6）、また、特別地域内の行為許可が不要となる（20条9項1号、21条8項1号、22条8項1号、23条3項3号、33条7項1号）など、**特例により手続が簡素化**される（国定公園については16条の7第3項が準用）。

②**自然体験活動促進計画制度**（42条の2～7）

ハイキング、カヌー、グランピングなど、地域関係者が一体となって地域の魅力を活かした自然体験アクティビティの開発・提供、ルール化などを進めることで、旅行者の多様なニーズに応え、長期滞在に繋がるような自然体験活動の促進を図る趣旨の制度である。

自治体は国立公園の区域について、質の高い自然体験活動の促進に関し必要な協議を行うために関係市町村やガイドなど民間事業者等からなる**協議会**を組織できる（42条の2、国定公園については42条の3）。協議会が**自然体験活動促進計画**を作成し、環境大臣の**認定**（42条の4）を受けた場合、特別地域内の行為許可を不要とする（20条9項3号、21条8項3号、22条8項3号、23条3項5号、33条7項3号）など関係する許可を不要とするなど、**特例により手続が簡素化**される。協議会は必要な公園計画の変更を提案できる（8条の2）。

②につき、同一公園内における複数の制度利用も予定されている。

③**餌付け規制**

かねてごみの廃棄や騒音などの迷惑行為が禁止されていたが（37条1項1、2号）、2021年改正法は、野生動物による人的・物的被害の発生の防止や公園の快適な利用のために、餌付けへの規制を導入した。ニホンザルへの餌やり（令6条1号）など、野生動物の生態に影響を及ぼす行為で、公園の利用に支障を及ぼすおそれがある行為が禁止される（37条1項3号）。行政職員の

指示（37条2項）にもかかわらず違反した場合には罰則がある（86条9号）。

三　自然公園法の課題と法政策

　自公法はわが国の自然保護に一定の役割を果たしているが、必ずしも十分とは言い難い。指摘される課題は次の6点である。

1　限定的な自然の保護

　自公法は、生物多様性の確保が法目的に加えられたものの、あくまで「優れた」自然の保護を図る制度であり、里地、里山、里海等のありふれた自然を保護する制度ではない（この点は、里地里山の保全に向けて生物多様性地域連携促進法〔里地里山法〕の制定等の動きがある）。

　またわが国では、湿地保護法制が欠落している。

2　過剰利用（オーバーユース）

　かねて尾瀬や上高地等で過剰利用による自然破壊が問題とされてきた。この点は利用調整地区による対応が予定され、より積極的な制度活用が望まれるが、自然との触れ合いは環境教育の観点からも重要である。

3　地域制公園による限界

　アメリカの国立公園は公園内の土地を公有地とし、所有権に基づき公園を管理する**営造物**公園であるのに対し、わが国の自然公園は公有、民有を問わず地域指定をし、行為制限をかける**地域制**公園である。そのため、権利者の土地利用に制限を加えるに当たり、風致の維持と権利者の財産権保障との均衡を図る必要があり（法4条参照）、本来保護すべき対象面積につき地権者の同意が得られず、地域指定が進まない等の指摘がある。

　ただし、裁判所は財産権制限につき、容易に損失補償を認めていない。現状変更を要求するものでない限り、地権者の同意が得られずとも、必要な補償を前提に積極的な指定を進めるべきである。

4　歴史的沿革

　利用増進を目的とする自公法よりも自然環境保全法に基づく保護・管理が適切な地域もある。しかし、歴史的沿革や縦割行政のために、自公法上の自然公園や森林法上の保安林から、後発の自然環境保全地域への指定替えが進んでいない問題も指摘されている。本来的には、個別諸法に散在している法制度を自然保護法として統一法典化することが望ましい。

5　緩い規制と司法審査の欠如

　普通地域に限らず、運用上も、地域内の行為規制は緩く、特別地域内でも公共事業は許可制の対象とならずフリーパスとなりかねない[6]。特に公共事

業の場合、公園の管理過程に処分がないため抗告訴訟による司法審査の機会も得られない問題もある。行為・手続規制を強化するとともに、団体訴訟等による司法チェックの導入が必要である。

6　組織・人員の問題
わが国では官民に自然保護に携わる人間が少なく、組織の規模も小さい。大きくはわが国の民間公益活動が低調で、その育成・支援制度が乏しい法文化がある。一策として、例えばアセスメントを中立機関に実施させ、手続の実質化を図れば、自然保護分野への資源投入を期待できよう。

四　土地収用法
公共事業訴訟ではしばしば土地収用法（収用法）が適用され、裁判例も多く、法理論の蓄積もあるため、以下に鳥瞰しておく。

1　土地収用制度
土地収用とは、特定の公共事業の用に供するために私人の財産の所有権等を強制的に剥奪し（収用）、代わりに損失補償を行う制度であり、そのための要件、手続等を定めた法律が収用法である。同法はあくまで、公共の利益となる事業の遂行と**私有財産の保護**（憲29条1項・3項）との調整の役割を担い、周辺第三者の利益や地域環境の保全を十分に考慮していない。

土地収用には①事業認定、②収用裁決の２つの根幹となる処分がある。

2　事業認定
事業認定は、法３条各号列記の事業に該当する事業につき、具体的に起業者・起業地・事業計画を確定し、その事業が当該土地を収用（収用までの要がない場合は使用）するに足る公益性をもつか、当該土地の適正かつ合理的な利用に寄与するかを判断した上で、起業者に土地を収用または使用する権利を与える処分である（16条以下）。

事業認定の手続は、①**起業者**（公共事業の主体）による準備（事業に必要な土地の測量・調査、障害物の伐除、土地の試掘等）、②**事業認定庁**（事業規模等により国土交通大臣または知事）に対する事業認定の申請を経て、③事業認定の**告示**がされると、起業者に公用収用権が付与される。

事業認定の要件（20条）は、①１号：収用適格事業要件（３条各号）、②２号：意思・能力要件（20条２号）、③３号：適正・合理的利用要件（**土地の適**

---

(6)　東京地判平成22年９月１日判時2107号22頁は、自公法68条の協議で提出を求める資料の種類、資料の検討方法は裁量に委ねられ、全く資料を提出しない、何ら資料検討をしない等の特段の事情がない限り、違法にならないとした。

図表8-5：土地収用手続の流れ

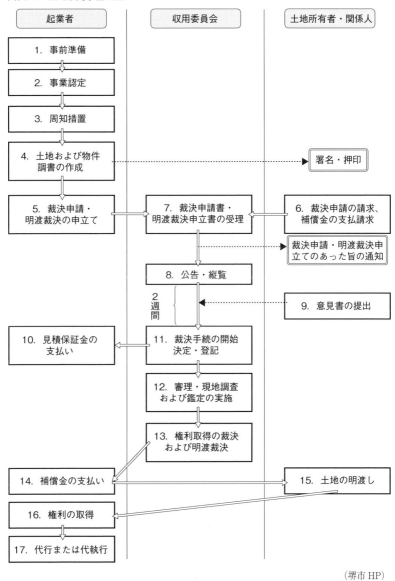

(堺市 HP)

正かつ合理的な利用、20条3号)、④4号：公益性要件（20条4号）であり[7]、訴訟では③が最も大きな争点となる。

3　収用裁決

　収用裁決は、被収用者に対し「正当な補償」を確保する「収用又は使用の裁決」の手続である（35条以下）。収用裁決には2種類ある。

　①**権利取得**裁決（48条）は、土地等の所有権・使用権の取得に関する裁決であり、起業者は、事業認定の告示から1年以内に限り、都道府県の収用委員会に収用・使用の裁決（47条の2第2項）を申請できる（39条1項）。②**明渡**裁決（49条）は土地等の占有取得に関する裁決であり、起業者は、事業認定の告示から4年以内に明渡裁決の申立てを行う（47条の3・29条2項）。

　収用委員会による審理および収用裁決により、定められた権利取得時期・明渡期限までの補償金の払渡し・供託を条件として、起業者は収用目的物の支配権を取得する。明渡裁決にもかかわらず、明渡しがされない場合、行政代執行法による**代執行**がされる。

　他法に基づく処分が事業認定とみなされ、収用法の手続に接続される場合がある。例えば都計法に基づく都市計画事業認可は事業認定とみなされるため（70条1項）、任意買収できない場合は収用手続がとられる。

4　違法性承継

　一般に事業認定と収用裁決の間には違法性承継があり、収用裁決取消訴訟で事業認定の違法性を主張できると解されている。

　　　この点、承継を否定する裁判例が散見される。**静岡空港判決**（東京高判平成24年1月24日判時2214号3頁）は、静岡空港整備事業の起業地内の地権者である控訴人らが、処分行政庁による権利取得裁決と明渡裁決の違法を主張して、各裁決の取消しを求めた事案の控訴審で、控訴人らにおいて、①事業認定の取消訴訟を提起する機会が保障されていること、しかも、②現に同訴訟が提起され、本件事業認定の違法性につきすでに審理の上、原審で請求棄却判決、その控訴審で控訴棄却の判決がされていることを理由に、事業認定とは独立した処分である収用裁決の取消訴訟では、収用裁決の違法事由として、事業認定の違法性を主張しえない等とした（ほかに例えば東京高決平成15年12月25日判時1842号19頁）。しかし、①早期の司法審査の許容をもって、後の司法審査を拒否する理由とすべきでない。また、訴訟当事者が異なる場合には②の理由に依拠しにくいから、結局、②の問題意識は、訴訟の進行状況を踏まえ、既判力により処理すれば

---

(7)　石木ダム判決（356頁）は、知事と地元3郷の各総代が、ダム等の建設の必要が生じたときは予め書面による同意を受けることなどを定めた覚書は、知事と3郷またはこれに属する住民との間で当該合意に基づく私法上の効果が生じる可能性があるにとどまり、事業認定の適法性に影響を与えないとしたが、原告側は20条4号該当性の問題として主張していた。

足りよう。

五　主な自然保護法の規制

1　公共事業訴訟の関連法

　自然保護訴訟の概観に必要な範囲で、関連法の主要な制度につき、ごく簡単に触れておこう。以下では、公共事業で多く用いられる制度と、民間開発のそれとに大別して紹介する。

　公水法は、海浜、湖沼、湿地の埋立て・干拓を規律する。公有水面の埋立てには知事の免許が必要である（2条1項）。免許出願がされると、告示縦覧、地元市町村長の意見聴取がされ（3条1項）、利害関係者は意見書を提出できる（3項）。免許基準は①**適正・合理的な国土利用**、②**環境保全・災害防止への配慮**、③**法定計画への適合**、④**配置・規模の適正**、⑤**資力・信用**等である（4条1項）。③につき、環境保全措置を記載した図書の添付が必要とされる〔規3条8号〕）。漁業権、排水権など公有水面に権利者がある場合は、①**権利者の同意**、②**著しい利益超過**、③**収用適格事業**のいずれかでなければ免許しえない（法4条3項）。

2　民間開発訴訟の関連法

　森林法は、5年ごとに10年を1期として知事が定める**地域森林計画**（5条）の対象となる**民有林**での開発行為には、知事の**林地開発許可**が必要である（10条の2第1項）。開発行為とは、「土石又は樹根の採掘、開墾その他の土地の形質を変更する行為で、森林の土地の自然的条件、その行為の態様等を勘案して政令で定める規模をこえるもの」をいう。

　国・公共団体の開発行為（同項ただし書1号）、公益事業（同3号、規5条）は許可不要である（同項ただし書1号・3号）ため、行政過程に処分がなく抗告訴訟を提起しえない。

　災害防止、水源涵養等の目的で法律上一定の保護を受ける**保安林**は、国土面積の32.3％、全国森林面積の48.7％を占める（2018年3月時点）。保安林は種類に応じ、農林水産大臣または知事が指定する（25条）。指定されると、知事の許可を得なければ立木伐採等ができなくなる（34条）。財産権の制限となるため、指定には**損失補償**制度がある（35条）。

　環境紛争は、道路、ホテル、ゴルフ場等の建設のための**指定解除**の場面で生ずる。大臣または知事は①**指定理由の消滅**、②**公益上の必要**のいずれかの場合に保安林指定を解除できる（26条・26条の2）。②は緩やかに運用されている。(i)利害関係をもつ公共団体および(ii)**直接の利害関係者**が指定解除申請

をなしうる（27条1項）が、逆に反対する場合は**異議意見書**を提出しうる（32条）。(ii)には、森林所有者はもちろん、少なくとも指定解除による災害の**想定被害地域**内の住民は含まれよう。

指定および指定解除はいずれも処分性を有する。

都計法のうち**都市計画事業認可**は第2章（141頁）で触れたが、環境訴訟で多く問題となるのは**開発許可**である。都計法の**開発行為**とは主として建築目的で行う土地の区画形質の変更（4条12項）である（駐車場、資材置場等の造設や、単なる樹木の伐採等は開発行為に当たらず、例えば資材置き場名目で廃棄物の不法投棄がされたり、駐車場名目での開発後に建築がされる問題もある）。

一定規模以上の開発行為については、都市計画区域の内外を問わず、知事（指定都市・中核市の場合はその長）の**開発許可**を要する（29条1・2項）。裾切りがあるため、政令指定面積をぎりぎり下回る規模の開発が、許可を要せず行われる場合もある。知事は**審査基準**（33条1項各号）に基づいて審査をし、必要があれば**条件**を付しうる（79条）。

まず、①公益的施設の建築（29条1項3号、令21条）、②国、都道府県等の開発行為（34条の2）、③都市計画事業等の施行（29条1項4〜8号）等については、開発許可を要しない。

市街化を抑制すべき市街化調整区域内では、原則として開発行為は許されないが、例外は多い。農林漁業用建築物（29条1項2号、令20条）など都市化に繋がらない開発行為は許可不要とされ、ゴルフコース等の第二種特定工作物、中小企業振興のための施設、市街化区域内での立地が困難または不適切なもの等は、知事の許可により例外的に開発行為が認められる（34条）。

なお、地方公共団体は、開発許可の基準につき、**条例**で技術の細目による制限の強化または緩和（33条3・4項）ができる。

以上のほか、鳥獣保護法、文化財保護法、自然環境保全法、種の保存法、外来生物法、海岸法、港湾法、採石法、砂利採取法、土地改良法、農地法、農振法、鉱業法など自然保護分野に関連する個別法は多岐にわたり、公共事業、民間開発その他の裁判例が存する。

六　自然保護訴訟の概観

1　紛争形態――自然公園法を例に

自公法上の規制権限をもつ行政庁は、環境大臣または知事であり、環境規制はゾーニングを前提とする行為規制が中心となる。

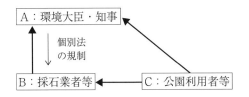

　環境保護訴訟には、自然破壊をする行為者Bを被告とする環境民事訴訟と、自公法上の規制権限を有しながらこれを行使しないAを被告とする環境行政訴訟がある。なお、過剰利用の場面では、Cに対する行為規制として利用調整地区制度等が活用される場合がある。

　Bによる規制対抗訴訟では、Aを被告とする行為規制をめぐる抗告訴訟のほか、自公法の損失補償制度に基づく損失補償をめぐる訴訟に特徴がある。

2　自然保護訴訟

　自然関連法制は多岐にわたるため、自然保護分野における環境保護訴訟、すなわち自然保護訴訟は種々多様である。自公法をめぐる訴訟はむしろ数えるほどしかない。そこで他章と異なり、以下では、自公法をめぐる訴訟を中心としつつも、訴訟理論を概観しながら、主要裁判例に触れる。

　環境訴訟の4類型では、自然保護訴訟は、**民間開発訴訟**と**公共事業訴訟**が多数を占める。環境民事訴訟では両者に大きな相違はないが、環境行政訴訟では分野ごとの自然関連法制の相違を反映し、訴訟形式も異なりうる。例えば、自公法による行為規制には国の機関に関する特則（68条）があり、国の公共事業には許可が不要であるため、抗告訴訟を提起できない。また、地方レベルの公共事業では公金が支出されるから、民間開発とは異なり、地方自治法の住民訴訟により公金支出の違法が争われる。さらに、公共事業の場合には、事業の公共性（必要性）が大きな争点となり、行政の説明責任等も問題となりうる。

　第2節では、まず自公法をめぐる典型事例を見た上で、自然保護訴訟の全体を概観する。

3　規制対抗訴訟

　自然保護分野における規制対抗訴訟の裁判例には、許認可申請に対する拒否処分を争う典型的な行政訴訟のほかに、違反是正命令を争う訴訟と損失補償請求訴訟が見られる。本書では、多岐にわたる個別法の規制対抗訴訟のうち、自公法の裁判例のみを第6節（378頁）で取り上げる。

第2節　自然保護訴訟の概観

【典型事例8-1】

> 　A県の甲国定公園でキャンプ場を営む株式会社Bは、A県知事から所要の許認可を得て、同公園内を流れる二級河川、甲川上流の河川区域内にある自社所有地にキャンプサイトを造成したが、Bは、実際には許可された範囲を大幅に超えて樹木の伐採と造成工事を行った。Bはさらに造成工事を行う準備をしているようである。
> 　B社所有地は、自公法の特別地域に指定されている。隣県に居住するCらは毎夏、甲川を訪れる釣り愛好者らであるが、B社の計画が明らかになった頃から、この造成工事による甲川の自然破壊に不満をもち、D（甲川を愛する会）という任意団体を立ち上げ、A県知事に申入れを行ってきた。甲川上流は、時には30cm以上にも育つ「尺鮎」が釣れることで知られている。
> 〔設問1〕A県知事は、Bの行為について、自公法に基づき、どのような対応ができるか。
> 〔設問2〕A県知事がBの行為につき何らの法的措置もとろうとしない場合、CらおよびDは、A県知事に対し、どのような法的措置をとりうるか。
> 〔設問3〕CらおよびDは、Bに対し、どのような法的措置をとりうるか。
> 〔設問4〕設問2、3における訴訟制度の現状を踏まえ、課題解決の方向性について論ぜよ。

一　自然公園法の法律関係（設問1）

　甲国定公園は、環境大臣が指定しA県が管理する自公法上の公園（2条3号）であり、B公園内の行為は、同法の規律を受ける。規制権限をもつA県知事は、Bの行為について、同法に基づきいかなる対応ができるか。

1　自然公園法20条3項違反

　本件でBが甲国定公園の特別地域内で行った樹木の伐採は、法20条3項2号の「木竹を伐採」に当たり、造成工事は少なくとも同10号の「土地の形状を変更」に当たるため、A県知事の許可が必要である。Bは許可を得ているが、Bが実際にした行為はA県知事から許可された範囲を大幅に超えており、少なくとも許可を超えた部分は許可がないから、Bの行為は、無許可行為として、法20条3項違反になる[8]。

2　中止命令・原状回復命令

　そこでA県知事は、Bに対し、法20条3項違反を理由に、①Bの準備行

為（さらなる造成工事）につき、**中止命令**をするとともに、②Bの過去の行為（許可範囲を超える樹木の伐採と造成工事）につき、相当の期限を定めて、**原状回復命令**（原状回復が著しく困難であれば、代替措置の命令）をすること（34条1項）が考えられる。

本件では許可を大幅に超える伐採と造成工事がされているので、「公園の保護のために必要」と考えられるが、命令は保護のために「必要な限度」でなければならないから、許可部分については原状回復命令ができない場合もあろう。

3　報告徴収、立入検査・立入調査

A県知事は、上記各命令に当たり、甲国定公園の保護に必要な場合、Bに対し、Bの行為の実施状況その他必要事項の報告を求めうる（**報告徴収**、35条1項）。

また、A県知事は、上記命令のために必要な場合、必要限度で、A県職員に、Bの行為の実施状況につき**立入検査**をさせ、またはBの行為が風景に及ぼす影響につき**立入調査**をさせうる（同条2項）。発令に際し、違反状況を確認し、とるべき措置を検討するために、本件の事実関係を把握すべく、本条の調査権限を行使することになろう。

4　刑事告発

違法な無許可行為に対しては、直罰制がある。Bは、上記のとおり20条3項に違反しており、法83条3号により、6ヵ月以下の懲役または50万円以下の罰金に処される。そこで、A県知事は、刑事告発ができる（刑訴239条2項）。

二　環境行政訴訟（設問2）

A県知事が設問1の措置をとれば、本件紛争は解決しうるが、A県知事がBの行為につき何らの法的措置もとらない場合、CらおよびDは、誰に対し、いかなる法的措置をとりうるか。

まず、CらおよびDは、A県を被告として（行訴11条1項1号）、A県知事がBに対し原状回復と中止を命ずるよう求める**非申請型義務付け訴訟**（3条6項1号）の提起とともに、**仮の義務付け**（同37条の5第1項）の申立てをすることが考えられる。

---

(8) 国立公園の特別地域内の民有林・国有林を無許可で伐採した被告人を実刑に処した例に釧路地判平成20年1月22日 LEX/DB28145238がある。同判決では同時に森林法の保安林区域内の森林窃盗の罪（森林197条・198条）でも有罪とされている。

最大の問題は、第三者たるCらおよびDに、**原告適格**（37条の2第3項）があるか否かである（一般論につき、第1章第2節2〔27頁〕）。

本件で隣県居住のCらが有するレクリエーション上の利益は、反射的利益にすぎず、自公法にも自然愛好家の**審美的利益**を個別的に保護する趣旨の規定は見当たらない。環境権や自然享有権はそもそも法律上保護されると理解されておらず、法が個別的に保護する趣旨か否かを問うまでもなく、原告適格を基礎づけえない。結局、現在の裁判例の動向を見る限り、Cらに原告適格は認められない。

またDは、甲川を愛する会という任意団体であり、自然人と異なり、団体それ自体は良好な自然環境を享受できないし、また、関係法令を含め、法に団体の利益を個別的に保護する趣旨の規定もないから、Dの原告適格もやはり否定される。

三　環境民事訴訟（設問3）

1　Cによる訴訟提起——環境権・自然享有権

次にCとしては、Bのさらなる造成工事につき民事差止め、Bがした樹木の伐採と造成工事につき原状回復を求める民事訴訟の提起が考えられるが、問題はその法的根拠である。

本件では隣県居住者であるCの人格権が侵害されるおそれはないため、良好な環境を支配し享受する環境権、あるいは自然環境を享受し侵害を排除する自然享有権（363頁）を根拠とする構成が考えられる。

しかし、いずれの権利も権利内容と享有主体の不明確性から、裁判例では認められていない。個別的な権利として認められないとしても、いわゆる紛争管理権説（365頁）により、地域住民が共同で享受する集団的な権利をCが代表者として行使しえないかが問題となるが、豊前火力判決は否定した。

2　Dによる訴訟提起

では、Dが提訴しえないか。この点、特定の環境保護団体が、訴訟前から重要な解決行動を行い、団体の規約等により地域住民から環境保全につき包括的授権を受けている場合には、住民に代わって差止訴訟を追行する当事者適格を取得するとの考え方があるが、認めた裁判例はない。

四　訴訟制度の現状と課題解決の方向性（設問4）

1　自然の権利訴訟

現在の判例では結局、本件でBの行為およびA県知事による規制権限の

不行使につき、誰も司法審査を求めえない帰結となる。

そこで、甲川や尺鮎等の自然物を原告とする自然の権利訴訟（371頁）が提起されているが、人に非ざる自然物は当事者能力を有しないから、原告適格は認められない。

2　課題解決の方向性

以上のように、本件では民訴、行訴いずれも有効に提起しえない。立法論としては、当該環境に深い関わりをもつ一定の環境保護団体に訴訟の当事者適格を付与する**団体訴訟**制度の導入（373頁）が考えられる。

3　住民訴訟

なお仮に、**典型事例8-1**が、ダム建設、河川改修などＡ県の公共事業による自然破壊を問題とする事例である場合、隣県の住民であるＣらではなく、Ａ県住民が住民監査請求をした上で、Ａ県の公共事業に対する公金支出の違法を争う**住民訴訟**の提起も考えられる（自治242条の2）。当該支出自体に会計上の違法がなくとも、先行行為の違法性が重大かつ明白である等の場合は、支出も違法となりうる（359頁）。

第3節　自然保護分野の環境行政訴訟

一　抗告訴訟

1　訴訟形式

　自然保護訴訟では、例えば自公法の特別地域内の行為許可、森林法の林地開発許可、収用法の事業認定等の**許認可**がされた場合に、当該処分の**取消訴訟**を提起するのが通常である（土地改良法など不服申立前置があり、実際上、出訴期間が短縮される法分野があったが、2014年の行審法改正で整理された）。

　許認可前の段階であれば、**処分差止訴訟**の提起がありうる。差止訴訟では処分の蓋然性が訴訟要件として要求されるが、許認可の申請がされた段階では優に蓋然性を認めうるし、少なくとも個別法に定められた事前手続が開始されていれば、蓋然性を肯定すべきであろう。

　自然保護訴訟では不可逆的な利益の毀損を早期に防止する必要性が特に高い。自然破壊による既成事実の形成・進行を防ぐために、上記取消訴訟とともに**執行停止**、差止訴訟とともに**仮の差止め**の申立てが、それぞれが考えられる。差止訴訟係属中に処分がされた場合は、当該処分の取消訴訟に訴えを変更する（民訴143条）ことになろう。

　さらに、例えば自公法34条や森林法10条の3の監督処分等のように、個別法に基づく規制権限があれば、具体的な違法是正につき権限行使を求める**非申請型義務付け訴訟**の提起がありうる。同時に**仮の義務付け**の申立てが検討されることは上記と同様である[9]。

2　原告適格

　これらの訴訟形式で訴訟要件上、大きな問題となるのは原告（申立人）適格であるが、問題の現れ方は2通りある。この区別は、**公共事業訴訟**と**民間開発訴訟**の区別におおよそ対応する。また、**自然保護団体**の原告適格も問題とされているが、現在の裁判例に照らす限り、当該団体の**財産権**侵害が問題となる場合を除き、団体に原告適格が認められる余地はない。

(1)　公共事業訴訟の原告適格

　収用法の事業認定、公水法の埋立免許、土地改良法の土地改良事業計画決

---

[9]　都市部に存在する自然の保護に関連する訴訟について分析したものに、拙稿「里山訴訟の現状分析」環境法研究第8号（2018年）127頁。

定等の公共事業型の行政処分では、処分の本来的効果として、第三者原告の権利が制限され、または受忍義務が課される。

例えば事業認定の相手方Bは、当該事業（道路、ダム建設等）をしようとする起業者であり、当該事業地内の権利者Cは第三者にすぎないが、事業認定の法的効果として、事業地にあるCの土地所有権等の財産権が収用されうる地位に立たされる。収用法は私有財産制の下で財産権を公共事業のために収用する手続を定めた法律であり、事業認定により財産権を収用されうる地位に立つ事業地内の権利者の**財産権**を個別的に保護する趣旨を当然に含む。よって、事業地内の権利者Cが事業認定取消訴訟の原告適格をもつことに争いはない。以上の議論は、公水法、土地改良法の場合も根拠条文は異なるが同様である。

公共事業型で問題となるのは、権利者Cでなく、事業地周辺住民Dの原告適格である。裁判例の動向を見ると、処分の根拠となる個別法に応じ結論が異なっている。自然保護訴訟では原告が必ずしも**小田急判決**にいう「健康又は生活環境」に係る被害を受けるわけではなく、むしろ自然環境に係る被害が問題となる。生活環境でさえ基本的には公益とする**サテライト大阪判決**に照らせば、そもそも適格を基礎づけうる利益侵害の主張自体が難しい。

また、根拠法が個別的に保護する利益の範囲も問題とされる。例えば一連の**圏央道判決**（前掲注(6)東京地判平成22年9月1日等）は、収用法が財産権保護の法律であり、周辺住民の個別的な権利利益を保護する趣旨の規定はないとして、都計法に基づく処分の場合と区別し、周辺住民の適格を否定した。

●コラム● 圏央道事件

圏央道は総延長300kmに及ぶ巨大環状道路で、事業費6兆円を越える巨額の公共事業計画であり、土地収用法に基づく事業認定、収用裁決の取消訴訟が提起された。

（国土交通省関東地方整備局HP）

争われている三事業区間のうち、あきる野部分につき第一審で原告勝訴判決が出されたものの高裁で覆された。それに続く八王子、高尾部分の行政訴訟では、事業認定につき裁

第8章 自然保護 349

量権の逸脱濫用の違法はないとされ、いずれも原告側敗訴で終わった。建設差止めの民事訴訟も提起されたが、受忍限度を超える人格権侵害はないとして棄却された。

(2) その他の裁判例

公水法の埋立免許取消訴訟では、免許により埋め立てられる公有水面に排水権（慣習排水権を含むが、その範囲は争いがある）をもつ者に適格がある点に争いはない。**鞆の浦判決**では、慣習排水権者の範囲を広く認めたことのほか、瀬戸内法を関連法令として同法に基づく府県計画にまで着目し、景観利益を有する住民の原告適格を認めた点に特徴があった。

土地改良法の土地改良事業計画決定等に対する異議申立棄却決定取消訴訟の原告適格は、事業計画に対する異議申立適格として問題となり、地権者等の３条資格者に適格がある点に争いはない。この点、**永源寺第二ダム判決**（大阪高判平成17年12月8日 LEX/DB28131608）は、同法の2001年改正で事業の施行にあたり追加された「環境との調和に配慮しつつ」との文言に着目し、上記決定により、法によって保護された漁業による営業上の利益、あるいは愛知川の沿岸に居住することその他法によって保護された生命・身体、財産その他生活上の利益侵害のおそれがある場合は適格を認めうると示唆している。

(3) 民間開発訴訟の原告適格

自公法の特別地域内行為許可等の民間開発型の行政処分では、公共事業型とは異なり、処分の本来的効果として、第三者原告の権利利益が侵害され、または受忍義務が課されるわけではない。例えば、ゴルフ場開発のために事業者Ｂが森林法の林地開発許可を得ても、周辺住民Ｃには法的効果が及ばない。森林法については次の最判がある。

山岡町判決（最三判平成13年3月13日民集55巻2号283頁）は、ゴルフ場開発を目的とする林地開発許可の取消訴訟において、周辺住民等の原告適格につき、許可要件を定める法の規定（10条の2第2項1号・1号の2）は、①土砂の流出・崩壊、水害等の災害による被害が直接的に及ぶことが想定される近接地域の住民の生命・身体の安全等を個々人の個別的利益としても保護する趣旨を含むとして、生命・身体に対する被害想定地域内の住民に適格を認めた。これに対し、②これらの規定から、周辺住民の生命・身体の安全等の保護に加えて周辺土地の所有権等の財産権までを個々人の個別的利益として保護する趣旨は読み取れないとして、開発区域内とその周辺の立木所有者、開発区域の下流で取水して農業を営む者の適格を否定した。

これは、法律上保護された利益説による判断であり、行訴法改正後も、この判断枠組みに基本的変更はない。しかし、森林法の上記規定は、「一　当該開発行為をする森林の現に有する土地に関する災害の防止の機能からみて、当該開発行為により当該森林の周辺の地域において土砂の流出又は崩壊その他の災害を発生させるおそれがあること」、「一の二　当該開発行為をする森林の現に有する水害の防止の機能からみて、当該開発行為により当該機能に依存する地域における水害を発生させるおそれがあること」としている（傍点部は筆者）。この条文の文言からはむしろ、最判が判示するような①生命・身体のみを保護し、②財産権は保護しないとの趣旨を読み取ることは困難ではないか。山岡町判決は、いわゆる制定法準拠主義に基づく適格判断の基準としての不明確と不合理を示す好例である。

　自公法の特別地域内行為許可につき第三者の適格を肯定した裁判例は見当たらない。現在の判例の動向に照らす限り、許認可の要件として課された安全規制を拠り所として、生命・身体に対する侵害のおそれを具体的に主張できる事案でなければ、第三者原告に適格が認められる可能性はほぼないといえよう。以下、主な裁判例を紹介する。

(4)　その他の裁判例

　後掲**アマミノクロウサギ判決**は、林地開発許可の取消・無効確認訴訟において、自然保護活動等を行う研究者等につき、開発行為の対象となる森林とその周辺地域の自然環境や野生動植物を対象とする自然観察、学術調査研究、レクリエーション、自然保護活動等を通じた不特定多数者の利益を個々人の個別的利益として保護する趣旨を含まないとして適格を否定した。

　新石垣空港判決も、航空法に基づく空港設置許可につき、関係法令である環境影響評価法（アセス法）を参酌しても、法は自然を享受する利益を個別的に保護する趣旨を含まないとして、地権者以外の適格を否定した。

　そもそも自然を享受する利益自体は公益に吸収されるために、自然保護訴訟の適格は狭隘であり、特に民間開発型では適格が全く認められない事案も多い。

　国立判決（159頁）が法的保護性を承認した**景観利益**を根拠に原告適格を拡大していく方向も考えられる。しかし、国立判決は都市景観を念頭に置くため、まず景観利益の保護範囲を自然景観にまで拡大する必要があるが、これは必ずしも容易ではない。否定例に、**仙台地判平成25年12月26日LEX/DB25446142**がある。

　この点、**葛城市判決**（大阪高判平成26年4月25日判自387号47頁）は、特別地域内の一廃処理施設建設に係る自公法20条3項の許可の差止訴訟につき、近

隣住民の原告適格を認めた（ただし、重損要件、蓋然性要件を否定した）。特別地域の優れた自然の風致景観の恵沢を享受する利益（自然風致景観利益）についても、国立判決の射程が及ぶとした点は注目されてよい[10]。

また、近時の一連のリニア事件で、**東京地中間判令和2年12月1日訟月68巻1号1頁**は、全国新幹線鉄道整備法9条1項に基づく工事実施計画認可の取消訴訟で、関係法令として横断条項を含む環境影響評価法の諸規定を引用しつつ（全幹法に基づく建設線の建設事業は第一種事業にあたる）、建設予定地の周辺住民のうち、工事の進行に伴う建設機械の稼働、資材及び機械の運搬に用いる車両の運行、開業後の列車の走行、鉄道施設の設置等に起因する大気の汚染、水質の汚濁、騒音、振動、地盤の沈下、日照阻害等による健康又は生活環境に係る著しい被害を直接的に受けるおそれのある者は原告適格があるとした（具体的には、列車走行による騒音・振動に関し、関係鉄道施設から800m以内、工事関係機械による大気汚染に関し、関係鉄道施設から120m以内、地盤沈下に関し、トンネルから100m以内、日照阻害に関し、関係鉄道施設から110m以内のいずれかの地域に居住する者などにつき認めた）。

他方で、**東京地判令和2年12月1日判夕1497号181頁**は、①乗客として安全な輸送役務の提供を受ける利益、②南アルプス及び新幹線鉄道の路線の建設が予定されている地域の良好な自然環境を享受する利益、同自然環境の保全を求める権利及び自然と触れ合う権利を基礎とする原告適格を否定した。また、③建設工事予定地内に所在する土地、建物、立木に係る所有権者、借地権者等又は居住する者についても、工事実施計画認可ことにより、直ちに工事予定地③の権利利益を制限する規定や個別的利益として保護する趣旨の規定もないとして、適格を否定した。

3　処分性

自然保護訴訟では、第1節四（338頁）・五（341頁）で触れた行政処分をめぐって抗告訴訟が提起される事案が多い。

著名な例に、事業認定の取消訴訟として**日光太郎杉判決**、収用裁決の取消訴訟として**二風谷ダム判決**（札幌地判平成9年3月27日判夕938号75頁〈79〉）、

---

[10]　判決は、仮に同利益が公益のみに属するとすれば違法な20条許可につき訴訟提起可能な者がいないことになるが自公法はかかる事態を許容していないとし、上記建設に係る細部解釈・運用方法や廃棄物処理施設取扱通知でも風致への影響を考慮していることを踏まえ、施設周辺の居住者等が施設稼働による騒音・悪臭・粉塵等の具体的な被害を受けるおそれがある点も加味して、個別保護要件を認めた。判決は、景観計画区域内である場合（本件はそうでない）は20条の許可基準でその点が考慮される法構造に着目し、景観法を関係法令として参酌した点が特徴的である。

一連の**圏央道あきる野判決**など圏央道判決、公有水面埋立免許の取消訴訟として**鞆の浦判決**、土地改良事業計画（変更）決定に対する異議申立棄却決定の取消訴訟として**川辺川判決**や**永源寺第二ダム判決**等がある。

　この点、例えばもともと事業地がすべて公有地である場合や、起業者が事業地をすべて任意買収できた場合は、土地を収用する必要がないから、事業認定自体がされない。公共事業訴訟に多いが、この場合には行政過程に抗告訴訟の対象たりうる処分が存在せず、自然を破壊する事実行為のみがされるために、抗告訴訟を提起できない。河川法、港湾法等を中心に例が多い。民間開発型でも、例えば裾切り以下の開発規模とすることで処分が不要とされた場合は、同様の問題を生ずる。

　この場合は、抗告訴訟が使えないため、一連の住民訴訟や、環境権に基づく民事訴訟が提起されてきた。当事者訴訟の可能性は、二（358頁）で触れる。

　国定公園の一部区域に関する指定解除の無効確認訴訟が提起された古い裁判例に、**福井地判昭和49年12月20日訟月21巻3号641頁**がある。本判決は原告の主張する利益（環境権）は国定公園の指定に伴う反射的利益にすぎず、法的に保護される利益ではないとして却下した。原告適格以前に、一般的抽象的な法的効果をもつにすぎない（具体的な権利制限効果は特別地域の指定等によりもたらされる）国定公園の指定ないし指定解除につき処分性を認めることは困難であろう。また、公園利用者も法的保護利益を有しないから適格を認め難く、後述のとおり当事者訴訟も困難と考えられる。

4　本案審理
(1)　個別法違反

　自然保護訴訟では、個別法における許認可要件の不充足、手続違反等の違法が争われる。以下では、著名な原告勝訴事例のみ挙げる。

　　　　古い認容例に、**臼杵市埋立免許判決**（福岡高判昭和48年10月19日判タ300号151頁）がある。これは漁協による漁業権の放棄につき必要な同意がないとして、埋立免許を取り消した。

　著名な前掲**川辺川判決**（福岡高判平成15年5月16日判タ1134号109頁）では、土地改良法に基づく国営川辺川土地改良事業変更計画の決定が同意要件の不充足を理由に違法とされた。本件では、農業情勢の変化等を理由にされた国営川辺川土地改良事業変更計画の決定に対し、多数の農業者ら（原告・控訴人）が同法に基づき異議申立てをしたところ、申立てを却下・棄却する決定がされたため、農業者らがその取消しを求めた事件である。本判決は、延べ

万を超える同意書面の真正を詳細に検討した上で、変更にかかる三事業のうち用排水事業、区画整理事業につき3条資格者の3分の2以上の同意要件を充足せず違法であるから、これに対する異議申立てを棄却した本件決定も、右各事業に関する部分は違法であるとした。本判決は、個別法の同意取得に係る事実関係を詳細に審理して（すでに死亡した者の同意書や偽造された同意書の存在が明らかにされた）、個別法の要件不充足を理由に公共事業計画を違法とした例である。

(2) **事業認定の裁量審査**

　収用法の事業認定については、同法20条3号充足性が争われるが、**日光太郎杉判決**（東京高判昭和48年7月13日判タ297号124頁〈77〉）以来、判断方法が確立している。すなわち、事業認定庁の判断は、①事業計画策定・事業認定に至る**経緯**、②事業計画の**内容**、③事業計画の達成により得られる**公共の利益**、④本件事業により**失われる諸価値**の**比較衡量**に基づく**総合判断**で行われるべきであり、事業認定庁が「本来最も重視すべき諸要素、諸価値を不当、安易に軽視し、その結果当然尽すべき考慮を尽さず、または本来考慮に容れるべきでない事項を考慮に容れもしくは本来過大に評価すべきでない事項を過重に評価し」たことにより、事業認定庁の判断が左右された場合には、裁量権の逸脱濫用として違法となる（判断過程統制）。

　比較衡量に基づく総合判断では、他の裁判例の蓄積も踏まえると、(i)他事考慮の禁止、(ii)過大評価の禁止、(iii)過小評価の禁止、(iv)代替案検討の義務・程度、(v)失われる価値の非代替性、(vi)最適地原則、(vii)費用便益分析、(viii)環境影響評価などが問題とされている。

　(i)ないし(iii)は一般的に見られるが、(iv)は特に公共事業において重要であり(4)で後述する。日光太郎杉判決は(iii)を述べ、(v)から公共事業を実施する特別の必要性が求められるとして事業認定を違法と判断した。同地裁判決（宇都宮地判昭和44年4月9日判タ233号268頁）は一般国民の意識による価値観の裏づけをも違法判断の拠り所としている。二風谷ダム判決は、(v)から失われる価値に対する特別の配慮が求められるとした。(vi)は成田空港判決（東京高判平成4年10月23日判タ802号77頁）で否定されたが、(vii)(viii)は近時しばしば問題とされている。

　　　なお、**圏央道あきる野判決**では、**黙示的前提要件論**が議論された。すなわち、受忍限度を超える騒音被害を生じるなど営造物の設置管理の瑕疵のために、設置供用すれば国賠責任を負うような道路は、そもそも法が予定していないから、明文がなくとも当然に充足が必要な事業認定の黙示的前

提要件であり、上記の裁量以前の問題として、同要件を欠く場合には直ちに事業認定が違法になるとした。傾聴に値する立論であり、事業認定に限らず、理論的には他の処分にも応用可能性があるが、控訴審（東京高判平成18年2月23日判時1950号27頁〈26〉）は採用しなかった。

(3) 計画裁量の統制

　公共事業はもちろん、民間開発で行政庁に許認可の裁量がある場合など、専門的・政策的・技術的見地から、組織と能力をもつ行政庁が**計画裁量**をもつ。環境規制訴訟が封じられているため、環境訴訟では土地利用に関する計画裁量が争われてきた。

　主導的判決は**小田急本案判決**であり、①**基礎欠落審査**、②**社会観念審査**による（143頁）。

　計画裁量の違法を認めた裁判例は少ないが、②よりも①で違法とする例の方が多い。自然保護分野の著名な例として、**永源寺第二ダム判決**を挙げておく。

　　判決は、土地改良法に基づく土地改良事業計画決定に対する異議申立棄却・却下決定の取消訴訟で、農水大臣が自ら定めた調査等をせず、予定地の地形や地質を正解に把握してダムの規模と貯水容量等を設計しなかったため、ダムの規模を誤って設計した瑕疵があったから、土地改良事業計画を定める手続上、基本的な要件判断の過程に重大な瑕疵があるとし、さらに専門的知識を有する技術者の調査報告（87条2項・8条2項・3項）は誤った事実を前提にしたもので、法令上要請される専門家としての必要な調査・報告を欠いたとして、同決定を違法とした。判決文中に実体要件や手続違法の指摘もあるが、①の審査を用いた例といえる。

●コラム●　**ダム問題**

　再生可能エネルギーとして水車などの中小水力発電が注目を集めているが、撤去が容易でない大規模ダムはクリーンではない。自然環境の破壊、水質悪化、水系分断、海岸線の後退、地震・水害の誘発、社会生活環境の破壊等が問題として指摘されてきたが、堆砂の浚渫など維持管理にも、さらに将来には巨大な産業廃棄物として撤去にも巨費を要する。もはやわが国にはダム適地がないと言われるほど多くのダムが建設されてきたが、今後は、ダム撤去が話題となろう。

---

(4) 代替案検討

　事業認定の比較衡量を含む計画裁量で最も重要なのは、**ゼロ・オプション**（不実施）を含めた**代替案検討**である。合理的な判断は、複数の選択肢とその長短の比較対照により初めてなしうる。行政の説明責任に照らしても、行政判断につき、代替案の検討結果を前提とした合理的な説明ができなければ

ならない。本来、代替案検討はアセスの核心であるが、わが国のアセス法では義務づけられていないため、アセス法違反として争いにくく（404頁）、個別法の要件違反の問題として違法を問いうるかが問題となるにすぎない。

ゼロ・オプションとは、公共事業を実施しないという選択であり、ゼロ・オプションとの比較はすなわち当該事業の公共性・必要性を検討することにほかならない。わが国では必要でない公共事業がされることが多いため、本来的には公共事業手続において、真の意味での代替案の検討を義務化することが望ましい。

秋田地判平成8年8月9日判自164号76頁は、代替案検討の法的義務を否定したが、事案により違法の余地があるとし、水戸地判平成3年9月17日判自93号86頁は、代替案が判明している場合には審査義務があるとした。圏央道あきる野判決の控訴審判決（前掲東京高判平成18年2月23日）は、「事業認定庁に代替案との比較を義務付ける法令上の根拠はないから、起業者の提示した資料等から明らかに他の案が優れていると認められるような特別の事情がない限り、代替案との比較衡量をしないことが直ちに事業認定を違法とするものではない」とした。

しかし、代替案不検討は、事業認定に限らず、計画裁量の違法審査においては重要な考慮要素というべきであり、裁量の逸脱濫用を導く場合がありうる。この点、**石木ダム判決**（長崎地判平成30年7月9日LEX/DB25449608）は、ダム建設に係る事業認定取消訴訟の事案であるところ、土地収用法20条3号の違法判断において、処分行政庁には代替案の比較の方法につき一定の裁量があるが、裁量権の逸脱・濫用があれば違法となりうるとしている。代替案検討はアセスの核心であるため、第9章（404頁）で再度触れる。

(5) 費用便益分析・費用対効果

費用便益分析（cost-benefit analysis; CBA）は、公共事業の効率的かつ効果的な遂行のため、社会・経済的な側面から公共事業の実施の妥当性を評価するために、公共事業に伴う費用と便益の増分を金銭換算して比較して、事業の評価を行う手法である。

CBAはむしろ公共事業の公共性を裏づけるために任意に実施されているが、ほとんどの場合、許認可の要件とはなっていない。公共事業はたとえ費用便益比が1.0を下回っても実施すべき場合があるとされ、費用便益分析の結果は直ちに裁量の逸脱濫用等を導かないが、原告側は当該事業の公共性を攻撃するために、計算の不合理など費用便益分析の問題も争点となる。わが国が、国・地方を問わず、巨額の財政赤字を抱える現状にある中で、行政の説明責任に鑑みるならば、少なくとも費用便益分析の前提と

なったデータを整理保存し、国民に対し説明できることが必要であり、それができない場合には公共事業の公共性に疑義がありうる。

また、現在の費用便益分析は、世代間公平等の内在的問題のほか、環境価値の喪失（生態系破壊、景観破壊、大気汚染等）を費用として計上していない問題があり、今後は、CVM（仮想評価法）等による環境価値の貨幣的評価（いわゆる修正費用便益分析等）の実践とこれに対する法的評価が課題となろう。

なお、法令で経済性が処分の要件とされる稀な例に土地改良法がある。土地改良事業の施行の基本的要件として、当該土地改良事業のすべての効用がそのすべての費用を償うこと（87条3項・8条4項、施行令2条3号）が要求されており、これを満たさない場合には処分は違法となる。永源寺第二ダム判決は当該事業が経済性要件を欠くとも判示している。

5　義務付け訴訟

自然保護訴訟で非申請型義務付け訴訟の形式が用いられた例は少なく、認容例は見当たらない。総論を含め他で触れていない裁判例を紹介しておく。

(1)　狭義の訴えの利益

大津地判平成18年6月12日判自284号33頁は、保養所を経営する原告らが、滋賀県を被告として、自然公園内の河川区域（河川敷）に遊具、ボート等の工作物を設置して**不法占用**する者に対し、河川法75条1項、自公法27条1項（現34条1項）、建築基準法9条1項に基づき、工作物の除去および原状回復を命ずるよう求める義務付けの訴えを提起した事案である。この事案では、訴訟係属中に、被告県知事が上記命令のうち河川法に基づく監督処分をした以上、本件不法占用者が同処分に従うか、あるいは行政庁たる県知事が行政代執行の手続をとることにより、原告らが本件訴訟により実現しようとする原状回復が現実に達成され、原告が求める本案判決の内容がすでに実現されており、また、他法に基づく命令も内容は上記監督処分と同一であるから、本案判決による紛争解決の実効性・必要性がないとして、狭義の訴えの利益を欠くとして訴えを却下した。不法占用者が上記監督処分に従わず、県知事も代執行をしない場合、原告は改めて代執行の義務付け訴訟を提起しなければならない。本件で原告が代執行の義務付けまで求めていれば本案審理がされた可能性があるが（ただし、原告適格、とりわけ重大な損害が認められなかった可能性もある）、むしろ非申請型義務付け訴訟においては、行政過程に対応した司法過程の動態的性格を承認し、一定の抽象的義務付け訴訟を容認する必要があろう（42頁）。

(2)　重大な損害

丹沢オートキャンプ場判決（横浜地判平成23年3月9日判自355号72頁）は、国定公園内において、原告らが経営するオートキャンプ場付近の河川

の流路が他の競業する民間業者Bの行った河川工事によって変更されたため、所有地等に溢水の危険が現に生じているとし、神奈川県を被告として、Bおよびその承継人に対して河川法75条または自公法34条1項に基づく是正命令等を発することの義務付け等を求めた事件につき、原告らの指摘する流路の形成はBの工事に起因するとはいえず、仮にそうであるとしてもその掃流力の変化は約1.17倍にとどまる、所有地等は河川区域内にあり、河川区域外と同様に考えることはできないなどとした上で、主張されている損害は信用毀損を除き、金銭的損害に限られる上、原告が後に自ら原状回復工事を行っていることからしても損害の回復の困難の程度が高いとはいえないし、信用毀損についても河川付近で営まれるキャンプ場について土砂が流出するなどしたとしても通常時の安全性に疑義を生ずるものではないとして、重大な損害要件を否定した。

非申請型義務付け訴訟では重大な損害要件が大きなハードルとなっており、その活用が阻害されている。その他、特に義務付け訴訟においては、「一定の処分」の解釈として処分の特定性が問題となりうるが、厳格に要求すべきではない。

二　当事者訴訟

自然保護分野の行政過程に行政処分が存在しない場合には抗告訴訟によることができない。処分という訴訟対象に縛られる抗告訴訟を利用できないのであれば、公法上の実質的当事者訴訟を活用することはできないか。

当事者訴訟には、法律の規定が必要な形成訴訟の形式を除けば、給付訴訟と確認訴訟の2形式がありうる。このうち、給付訴訟では、公法上の具体的な請求権が認められる必要があるが、個別法に請求権の根拠となる規定がある場合等でない限り、請求認容判決を得ることは難しいであろう。ゆえに当事者訴訟としては確認訴訟の活用が説かれている。

確認訴訟が適法であるためには、**確認の利益**が必要であり、基本的に原告の権利義務関係への引き直しができなければならない（56頁）。原告の権利義務関係が環境権や自然享有権を内容とするものであれば、現在の判例に従う限り、確認の利益は否定されよう。

民間開発型に比べると、公共事業型の処分では、二面関係に近い法関係も見られ、事案によっては周辺住民等の第三者原告の権利義務関係に引き直す余地もあるように思われる。すなわち、公共事業の場合、計画立案から実際の工事までに長い行政過程が存在するところ、例えば、道路という都市施設に関する都市計画決定がされた場合には、都市計画施設の区域内における建

築規制（都計53条ないし57条の6）を受けるから、このような建築規制を受けないことの確認を求める当事者訴訟の中で都市計画決定の違法を争うことも、確認の利益の考え方次第[11]では認められよう。公共事業では早期の訴訟提起が認められず、相当程度工事が進んだ段階で司法審査が許容される傾向がある。公共事業型では、その段階で抗告訴訟を提起できるが、すでに手遅れの場合がある。当事者訴訟活用の意義は、**より早期の訴訟提起を可能**とする点にある[12]。

民間開発型の場合も、大気汚染や騒音による人格権侵害の形で法律構成が可能な場合にはなお確認訴訟の構成を試みる価値はあるが、ただし、自然破壊と同時に人格権侵害が生じうるような場合に活用範囲が限定される。

結局、現在の判例の考え方を前提とする限り、純粋な自然保護など人格権によるカバーができない領域では、確認訴訟の活用はやはり困難である。

　　　　この点、神奈川アセス請求判決（横浜地判平成19年9月5日判自303号51頁〈47〉）は、条例に基づくアセス手続の履行請求を当事者訴訟として適法としているが、確認訴訟の形式によっていれば確認の利益を欠くとされた事案のように思われる。同判決では本案審理に入り請求権の存否について判断しているが、法律上の争訟性を欠くとされるおそれもある。

三　住民訴訟とその限界

1　自然保護訴訟としての住民訴訟

住民訴訟は、住民が自己の法律上の利益と関わりなく、地方公共団体の執行機関および職員の違法な財務会計上の行為（不作為を含む）の是正を求めて争う訴訟である（自治242条の2）。

地方自治体の公共事業による自然破壊の違法を争うために、環境派が住民訴訟を提起する場合がある。民間開発には公金支出がなく（第三セクターなど補助金等の支出があれば、その違法は争いうる）、国レベルには公金支出の違法を争う訴訟形式がないため、住民訴訟は地方レベルの公共事業についてのみ利用可能である（なお、福岡地判平成10年3月31日判タ998号149頁は、専ら提訴目的の権利能力なき社団の原告適格を否定した）。

---

[11]　確認の利益の考え方について、例えば中川丈久「行政訴訟としての『確認訴訟』の可能性——改正行政事件訴訟法の理論的インパクト」民商130巻6号（2004年）1頁、20～24頁。

[12]　例えば圏央道あきる野判決の事案の場合、東京都知事による都市計画決定がなされたのは1989（平成元）年であるのに対し、建設大臣（当時）による事業認定がなされたのは2000（平成12）年であった。

自然保護訴訟の住民訴訟へのシフトが生じるのは、かねて処分性、原告適格の制限による抗告訴訟の機能不全があり、また、環境権論等の不採用による民事訴訟の限界があるために、環境行政訴訟、環境民事訴訟のいずれによる司法審査も求めえない事例が少なくなかったためである。

　　　一連の**八ツ場ダム事件**（東京高判平成25年3月29日判タ1415号97頁等すべて住民側敗訴で確定）も行政過程に処分がないために提起された住民訴訟である。なお、公共事業のための漁業補償が必要性を欠くとして違法性を争った例に、最二判平成18年3月10日判自283号103頁（棄却）がある。

2　先行する原因行為の違法と財務会計行為の関係

　そもそも住民訴訟は、地方公共団体の財務会計行為の違法是正を求める制度である。然るに、自然保護訴訟としての住民訴訟では、①「先行する原因行為（公共事業）が違法」であるから、②「そのための財務会計行為が違法になる」と構成することになる（財務会計行為それ自体の違法とは、例えば官官接待や談合による公金支出である）。公共事業には必ず公金支出を要するから、もし住民訴訟を通じて原因行為の違法を常に争いうるとすれば、地方レベルである限り、すべての公共事業につき司法審査を求めうる帰結となり、法が住民訴訟の対象を**財務会計行為**に限った趣旨に適合しない。他方、財務会計法規に直接違反する場合のみに限定すると、住民訴訟の機能が相対化される。そこで、②財務会計行為の違法事由として、①先行する原因行為につきいかなる違法を主張しうるかが問題とされてきた。

　この点、いわゆる**一日校長判決**（最三判平成4年12月15日民集46巻9号2753頁）は、いわゆる旧4号請求の事案において、当該職員の財務会計上の行為を捉えて責任を問いうるのは、先行する原因行為に違法事由が存する場合でも、「原因行為を前提としてされた当該職員の行為自体が財務会計法規上の義務に違反する」場合に限られるとした。

　そうすると、住民訴訟では原因行為の違法自体を問いえないようにも解され、現にそう判示する裁判例もある（例えば神戸空港判決〔神戸地判平成17年8月24日判タ1241号98頁〕）。しかし、裁判例では、先行する原因行為としての公共事業の違法を争う住民訴訟のすべてが封じられているわけではなく、幾つかの処理がされている。

　先行する原因行為である公共事業の違法を財務会計行為の違法として争えるのは、どのような場合か。**織田が浜第1審判決**（松山地判昭和63年11月2日判タ684号254頁）は、先行する原因行為である埋立てに**重大かつ明白な違法がある場合**に限られるとした（重大明白違法限定説）。また、**水戸地判平成3**

年9月17日判タ788号167頁は、先行行為が後行行為の直接の原因といえるような**密接かつ一体的な関係にある場合**に限られるとした（密接一体的関係限定説）。

　　　　その他、諸事情を総合判断して決する説（総合判断説）もあり（例えば東京地判平成13年10月23日判時1793号22頁）、また、先行行為論に触れず、端的に原因行為の違法を判断する例もある（最近の例として、安威川ダム事件（大阪地判令和2年6月3日判自473号77頁・大阪高判令和3年10月28日判自493号83頁））。

3　違法事由

　上記いずれの処理によるかはともかく、先行する原因行為たる公共事業の違法については、個別法違反のほか、一般法として地方自治法2条14項、地方財政法4条・8条違反の主張がされる場合が多い。**地方自治法2条14項**は「地方公共団体は、その事務を処理するに当っては、住民の福祉の増進に努めるとともに、最少の経費で最大の効果を挙げるようにしなければならない」と、**地方財政法4条**は「地方公共団体の経費は、その目的を達成するための必要且つ最少の限度をこえて、これを支出してはならない」、同法8条は「地方公共団体の財産は、常に良好の状態においてこれを管理し、その所有の目的に応じて最も効率的に、これを運用しなければならない」とそれぞれ規定している。

　公共事業に対する公金支出の差止めを求める住民訴訟は少なくないが、違法とした認容例は少ない。敗訴例は枚挙に暇がないが（神戸地判平成10年3月25日判自181号63頁〔船溜〕、和白干潟判決〔前掲福岡地判平成10年3月31日〕〔埋立て〕、横浜地判平成13年2月28日判自255号54頁〔ダム〕、設楽ダム判決〔名古屋地判平成22年6月30日 LEX/DB25442671〕、上記八ッ場ダム事件など）、住民訴訟により公共事業を違法とした近時の裁判例を紹介しておこう。

　栗東新駅判決（大阪高判平成19年3月1日判タ1236号190頁）は、鉄道事業については地方財政法5条により地方債を財源としえないところ、栗東市（被告、控訴人）による道路拡幅事業費名目の地方債の起債行為が、実質的には鉄道会社（JR）が所有管理する予定の新幹線の新駅建設に必要な仮線工事の財源に充てられるものであり、地方財政法5条等に反し違法であるとして、起債行為の差止請求がされた。本判決は、起債に至る事実関係を認定した上で、結局、市は財源確保のために、仮線工事を前記道路拡幅工事と同時、一体の工事であると説明して起債をするものと推認するのが相当であり、設置される仮線は、新駅建設工事のためのものであって、道路拡幅工事のための

ものとは認められないから、前記起債は、地方財政法5条5号の道路の建設事業費の財源とする場合に該当せず、同条に反し違法であり、今後前記起債行為がされることが相当の確実さをもって予測されるとして、前記請求を認容した。

泡瀬干潟判決（福岡高那覇支判平成21年10月15日判時2066号3頁〈旧86〉）は、埋立て等に関する公金支出の差止めを認めた。判決は、沖縄県知事（A_1）および沖縄市長（A_2）に対してされた泡瀬地区の公有水面埋立て・土地造成事業に関する一切の公金の支出等の差止請求を（判決確定時までに支払義務が生じた部分、調査費とこれに伴う人件費に関する部分を除く）認容した。本件では事業推進中に首長の交代が生じ、A_2が第Ⅰ区域は推進するが第Ⅱ区域は計画を見直すとの方針表明をしていた事情があった。判示は次のようである。従前の土地利用計画が根本的に見直されている段階で埋立工事を継続できるか否かは、公水法13条の2の変更許可を得られる見込みの有無、より実質的には現在沖縄市において策定中の新たな土地利用計画の経済的合理性の有無にかかる。経済的合理性がないのに、漫然と従前の計画に基づき埋立工事を継続するときは、これに係る公金の支出等の財務会計行為は、違法である。本件では沖縄市において現在策定中の計画は全容さえ明らかでなく、経済的合理性があり変更許可を得られる見込みがあるとは言えないから、公金支出は違法である。

なお、沖縄市がその後、規模を縮小して、スポーツコンベンション拠点の形成を核とする新事業計画を策定したため、住民らが再び公金支出の差止めを求める住民訴訟を提起したが、**泡瀬干潟第二次訴訟判決**（福岡高判那覇支判平成28年11月8日 LEX/DB25545004〈74〉）は、広範な行政裁量を認めて請求を退けた。

ただし、棄却例の方が依然として多数である。近時の例に、大分地判平成23年8月8日 LEX/DB25472543（海面埋立事業）、最二判平成23年12月2日判タ1364号66頁（自然保護名目の支出）等がある。

その他、著名な判決に、**田子の浦ヘドロ判決**（最三判昭和57年7月13日民集36巻6号970頁）のほか、**長浜町入浜権判決**（松山地判昭和53年5月29日判タ363号164頁）、**織田が浜差戻後高裁判決**（高松高判平成6年6月24日判タ851号80頁〈72〉）、**沖縄やんばる判決**（福岡高那覇支判平成16年10月14日 LEX/DB28101007）等があるが、いずれも請求は棄却されている。

その他、前掲最二判平成23年12月2日は、自然保護を名目とする不利な賃貸借契約の締結と賃料・支払いの適法性が住民訴訟で問題とされた興味深い事例である。

第4節　自然保護分野の環境民事訴訟

　自然保護分野では、民間開発、公共事業による自然破壊行為の差止め、さらには原状回復を求める民事訴訟が少なからず提起されてきた。が、自然保護訴訟としての環境民事訴訟は、有効に機能していない。わが国の司法救済は、特に自然・文化財保護分野において、多くの場合、無力である。

　以下に、主な法律構成と裁判例を見る。なお、自然保護訴訟の目的は自然破壊の差止めであり、損害賠償は十分な救済方法ではない。

一　人格権・財産権に基づく訴訟

　裁判所によれば、豊かな自然環境の恩恵を享受する権利ないし利益は恩恵にすぎず、人格的生存に必要不可欠ではない。そのため自然保護分野は、人格権ではカバーしえない**人格権の外延領域**である。失われる自然が、例えば信仰の対象となっており、宗教的ないし精神的人格権として構成しても、人格権とは認められず、やはり差止請求等は認められない。

　それでも民間開発、公共事業の結果として、原告の生命・身体に対する具体的危険性が認められるような場合に人格権を用いる余地があり、後掲長良川河口堰判決など提訴例があるが、認容例は見当たらない。

　また、既存の旅館業者や料理店のように、自然破壊により財産権ないし営業権が侵害される場合がありうるが、やはり認容例は見当たらない。例えば、仙台高判平成5年11月22日判タ858号259頁では、松島で料理飲食店・土産物販売店を営む債権者が、債務者の松島における建築行為について、「自然的文化的環境権」に基づき建築工事続行禁止の仮処分を求め、一旦認められたが、債務者らによる仮処分の異議で取り消され、さらに控訴も棄却された。

二　環境権と自然享有権

1　私権としての環境権

　環境権の現代的意義については既に触れた（128頁）。自然保護分野では、私権としての環境権、すなわち、**環境を破壊から守るために環境を支配し良い環境を享受しうる権利**に基づく差止請求の可否が問題とされてきた。環境権論は、生活妨害訴訟における受忍限度論の克服のために提唱された経緯があるが、すでに受忍限度論が確立して久しい今となっては、人格権によりカ

バーしうる領域で環境権を唱える意義は大きくない。ゆえに環境権は、むしろ人格権が機能しない自然保護分野において多く主張されてきた。

環境権は、個人が個別的な権利として主張する**個別的**環境権と、地域住民が共同で享受する集団的な権利の代表行使を主張する**集団的**環境権の2つに分けられるが、裁判所は一貫していずれも否定してきた。

2 個別的環境権

主導的裁判例である**伊達火力判決**（札幌地判昭和55年10月14日判タ428号145頁〈4〉）は、北海道電力による火力発電所の建設計画につき、伊達市の住民、農業者、漁業者らが、環境権に基づく建設差止めを求めた事案である。

判決は、①「環境は……一定地域の自然的社会的状態であるが、その要素は、それ自体不確定、かつ流動的なもの」で、「また、それは現にある状態を指すものか、それともあるべき状態を指すものか、更に、その認識及び評価において住民個々に差異があるのが普通であり」、「普遍的に一定の質をもったものとして、地域住民が共通の内容の排他的支配権を共有すると考えることは、困難」であり、「立法による定めがない現況」では、「私権の対象となりうるだけの明確かつ強固な内容及び範囲を」もつか、「また、裁判所において法を適用するにあたり、国民の承認を得た私法上の権利として現に存在しているものと認識解釈すべきものか」疑問であるとし、②「人の社会活動と環境保全の均衡点をどこに求めるか、環境汚染ないし破壊をいかにして阻止するかという環境管理の問題は、すぐれて、民主主義の機構を通して決定されるべき」であり、「司法救済は、現在、環境破壊行為が住民個人の具体的な権利、すなわち、生命、固有の健康、財産の侵害のおそれにまで達したときには、後記のように個々人の人格権、財産権の妨害予防ないし排除として発動されるのであるから、これをもって足る」として、環境権を否定した。

その後の裁判例でも、環境権は一貫して否定されてきた。

公共事業の差止請求が棄却された例に、**琵琶湖総合開発計画判決**（大津地判平成元年3月8日判タ697号56頁〈18〉）、**長良川河口堰判決**（名古屋高判平成10年12月17日判タ1015号256頁〈101〉）、**芦ノ倉判決**（仙台高秋田支判平成19年7月4日 LEX/DB28132157〔治山工事の原状回復〕）、民間開発の差止請求が棄却された例に、長野地判平成15年3月28日 LEX/DB28081813（ゴルフ場開発）、**北川湿地判決**（横浜地判平成23年3月31日判時2115号70頁〈71〉）等がある。

上記**伊達火力判決**が述べるごとく、裁判例が環境権の裁判規範性を否定する根拠は、大別して、①環境権の内容、権利享有主体の範囲、差止請求の成立要件がいずれも不明確であることと、②政治部門と司法部門の役割分担の

問題として司法審査を控えるべきこと（司法消極主義）にある。

①は、環境権に基づく差止請求が具体的な権利義務を内容とするものでなく、民事訴訟の審判の対象とならない（請求適格を欠く）と説明される場合もある（例えば福岡高判昭和56年3月31日判タ441号67頁）。仮に1970年代から提唱されてきた環境権を肯定する裁判例が蓄積されていれば、判例法理として、環境規制を参照しつついずれについても明確にしえた可能性はあろうが、現時点では、立法によらず解釈論によって環境権の裁判規範性を承認する方向性は、現実的ではなさそうである。

②は、環境訴訟全般を通じた司法権の役割の問題であるが、個人の権利利益侵害を理由とする司法審査が機能しにくい自然保護分野では、団体訴訟の導入などの法制上の手当てが不可欠であろう。

3　集団的環境権——紛争管理権説
(1)　紛争管理権説

個々人に帰属する個別的環境権が否定されてきたために、環境権を集団的な権利として捉え直し、地域住民が共同で享受する集団的環境権を、原告が地域の代表として訴訟上行使する構成が認められないかが問題とされた。この場合、かかる訴訟追行原告に、**当事者適格**が認められるかという問題が生ずる（なお、草の根の小規模団体などは、そもそも権利能力なき社団〔民訴29条〕にさえ該当せず、当事者能力が認められない場合があったが、この点はいわゆるNPO法の制定により多少改善されている）。

民訴法上、第三者が訴訟追行権を有する場合に、①**法律の規定**により第三者が当然に訴訟追行権を有する**法定訴訟担当**があるが、環境権についてそのような規定はないから、認める余地がない。さらに、②本来の権利主体に代わり、その者から授権を受けて第三者が訴訟追行権を有する**任意的訴訟担当**の場合にも、該当しない。

また、民訴法には③**選定当事者**制度（30条）があり、共同の利益を有する多数の者（選定者）は、その中から全員のために代表者として訴訟を追行する者を選定できる。が、環境権の場合には、地域住民の範囲が明確ではなく、実際にもすべての地域住民から個別的選定を受けるのは現実的でない。

そこで学説では、訴訟提起前の紛争の過程で相手方と交渉を行うなど、**重要な解決行動**を行った者は、訴訟物たる権利関係につき法的利益や管理処分権を有しない場合にも、いわゆる**紛争管理権**を取得し、当事者適格を有するに至るという紛争管理権説が唱えられた。

　　　　なお、立法を待たずに団体が何らかの固有の請求権をもつとの法的構成

は困難であるため、団体構成員の権利を援用する構成が取られている。

しかし最高裁は、**豊前火力判決**（最二判昭和60年12月20日判タ586号64頁〈6〉）において、原告らによる訴訟追行が、法定訴訟担当にも任意的訴訟担当にも当たらないとした上で、「自己の固有の請求権によらずに……地域住民の代表として、本件差止等請求訴訟を追行しうる資格に欠ける」とし、紛争管理権説につき「そもそも法律上の規定ないし当事者からの授権なくして右第三者が訴訟追行権を取得するとする根拠に乏し」いとして、否定した。

(2) **紛争管理権説の再構成**

豊前火力判決を受けて、有力な学説は、紛争管理権説を**任意的訴訟担当**の要件として再構成し、（自然人ではなく）環境保護団体などが当事者適格を持ちうると主張している(13)。

すなわち、特定の環境保護団体が訴訟前から重要な解決行動をし、団体の規約等により地域住民から環境保全につき包括的授権を受けている場合には、本来の権利帰属主体である住民に代わって差止訴訟を追行する当事者適格を取得する。

その要件は、①環境保護団体が環境利益の帰属主体たる住民を中心に組織され（**組織要件**）、②構成員たる住民から環境利益保護のために裁判上裁判外の手段が授権され（**授権要件**）、③当該団体が住民の環境利益保護のために継続的に関わっており、訴訟追行につき十分な知識経験を有し（**解決行動要件**）、④住民による個別的な訴え提起が住民側にとっても、被告側にとっても煩瑣であり、環境保護団体が担当者となる訴えの提起が合理的と認められること（**合理性要件**）の4つであり、この場合は、弁護士代理の原則などを潜脱するおそれはないから、任意的訴訟担当が認められる。傾聴に値する有力説であるが、認めた裁判例はない。

4 **自然享有権（利益）**

日弁連が1986年に提唱した**自然享有権**とは、国民が**生命や人間的な生活を維持するために不可欠な自然の恵沢を享受する権利**であるとして、深山幽谷における自然破壊など、支配権である環境権主張の前提を欠くような場合に主張されてきた。国民は個別的な自然享有権が侵害され、あるいは将来そのおそれがある自然破壊行為の排除を求めうる。

自然享有権は、環境権と異なり支配権ではないため、権利主体の範囲が地域住民に限定されない。また、損害賠償請求権は認められず、事前差止め、

---

(13) 伊藤眞『民事訴訟の当事者』（弘文堂、1978年）90頁以下。

事後の原状回復請求のみが可能とされる。

　しかし、自然享有権に裁判規範性を認めた裁判例も、やはり存在しない。**石木ダム判決**（長崎地佐世保支判令和2年3月24日 LEX/DB25570881）は、ダム工事の差止訴訟で、①生命・身体の安全、②人間の尊厳を維持して生きる権利、③良好な環境の中で生活を営む又はそのような環境を享受する権利等を主張したが、②③は差止請求の根拠たりえないとして、請求を棄却した（福岡高判令和3年10月21日 LEX/DB25571823も維持）。他の否定例に、前掲芦ノ倉判決等がある（なお、例えば横浜地横須賀支判平成20年5月12日訟月55巻5号2003頁のように「海上活動をする権利」など他の法的構成をしても、裁判所は一貫して権利性を否定している）。

三　眺望利益・景観利益

　優れた自然は眺望の対象ともなり、また、良好な景観を構成しうるはずである。

　眺望利益が問題とされるのは、自然破壊そのものよりも、第3章（166頁）で見たように、良好な自然の風景と視点との間に遮蔽物が入るために生じる眺望侵害の場合であり、自然保護訴訟に分類すべきでないものも多い。前掲**仙台高判平成5年11月22日**は、眺望利益の侵害を理由とする建築差止請求がされたが、侵害が軽微であって回避も可能であり、建築行為に行政法規違反もないこと等から請求を認めなかった。

　これに対し、自然景観は自然改変によって破壊されるから、景観利益に基づく訴訟は自然保護訴訟として機能しうるはずである。この点、**国立判決**は都市景観につき判断したものであり、自然景観には触れていない。しかし、同判決は、自然景観が問題とされた事案でなかったために触れなかったにすぎず、自然景観に関する景観利益の法的保護性を否定する趣旨はないと見るべきである。また、同判決が損害賠償請求のみを認め、差止請求を否定したと理解すべきでなく（161頁）、自然保護分野でも景観利益に基づく環境民事訴訟の活用を期待したい。

四　漁業権

　自然保護訴訟では、漁業権に基づく環境民事訴訟が提起される事案もある。

　漁業権は**物権**として確立された権利であって、土地収用の対象ともなる**財**

産権であるが、漁業権に基づく請求は認められない場合が多い。これは、漁業権が、漁業法に基づき漁業協同組合（漁協）による共同漁業権の行使として認められているところ、多くの事例ですでに漁協の決議により共同漁業権が放棄されているために、もはや個人の漁業者である原告は漁業権を有していない、とされているためである。

　これに対し、社会的注目を集めている一連の「よみがえれ有明海」裁判では、漁協が干拓に反対しており、漁業権侵害が正面から争われた。

　　一連のよみがえれ有明海事件は、**国営諫早湾干拓事業**をめぐり、国（農水省）が土地干拓事業として設置した諫早湾の潮受堤防により環境悪化及び漁業被害が生じたとして、長崎県、佐賀県など有明海沿岸四県の漁業者ら約2500人が国に対し、漁業行使権に基づく妨物権的請求権としての害予防及び妨害排除請求権により、①主位的に**堤防撤去**を求め、②予備的に堤防の各排水門の**常時開放**を求めた**開門訴訟**から始まる。

　佐賀地判平成20年6月27日判時2014号3頁は、人員・組織・資力等すべての点で劣後する原告らが、有明海の生態系を調査し、因果関係の立証をすることは実際上不可能であって、開門調査がされない限り因果関係を明らかにできないから、国が開門調査を実施しないことは**立証妨害**であり、国は**信義則**上、開門調査をし、漁業被害と事業との因果関係がないことを反証すべきとして、②を留保付きで認容した。

　これに対し、**福岡高判平成22年12月6日判時2102号55頁**<85>は、全国的な傾向、八代海と比較して、急激に諫早湾の漁獲量が減少した事実から、堤防締め切りにより漁業被害が生じた蓋然性が高いとして、あっさりと因果関係を認めた上で、公共事業につき物権的請求権の行使を認容すべき違法性があるか否かを判断するに当たり、**国道43号線判決**の示した要素を総合的に考察すべきであるとした。そして、漁業行使権という漁協組合員の生活基盤に関わる権利が侵害されており、他方、干拓地の営農にとって堤防の締切りが必要不可欠であるなどとはいえず、過大な費用負担も生じないから、②につき、防災上やむを得ない場合を除き常時開放する限度で認容する程度の違法性は認められる（堤防を撤去すれば防災機能（公共性）が完全に失われるから、①を認容する程度の違法性はない）とし、判決確定後3年までに以後5年間にわたって堤防の排水門を開放し継続するよう命じた。本判決については、干拓事業―a →諫早湾・近傍部の環境変化―b →漁業被害という因果関係の判断において、aにつき（高度ではなく）相当程度の蓋然性のみで認めている（因果関係を認めたために開門調査の意味も減殺される）との批判や、5年間に限定する暫定的差止めでは開門を義務付けただけで、調査の義務付けにならず救済方法として不十分との批判もある。

政治判断により上告されなかったため本判決は確定したが、国は確定判決に従わず、履行期限が過ぎても排水門を開門しなかった。そこで、漁業者らは間接強制の申立てを行い、**佐賀地決平成26年4月11日訟月61巻12号2347頁**は認容し、執行抗告、許可抗告はいずれも棄却された（福岡高決平成26年6月6日判時2225号33頁、最二決平成27年1月22日判時2252号33頁①事件）。

他方、干拓地の営農者等は、開門訴訟の確定判決を受けて、逆に各排水門の開放差止めを求める民事訴訟を提起した（**開門差止訴訟**）。**長崎地決平成25年11月12日 LEX/DB25502355**は、国に対し開門禁止を命ずる仮処分決定をし、さらに長崎地決平成26年6月4日判時2234号26頁は、営農者等による**間接強制**の申立てを認容、国による執行抗告、許可抗告はいずれも棄却された（福岡高決平成26年7月18日判時2234号18頁、最二決平成27年1月22日判時2252号36頁②事件）。

この2つの司法判断は矛盾するが、民事判決の効力は当事者間にしか及ばないから、確定判決に基づく義務を負った債務者が、債権者を異にする別件仮処分決定により義務を負ったとしても、当該確定判決に基づき間接強制決定ができるとしたものである。結果、国は開門をしてもしなくても間接強制金の支払義務を負うこととなったが、これは主として営農者らが開門差止めを求める裁判で、農水省側が漁業権侵害の事実を主張しなかったことによる。

その後、**開門差止訴訟**である**長崎地判平成29年4月17日判時2353号3頁**は、開門により、農業・漁業被害、湛水被害が生じる高度の蓋然性があり、開門により漁場環境が改善する可能性・効果はいずれも高くない等、開門の公共性・公益上の必要性は高いとはいえず、開門前の被害防止対策には実効性に疑問がある等として、営農者らの請求を認容した。国は控訴せず、補助参加していた上記漁業者らの一部が控訴は却下され（福岡高判平成30年3月19日）、最決令和元年6月26日は上告棄却、不受理とした。

以上とは別に国は、開門を命ずる確定判決による強制執行の不許を求める請求異議訴訟を提起していたところ、**福岡高判平成30年7月30日訟月66巻7号772頁**は、開門訴訟の判決確定後、前訴口頭弁論終結時に存在した共同漁業権から派生する漁業行使権に基づく開門請求権が消滅したとするく請求異議事由を認め、国の請求を認容した。上告審である**最二判令和元年9月13日判時2434号16頁**は、当該確定判決にかかる請求権は同一内容の共同漁業権から発生する開門請求権をも包含するとした上で、開門訴訟判決が、①あくまでも将来予測に基づくもので、開門時期に判決確定の日から3年という猶予期間を設け、開門期間を5年間に限って請求を認容する特殊な主文を採った暫定的性格を有する債務名義であること、②前訴の口頭弁論終結日から既に長期間が経過していること等を踏まえ、**事情の変動**

により強制執行が**権利濫用**となるか等について更に審理を尽くすべきとして原判決を破棄し、原審に審理を差し戻した。

差戻審である**福岡高判令和4年3月25日判時2548号5頁**は、確定した開門訴訟の口頭弁論終結後に、漁業者らが有する漁業行使権に対する開門しないことによる影響の程度は軽減する方向となる一方、潮受堤防の締切りの公共性等は増大する方向になったとしたうえで、現時点では防災上やむを得ない場合を除き常時開放する限度であっても認容するに足りる程度の違法性を認めることはできないとして、当該確定判決に基づく強制執行が権利の濫用に当たり、又は、信義則に照らし、許されないとした。

五　その他の法的構成＊

歴史的な慣習として、村落の住民が共同して山野や水面に立ち入り、薪炭牧草等を採取する権利である入会権を法的根拠とした裁判例が散見される。**甲府地判平成21年10月27日判時2074号104頁**は、産業廃棄物処理施設の建設が予定される村落共同体の所有する山林について、村落の住民の共同体が入会権を有するものと認めた。判決は、山間地の産廃処理施設の建設に賛成する原告らが求めた入会権の不存在確認請求を棄却し、建設に反対する被告らの入会権の存在を肯定しその後の消滅を否定した。

また、海辺へのアクセス権ないし海浜利用権が「入浜権」と呼ばれ、主張されたことがあるが、権利性は認められていない（前掲長浜町入浜権判決）。

第5節　訴訟制度・運用の改善提案
——自然の権利訴訟・団体訴訟

一　自然の権利訴訟

　上記のとおり、自然保護訴訟では、自然人につき行政訴訟の原告適格が、民事訴訟においても環境権がそれぞれ認められないため、司法審査が実質的に機能していない。そこで、自然人に代わり環境保護団体に訴権をもつための理論的提案がされてきたが、現行法下では困難であり、何らかの立法が必要である。

1　沿革と意義

　自然保護訴訟では、**自然物を原告とする訴訟である自然の権利訴訟**が提起される場合がある。環境民事・行政訴訟の別を問わないが、原告適格という訴訟要件を克服するために登場した経緯から、環境行政訴訟で用いられる場合が多いようである。環境民事訴訟ではむしろ自然人の環境権ないし自然享有権そのものが争われてきた。

　自然の権利訴訟は1972年に発表された C. Stone の論文"Should Trees have Standing?"に淵源をもつ。自然の権利訴訟の発祥地は、世界で最も環境訴訟が活発なアメリカであるが、アメリカでも自然物の原告適格が積極的に認められているわけではない。アメリカでは[14]、自然人の原告適格が容易に認められるところ、当該訴訟において原告適格をもつ原告が存在すれば、わが国と異なり、他の者の原告適格についてそれ以上に細かな詮索をしない。ゆえに、自然物にも原告適格を認める裁判例が散見されるというにとどまり、自然人に原告適格が認められない事案で、自然物のみに原告適格が認められた事例はない。アメリカでは、自然物の原告適格の問題は、原告適格という訴訟要件のハードルをクリアーするためではなく、むしろ**人間中心主義**に警鐘を鳴らす意味合いをもった。

　これに対し、わが国では、原告適格が狭隘であるために、環境保護団体はもちろん、自然人にも原告適格が認められない事例が少なくなく、人間中心主義への批判のみならず、かかる裁判例の現状に警鐘を鳴らす象徴的な運動として、自然の権利訴訟が提起された。

---

[14]　拙著『アメリカ行政訴訟の対象』（弘文堂、2008年）203頁以下。

2 裁判例

自然の権利訴訟の先駆けは、著名な**アマミノクロウサギ判決**（鹿児島地判平成13年1月22日 LEX/DB28061380〈69〉、福岡高宮崎支判平成14年3月19日 LEX/DB25410243）である。

判決では、奄美大島のゴルフ場開発予定地とその周辺で自然保護活動等を行う原告ら（アマミノクロウサギも原告に名を連ねた）が、ゴルフ場開発により自然が破壊され、そこに生息するアマミノクロウサギなど奄美の貴重種の存続に大打撃を与え、これら野生動物を含む奄美の自然の「自然の権利」が侵害されるとして、被告（鹿児島県知事）が森林法10条の2に基づいて行った林地開発許可処分の取消し等を求めた事案で、原告らは本件各処分の取消等を求める原告適格を有しないとして却下した。

オオヒシクイ判決（東京高判平成8年4月23日判タ957号194頁〈70〉）では、被告（茨城県知事）がオオヒシクイ個体群の越冬地全域を鳥獣保護区に指定しなかったために重要な文化的財産を損傷させたこと等が、県に対する不法行為に当たるとして、被告に対し旧4号請求がされた住民訴訟で、オオヒシクイが原告とされた。

判決はおよそ訴訟の当事者となりうる者は、法律上、権利義務の主体となりうる者でなければならず、人に非ざる自然物が当事者能力を有するとは解しえないとしたが、「当事者能力の概念は、時代や国により相違があるのは当然であるが、わが国の現行法のもとにおいては、右のように解せざるを得ない」と判示して、訴状却下した。

自然の権利訴訟は少なくないが、現在では「自然物こと某」という自然人原告として扱われるか、当事者能力がないとして訴状却下されるかのいずれかの処理がされている（例えば一連の圏央道訴訟〔349頁参照〕はムササビや高尾山が、落合川判決〔東京地判平成22年4月20日 LEX/DB25463490〕では、ホトケドジョウが原告とされた）。

最後に、立法政策により自然物に原告適格を付与することの可否・是非であるが、人間中心主義に警鐘を鳴らす意味は評価すべきとしても、人権侵害のおそれに加え、生態系につき十分な知見をもちえない人間が好もしい自然物を選び出してそれを代弁することが可能、適切かについては疑問があり、消極に解したい。

二 団体訴訟制度の導入

1 問題の背景

　現在の判例の考え方に照らす限り、良好な自然を享受する利益は、公益に吸収され、原告適格を基礎づけえない。団体の構成員が主観訴訟の適格をもつのであれば、団体にも適格を承認する意味は相対的に小さくなる。以下では主観訴訟の枠組みで誰も適格をもちえない場合に、権利利益の侵害を前提とせず、一定の団体に訴権を付与する、**客観訴訟**としての（公益的）団体訴訟制度を念頭に置く。

　特に自然保護訴訟に顕著であるが、わが国では人格権の外延に位置する利益を守るための環境訴訟は、民訴、行訴ともに機能不全の状態にある。**国立判決**も景観利益を根拠とする差止請求を認める趣旨でないと解する説が多く、自然破壊等の差止めを求める実体的権利は承認されていない。抗告訴訟の原告適格は依然として狭隘であり、三面関係紛争では確認訴訟の確認の利益も承認しにくい。結局、現在の主観訴訟の枠組みでは、自然保護分野において、司法審査は機能しない。

　そこで団体訴訟の導入が議論されてきたが[15]、制度導入により、①司法を通じた行政に対するチェック機能の強化だけでなく、②行政過程における行政リソースの補完、③違法な行政作用に対する抑止力の意義があり、さらに、④環境法の深化や⑤環境保護団体に対する新たな存在意義の付与といった意義をも期待しうる。

2 団体訴訟の制度設計*

　以下は、導入可能性を重視した提案であるが、より広い環境分野を対象とし、あるいは自然人に訴権を付与する**市民訴訟**制度の可能性を否定する趣旨ではない。

(1) 団体適格要件と訴権付与の方式・主体

　団体適格要件は、民民間ではあるがすでに先行して導入され一定の実績がある消費者団体訴訟を参照し、団体の活動目的・範囲・実績、組織の構成・意思決定方法、構成員の属性・流動性・員数により一定の限定をすべきであろう。

　訴権付与の方式は、案件ごとに訴訟手続で裁判所が決定する①個別判断方

---

[15] 行政訴訟検討会「最終まとめ」（2004年10月）のほか、東京弁護士会、日本弁護士連合会が制度導入の意見書、条文案等を公表している。

式、行政庁が事前に行政手続で決定する②**事前認証**方式のほか、③これらの**併用**方式がある。

　環境紛争は、環境価値が失われる時点で初めて顕在化し、その後に団体が組織化される場合が少なくなく、地域に根差した草の根の小規模団体に適格を付与することが望ましい。また、団体訴訟の潜在的被告である行政庁が、適格を付与する団体を決定することは必ずしも適切でない。そこで、①を支持する考え方もあるが、付与基準の設定・具体的な判断は困難を伴い、さらには濫訴を懸念する指摘もある。事前認証手続で違法な決定がされた場合は、行政訴訟により司法救済を図りうるから、**消費者団体訴訟**に倣い、まずは②での導入を急ぐべきであろう。

(2) 訴えの範囲・内容

　　訴訟対象と**訴訟形式**としては、種々の制度設計がありうるが、まずは手堅く具体的な処分に訴訟対象を限定し、抗告訴訟の形式のみ認めてはどうか。ただし、この場合、重大な損害要件、補充性要件といった取消訴訟の加重要件は、適格要件に解消すると考え、要求すべきでない。この点、団体訴訟制度導入を通じた訴訟対象の拡大を図り、行政立法・行政計画争訟をも創設する可能性もありうるが、個別法改正による各行政過程の修正を伴う作業であり、将来的課題とすべきであろう。

　　また、客観訴訟としての性格をもつ特殊民事訴訟として、法令に違反する開発・建築・撤去等の事実行為の差止め、撤廃または原状回復請求を求める実体権を付与する設計もありうる（消費者契約23条参照）が、訴訟外での濫用のおそれ、国民一般の利益と団体の利益との乖離、主観訴訟との均衡等の課題が指摘されている。

(3) 訴訟手続等

　その他管轄、重複訴訟の扱い、訴訟参加、訴え提起手数料、弁護士費用、出訴期間、行政手続段階で主張しなかった事由の主張制限、処分権主義、弁論主義の制限、判決効、判決の公表、仮の救済、不服申立制度等について検討が必要である。併存しうる主観訴訟たる抗告訴訟と制度をできるだけ揃えること、先行実績のある消費者契約法の消費者団体訴訟の制度を参照することが必要であろう。

第6節　自然保護分野における規制対抗訴訟

一　概観

【典型事例8-2】

> 　A県の乙国定公園内には乙山があり、乙山の石灰岩は日本屈指の良質な大鉱床とされ、古くから漆喰などの原料として採掘されていたが、明治期よりセメントの原料として北斜面の採掘が進められてきた。これまで採掘をしてきたのは乙セメントであったが、南斜面の普通地域に山林を所有するB_1、同じく南斜面の特別地域に山林を所有するB_2は、乙セメントに委託する形で、同山林内における露天掘りによる石灰岩の採取事業を計画している。この計画が実施されると、乙山の南斜面とその麓の草原美を特徴とする乙国定公園の風景は大きな打撃を受けることになる。
> 　なお、もともとB_1、B_2は林業者であったところ、材木価格の低迷により廃業し、所有地を放置していたものであるが、上記採取計画により、B_1、B_2はそれぞれ約5億円の利益を見込んでいる。
> 〔設問1〕B_1、B_2が石灰岩を採取するためには、自公法上、どのような手続をとる必要があるか。
> 〔設問2〕B_1、B_2が設問1の手続をとったにもかかわらず、採取が認められなかった場合、B_1、B_2は採取できるようにするために、どのような手続をとりうるか。
> 〔設問3〕B_1、B_2が設問2の手続をとっても、結局、事業計画を断念せざるをえなくなった場合、B_1、B_2は岩石採取ができなかったことによる損害につき、誰に対しどのような補填を求めうるか。
> 〔設問4〕ところで乙国定公園では、乙山麓に広がる現在の草原景観を維持するためには、定期的に野焼き等の作業を行う必要があるが、山麓の土地所有者Ｃらが高齢化し十分な管理を行うことが困難となっている。長年乙国定公園の観光案内ボランティアなどを行ってきた特定非営利活動法人Ｄは、Ｃらの了解を得て、草原の管理を行いたいと考えている。自公法上、どのような方法があるか。

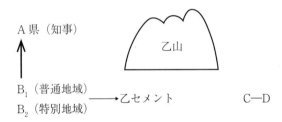

1 法律関係――自然公園法上の手続（設問1）

B_1、B_2が石灰岩を採取するためには、自然公園法上、必要な手続を履践する必要がある。

(1) 普通地域における行為規制（届出制）

B_1所有の山林は、乙国定公園（2条3号）の**普通地域**（33条1項）内にある。B_1の露天掘りによる石灰岩の採取は、「鉱物を掘採」または「土石を採取」に当たるから、B_1は、A県知事に**届出**をする必要がある（33条1項5号）。届出日から30日間の**着手制限**があり（33条5項）、届出義務違反には**罰則**がある（86条5号）。

ただし、本件でB_1の採取計画が実施されると、乙山南斜面とその麓の草原美を特徴とする風景が大打撃を受ける。そのため、乙公園の「風景を保護するために必要」があるとして、A県知事による**禁止命令**等（33条2項）がされる可能性がある。この命令違反には罰則がある（85条）。

(2) 特別地域における行為規制（許可制）

B_2所有の山林は、乙公園の**特別地域**（20条1項）内にある。B_2の計画する行為もやはり「鉱物を掘採」または「土石を採取」に、さらに採取のために樹木を伐採すると考えられ、これは「木竹を伐採」に当たるから[16]、B_2は、A県知事の**許可**を得る必要がある（20条3項4号・2号）。ただし、上述のように、乙公園の風致維持の観点から不許可となる可能性もある。

B_2が無許可で事業を行った場合には直罰制度（83条3号）があるほか、A県知事により**中止命令**等（34条1項）がされる可能性があり、命令違反には罰則がある（82条）。

2 禁止命令・不許可処分に対する救済方法（設問2）

B_1に上記禁止命令がされ、B_2に不許可処分がされたために、石灰岩の採取が認められなかった場合、B_1、B_2は採取計画を実現するために、どのような手続をとりうるか。

(1) 裁定申請

自公法は、**鉱業**等との調整にかかる紛争につき、特別の行政救済手続として、公害等調整委員会による**裁定**制度を設けている。

石灰岩の採取は「採石業」に当たるから、B_1、B_2は、公調委に、それぞれ上記の禁止命令等（33条2項）と不許可処分（20条3項）の**取消**しを求める裁定申請をすることになる（63条1項）。

---

[16] 普通地域においては、樹木の伐採が届出対象行為になっていない（33条1項）。

(2) 訴訟手続*

上記処分に不服がある場合、「鉱業等に係る土地利用の調整手続等に関する法律」により**裁決主義**がとられているため（同50条）、裁定に対する取消訴訟しか提起しえない。同訴訟は東京高裁に専属管轄があり（同57条）、実質的証拠法則が採用されている（同52条・53条）。

3 損失補償請求（設問3）

B_1、B_2が結局、事業計画を断念せざるをえなくなった場合、B_1、B_2は岩石採取ができなかったことによる損失につき、誰に対し、どのような補填を求めうるか。

(1) **損失補償制度**

B_1、B_2は、A県知事に対し、それぞれ禁止命令と不許可処分により受けた損失につき、損失補償を請求しうる（64条1項・2項）。

請求を受けたA県知事は、補償金額を決定してB_1、B_2に通知するが（同条3項）、これに不服があれば、B_1、B_2は通知から6ヵ月以内に、A県を被告として、補償金額の**増額請求訴訟**を提起できる（65条1項・2項）。なお、この訴訟はいわゆる**形式的当事者訴訟**（行訴4条前段）の一例である。

(2) **「通常生ずべき損失」**

本件B_1、B_2の請求が認められるためには、損失が「通常生ずべき損失」である必要がある。

この点は争いがあるが、自公法に基づく合理的な財産権の制限は**内在的制約**であり、原則として補償は不要と解される。ただし、当該処分のために従前の土地利用からの**現状変更**が必要な場合には内在的制約とはいえず、そのために余儀なくされた出費分の補償が必要であり、補償請求ができると解する（積極的実損補償説、後述二2〔380頁〕）。

本件で、採石は明治期から行われているが、B_1、B_2は林業者であり、南斜面のB_1、B_2所有地では採石がされた実績がない。本件処分は現状維持を求めるものにすぎず、従前の土地利用から現状変更を求めるものではない。

よって、B_1、B_2の損失は「通常生ずべき損害」とは言えず、損失補償請求はできない。

ただし、禁止命令、不許可処分が違法であれば、B_1、B_2は、A県を被告として、国賠法1条1項に基づき損害賠償請求ができる。

4 自然公園法の制度（設問4）

(1) **公園管理団体の指定**

Dは、長年乙公園の観光案内のボランティア等をしており、国定公園内

の自然の風景地の保護とその適正な利用を図ることを目的とする特定非営利活動法人として、A県知事に対し申請し、公園管理団体の指定を受けることが考えられる（49条1項）。

(2) 風景地保護協定の締結

上記指定を受ければ、Dは乙山麓の土地所有者Cら全員の合意に基づき、A県知事の認可を得た上で、Cらとの間で風景地保護協定を締結し（43条1項・2項・5項）、同協定に基づき定期的な野焼き等の風景地の管理や保護に資する活動を行うことができる（50条1号）。

この場合、協定には**承継効**があるため、後に協定区域内の土地所有者等となった者に対しても効力を有する（48条）。

二　規制対抗訴訟の裁判例

自然保護分野の規制対抗訴訟は、自公法等の行為制限をめぐる通常の二面関係訴訟のほか、損失補償請求訴訟に特徴がある。

1　自然公園法に関する規制対抗訴訟

自然公園内の事故に関する国賠事件は一定数あるが（本書では扱わない）、自然保護分野で提起された規制対抗訴訟もある。ここでは自公法の規制が問題とされた裁判例のみ取り上げる。

(1) 地域指定が争われた裁判例

指定解除を争う自然保護訴訟とは対照的に、規制対抗訴訟で指定の違法が争われたことがある。**岡山地判昭和53年3月8日訟月24巻3号629頁**（広島高岡山支判昭和55年10月21日訟月27巻1号185頁も原判決を維持）は、国定公園の指定と特別地域の指定の無効確認・取消訴訟が提起された事件である。本判決は、自然保護訴訟におけると同様、国定公園の指定については、その区域内の権利者に直接具体的な義務を課すものではないとして処分性を否定したが、特別地域の指定については、指定により地域内の権利者が許可制を通じて法所定の行為の具体的不作為義務を課せられるとして、処分性を肯定した。

しかし、特別地域の指定は、同種の用途地域指定決定について処分性を否定する現在の判例の理解によれば、**浜松市土地区画整理判決**に照らしても一般的な権利制限効果があるだけで直ちに処分性が認められるわけではないから、処分性が否定される可能性が高い。ただし、地域指定に関する規制対抗訴訟では、自然保護訴訟とは異なり、少なくとも特別地域の指定については、地域指定による権利制限を受けないことの確認など公法上の当事者訴訟

が認められる場合もあろう。

　なお、本件では、特別地域の指定に伴う損失補償がないとして憲法29条違反も争われたが、本判決は、指定されてもなお申請にかかる行為につき許可が得られる可能性もあり、権利制限は終局的・確定的なものではなく、不許可補償に関する規定があることから違憲でないとした。

(2)　不許可処分が争われた裁判例

　鳥取地判昭和55年1月31日行集31巻1号83頁は、山陰海岸国立公園の特別地域内の工作物新築不許可処分の取消訴訟が提起された事件である。本判決は、「被告知事は、特別地域内における工作物の新築について許可を与えるか否かを……個々具体的な事案毎に、その具体的事情を検討し、工作物の設置の位置、意匠、構造、規模、外観、色彩等と風景的環境との関係を総合的に判断して決すべき」とした上で、風致景観に与える影響が大きいとして、請求を棄却した（本件では行政担当者から建築予定地が国立公園外であるという誤った教示がされたことから実損につき国賠請求が認容されている）。

　千葉地判平成5年3月26日判自114号92頁は、リゾート開発業者が、県立自然公園の普通地域内に高層マンション建設の届出をしたところ、千葉県知事が千葉県立自然公園条例に基づき建築物の高さと容積率を制限する処分をしたため、制限処分の取消訴訟を提起した事案である。本判決は、本件土地に沿った防風林の林高は、内陸寄りの部分で約8mであり、高さ40mを超える本件建築が実現した場合には、本件土地付近の風景の特徴である水平線、海岸線、樹列により強調される水平ないし地平のラインに与える影響は相当程度大きいとして、制限が裁量の範囲内であるとして請求を棄却した。

　以上のとおり、許認可における公園管理者の裁量は比較的広く認められており、申請拒否処分を争う規制対抗訴訟が容認された例は見当たらない。

(3)　是正命令が争われた事例

　大阪地判平成15年2月28日 LEX/DB25410309は、採石業者である原告が、被告によりされた森林法に基づく、開発行為に対する復旧工事施行命令・林地開発許可取消処分および採石法による岩石採取計画認可取消処分の無効確認訴訟、自公法による原状回復に代わる措置命令の取消訴訟を提起した事件で、個別法の規定を丁寧にあてはめて請求を棄却した。

　横浜地判平成16年2月18日判自260号93頁は、原告が、自公法17条3項（現20条3項）の許可を得ないで丹沢大山国定公園の第二種特別地域内にコテージ10棟を建築したところ、被告（神奈川県自然環境保全センター所長）から同法21条（現34条）に基づく原状回復命令としての本件撤去命令

を受けたために、その取消訴訟を求めた事件である。本判決は、原告の建築行為は施行規則の許可基準（11条4項9号「当該建築物の地上部分の水平投影外周線が、公園事業に係る道路……の路肩から20m以上……離れていること」）に明白に反しており、公園保護のために必要な限度を超えたものとして裁量権の範囲を逸脱し、あるいはこれを濫用した違法があるとはいえないとして、請求を棄却した。

2 損失補償に関する裁判例

自公法をめぐる規制対抗訴訟としては、損失補償を求める訴訟が少なくない。損失補償には通常、①補償の要否と、補償を要する場合の②補償レベル（内容）の2つの問題があるが、自公法の損失補償では①②が同時に判断される傾向がある。

(1) 内在的制約

申請不許可処分や付条件など自然公園内の行為制限に対する補償は、いかなる場合に必要か。

財産権も絶対ではなく公共の福祉による制約を受けるから、自公法の目的と地域指定制度の趣旨に照らし、合理的な範囲の規制は財産権の**内在的制約**であり、補償を要しない。

事案に応じ、地域指定や規制強度の合理性が検討されることになる。

財産権の内在的制約の範囲を超えて損失を補償すべき特別の犠牲に当たるか否かの判断について、裁判例は、①積極的実損補償説と②地価低落説に分かれている。①が有力であり、妥当と考えられる（なお、利用制限行為と相当因果関係にある損害をすべて損失として認める相当因果関係説もあるが、採用した裁判例はなく、同説によれば、現実問題として自公法の指定地域制度が成り立たないから、とりえないであろう）。

(2) 積極的実損補償説

特定の土地の利用行為が制限ないし禁止されたため、土地利用者が現実に予期しない出捐を余儀なくされた場合に、その積極的かつ現実的な出費のみを補償すれば足りるとする考え方である。

この説に立つ東京地判平成2年9月18日判タ742号43頁は、国立公園の第一種特別地域内に存する土地上の工作物の新築不許可処分による建築制限を理由とする自公法35条1項（当時、現64条1項）に基づく国に対する損失補償請求訴訟において、同土地を含む周辺一帯の地域の風致・景観の保護すべき程度、建物が建築された場合に風致・景観に与える影響、前記処分により同土地を従前の用途あるいは従前の状況から客観的に予想されうる用途に従って利用することが不可能ないし著しく困難となるか否か等

の事情を総合考慮して判断すべきであるとした上で、工作物の新築が許可されれば、建物の建築およびその関連行為により、前記地域の自然の原始性や眺望が害されること、前記土地は客観的にみて別荘用地として利用されることが全く予想されていなかった土地であること等の事情を総合考慮すると、前記制限は財産権の内在的制約の範囲内にあり、これによって生ずる損失は補償することを要しないとして請求を棄却した。

　積極的実損補償説に立つ場合には、自公法に基づく合理的な財産権の制限は内在的制約であるから、原則として補償は不要と解される。ただし、当該処分のために従前の土地利用からの**現状変更**が必要な場合には内在的制約とはいえず、そのために余儀なくされた出費分の補償が必要と考えられる。

(3) 地価低落説

　土地利用の制限に伴って生じる土地の利用価値の低落分を補償すべきとする考え方である。この説は、特別地域内の権利者は、原則として要許可行為ができなくなるから、法は不許可の前後を通じ土地の利用方法に変更のないことを前提としているはずで、不許可に伴い土地所有者が土地利用の変更により現実に予期しない出捐を余儀なくされることは通常考え難いとして、積極的実損補償説を批判する。

　　　　　　この説に立つ**東京地判昭和57年5月31日判時1047号73頁**は、「土地の利用制限に対する損失補償は、土地の利用価値の低下が土地所有者にいかなる損失を及ぼしたかを客観的に評価し、補償すべきものであるが、土地の利用価値の低下は、結局利用制限によって生じた地価の低下に反映されるから、公園法の不許可補償は、当該不許可決定に伴う土地の利用制限が地価の低落をもたらしたか否かを客観的に算定し、それを補償の基準とするほかはない」とした。

　ただし、本判決も結局、次の（補償レベルの問題として）**申請権濫用論**を用いて請求を棄却しており、結論的には積極的実損補償説と変わりない。すなわち、許可を得られないために地価の低落が生じた場合でも、許可の申請に係る行為が自公法の趣旨・目的に鑑み、社会通念上、特別地域等指定の趣旨に著しく反すると認められるときは、損失補償請求ができないとしたのである。

(4) 申請権濫用論

　裁判例には、**東京高判昭和63年4月20日判タ690号180頁〈68〉**など**申請権濫用論**により積極的実損保障説とほぼ同様の結論を導くものもある。

　そもそも特別地域等内の権利者は、風致・景観の維持という行政目的を達成するため指定の趣旨に反しない限度で当該土地の使用・収益をすべき一般

的制限を受けている。そこで、例えば大型ホテル建設のための風景地の大規模開発など、申請に係る行為が社会通念上、地域・地区の指定の趣旨に著しく反するような許可申請は、本来、自公法の趣旨を没却するもので同法が予定していないから、**申請権の濫用**に当たり、不許可につき損失補償は認められないとする考え方である[17]。

3 国家賠償訴訟

理論上あるいは実務上、損失補償請求ではなく、国賠訴訟を提起することもありうる。

> 大阪地判平成15年7月3日判自262号57頁は、裁定取消訴訟の棄却判決が確定していても、国賠法上の違法事由の有無そのものが直接判断の対象とされているわけではないとして、既判力により違法主張は遮断されないと判断した。

---

[17] 都市緑地法は、自然公園法と同様の地域指定による行為制限と補償制度を有しているが、「社会通念上緑地保全地域に関する都市計画が定められた趣旨に著しく反する行為」（同法10条1項2号ロ）については補償が不要であると明文で規定している。古都保存法9条1項2号も同様である。自公法には同趣旨の規定がないが、申請権濫用論はこれらの法律と同様に理解するわけである。

第9章

環境影響評価

第1節　環境影響評価法（アセス法）の概観

一　アセス法の意義

　環境影響評価（アセスメント。以下単に「アセス」ともいう）は、1969年にアメリカの国家環境政策法（National Environmental Policy Act; NEPA）で制度化され、先進諸外国を中心に導入されてきた。早期の法制化に失敗した日本では、1984年の閣議決定「環境影響評価の実施について」に基づく「**閣議アセス**」を中心に不十分ながら実施されてきたにとどまり、国法よりも地方レベル（条例・要綱）での取組みが先行した。

　1993年制定の環境基本法20条で環境影響評価の推進が求められ、ようやく1997年に環境影響評価法（アセス法）が成立した。

　　　　　法アセスは、①法形式の変更（法的拘束力の付与）、②スクリーニング制度・スコーピング制度の導入による対象事業の選定方法・アセスメント内容決定方法の明確化、③住民参画手続の整備・充実、④複数案の検討、⑤横断条項の採用等の点で閣議アセスより前進したが、なお課題が残っていた。そこで、2011年に改正がされ、2013年4月に全面施行された。

　政策手法としては、環境情報の形成・公表に係る手続規制を課すことで、事業者を環境配慮へ誘導する複合的手法といえよう。

二　アセス法の概観

　法・令・則のほか、環境影響評価に係る各種の技術指針の原則を示すガイ

ドラインである「基本的事項」（3条の8・13条）[1]が、実際には重要であるが、法的拘束力はない[2]。

1 目的（1条）

アセス制度は、環境影響評価の結果を、環境保全措置その他事業内容に係る決定（許認可等）に反映させること等により、事業に係る環境保全への適正な配慮を確保すること、すなわち**環境悪化の未然防止**を目的とする。

> アセス法には罰則もなく、環境配慮は努力義務とされ（3条・38条）、実体的な環境保護効果は必ずしも直接的でないが、環境情報の形成・公表義務を事業者に課す点に重要な意義がある。通常、環境情報は時間・費用を要するため形成されにくく、手続参加も充実しにくい。法による環境情報の形成・公表の義務づけにより、事業者の自己規制への誘導を期待しうるだけでなく、一定以上の環境影響を与える事業について環境配慮を求め、一定の場合には事業を拒否しうる。

2 アセス実施主体

アセスは、対象事業を実施しようとする**事業者**が行う（事業者アセス）。

これは、①事業を計画し事業について最もよく知るはずの事業者が自己責任で事業実施に伴う環境影響につき配慮するのが適当であること、②事業者が事業計画の作成段階でアセスを自ら実施すればその結果を事業計画、施工・供用時の環境配慮等に反映しやすいことがその理由とされている（セルフコントロール）。

3 アセス対象事業

対象事業は、次の①〜③要件を満たすものである。

①**法関与要件**：法に基づき行政庁が**免許等**をする事業、国・国出資の特殊法人が行う事業、国が補助金・交付金を交付する事業である（2条2項2号イ〜ホ）[3]。いずれもアセス結果を**行政決定**に**反映**させうる事業である。

②**事業種要件**：図表9-1のとおり、道路、ダム、鉄道、空港、発電所、埋立て等の13種の事業がある（2条2項1号イ〜ワ）。

③**規模要件**：図表9-1のとおり、一定規模の事業である必要があり、(i)環

---

[1] 平成9年12月12日環境庁告示第87号。最終改正平成24年4月2日。「計画段階配慮事項等選定指針」（3条の2第3項）、「計画段階意見聴取指針」（3条の7第2項）、「第二種事業の判定の基準」（4条9項）、「環境影響評価項目等選定指針」（11条4項）、「環境保全措置指針」（12条2項）、「報告書作成指針」（38条の2第2項）に関する基本となるべき事項からなる。

[2] 新石垣空港地裁判決は、「基本的事項」が事業者を名宛人として拘束しないとした。

[3] 改正で、補助金を交付金化する取組みの進展を踏まえ、交付金の交付対象事業が法対象事業とされた。

図表9-1：環境アセスメントの対象事業一覧（抜粋）

（2022年4月1日改定）

対象事業	第一種事業 （必ず環境アセスメントを行う事業）	第二種事業 （環境アセスメントが必要かどうかを個別に判断する事業）
1　道路		
高速自動車国道	すべて	－
首都高速道路など	4車線以上のもの	－
一般国道	4車線以上・10km以上	4車線以上・7.5km〜10km
林道	幅員6.5m以上・20km以上	幅員6.5m以上・15km〜20km
2　河川		
ダム、堰	湛水面積100ha以上	湛水面積75ha〜100ha
放水路、湖沼開発	土地改変面積100ha以上	土地改変面積75ha〜100ha
3　鉄道		
新幹線鉄道	すべて	－
鉄道、軌道	長さ10km以上	長さ7.5km〜10km
4　飛行場	滑走路長2,500m以上	滑走路長1,875m〜2,500m
5　発電所		
水力発電所	出力3万kW以上	出力2.25万kW〜3万kW
火力発電所	出力15万kW以上	出力11.25万kW〜15万kW
地熱発電所	出力1万kW以上	出力7,500kW〜1万kW
原子力発電所	すべて	－
太陽電池発電所	出力4万kW以上	出力3万kW〜4万kW
風力発電所	出力5万kW以上	出力3.75万kW〜5万kW
6　廃棄物最終処分場	面積30ha以上	面積25ha〜30ha
7　埋立て、干拓	面積50ha超	面積40ha〜50ha
8　土地区画整理事業	面積100ha以上	面積75ha〜100ha

（環境省資料を微修正）

境に大きな影響を及ぼすおそれがあるため必ずアセス実施が必要とされる事業（**第一種事業**、2条2項）と、(ii)事業特性、地域特性に応じてアセス実施の必要性を個別に判定（後述の**スクリーニング**）する事業（**第二種事業**、2条3項）に分けられる（ダム撤去など新設を伴わない単なる除却行為を対象としない点には批判がある）。2021年に、再エネ導入促進の観点から風力発電所の規模要件が1万kW以上から5倍に引き上げられた。

第二種事業の規模は、第一種事業の規模×0.75とされている（令6条）。

　　例えば海を埋め立てて架橋する埋立架橋事業の場合、①埋立事業と②架橋道路（**上物**と呼ばれる）建設事業の2事業が行われ、実際の環境影響は本来一体的な両事業により生ずる。しかし法律上は別個にアセスをすれば足り、①の段階で②による環境影響までを評価する必要はない（この点は制度改善の余地がある）[4]。もっとも、「相互に関連する2以上の対象事業を実施しようとする場合」に当たるとして、併せてアセスを実施すること

はできる（3条の3第2項・5条2項・14条2項）。

　都市計画との関係では、①事業者によるアセス後に都市計画決定がされる場合と、②都市計画決定権者が事業者に代わってアセスを行う場合があり、②では例外的にアセス手続は都市計画を定める手続とあわせて行われる（都市計画特例）。この場合、都市計画を定める都道府県等が、事業者の代わりに環境影響評価の手続を行う（39条以下）。これは、都市計画決定の段階で、環境影響評価の結果を反映させるためであり、都市計画決定権者は評価書の記載を踏まえて環境影響に配慮し環境保全を図る必要があり（42条2項）、国土交通大臣は評価書の記載と24条書面に基づき、当該都市計画につき環境保全の適正配慮がされるものか審査する（42条3項）義務がある（大塚B481頁）[5]。

4　スクリーニング（要否判定手続）

　第二種事業を実施しようとする者は、許認可権者等に対し、事業の実施区域や概要の届出をし（4条1項）、**アセスの要否につき判定**を受けねばならない。許認可権者は事業実施区域の管轄知事に届出の写しを送付し、30日以上の期間を指定して意見を求める。意見があれば勘案し、届出から60日以内に、「環境影響の程度が著しいものとなるおそれ」があるか否かを判断し、アセスの要否に係る**判定**と**判断理由**を届出者と知事に通知する（4条3項）。住民参加手続は予定されていない。

　これを**スクリーニング**と呼ぶ。ただし、法アセスを免れても、通常は条例に基づくアセス実施義務があるため、第二種事業に該当する事業につき、法アセスが実施されなかった例は皆無に近い。

　事業者は、許認可権者等に通知して、判定を受けずにアセス手続を行いうる（4条6項）。

5　計画段階配慮書手続

　わが国は、従来①事業化（そもそも事業を実施するか否か）の決定、②立地の決定、③事業方法の決定のうち、③の段階でされる**事業アセス**を採用して

---

(4) この点、埋立ては埋立地の利用を前提とするから、上物の供用による環境影響についても本来同時に考慮すべきものであるが、埋立てについて環境影響評価が実施される場合には、上物とは別々に環境影響評価を実施すべきものとされている（法施行令1条・7条ただし書）。埋立が法アセスの対象とならない場合はまとめてアセスの対象となる（令1条・5条）。

(5) また、大規模（埋立て・掘込み面積の合計300ha以上）な港湾計画については、事業についてではなく計画についての環境影響評価手続（港湾計画アセスメント）が特例として設けられている（47条以下）。小規模な埋立てについては、法・条例アセスの対象でない場合でも、埋立免許申請にあたり「環境保全に関し講じる措置を記載した図書」（公水施行規則3条8号）を添付する必要がある。

いた。しかし、③の段階では、計画変更（事業地を含む）は、経済的に見ても実際上困難であり、事業実施を前提とした微修正しかしえない場合が少なくない。

そこで2011年改正法は、**計画段階配慮書**手続を新設した。すなわち、事業の早期における環境配慮を図るため、**第一種事業**を実施しようとする者は、事業の位置、規模等を選定するにあたり、事業実施想定区域における環境の保全のために配慮すべき事項につき検討を行い、計画段階配慮書を作成する義務がある（3条の2～3条の9）。これは上記①～③のうち、②段階の手続であり、①段階の手続ではない（ゼロ・オプションの検討はない）。**第二種事業については任意**である（3条の10第1項）。

計画段階配慮事項の検討にあたっては、第一種事業に係る位置・規模、建造物等の構造・配置に関する適切な複数案（**位置等に関する複数案**）を設定することを基本とし、位置等に関する複数案を設定しない場合は、その理由を明らかにすべきとされている[6]。ただし、配慮書手続は既存情報に基づく検討とされている。

およそ**合理的意思決定**は、計画案と代替案との比較検討を経て初めて可能となるから、アセスの核心は**代替案の検討**にこそある。したがって、計画段階配慮書手続は、計画段階での代替案の検討を法律上要求したものと解すべきである。また、代替案のうち、事業不実施という選択肢（**ゼロ・オプション**）の検討は、事業の必要性・合理性・社会的有用性ないし公共性を裏から検討する過程として重要であり、代替案の検討に含まれると考えたい（基本的事項〔第一〕は努力義務としている）。

> この点、議員立法である生物多様性基本法25条は、生物多様性にかかる計画アセス（さらには戦略アセス〔394頁〕）を内容としており、同条の存在が計画段階配慮書の規定導入の契機となったとされる。同条は、事業者等が、その事業に関する計画立案の段階から生物多様性に及ぼす影響の調査・予測・評価を行うために、国が必要な措置を講ずるものとしており、環境基本法20条、さらには19条の具体化と解する余地がある。

---

(6) 環境影響評価法第3条の2第3項、第3条の7第2項、第11条第4項、第12条第2項及び第38条の2第2項の規定による主務大臣が定めるべき指針並びに同法第4条第9項の規定による主務大臣及び国土交通大臣が定めるべき基準に関する基本的事項（環境庁告示第87号〔平成9年12月12日〕。最終改正：平成24年4月2日）の第一の一(3)。なお、2017年3月には「環境影響評価法における報告書の作成・公表等に関する考え方」が公表されている。

6　スコーピング（方法書手続）

(1)　スコーピング

　事業による環境影響は地域により異なるから、アセスも地域の個性に応じて実施する必要がある。例えば道路建設でも、自然豊かな山間部を通る場合と大気汚染に悩む都市部を通る場合とでは、環境保全のために配慮すべき点にも相違がある。関係のない評価項目を調査する意味はないし、項目ごとにとるべき調査方法も異なりうる。適正なスコーピングにより、調査項目を絞り、**手戻り**のない効率的なアセスが期待できる。

　そこで法は、アセスに係る調査の開始段階で、アセスの方法を決定する手続として**方法書**の手続（スコーピング）を設けた。方法書とは、アセスにおいてどの項目につきいかなる方法で調査・予測・評価をするかを定めた計画である（5条）。事業者は、**方法書**とその**要約書**を作成して、知事・市町村長に送付するとともに（6条）、方法書・要約書の作成を公告し、1カ月の縦覧に供さなければならない（7条）。

　方法書は大部で専門的な場合が多いため、改正で、上記要約書の作成等と共に、**方法書説明会**の開催が義務化された（7条の2）。また、電子化の進展を踏まえ、関係者の環境情報へのアクセスを向上させるべく、インターネット等の利用による電子縦覧も義務化された（7条）。

　方法書の内容については、**誰でも**環境保全の見地から意見書を提出でき（8条）、事業者は提出された意見の概要を知事・市町村長に送付する（9条）。知事は、上記提出意見と市町村長の意見を踏まえて、事業者に対し意見を述べる（10条1項）。従来は、知事が関係市町村長の意見を集約した上で事業者に対して意見を述べる仕組みであったが、地方分権の進展等を踏まえ、事業の影響が単独の政令市の区域内のみに収まる場合は、当該市の長から事業者に直接意見を述べるものとされた（10条4項）。

　従来、**環境大臣意見**は評価書の段階のみとされていたが、改正で、評価項目等の選定段階で環境大臣が主務大臣に対し技術的見地から意見を述べうるものとされた（11条3項）。

　事業者はこれらの意見を踏まえてアセスの方法を決定する。法がスコーピング時期を特定していない点には、批判もある。

(2)　評価項目

　事業者は、方法書に対する意見を踏まえ、事業の種類ごとに対象事業に係るアセスの①**評価項目**と②**調査・予測・評価の手法**を選定しなければならない（11条）。

対象項目には、(i)環境の自然的構成要素の良好な状態の保持（大気・水・土壌・騒音・振動・悪臭など）、(ii)生物多様性の確保および自然環境の体系的保全（植物・動物・生態系）、(iii)人と自然との豊かな触れ合い（景観・触れ合い活動の場）、(iv)環境への負荷（廃棄物・温室効果ガス等）、(v)一般環境中の放射性物質がある（11条4項・環基14条各号参照）。

例えば埋立事業であれば水質汚濁、動物・生態系、景観といった項目、道路建設であれば大気汚染、騒音被害、景観破壊、温室効果ガス等の項目についても評価が必要であろう。

ただし、ここでいう「景観」とは自然景観に限られ、歴史的建造物が形成する歴史的・文化的環境は対象でない点は問題である。

7　アセスの実施と準備書・評価書手続

(1)　準備書手続

事業者は、スコーピング手続で定めた方法に従い、調査・予測・評価を行いつつ、環境保全対策を検討し、この対策をとった場合の環境影響を総合的に評価して、環境影響評価準備書（準備書）を作成する（14条）。

準備書は、調査・予測・評価・環境保全対策の検討を実施した結果を示し、環境保全に関する事業者の考え方をとりまとめた文書である。完成版である評価書のいわばドラフトといえる。

準備書には、①**環境保全措置**、すなわち環境影響の回避・低減・（これらが困難な場合は）代償措置（ミティゲーション）を記載する必要がある（14条1項7号ロ本文）。この際、（事業化や立地ではない）環境保全措置の②**代替案**（複数案）を記載（「当該措置を講ずることとするに至った検討の状況」に複数案の検討を読み込むとされる）する必要がある（同かっこ書）。改正前は選定済みの土地における事業実施を前提に、環境保全措置にかかる複数案の検討のみが要求されたが、上記計画段階配慮手続により、**位置等に関する複数案**の検討がされることとなった（なお、不確実な環境影響についても記載が求められる点〔14条1項7号イかっこ書〕は、予防原則の表れとされる）。

事業者は、**関係地域**（対象事業に係る環境影響を受ける範囲と認められる地域、15条）を管轄する知事・市町村長に準備書・要約書を送付するとともに（15条）、準備書の作成を**公告**し、1カ月の**縦覧**に供さなければならない（16条）。さらに事業者は、縦覧期間内に、関係地域内において、準備書の記載事項を周知させるための**準備書説明会**を開催しなければならない（17条）。

準備書の内容については、誰でも環境保全の見地から意見書を提出でき（18条）、事業者は提出された意見の概要を知事・市町村長に送付し（19条）、

知事は、上記提出意見と市町村長の意見を踏まえて、事業者に対し意見を述べることになる（20条）。政令市長による事業者への直接の意見提出（20条4項）や電子縦覧（16条）は、方法書手続の場合と同様である。

(2) 評価書手続

事業者は、準備書手続が終わると、一般の意見と知事の意見等を踏まえて、必要に応じ準備書の内容を見直した上で、環境影響評価書（**評価書**）を作成する（21条）。評価書は、許認可権者と環境大臣に送付され（22条）、環境保全の見地からの審査がされる。

環境大臣は必要に応じ、許認可権者に対し、評価書につき環境保全の見地から意見を述べうる（23条）。許認可権者は、環境大臣の意見を踏まえ、事業者に対し、評価書につき環境保全の見地から意見を述べうる（**24条書面**）。

事業者は意見の内容を再検討しなければならず、修正を必要とすると認めるときは**補正**をした上で（25条）、最終的に評価書を確定し、都道府県知事、市町村長および許認可権者に送付する（26条）。また、評価書の確定を公告し、1カ月の縦覧に供さなければならない（27条）。

8　横断条項

(1) 環境配慮審査

評価書が確定し、公告・縦覧が終わるとアセス手続は一応終了する。

対象事業に係る許認可権者は、当該免許等の審査にあたり、**評価書**（補正された場合は補正後の評価書。26条2項かっこ書）と**24条意見**に基づいて、当該対象事業につき、**環境保全への適正な配慮**がなされるものであるか否かを審査しなければならず（環境配慮審査）、その審査結果を踏まえて、許認可等（法は「免許等」とする）を拒否し、または条件を付しうる（33条）。これは環境基本法19条の具体化の一例ともいえる。一般法であるアセス法が、個別法の許認可制度に、環境配慮審査という横串を通す観があるため、33条は**横断条項**と呼ばれる。

これまで横断条項により許認可が拒否された例はないが、アセスにおいて重大な環境影響が指摘されているのに、これを考慮せず漫然とされた許認可は33条違反となろう。

横断条項に基づく環境配慮審査の裁量は広いとされ、また、アセス結果の考慮につき主務大臣に説明・公表義務がない点が批判されている。

(2) 個別法と横断条項の関係

横断条項は、個別法における許認可制度と、アセス法による環境配慮の要請を整理し、4つの場合を規定する。

①33条2項1号は、**一定の基準（a）に該当する場合に免許等を行う**とされる許認可を規定する。この場合、aに該当しても、なお横断条項によって環境配慮審査（z）が要請され、許認可を得るにはzをクリアーする必要がある。例えば、空港設置に係る国土交通大臣の許可基準（航空39条1項）や鉄道施設に係る国土交通大臣の工事施工認可基準（鉄道事業8条2項）等がある。

②33条2項2号は、**一定の基準（b）に該当する場合に免許等を行わない**とされる許認可を規定する。b非該当であっても免許等をしない裁量があるか（b非該当なら必ず免許等をしなければならないか）は個別法ごとに問題となりうるが、いずれにせよb非該当としても、①と同様に、なお横断条項によって環境配慮審査（z）が要請され、許認可を得るにはzをクリアーする必要がある。例えば、産廃処理施設設置許可に係る知事の許可基準（廃掃15条の2第1項）等がある。

③33条2項3号は、免許等を行い、または行わない基準を法律の規定で定めていない場合である。この場合、行政裁量により設定された基準（c）が合理的であるとしても、なお横断条項によって環境配慮審査（z）が要請され、許認可を得るにはzをクリアーする必要がある。例えば、国道の新設に係る国土交通大臣の認可基準（道路74条）等がある。

以上、①〜③については、対象となる許認可が施行令19条別表4に限定列挙されている。

④33条3項は、対象事業に係る免許等で、**環境の保全について適正な配慮（d）**がなければ当該免許等を行わないとする規定がある場合である。この場合、環境配慮要件としてdとzは重なり合う。dは通常、より厳密なアセス手続をもつzに包含されよう。

以上を整理すると、次のとおりである。

図表9-2：横断条項

	条項	免許等の要件	
①	33条2項1号	a該当	＋zクリアー
②	2号	b非該当	＋zクリアー
③	3号	c該当 or c非該当	＋zクリアー
④	33条3項	他の免許要件充足 ＋d該当	≦zクリアー

(3) 免許等基準審査と環境配慮審査

以上のように条文の規定ぶりに違いはあるものの、免許等の審査は二段階に分かれる。すなわち、横断条項の適用を受ける許認可は、(i)個別法が定める許認可要件（基準）の充足性審査（免許等基準審査）と、(ii)横断条項による環境配慮審査の2種類の審査を受け、いずれの審査もクリア

（適合）しなければ、許認可が得られない。

　上記①～③の場合、まず、(i)許認可要件審査で、許認可申請が各々abcの基準に適合しなければ、許認可はされない（許認可がされれば個別法違反で違法となる）。次に、abcの基準に適合する場合、さらに(ii)環境配慮審査で、評価書および24条意見に基づき、環境保全への適正配慮があれば許認可がされる。適正な配慮がなければ、許認可がされず、あるいは条件が付される。適正配慮がないのにされた許認可は、33条1項・2項各号に違反し違法である。なお、上記④の場合、(i)のうち環境配慮要件の審査部分dが、(ii)と重なる。

　環境配慮審査には一定の専門技術的裁量があり、その裁量の範囲内の免許等なら適法となるが、一定の場合には裁量権の逸脱濫用となりうる。

(4) **横断条項が適用されない場合の環境影響評価**＊

　条例や要綱に基づくアセス（条例・要綱アセス）の場合、自治体の長が事業者に対し環境配慮を要請できるとの規定しかないなど、横断条項がない場合がある。この場合、アセスと許認可の間に法的リンクがないから、アセス結果の不考慮は直ちに違法とはならない。しかし、法律上許認可に裁量があり、許認可要件または行政計画等その前提行為に環境配慮の趣旨を読み込める場合には、アセス結果の適切な考慮が要請され、不考慮、さらには評価自体の不適切な実施・不実施は、裁量権の逸脱濫用となる場合もありえよう（大阪地判平成18年3月30日判タ1230号115頁）。小田急本案判決は、都市計画決定について、環境影響評価書の内容につき十分配慮し、環境保全につき適正な配慮することが要請されるとした（145頁）。

9　事業の変更・事後調査・再実施

　評価書の確定を公告するまで、事業者は事業を実施できず（31条1項）、また、対象事業の目的および内容を変更した場合、軽微なものでない限り、再度のアセスが必要である（31条2項参照）。許認可を得た事業者は、適正な環境配慮をして事業を実施する義務がある（38条）。

　従来弱かった**フォローアップ**手続が2011年の改正で強化され、評価書の公告を行った事業者に対し、**環境保全措置等**の実施状況につき**報告書**の作成、

送付、公表が義務化された（38条の2～38条の3）。また、環境大臣の報告書に対する意見（38条の4）、これを勘案した主務大臣の意見制度が設けられた（38条の5）。事業者に意見に従う法的義務はないが、事業着手後の環境保全措置等の実施状況を明らかにすることは、アセス手続の質を高め、環境配慮の充実に資する。

なお、事業者は、評価書の確定を公告した後に、対象事業実施区域や周囲の環境の状況の変化その他の特別事情により、対象事業の実施において環境保全への適正配慮をするためにアセス手続を再実施できる（32条）。例はない。

10　アセス条例との関係

法はナショナル・ミニマムの手続を定めるものであり、環境基本法36条の趣旨に照らし、地方公共団体は条例で、**自然的社会的条件**に応じたアセス制度を定めうる（ただし、62条）。

すなわち、法アセスの対象とされない事業（**規模、種類**）についても、条例でアセス義務を課しうる（61条1号）。争いはあるが、**評価項目の拡大**も許されると解したい。ただし、**手続の上乗せ**は、「法律の規定に反しないものに限る」とされており（同条2号）、いかなる手続の付加が許容されるかは争いがある。法定期間の延長や手続実施主体の変更は許されないが、知事や政令市長の意見形成のための手続のほか、比例原則に反しない手続の上乗せは許容されるとの見解が有力である。

なお、第二種事業につき任意の配慮書手続をしない場合も、条例により配慮書手続を課すこと、報告書手続と異なる事後調査手続を課すことはそれぞれ62条2号に反しないと解されている（以上につき大塚202頁）。

11　アセス法の課題

(1)　実施主体

実際にアセスの作業を行うのは民間の営利企業であり、継続的な顧客の獲得・維持を望んでも不思議はなく、依頼者である事業者の意向に左右される憾みがある。そのため、アセスはしばしば「**アワセメント**」と揶揄されるごとく、事業化にゴーサインを出す書類に堕しているとの批判がある。この点はもっと批判・検証されてよい（14条1項8号・21条2項1号参照）。比較法的には、ドイツやカナダのように環境影響評価を行政が実施する例もある。

立法論として、**客観性・透明性**を高めるべく、事業者に費用負担させ、公的機関にアセスを行わせるか、せめて審議会等の第三者機関の関与を法定すべきであろう。

現行法では、環境大臣は①配慮書（3条の5）、②方法書（11条3項）、③評価書（23条）、④環境保全措置等の報告書（38条の4）の各段階で、意見を述べうる機会をもつにすぎない。なお、わが国のアセス実施要件が厳格なためアセス実施件数が過少であり、アセスを業とする専門家の絶対数が少ないが、この点も改善が望ましい。

(2) 実施時期

欧米では、法案、政策、上位計画につき、行政がアセスを実施する**戦略的アセスメント**（Strategic Environmental Assessment; SEA）が一般化している。

2011年改正法は、従来の事業段階アセスから、計画段階のアセスへと一歩踏み出したものの、**戦略アセス**には到達していない（一部の条例・要綱アセスは採用している）。さらに早い段階でのアセスは、広域・間接・長期的な環境影響を考慮しやすく、SD（運用によっては予防原則の適用）とも整合的であり、事業アセスを補完しつつ効率化・不要化する（先行アセスの結果を後行アセスで活用する仕組みを**ティアリング**と呼ぶ。現行法では規1条の5第1号ハ参照）等の強みがある。その法制化は環境基本法19条の要請といえる。

(3) 公衆参加手続と司法アクセス

法は、配慮書・方法書・準備書の3段階で（3条の7条・8条・18条）、環境保全の見地からの意見をもつすべての者に**意見提出権**を与えているが（配慮書手続では努力義務である。スクリーニング、評価書への参加手続はない）、これらは**情報提供参加**とされている。また、方法書・準備書段階での説明会（7条の2・17条）も公聴会ではなく、参加を実質化する点で弱い。

比較法的には、環境保護団体を含む利害関係者に強力な参加権を与える制度もあるが、わが国は採用していない。よって、現在の判例の考え方に照らせば、意見陳述権などアセス手続に参加する手続的利益が原告適格を基礎づけることはなく（後掲辺野古アセスやり直し請求判決〔404頁〕）、アセス手続の違法は、アセスを前提とした後続処分等に関する抗告訴訟を適法に提起できる場合に争えるにすぎない。

ただし、告示・縦覧の瑕疵等による**参加的利益**の侵害は、国賠法により填補されるべき損害とする余地もある（大阪地判平成21年6月24日判自327号27頁は請求を棄却したが、この点を前提とする）。

●コラム● 公衆参加とその意義

原科幸彦教授（同編著『市民参加と合意形成』〔学芸出版社、2005年〕）の整理によると、公衆参加には、①情報提供（informing）、②意見聴取（hearing）、③形だけの応答（reply only）、④意味ある応答（meaningful reply）、⑤パートナーシップ（partnership）の5段

階がある。④は検証可能な行政の説明に基づき議論がされることを指す。④段階の参加までは最終的意思決定を行政が行うが、⑤は行政と公衆の協働で決定がされる。

　この点、大塚教授は、環境法における市民参加の意義を考察するにあたり、①行政に対する情報提供者・政策提案者、②公益形成者・共同決定者、③行政活動の監視者・不当な行政活動の是正者、④事故の権利利益の防衛者の四側面の参加があり、②は民主化、④は人権保障、①③は行政運営の合理性担保の機能があるとされている（大塚 B50頁）。

第2節　アセスメント分野における環境保護訴訟の概観

【典型事例9-1】

　B県は、県内に3000mの滑走路をもつ本件空港を設置する事業（アセス法の第二種事業に当たる）を計画し、平成X3年、甲岳の北側陸上案を採用することを決めた。B県は、平成X5年、アセス法所定の通知を受け、本件空港設置事業についてアセス法に基づくアセス手続を開始した。このアセス手続の中では、甲岳の北側陸上案しか対象とされず、空港不設置を含む複数案は検討されていなかった。本件空港予定地周辺の海域には種々の希少なサンゴ礁が形成されていた。

　平成X8年、B県は、本件空港の許可権者である国土交通大臣宛てに環境影響評価書（以下「本件評価書」という）を送付し、国土交通大臣は、環境大臣宛てにその写しを送付して意見を求めた。国土交通大臣は、環境大臣の意見の内容を勘案した上でB県に対し、本件評価書についての環境保全の見地からの意見を書面により述べた。

　その後、B県は、上記意見に基づく再検討をせぬまま本件評価書について形式的補正のみを行い、国土交通大臣に対し、補正後の環境影響評価書（以下「本件補正書」という）を送付し、国土交通大臣は、環境大臣宛てにその写しを送付した。B県は、環境影響評価書を作成した旨その他の事項を公告するとともに、本件評価書等を所定の期間、縦覧に供した。なお、本件では計画段階配慮書手続は実施されていない。

　国土交通大臣の本件評価書についての環境保全の見地からの上記意見の中では、本件事業実施区域への降雨および流入水が海域に浸出する場合の水質および水量ならびにそれによるサンゴ礁への影響について把握し、その結果を評価書に記載することが求められていたが、本件補正書の中では答えられていない。また、上記サンゴ礁でのスキューバダイビングを趣味とし、自然保護団体に所属するCは、方法書手続においてサンゴ礁が壊滅するおそれがあるとの意見書を提出していたが、結局、上記評価書でも、サンゴ礁に関する調査が一切されていなかった。その後、B県は、本件空港の設置の許可の申請をし、平成X9年、国土交通大臣は、本件空港の設置を許可する旨の処分を行った。

〔設問1〕　Cは、本件空港予定地の敷地の一部の土地を所有するとともに、同予定地周辺に居住している。B県が実施したアセスに問題があったと考え、また、空港騒音を懸念するCは、誰に対し、いかなる訴訟を提起しうるか。

〔設問2〕　Cは、設問1の訴訟の中で、本件で実施されたアセスに関し、いかなる主張ができるか。

〔設問3〕　Cは、本件の環境影響評価手続において、どのような機会に意見書を提出をすることができたか。

（平成25年度〔第2問〕を改題）

〈参照条文〉航空法（抜粋）
(空港等又は航空保安施設の設置)
第38条　国土交通大臣以外の者は、空港等……を設置しようとするときは、国土交通大臣の許可を受けなければならない。（以下略）
(申請の審査)
第39条　国土交通大臣は、前条第1項の許可の申請があったときは、その申請が次の各号のいずれにも適合しているかどうかを審査しなければならない。
　一　当該空港等……の位置、構造等の設置の計画が国土交通省令で定める基準……に適合するものであること。
　二　当該空港等……の設置によって、他人の利益を著しく害することとならないものであること。
　三　当該空港等……の管理の計画が……保安上の基準に適合するものであること。
　四　申請者が当該空港等……を設置し……管理するに足りる能力を有すること。
　五　空港等にあっては、申請者が、その敷地について所有権その他の使用の権原を有するか、又はこれを確実に取得することができると認められること。（以下略）

一　考えられる訴訟（設問1）

1　民事訴訟——建設工事差止訴訟（対B）
(1)　人格権
　Cは、空港設置工事を行うB県を被告として、建設工事・供用行為の民事差止訴訟を提起しえないか。差止訴訟の根拠は諸説あるが、空港設置予定地の周辺住民であるCは、空港の設置・供用により**騒音**被害を受けるおそれがあり、**人格権**に基づく請求が考えられる。

　しかし、前提問題として、一定の時間帯における空港併用の差止めを求める民事訴訟が不適法であるとした**大阪空港判決**に照らすと（95頁）、少なくとも供用差止訴訟については不適法とされるおそれもないとはいえない（ただし、大阪空港のような国営空港とは異なり、県営空港では、航空行政権と空港管理権の不可分一体性を全く同様に論ずることは困難と思われ、直ちに大阪空港最判の射程内で却下されるとは言い切れない）。

(2)　環境権、自然享有権
　異なる法律構成として、Cは、良好な環境を支配し享受する**環境権**、あるいは自然環境を享受し侵害を排除する**自然享有権**を法的根拠としえないか。しかし、いずれの権利も、権利内容と享有主体の不明確性から、裁判例では認められておらず、請求は棄却されよう（第8章〔363頁〕）。

2　行政訴訟——空港設置許可の取消訴訟（対国）
　Cは、国土交通大臣が所属する国を被告として（行訴11条1項1号）、本件空港設置許可の取消訴訟を提起しうる。Cは地権者であり、航空法39条1項

2号にいう「他人の利益」を有するといえるから、原告適格は認められよう。

また、執行不停止原則の下では、訴訟提起によっても、空港建設工事を止められない。環境被害の不可逆性に鑑みれば、併せて、執行停止の申立て（行訴25条）をすべきであろう。

二　違法主張（設問2）

1　騒音被害にかかる主張

航空法39条1項2号にいう「他人の利益」は周辺住民の生活環境利益を含むと解されるから、周辺住民であるCに対し、受忍限度を超える騒音被害を及ぼす場合、同号の要件を欠くのにされた許可として、違法となりうる。

2　アセスの不備

本件事業は、アセス法にいう「第二種事業」（2条3項）に当たり、スクリーニング（4条3項1号）により、アセス手続が要求されているが、次のような問題がある。

(1)　サンゴ礁への影響の不考慮

本件アセスでは、事業実施に伴って生じる希少なサンゴ礁への影響が全く考慮されていない。本件事業によりサンゴ礁が壊滅するとすれば、アセスにおいてサンゴ礁への影響を考慮しなかった点が、アセスの瑕疵となりうる（少なくとも、アセスの項目等の選定の瑕疵〔法11条1項違反〕ありと言えようか）。

(2)　手続的瑕疵

また、上記サンゴ礁に関連し、B県は、本件評価書にかかる免許権者等の意見に対して、補正書の中で答えていない手続的瑕疵がある。

すなわち、本件では、許可権者たる国土交通大臣が、環境大臣の意見（22条2項1号・23条）を勘案した上、サンゴ礁にかかる調査を求める意見をB県に対して述べた（24条）。この場合、事業者であるB県は、24条意見を勘案して、評価書を再検討する義務があり、当該事項の修正が必要なときは、補正の上、補正後の評価書を許可権者等に送付する必要がある（26条・27条も参照）。しかし、B県はかかる手続を履践していない。

(3)　複数案（代替案）の不検討

これに対し北側陸上案以外に、空港不設置（ゼロ・オプション）を含めた複数案を検討しなかった点には、アセス自体の瑕疵であるとは言い難い。法14条1項7号ロかっこ書・21条2項1号は、環境保全措置に係る複数案を想定しているにすぎず、事業方法それ自体の代替案の検討まで要求していないから、アセス自体の瑕疵になるとは考えにくいからである。

では、騒音被害と、本件アセスにかかる3つの不備は、上記各訴訟の審理上、どのように位置づけられるか。以下、民訴と行訴に分けて検討する。

3 民事訴訟における主張
(1) 騒音被害
設問1の民事訴訟が適法である場合、まず騒音被害については、受忍限度論により判断されよう。この際、航空法39条1項2号違反の有無が重要な要素として考慮される。

(2) アセスの不備
次に、アセスの3つの不備は、いずれも受忍限度判断における考慮要素として捉えられよう。アセスの不十分・不実施のみで直ちに差止めを認めないのが通例であるが、アセスを私法上の義務として位置づけ、アセスの不備が（受忍限度を超える）被害発生の蓋然性を事実上推定させるとする考え方もあり、傾聴に値する。

古い裁判例だが、公共施設（し尿処理施設）を設置する前提としてアセスを要求して建設差止めを認めた、後掲**牛深し尿処理場判決**（406頁）やごみ焼却場の設置にあたりアセスが不可欠であるとしてその不備を受忍限度判断の一要素として考慮し、操業差止めを認めた**小牧・岩倉ごみ焼却場1審判決**（名古屋地判昭和59年4月6日判タ525号87頁〈5〉）等が参考となろう。

4 行政訴訟における主張
(1) 航空法39条1項2号充足性*
この点、後出の**新石垣空港判決**（402頁）は、「他人の利益を著しく害する」か否かは、「当該飛行場の公共性の有無やその程度、当該飛行場の設置によって侵害される他人の利益の性質及び内容、その侵害の態様及び程度、侵害に対する補償措置の有無やその内容等を総合的に考慮して」判断すべきものと解し、その判断は処分行政庁の合理的な裁量に委ねられるとした。実質的には受忍限度論を採用したとみてよい。

本件で受忍限度を超える騒音被害の蓋然性があれば、許可が違法とされる余地がある。

(2) 横断条項の適用
事業につきアセスの実施義務がある場合、国土交通大臣が許可にあたり、環境保全への適正配慮の有無を審査しなければならない（33条1項）。本件許可についても同様であり（33条2項1号、令19条別表第4の一）、許可権者たる国土交通大臣は、航空法の許可基準に加え、本件事業につき、環境保全への適正配慮の有無を審査し、不許可・付条件とする裁量を有する。

本件では、(1)の違法主張が認められなければ、ほかに航空法の許可基準の充足に問題はないようであり、アセスの不備にもかかわらずされた本件許可が、上記裁量権の範囲の逸脱濫用となるかを次に検討する。

(3) アセスの瑕疵と処分の違法（第3節を参照）
(a) アセス自体の瑕疵

アセスの瑕疵は、当該アセスを前提とする処分内容に影響を及ぼす場合、当該処分の違法を導くと解する。本件サンゴ礁にかかる調査の必要性は、環境大臣も意見として述べた点であり、必要な調査がされれば評価書の内容が異なり、処分内容に影響を及ぼした可能性がある。よって、瑕疵あるアセスを前提とする許可として、裁量を云々するまでもなく、許可は違法である。

(b) アセスの手続的瑕疵

この点、事業者が24条意見に従うべき法的義務は規定されておらず、事業者が意見に従わないのにされた許可が当然に違法となるわけではない。しかし、24条意見への事業者の対応の如何は、許可権者等のアセスにおける考慮事項となるから、対応が不十分な場合には不許可とできるはずである。よって、かかる不対応を考慮しないでされた許可は、考慮不尽として違法となりうる（新石垣空港高裁判決）。

本件でB県は、準備書段階でも指摘されていたサンゴ礁の調査を全く行わず、法24条意見にも従わなかった。かかるB県の対応は、環境保全への適正配慮を欠くと言え、この点を看過してされた本件許可は裁量権の逸脱濫用として、33条2項1号に反し違法である。

(c) 代替案の不検討

前記のように、本件の代替案不検討は、アセス自体の瑕疵とはいえない。しかし、明文はなくとも、合理的な判断をするためには代替案の検討が極めて有効であるから、少なくとも環境影響を考慮して許認可をしうる裁量がある場合、代替案不検討が基礎欠落審査または社会観念審査により裁量権の逸脱濫用として違法となる場合もありうる（西大阪延伸線判決〔前掲大阪地判平成18年3月30日〕参照）。

三　意見書提出の機会（設問3）

Cは、①計画段階環境配慮書、②方法書、③準備書について意見書提出の機会があり、意見書を事業実施主体宛てに提出できる（3条の7第1項・8条1項・10条1項・18条1項・20条1項）。ただし、①における意見書提出の機会の提供は、事業実施主体の努力義務にとどまっている。

第3節　アセスメント分野の環境行政訴訟

一　訴訟要件

　環境影響評価（法）に関連して、訴訟要件がしばしば問題とされる。
　この点、**神戸石炭火力（行政訴訟）控訴審判決**（大阪高判令和4年4月26日判タ1513号98頁）は、石炭火力発電所の新設場所の周辺住民Xらが、事業者が経済産業大臣にアセス法21条2項の規定により作成した環境影響評価書を届け出たところ（電気事業法46条の16）、経済産業大臣は、同法46条の17第2項に基づき、上記届出に係る評価書は環境保全について適正な配慮がされているとして、事業者に対し、同条1項の変更命令をすべき必要がない旨確定通知をしたが、この確定通知は環境保全措置の不十分な新設工事を許容するもので、Xらの健康、生活環境利益等を侵害する違法なものであると主張し、その取消しを求めた事案である。
　本判決は、①届出にかかる火力発電所の設置につき、事業者に対し、工事計画どおりの工事ができる地位を付与する法的効力を有するとして、**確定通知の処分性**を認めたが、②環境基本法、温対法その他関連法令は、地球環境保全を公害と区別しており、CO_2排出に係る被害を受けない利益については、施策等を通じて、地球環境の保全を実現することを企図したものであり、各人の個別的利益として保障しているものとは解し難いとして、**原告適格**を否定した（もっとも、「今後の内外の社会情勢の変化」によって「個人的利益として承認される可能性」があるとの含みを持たせている）。
　これに対し、③火力発電所事業に起因する大気汚染による**被害想定地域**内の住民（建設予定地の半径25km程度の範囲内）の原告適格を認めたものの、「最終段階の評価書の審査段階において、当該事業につき環境の保全についての適正な配慮がなされることを確保するため特に必要があり、かつ、適切であると認められるか否かについての判断は、経済産業大臣の広範な裁量に委ねられる」とした上で、本件アセスにおいて、PM2.5の影響を検討せずに経済産業大臣が本件確定通知をした判断に、裁量権の逸脱濫用はない等とした。
　横須賀石炭訴訟一審判決（東京地判令和5年1月27日LEX/DB25572652）も、同じ結論である。

二　アセス法違反の瑕疵

1　司法審査のあり方

　公告縦覧手続の瑕疵、関係地域の設定ミス、環境保全措置の不検討、大気汚染における接地逆転層（夜間の放射冷却により、地表面付近の空気が冷えてできる逆転層で、汚染大気が拡散せず、滞留する傾向がある。谷部に形成されやすい）の不考慮等は、当該アセスの瑕疵となりうる。一般論として、瑕疵が無視しうるほど軽微な場合を除き、瑕疵あるアセスを前提とする限り、事業者が環境保全への適正配慮をなしうるはずもなく、また、主務大臣による環境配慮審査も適切に望みえない。

　　　　　後続処分の違法を導くような瑕疵は、アセス違反として違法である（不十分・不適切なアセスは少なくとも法12条違反と評価されえよう）が、他方で、環境配慮審査にも裁量があるから、すべての違法が直ちに許認可の違法を導くわけではない。

　よって、アセスの**瑕疵が後続の行政庁の判断内容に影響**を及ぼすおそれがある場合、許認可等の後続処分は違法になると考えられる（群中バス判決〔最一判昭和50年5月29日民集29巻5号662頁参照〕）。これは、前提行為（例えば行政計画）における裁量権の逸脱濫用の問題ではない。また、後続処分の処分要件に裁量があっても、改めてその裁量権の逸脱濫用をいう必要はなく、処分は前提行為の違法を当然に引き継ぐ[7]。

　行政訴訟の多くは、後続する免許等の違法を争う抗告訴訟の形式をとる。法の対象事業である以上、横断条項によって免許等にあたり環境配慮審査が義務づけられるから、司法審査も前述の2段階審査（391頁）に応じてされることになる。第1段階の免許等基準適合性の審査は通常の行政訴訟と変わりがなく、個別法の処分要件充足性にかかる行政庁の判断に誤りがあれば、免許等は違法となる。第2段階の環境配慮審査の適合性に関しては争いがある。

2　新石垣空港判決

　　　　　この点につき詳細に判断した**新石垣空港判決**（東京地判平成23年6月9日訟月59巻6号1482頁。東京高判平成24年10月26日訟月59巻6号1607頁〈75〉もほぼ同旨）は次のとおり判示する。

---

(7)　処分要件の中に前提行為の適法性が組み込まれている場合もあるし（例えば都市計画事業認可の適法要件〔都計61条1号〕）、逆に、条文上は切り離されている場合もある（例えば土地収用法の事業認定〔同20条3号〕）から、個別法およびこれに基づく行政過程ごとに違法の説明の仕方は異なりうる。

①環境配慮審査は、免許権者が評価書等に基づいて、環境保全措置等を含む当該対象事業の内容が環境配慮をするものであるか否かの審査であり、環境配慮（保全すべき対象、保全の方法・内容・程度）には免許権者の裁量がある。

②(i)外部手続を含むアセス手続の結果と、(ii)その結果に照らして、環境保全措置を含む当該対象事業の内容が、環境配慮をするものと認められる場合には、環境配慮審査適合性がある。

③環境配慮審査が事実の基礎を欠きまたは社会通念上著しく妥当性を欠くことが明らかな場合には、裁量の逸脱濫用の違法がある。例えば法の定める外部者からの意見を受ける手続が履践されず、そのため外部者が手続上の瑕疵につき意見を提出できなかった場合など、法の定める根幹的手続が実施されず、そのためアセスを左右する重要な環境情報が収集されなかった場合がこれに当たる。

④環境保全への適正配慮がない場合でも、(i)免許等基準の適合性が明白で、(ii)免許等をすべきやむをえない事情があれば、なお免許等ができる。

①②は妥当と考えるが、④は賛成できない。いかに免許等基準に明白に適合し（④(i)）、また、免許等をすべき事情があっても（④(ii)）、横断条項は個別法の要請とは別に適正な環境配慮審査を求める趣旨であって、アセス結果の免許等への反映こそが法の根幹を成すのであるから、33条1項に基づく審査の結果、環境保全への適正配慮がない場合には、33条2項各号により、拒否処分か付条件とする義務が生じるというべきである。ただし、33条2項各号が「できる」と規定しており、環境配慮の内容・程度についてアセス法に明確な規定がない以上、免許等権限をもつ主務大臣には、いかなる場合に適正な環境配慮ありとするか、どの程度の環境配慮があれば拒否処分をせず付条件でとどめるか等につき、一定の専門技術的裁量がある。その裁量の範囲内の免許等であれば適法となるが、その場合でも、アセスそのものに瑕疵がある場合には、上記1のとおり、裁量権行使以前の問題として（すなわち上記③を言うまでもない場合がありうる。ただし、説明の仕方の違いにすぎず、大きな問題ではない）、違法を導く場合があると考える。

3　アセスの不実施・アセス逃れ

アセスの不実施は重大なアセス法違反であり、後続処分の違法を直ちに導くが、実際に問題となるのは、アセスが必要となる規模要件（384頁）未満の細切れの事業として実施義務を免れる「アセス逃れ」であろう。

この点、前掲大阪地判平成21年6月24日は、条例アセスの事案で、土地の形状変更、工作物の建設等の複数の事業の施行区域・時期が近接していても、事業主体・内容・施行区域等を異にする別個の事業としての実体を有している場合は、事業が全体として環境に著しい影響を及ぼすとして

も、アセスの不実施が違法ではないとした。少なくとも、事業主体・内容・施行区域等を同じくする場合の明らかなアセス逃れは手続潜脱に当たり違法であろう。

三 アセス法違反に当たらない瑕疵（代替案不検討）

　特に公共事業の必要性・公共性・合理性を適切に判断するためには、行政の説明責任に照らしても、行政過程における代替案検討が不可欠である。アメリカ法のごとく個別法に代替案検討の義務づけがあれば、処分要件不充足で違法となるが、わが国では立法による行政統制が弱く、アセス法も明示的に要求していないから、**ゼロ・オプションやミティゲーション**（影響緩和）等の代替案の不検討は、アセス法違反とならない。法14条1項7号ロは環境保全措置に係る複数案を、**計画段階配慮**（3条の2第1項）は立地に係る複数案を、それぞれ要求するものであり、事業自体の代替案ではない。

　しかし本来、代替案検討はアセス手続の核心であり、その懈怠によりアセス自体が不適切ともなりうる。裁量の判断過程は、代替案検討により初めて合理的なものとなり、行政の説明責任に照らしても、不検討を正当化しうる特段の事情がない限り、裁量権の逸脱濫用の疑いがあると考えたい。

　　　この点、圏央道あきる野判決（東京地判平成16年4月22日判時1856号32頁）は、「代替案の検討を行わなくとも、当該事業計画の合理性が優に認められるといえるだけの事情があればともかく、そうした事情が存在しないにもかかわらず、代替案の検討を何ら行わずに事業認定がなされた場合は、不十分な審査態度であって、事業認定庁に与えられた裁量を逸脱する疑いを生じさせる」とした（ただし、控訴審東京高判平成18年2月23日判時1950号27頁は判断を覆した）。なお、アセスの対象とならない以上、アセスを前提とした適正な配慮を求める前提を欠くから、法33条違反とはしにくい。

　アセスの考慮を要請する小田急本案判決に鑑みれば、少なくとも代替案検討の有無・内容と判断過程（前提とした事実とその評価を含む）に関する裁量審査がされるべきであり、基礎欠落審査または社会観念審査により代替案の不検討が個別法（例えば都計13条、収用20条）における裁量の逸脱濫用となりうると解する。

四 主な裁判例

　辺野古アセスやり直し請求判決（那覇地判平成25年2月20日訟月60巻1号1頁）は、辺野古における普天間飛行場の代替施設建設事業にかかる法・条例

アセスとその手続に不備等があるとして、①周辺住民等が行政（防衛局長）にアセスの再実施義務、作成済みの方法書・準備書の違法等の確認を求めた公法上の当事者訴訟につき、意見陳述権など法・条例の規定は、環境保全という公益目的から事業者に情報収集の手続を課したにすぎず、**主観的な権利ないし法的地位を保障するものでない**として、確認の利益を否定し、却下した。また、②意見陳述権の侵害等による国賠請求についても、手続的利益が法的に保護される利益でないとして、棄却した（控訴審・福岡高那覇支判平成26年5月27日 LEX/DB25504223〈76〉も判断を維持した）。いずれも、現在の判例に従う限り、やむをえない判断であろう。

この点、**神奈川アセス請求判決**（横浜地判平成19年9月5日判自303号51頁〈47〉）は、地方自治体に対し、条例に基づくアセスの実施を住民が請求した事案で、請求を棄却したものの公法上の当事者訴訟として訴えの適法性を認めた。しかし、現在の裁判例では、アセス手続の実施による手続的・実体的利益を法的に承認する理解は一般的でない。給付訴訟の形式を取ったために本案に入り、アセス実施請求権の有無を判断した例と見るべきであろう。

また、条例アセスの要否が争点となった都市計画事業認可取消訴訟の事案に名古屋地判平成21年2月26日判タ1340号121頁（棄却）があり、事業の細分化による閣議アセスの不実施が違法でないとした裁判例に秋田地判平成9年3月21日判タ990号172頁がある。

神戸地判令和6年8月29日 LEX/DB25620925は、市の都市計画道路事業（都市計画決定）の支出を違法として争う住民訴訟の事案で、アセス実施が法令上義務付けられない場合の手続の瑕疵はただちに違法性を基礎付けないとした上で、実質的に適正な手続で行われたアセスに基づく決定がされたことは逆に違法性に係る原告主張を積極的に否定しうる事情といえるとして、手続の適正を一事情として違法性を否定した。

第4節　アセスメント分野の環境民事訴訟

アセス手続の法制化以前は、アセス不実施自体が問題とされた。アセスの欠如や内容に重大な過誤欠落がある場合、被害発生の（高度の）蓋然性が事実上推定され、それだけで差止請求を認容すべきとの見解も有力であったが、裁判例は分かれていた。

古く、**牛深し尿処理場判決**（熊本地判昭和50年2月27日判夕318号200頁〈16〉）は、被害発生の蓋然性が高い場合は、公共性が高くとも、特別事情がない限り受忍限度を超えるとした上で、特別事情を主張するためには環境影響評価の実施を要するとして建設を差し止めた[8]。他方、**琵琶湖総合開発計画判決**は、アセス欠如の一事をもって差止めを求めることは主張自体失当とした[9]。

今日でも、法・条例アセスの非対象事業について、同様の議論をなしうる。
　　　　ただ、非対象事業であるために、アセス手続の要請が小さいと捉えられ、アセスが等閑視されがちである。しかし、人格権に基づく差止請求権を肯定する以上、その裏返しとして、たとえ明文の根拠がなくとも、環境に対し一定の影響力をもつ者は、具体的事案において、侵害行為を回避する義務があり、その前提として必要な調査をする（アセスに限らない）とともに、仮に損害が生じた場合に迅速・的確に対応するために必要な資料を保全する義務があるはずである。特に調査のための資力、人員、専門性が偏在する場合は、調査の懈怠（さらにそれゆえの原告による立証の困難）を奇貨とした人格権侵害の責任回避は許されない。この理は、住民の安全確保を任務とする自治体には、より強くあてはまるはずであり、行政の説明責任もこの義務を裏づける助けとなろう[10]。かかる義務の履行を、人格権（ないし平穏生活権）に基づく具体的な請求権として求めるには、①具体的事案で侵害の蓋然性が認められ、②調査内容が一定程度特定されることが必要であろう。ただし、①は予防原則を踏まえて、侵害による被害が不可逆かつ深刻である場合には厳格に要求すべきでなく、また、②は

---

[8]　類似スタンスに立つ裁判例として、いずれもごみ焼却場の建設・操業をめぐる差止請求事件であるが、松山地宇和島支判昭和54年3月22日判夕384号72頁、名古屋地決昭和54年3月27日判時943号80頁、名古屋地判昭和59年4月6日判夕525号87頁等がある。ごみ埋立処理場につき、広島地判昭和57年3月31日判夕465号79頁。

[9]　同種の裁判例に、岐阜地判昭和58年10月24日判時1106号128頁、広島高判昭和59年11月9日判夕540号155頁、大阪地判平成3年6月6日判時1429号85頁等がある。

[10]　示唆的な裁判例として、東京地判平成23年12月22日判夕1377号136頁、東京高判平成24年9月25日判自372号32頁。

原告に専門性を要求するのは酷であり、被告側の選択の自由を保障する観点からも、過度の特定を求めるべきではない。

　結局、法・条例が重大な環境影響の懸念される事業を対象としてアセス手続を義務づけている以上、アセスの**不実施**はもちろん、アセスの**内容・手続**に**看過し難い過誤・欠落**がある場合には、**環境影響の（高度の）蓋然性が事実上推定**され、それだけで事業の差止請求を認容しうると解すべきであろう（ただし、懸念される被害が原告の生命・身体、財産等ではなく自然破壊のみにとどまるなど、差止請求権の法的根拠がない場合は、アセス手続を審理するまでもなく、請求は棄却されよう）。

　今日、アセス義務が全く履行されず、あるいは不実施と同視しうる過誤欠落がある事態は通常想定し難く、裁判例では、（幾らか不十分、不適正であるにせよ）実施されたアセスの内容・手続を、**受忍限度論**で考慮している（例えば、津地四日市支判平成18年9月29日判自292号39頁は、人格権に基づくガス化溶融炉建設等差止訴訟で、条例アセス手続の違法を受忍限度判断で考慮した）。

　代替案の検討は、アセスの核心を成すが、法令上明確に要求されておらず、不検討が直ちにアセス内容・手続の過誤・欠落に当たるとはされない。古く**和泉市火葬場決定**は代替地検討の不十分性をも考慮して建設等の差止めを認めた。徳島市ごみ焼却場判決・徳島地判昭和52年10月7日判時864号38頁は**牛深し尿処理場判決の立場**を取った上で、代替地の有無の検討を含めたアセスの不実施を特別事情の不存在の根拠として差止めを認めたが、高裁で取り消されている。

第5節　アセスメント分野における規制対抗訴訟

　現時点では取り上げるべき裁判例が見当たらない。これは、アセスの実施義務が限定され件数自体が少ないこと、いわゆるアワセメントのゆえに事業者がアセス手続に不服をもたないこと、アセスの結果反映が不十分で許認可申請の拒否等がされないこと等によると考えられる。

第10章

気候変動

第1節　地球温暖化対策推進法（温対法）の概観

一　気候変動問題と国際動向

　地球温暖化（global warming）とは、人の活動に伴って発生するCO_2などの**温室効果ガス（GHG）**が大気中の温室効果ガス濃度を増加させ、地球全体として地表、大気及び海水の温度が追加的に上昇する現象（温対法2条1項）をいうが、気候メカニズムの変化が起こるとされるため、**気候変動**（climate change）のほうが正確である。

　気候変動により、海面上昇、異常気象の頻発、自然災害の増大、病害虫の増加、生態系への悪影響、農産物の不作、感染症リスクの増大などさまざまなリスクが指摘されている。気候変動への対処は、①**緩和（mitigation）**と②**適応（adaptation）**に大別される。①は、GHG排出削減と森林等の吸収源拡大（温対法42条参照）により気候変動そのものの抑止を図るものであるのに対し、②は、気候変動の悪影響に備える対策であり、水害を防ぐ堤防や灌漑設備の整備、農業技術や種の開発・改善から、都市計画の見直し、健康管理の強化などに及ぶ（2018年に気候変動適応法が制定されている）。

　IPCC（気候変動に関する政府間パネル）の第一次評価報告書（1990）が、対策をしない場合には2100年に1990年比で気温が1.5～4.5℃上昇すると警告したのを受け、1992年のいわゆるリオ・サミットにおいて、国連気候変動枠組条約（UNFCCC）が締結された。その究極の目的は、気候系に対する危険な人為的干渉を防止する水準で大気中のGHG濃度を安定化することである

（2条）。条約は**予防原則**や、西側先進諸国と旧東側諸国（附属書Ⅰ国）により重い責任を負わせる**共通だが差異ある責任**（CBDR）などの原則が採用され、明文化された。これは**枠組条約**であり、締約国の代表が参加して定期的に開催する締約国会議（COP）で具体的なルールが決められてきた。

COP3で採択された**京都議定書**（1997年）において、附属書Ⅰ国は2008～12年の第1約束期間に、国別で法的拘束力のある削減数値目標を負うこととなった（日本は1990年比で6％の排出量削減）。これを国際協調で達成するために、先進国間で排出枠等を売買する①**排出枠取引**（17条）、先進国が共同で事業（GHG排出削減プロジェクト）を実施してその削減分を当該事業の投資国と受入国で分ける②**共同実施**（Joint Implementation, JI、6条）、途上国の事業を先進国が資金や技術で支援し、その削減分を自国の目標達成に利用できる③**CDM**（Clean Development Mechanism; クリーン開発メカニズム、12条）などの**京都メカニズム**が創設された。エネルギー効率の改善の余地は国ごとに異なり、また、途上国において大きいところ、削減技術のある国が他国を支援し、費用効率的に自国の目標を達成できるようにした柔軟措置である。なお、①はキャップ＆トレード方式であるのに対し、②③はベースライン＆クレジット方式である（5頁）。

第1約束期間の国別数値目標は達成されたものの、米国は京都議定書に参加せず、カナダは議定書から脱退し、中国やインドは排出を増大させ続けた。

COP21で採択された**パリ協定**（2015年）は、2020年以降の気候変動に対する国際的な取組みについて合意し、世界共通で産業革命以前からの地球平均気温の上昇を2℃よりも充分低く抑え、1.5℃とする努力を追求する旨を明文化した（2条1項a）。すべての国が5年ごとに削減目標を提出・更新し、報告してレビューを受けるものとされた（4条9項）が、法的拘束力はない。パリ協定は、可及的速やかに世界の排出量のピークアウトを実現し、今世紀後半には人為起源のGHG排出と森林等の吸収源による除去量との均衡達成を目指しているが、現状の各国目標は不十分であり、すべて達成されても2℃目標を達成できないと見込まれている。

> 気候変動対策は国際条約のほか、いわゆるGX法、エネルギー供給構造高度化法、エネルギーの使用の合理化等に関する法律（省エネ法）、建築物のエネルギー消費性能の向上に関する法律（建築物省エネ法）、再生可能エネルギー特措法、気候変動適応法、建築基準法、都市再生特別措置法など相当数の国内法が関係するが、本書では地球温暖化対策の推進に関する法律（温対法）を扱う[1]。

二　地球温暖化対策推進法の概観

1　目的、対象物質

　京都議定書採択後の1998年に成立した本法は、各種計画を策定し、社会経済活動その他の活動によるGHG排出量の削減等を促進する措置等により、国民の健康で文化的な生活の確保に寄与し、人類の福祉に貢献することを目的とする（1条）。

　過去に数次の改正がされ、パリ協定や2020年にされた2050年**カーボン・ニュートラル宣言**を受け、基本理念の明記など（2条の2）、2021年（令和3年）にも改正がされたが[2]、情報的手法に基づく（後述）のほか実体の規制は導入されておらず、一般的な枠組法にとどまっている（大塚B438頁以下）。

　現在、削減すべきGHGはCO_2やメタン、フロン類など7種類である（2条3項）。法政策の観点から見てGHGは健康被害の原因となる大気汚染物質とは、次の点で異なっている（現行大防法でも規制されていない。シロクマ判決）。まず、(i) 特定の者でなく、程度の差こそあれ国民全体が排出者である点、(ii) 国、さらには世界全体での総量削減が必要であり、地域的な排出量の偏在は問題とならない（汚染集中による被害等を考える必要がない）点、(iii) 人為的活動に伴って不可避的に生じ、削減コストが莫大であるため、低い社会コストでの削減が重要となる点、(iv) 継続的削減が重要であり、技術革新・技術普及が必要である点である。この特徴から、誘導的手法、中でも、情報的手法および経済的手法が重要である点が指摘されている。

2　責務、対策計画、実行計画等

　法はまず国（3条）、地方公共団体（4条）、事業者（5条）、国民（6条）の責務を一般的に定めている。

　政府は、地球温暖化対策の総合的かつ計画的な推進を図るため、推進の基本的方向、各主体による削減等の措置に関する基本的事項、物質ごとの排出削減及び吸収量に関する目標などにつき**地球温暖化対策計画**（8条）を定め（3年ごとに検討がされ、必要に応じ変更される。9条）、自らも同計画に即し

---

[1] 本法の割当量口座簿制度（43~57条）は、京都メカニズムを活用するための第一約束期間における議定書の国内担保措置であり、パリ協定の下で、現在は利用されていない。

[2] 2022年改正法は、GHG排出量の削減等を行う事業活動に対する資金供給等を目的とする株式会社脱炭素化支援機構の設立、機関、業務の範囲等を定め、国が地方公共団体への財政上の措置に努める旨を規定した（第6章）。

て、その事務及び事業に関し、GHG排出量削減等の目標や措置に関する**政府実行計画**を策定する（20条）。

　地方公共団体は、単独又は共同して、地球温暖化対策計画に即して、その事務及び事業に関し、GHG排出量削減等の目標や措置に関する**地方公共団体実行計画**を策定する（21条1項）。中核市以上の自治体は、当該区域の自然的社会的条件に応じて、さらに地域の計画（再生可能エネルギーの利用促進、都市機能の集約の促進、公共交通機関の利用者の利便の増進、都市における緑地の保全及び緑化の推進など）を策定する（21条3項）。

　　2021年改正により、**地方公共団体実行計画**に、施策実施目標を追加するとともに（21条3項5号）、市町村は地域の再エネを活用した脱炭素化を促進する事業（**地域脱炭素化促進事業**〔2条6項〕）の対象とする**促進区域**（21条5項2号）や、**環境配慮、地域貢献**に関する方針（21条5項5号イ、ロ）等を定めるよう努めるものとされた（21条5〜7項）。市町村から、地方公共団体実行計画への適合等の**認定**を受けた事業は、関係法令の手続（自然公園法・温泉法・廃棄物処理法・農地法・森林法・河川法の関係手続、環境影響評価法の計画段階配慮書手続）のワンストップ化等の特例を受けられる（22条の2〜11）。これは、投機目的の大規模な再エネ施設の建設による自然破壊などが全国で深刻化する中で、地方公共団体実行計画協議会の活用を含め（21条12項）、合意形成を図る趣旨である。

　　例えば、地方公共団体実行計画を定める「**計画策定市町村**」（22条の2）たるA町において、民間事業者BがA町内の国定公園内の普通地域に「**再生可能エネルギー発電施設**」（規2条1号）に該当する風力発電施設を設置して事業を行う場合、当該事業は温対法2条6項にいう「**地域脱炭素化促進事業**」（法2条6項）として、**規制緩和**のメリットを得られる。すなわち、Bは本来必要な**自公法**33条1項に基づく普通地域内の届出が不要となる（温対法22条の8第2項）。仮に設置予定地域が**森林法**5条に基づく地域森林計画の対象である民有林内にあり、工作物設置のために同法10条の2の許可を要する規模で伐採を要する場合であっても、森林伐採につき同条項のみなし許可が得られる（温対法22条の6第1項）。また、一定規模を超える風力発電施設の設置は**アセス法**の対象となるが、例えばスクリーニングにより、第1種事業（政令1条別表第一の5ワ）に該当する場合でも、計画段階配慮手続（アセス法2章1節）の適用が除外される（温対法22条の11）。

　　地球温暖化対策の普及啓発等においては、①地球温暖化防止活動推進員（37条）、②地域地球温暖化防止活動推進センター（38条）、③全国地球温暖化防止活動推進センター（39条）、④地球温暖化対策地域協議会（40条）が一定の役割を果たしている。2021年改正で、②の事務につき、事業者向

図表10-1：温室効果ガス排出量算定・報告・公表制度の概要

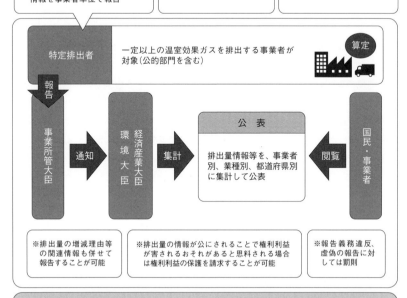

https://ghg-santeikohyo.env.go.jp/about（環境省HP）

けの啓発・広報活動が追加された。

3 温室効果ガス排出量算定・報告・公表制度等

本制度は、温室効果ガス（GHG）を一定量以上排出する事業者（政令で定める**特定排出者**）に対し、GHG排出量の**算定**と事業所管大臣への**報告**を義務づける（26条）。違反には罰則がある（68条1号）。事業所管大臣から報告事項を通知（28条）された環境大臣および経済産業大臣は、集計結果を公表する（29条）。改正により、フランチャイズチェーンを含め、対象事業者の範囲が大幅に拡大された（26条、令5条以下）。

情報の報告徴収・報告事項の公表を通じて排出抑制状況を市場に評価させ、特定排出者を一層の排出削減に向けて誘導する趣旨の**情報的手法**（7頁）である。

企業秘密保護の制度として、**権利利益保護請求**がある（27条）。特定排出者は、GHG算定排出量の公開により、権利、競争上の地位その他正当な利益（権利利益）が害されるおそれがある場合、物質ごとのGHG算定排出量に代えて、当該特定排出者に係るGHG算定排出量の**合計量**をもって上記28条の通知をするよう、事業所管大臣に請求できる。上記おそれの有無の判断では、公開により直接、権利利益が害されないとしても、他の通常一般に入手可能な情報と照合して、秘匿したい情報が容易に推測可能であるか否かが考慮される。

　2021年改正により、環境情報へのアクセスを高めるべく、事業所等の情報について、以前は必要とされた開示請求の手続を要せず公表することとされ（29条1項、32条3項）、また、迅速な処理のために、電子システムによる報告が原則とされた（省令改正）。

　また、事業者は、①オフィス機器の使用合理化や高効率機器の使用など事業活動に伴うGHG排出の抑制等のために必要な措置（23条）や、②日常生活用製品等の省エネ化や情報提供など国民の取組みに寄与する措置（24条）を講ずる努力義務が課されており、これに資するよう主務大臣（環境大臣、経済産業大臣及び事業所管大臣）は、排出抑制等指針を策定している（25条）。

　この点東京都の都民の健康と安全を確保する環境に関する条例（**東京都環境確保条例**）は、地球温暖化対策推進制度の中核としてキャップ・アンド・トレード型の排出量取引を、**経済的手法（5頁）**として採用している（ただし、削減量の事後清算法式）。同条例の下では、大規模排出事業者に対し、二酸化炭素の排出量削減を義務付け、自力削減が困難な場合はクレジットの購入による義務履行を許容している。義務量以上の削減につきクレジット化ができるため、継続的な削減誘因として作用しうる。

第2節　地球温暖化に関わる主な訴訟

一　環境行政訴訟

　地球温暖化の防止を企図する環境行政訴訟として、情報公開訴訟の形式が選択される場合がある。

　最二判平成23年10月14日判タ1376号116頁に触れておこう。エネルギーの使用の合理化に関する法律（省エネ法11条。平成17年法律第93号による改正前のもの）は、製造業者に対し、（事業者単位でなく）**工場単位の各種の燃料等および電気の使用量等の各数値を示す情報**（以下「本件情報」）を含む定期報告書の経済産業局長への提出を義務づける。環境保護団体が情報公開法に基づき本件情報の開示請求をしたところ、同法5条2号イの**法人情報**（「公にすることにより、当該法人等……の権利、競争上の地位その他正当な権利を害するおそれのあるもの」）該当を理由に一部不開示処分がされたため、その取消訴訟と開示の義務付け訴訟を併合提起した。判決は、①事業者の内部管理情報としての性質を有し、製造業者の事業活動に係る技術上・営業上の事項等と密接に関係すること、②総合的に分析すれば、当該工場におけるエネルギーコスト・製造原価・省エネの技術水準とこれらの経年的推移等についてより精度の高い推計が可能となり、競業者は自らの設備や技術の改善計画等に、当該工場の製品の需要者・燃料等の供給者は価格交渉の材料等にそれぞれ有益な情報として用いうるとして、非開示情報に当たるとして請求を棄却した。温対法では本件情報より抽象度の高い事業所単位のGHG算定排出量について権利利益保護請求を規定している点を①の理由づけに用いた。本件情報の性質等に係る理解には、学説から批判もある。

　また、2017年以降提起されている一連の石炭火力発電訴訟については、第9章で触れた（401頁）。

二　環境民事訴訟

1　気候訴訟

　まず、地球温暖化防止を企図するものとして、一連の石炭火力発電訴訟がある。**仙台パワーステーション運転差止訴訟の判決**（仙台高判令和3年4月27日判時2510号14頁）は、争点整理を経て、温暖化による権利侵害について正面から取り上げず、また、大気汚染については、国道43号線最判の**受忍限**

度判断の枠組みを用いた上で、周辺住民に健康被害をもたらす抽象的危険はあるが、発電所の運転により大気汚染状況が悪化したことを具体的に裏付ける事情はなく、原告らに健康被害が発生する具体的危険性があるとは認められないとし、請求を棄却した。

これに対し、**神戸石炭火力訴訟第1審判決**（神戸地判令和5年3月20日LEX/DB25594806）は、**温暖化**による人格権侵害に基づく差止請求につき、本判決はまず、①地球温暖化により原告らが実際に生命、身体、健康を害されるほどの被害に遭うか否かは、様々な不確定要素に左右されるから、現時点で原告らの生命、身体、健康に被害が生ずる**具体的危険**が生じているとは認められないとした。

加えて、②**因果関係**についても、CO_2の排出と被害の発生との因果関係は、地球上のあらゆる人為的なCO_2の排出の総体と、気候変動によって地球上の人類に生ずるおそれのあるあらゆる被害の総体との間に存するものであるところ、本件新設発電所からのCO_2排出量は、地球規模で比較すれば年間エネルギー起源CO_2排出量の0.02％であるにとどまるとし、原告らに生ずるおそれのある被害と、本件新設発電所からのCO_2の排出との関係性は、極めて希薄であるとして、本件新設発電所からのCO_2の排出に、原告ら個々人に生ずるおそれのある被害を当然に帰責できるだけの連関を認められないとした。

さらに、③**他の汚染源との関連共同性**について、原告らは、本件新設発電所は他の新設大型石炭火力発電所と強い関連共同性があり、既設及び新設の石炭火力発電所とは弱い関連共同性があるとして、それらの全体と個々の被害との間には相当因果関係があると主張したが、CO_2の人為的排出源は、排出量の大小はあるにせよ、そのいずれもがCO_2を排出して地球温暖化に寄与している点で同質であり、地理的な近接性や業種的な関連性は無関係であって、事業上の一体性がないのに、すべての人為的な排出源から新設・既設を含めた石炭火力発電所のみを取り出し、一括して関連共同性を認めることはできない、とした。

また、CO_2に関する平穏生活権（**安定気候享受権**）に基づく差止請求については、実質的には、具体的危険が生ずる以前の段階で、安定した気候という環境の保全そのものを求める主張であり、原告らの個々人の人格権により保護されている法益と認められない（地球温暖化による被害について生ずる原告らの恐怖や不安を、本件新設発電所に一義的に帰責することはできない、とも付言している）。

なお、**大気汚染**による人格権侵害の主張ついては、本件アセスの結果、SO_2、NO_2、SPM及び水銀が基準値を超えて原告らの居住地に到達する**具体的危険**があるとは認められず、また、PM2.5についても、その環境影響に係る直接の調査・予測・評価は行われていないものの、本件新設発電所の運転に伴うPM2.5の主な原因物質とされるSOx、NOx及びばいじんの年平均値及び日平均値の着地濃度はバックグラウンド濃度と比較して極めて小さいと予測され、寄与濃度をバックグラウンド濃度に加えた将来環境濃度も環境基準に適合していると評価されていたから、本件新設発電所の稼働により大量のPM2.5が新たに原告らの居住地に到達する具体的危険があるとは認められないとした。

これまでのところ、わが国の気候訴訟で原告が勝訴した例はないが、気候変動対策うやエネルギー政策は基本的に政治部門に委ねるという司法消極主義が一連の司法判断の根底にあるといえよう。

2 再エネ施設を巡る紛争

再生可能エネルギー電気の利用の促進に関する特別措置法（再エネ特措法）に基づく再生可能エネルギーの**固定価格買取制度**（FIT）[3]の下、投機目的のメガソーラーや風力発電など、再エネ施設設置のための大規模開発をめぐる法的紛争が全国各地で起こっている。

裁判例も多く出ており、自治体も規制条例の導入などで対応を試みているが、再エネ導入は国策として進められているため、そもそも規制が困難な面がある。「環境対環境」と表現される場合もあるが、間違いであろう。特にメガソーラー開発などは、単なる投機目的の自然・景観破壊にほかならない。発電効率も悪い上に送電ロスも大きく、失われた30年で衰退する日本にあって、賦課金[4]は国民生活を圧迫している。日本における再エネは地熱や適切なバイオマスのほか、マイクロ水力／風力／太陽光、太陽熱が適切と考えられる（洋上風力発電は高コストな上に、安全保障上の問題もあり、導入は適切でない）。端的に言えば、現在のFIT制度は法政策として誤っている。わが国の環境と未来を守るために、FIT制度の大幅な見直しが必要であろう。

---

[3] 再エネで発電した電気を、電力会社が一定価格で一定期間買い取ることを国が約束する制度であり、買取費用の一部を利用者から賦課金として集め、高コストの再エネの導入をする趣旨である。

[4] 令和5年度の賦課金（大半はメガソーラー）は総額約5兆円であり、うち2,3兆円が中国企業に流れているとの分析もある。

第3節　補論——原発訴訟と原発政策

　気候変動に関係する大きな法的紛争として、最後に原発訴訟を簡潔に取り上げる。

一　原発訴訟

　現在多数、提起されている原発訴訟は大別して、①福島原発第一事故にかかる東京電力および国を被告とする**損害賠償**を求める（一部は原状回復請求を含む）訴訟、②原発再稼働の阻止を目的とする**運転差止**を求める訴訟に分類しうる[5]。

(1) 損害賠償請求

　①については、多数の下級審裁判例が積み重なっていたが、**最二判令和4年6月17日民集76巻5号955頁**ほか3件は、経済産業大臣が電気事業法40条に基づく規制権限を行使して津波による本件発電所の事故を防ぐための適切な措置を講ずることを東京電力に義務付けなかった違法を主張した事案で、規制権限を行使すれば防潮堤の設置が講じられた蓋然性が高いが、津波による大量の海水が敷地に浸入することは避けられなかった可能性が高いとして、請求を棄却した。損害賠償請求については、原子力損害賠償紛争解決（ADR）センターによる救済制度があり、また、東京電力に対する損害賠償請求は費目によるものの認容される傾向にある。同社は、**原子力損害賠償法3条**の「異常に巨大な天災地変」による場合の無過失責任を主張していない。

(2) 運転差止請求

　②については、人格権に基づく民事訴訟・仮処分の形式が選択される場合が多く、下級審の裁判例も判断が分かれている。
　新しい原子力規制では、独立性の高い3条委員会である**原子力規制委員会**（規制委。原子力規制委員会設置法2条）が、事故を受けて厳格化された**新規**

---

[5] 最新の知見を技術基準に取り入れ、すでに許可を得た施設に対しても新基準への適合を義務づける制度（バックフィット制度）が導入されている（43条の3の23）。また、事務方にあたる原子力規制庁の職員については、原子力利用の推進に係る事務を所掌する行政組織への配置転換は認めないこととするノーリターンルールが採用されている（設置法附則6条2項）。なお、40年運転制限制の導入が導入されたが、2023年のGX（グリーントランスフォーメーション）脱炭素電源法により60年超に延長された。

制基準を設定し（特に原子炉等規制法43条の３の６第１項４号）[6]、これに適合する申請につき、既存の原子力発電所の**設置変更許可**などを与え、**再稼働**を容認するシステムとなった（43条の３の８など）。

行政訴訟では、変更許可の新規制基準**適合性**の**欠如**、さらには**基準自体**の**違法**が直接の争点となるのに対して、民事訴訟では原発稼働による原告の生命、身体、健康に対する**具体的危険の有無**が争点となるが、やはりその中で新規制基準を巡る同様の争点が問題となる。

いずれについても、過酷事故対策、耐震性能、津波に対する安全性能、避難計画などを巡り、新規制基準不適合や基準自体の不合理性が争われ、各原発で判断が分かれている状況にある。

フクシマ以前、原発訴訟で原告側の請求を認容した裁判例は２件のみであった（いずれも上級審で覆された）が、あくまで「異端の判決」と位置づけられ、原発の稼働に影響しなかった。公共事業が長らく司法審査の機能しない「聖域」とされてきたのと同様、司法消極主義をとる裁判所が国策たる原子力エネルギー政策への介入を嫌ったためである。これまで原発訴訟の帰趨は最初から決まっており、かつ、いたずらに長期化して、稼働を止める力を持たなかった。しかし今や原発の稼働にとって、司法判断は現実的な脅威となっている。

二　司法審査の観点から見る原発政策

福島事故以前は、「核の平和利用」たる原子力発電は国策として、与野党問わず着実に推進されていた（いわゆる原発ルネッサンスの下で、旧民主党政権下ではエネルギー・ミックスの半分を原発が占めるまでに至っていた）が、現在は原発政策を巡る国論はなお二分しており、原発再稼働に係る司法判断も割れている。

１　原発事故のリスクと司法審査

原発の運転差止請求の大半を占める民事訴訟・仮処分の審理では、上記の通り、具体的危険性の有無で判断されてきた。問題は何をもって具体的危険性がある（ない）といえるか、である。道路騒音や工場大気汚染のごとき公

---

[6]　なお、近時、書類の放出について風評被害を理由とする差止訴訟が新たに提起されたが、判決はされていない。風評被害はマスコミの取り上げ方を含めてゆゆしき問題であるが、より根本的にはIAEA（国際原子力機関）の基準に照らして、福島第一原発事故をチェルノブイリと同じレベル７に区分することの見直しが検討されるべきではないか。

害型の差止請求については、受忍限度を超え違法となりうる侵害行為の（高度の）蓋然性がある場合に、請求が認容される。

しかし、原発の場合（低線量被曝の問題はおくとして）、通常運転そのものは侵害行為にあたらない。裁判では、（万一の）原発事故により（甚大な）被害が生じるおそれ（リスク）の程度（有無ではない）が問題とされる。実際には、**巨大地震**（例えば川内原発の場合は**火山事象**も争点とされた）が発生する確率と、それにより複雑なシステムを持つ工学的な巨大構造物が放射性物質を異常放出するか否かが、主たる争点となる。

この世にゼロリスクは存在しない。社会にとって放置できないリスクをもたらす行為については法が介入し、行政規制によりリスクが制御される。規制されても基準を満たせば、行為は許可される。許可がされても行為禁止を求める司法救済は封じられないが、裁判所は社会通念上許容されるリスクであれば、原告の行為差止請求を棄却する。

ところが、許容される（無視しうる）程度のリスク水準は、必ずしも科学で一義的に設定できるわけではない。新規制基準は、規制委による科学的判断の体裁をとるが、その内容には不可避的に政策的判断が含まれている。原発問題は、核物理学者アルヴィン・ワインバーグが「**トランス・サイエンス**」と呼ぶ領域にある。

科学が万能と考えられた時代は、科学から**客観的真理の提供**を受けて政治が意思決定をするという構図が有効に機能した（ある物質の有害性評価、発がん物質の閾値の設定など、現在も専門家への委任が有効な領域はある）。しかし、公害問題や化学兵器のように科学が社会に負をもたらし、科学によっても答えを出せない問題群（原発なら巨大地震の発生確率）が登場し始めると、**科学と政治が交錯する領域**が認識されるようになる。どのレベルの地震対策をすれば原発が「安全」といえるかについては、リスクが顕在化した場合の被害が巨大である事情も作用して、専門家の間でも意見が一致しない。この領域に属する問題は専門家が解答を出せないから、専門家の判断に委任するのではなく、納得を得るために、利害関係者と一般市民を巻き込んだ**公共的討議で社会的意思決定**がされるべきものと主張される[7]。

わが国は地震国であり、もともと核アレルギーを持つ上に、原発事故被害の深刻さ、甚大さがフクシマで具体的に確認されたために、原発稼働を許容

---

(7) 小林傳司「トランス・サイエンスの時代——科学技術と社会をつなぐ」（NTT出版、2007年）。

するリスク水準について決定的な立場の違いが生じている。原発反対派は絶対的安全性に近い基準設定を求めるが、安全対策コストの点で原発容認派がこれを受け容れる余地はない。

規制委が設定した新規制基準もまた、科学が提供する真理ではないから、どのような内容であっても必ず評価が分かれる宿命にある。裁判所においても、最高裁が結論を出すまでは、同様である。

2　新規制基準への敬譲

司法判断の分かれ目は、稼働を許容する**相対的安全性**のレベル、より具体的には規制委の定める**新規制基準とそれに基づく適合性審査**に対して裁判所が払う敬譲の程度にある。個々の原発稼働の是非はエネルギー政策上の判断としての側面を持つが、原子炉等規制法の建前では、もっぱら「安全性」の観点から、規制委が**純粋な科学的判断**として「災害の防止上支障がない」という要件の審査をして許否を決するから、裁判所も政治でなく科学の問題として審査する姿勢を（一応）取らざるを得ない。

しかし、トランス・サイエンス領域にある原発の安全性は技術的にも、法律的にも一義的に認識しうるものではなく、政策的に決定せざるを得ない。政治判断を回避し、規制委による安全性の科学的判断とこれを前提とする裁判所の法律的判断で原発稼働の可否を決定できるとのフィクションには最初から無理がある（原告側が、平成16年改正後も訴訟理論的に救済を得にくい行政訴訟を避け、リスク訴訟の審査手法が確立していない民事訴訟・仮処分を選ぶ訴訟戦略も、問題状況を複雑にしている）。

3　規制委と裁判所によるダブル・チェック

機能不全に陥っていた原子力安全・保安院と原子力安全委員会によるダブル・チェックは一元化されたが、現在は司法審査の実質化により、**規制委と裁判所によるダブル・チェック**が行われているともいえる。原子力や地震の専門家ではない裁判所の判断でエネルギー政策が左右される現在の仕組みには、批判的な論調もあろう。

しかし、原発再稼働が周辺国民の生命・身体の安全に直結しうる以上、法理論上、裁判所は民事、行政訴訟のいずれでも門前払いできない。ガス抜き儀式に近かった司法審査が実質化しうる点がフクシマ以前とは大きく異なる。

現在、規制委の設定する基準と個々の原発への適用について当事者が議論を尽くせるフォーラムは、善悪はともかく裁判所くらいではないか。単に行政判断の追認手続と堕するなら意味は小さいが、司法審査は規制委における

馴れ合いでない厳密な審査を要請し、かつ、司法審査をも実質化するに十分な訴訟資料を提供しうるであろう。科学が真理を提供できず、行政判断も無謬ではありえない以上、安全性にかかる行政判断の過誤を是正し、その判断過程に**透明性と緊張感**を与える意味で、司法審査は有意義な過程といえる。

当面、下級審の判断は揺れるであろうが、最高裁が、新規制基準に対する評価を前提として、相対的安全性を脅かす**具体的危険性**の判断方法を明確に確立すれば、司法判断は一定の幅で安定する。仮に**新規制基準**を含む行政判断に敬譲を払う方向で収斂していくなら、司法判断のもたらす不確実性は相当程度緩和される。

原発問題に限らずわが国では公衆参加が弱い。少なくとも現状では、規制委に加え、せめて司法過程と、司法判断を契機として**公共的討議**がされることが、トランス・サイエンス領域における**社会的意思決定**が納得を得る過程として重要であろう。

4　今後の原発政策

フクシマ以降、わが国の**電源構成**では火力が九割程度を占め（現在は７割強）、大型石炭火力発電所の建設が相次ぎ、訴訟にもなってきた。この化石燃料依存度は国民負担に照らしても持続可能でなく、気候変動対策の点でも、現状が最善であるとは誰も考えていまい。

日本における電源構成は、安全性、安定供給、経済効率性及び環境適合を同時達成するためのバランスの取れたものであるべきだが、原子力を含めた**ベストミックス**（最適電源構成）は立場により大きく異なる。

原発は米国、韓国並みに稼働率が高ければ、最安価で安定したバックアップ電源とされる。従来、**長期投資電源**である原発は、電力会社の財務的一体性と料金規制に守られながら、国策として設置されてきた。

図表10-2：2020年の電源別発電コスト試算結果の構成

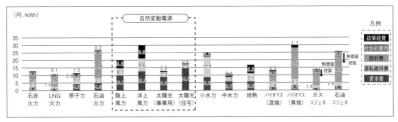

資源エネルギー庁資料

しかし今後は、仮に司法判断を一定範囲で予測しえても、**バックフィット**による原発規制の事後強化は予期せぬコスト増を電力会社にもたらす。今

後、日本が迎える人口急減で、電力需要は大きく伸びない。制度的に先が読めない不安定な状況下で、原発は大きな経営リスクを伴う電源となった。バックエンドや事故時の費用を考えるまでもなく、すでに原発の安定性、効率性、低廉性は、日本では大きく減殺されている。**電力自由化**によって組織的、財務的に弱体化し、短期的視野に陥りがちな発電部門が、多大な政治コストを払いながら原発を設置するか疑問がある。大間原発など進行中の計画のほかに原発の新増設やリプレースは果たしてどの程度ありうるだろうか。現時点で未廃止の原発43基のうち23基は、2030年までに運転期間が40年を超える。バックフィットによる事後規制強化の状況にも左右されるが、相当数の原発が廃止されるはずである。他方で、**カーボン・ニュートラル宣言**を受け、稼働時にCO_2を排出しない原発に追い風も吹いており、また、常温冷却の小型原子炉研究開発も進められている。

5 バックエンド問題

　核融合への道のりはまだ遠いが、原子力は本来、過渡的なエネルギーとして位置づけられてきた。諸般の事情でわが国の原発が衰退し、ついに一機も稼働しなくなったとしても、原子炉の廃炉、放射性廃棄物の処理・処分、使用済燃料の**中間貯蔵**、**最終処分**等のバックエンド問題は厳然として残っている。

　原発反対派もあまり触れないが、たとえ一国で原発ゼロを実現しても、わが国は原発事故の危険を回避できない。フクシマ後も原発市場はグローバルで拡大し続けている。原発大国へ邁進しようとする中国、韓国は今後も大量の原発を作り続け、風上の対岸にはこれから200基を超える原発が立ち並んでゆく。

　原発を採用した以上、当面の間、わが国は原発を巡る問題とつき合い続けねばならない。必要不可欠なのは**原子力人材**である。他国と違い、軍事からの人材供給も期待できないわが国で、人材養成問題は深刻である。フクシマ後に落ち込んだ大学の原子力関係学科の入学者数は回復の兆しがあるようだが、少なくとも今後半世紀以上続く廃炉を含めたバックエンド事業の技術者の確保と養成の必要性については、立場に関係なく、国論としてコンセンサスが得られよう。

　わが国はこれから「**廃炉時代**」を迎えるが、本格的な原発の廃止措置はまだ1基も完了していない。世界的にも廃炉実績はアメリカを中心に数えるほどである。大型炉の廃止措置費用は800億円強に及ぶとの試算もあり、廃炉ビジネスは世界的にも需要が見込まれる。わが国がフクシマの経験を活か

し、バックエンド事業で世界をリードするチャンスは残されている。今は人材養成に注力すべき時である。

　なお、わが国には世界第3位とされる地熱があり、**地熱発電**は引き続き有望である。また、特に日本海側の表層型**メタンハイドレート**については、カーボン・ニュートラルの観点からも、輸入に頼らない自前資源の開発の観点からも、国を挙げての実用化・商業化への取り組みが急務である。

個別法フローチャート

- 水質汚濁防止法
- 廃棄物処理法(産廃規制)
- 容器包装リサイクル法
- 土壌汚染対策法
- 自然公園法
- 環境影響評価法
- 大気汚染防止法

◆水質汚濁防止法

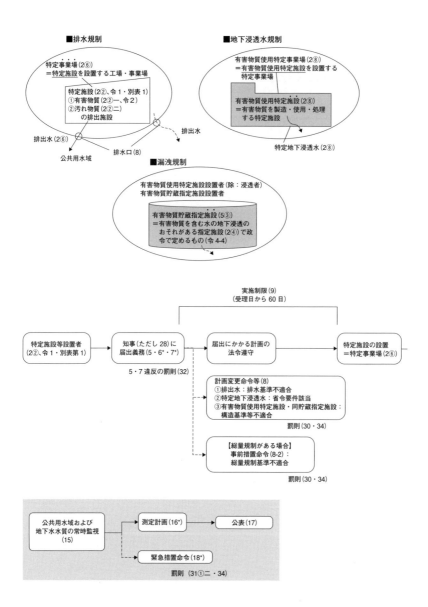

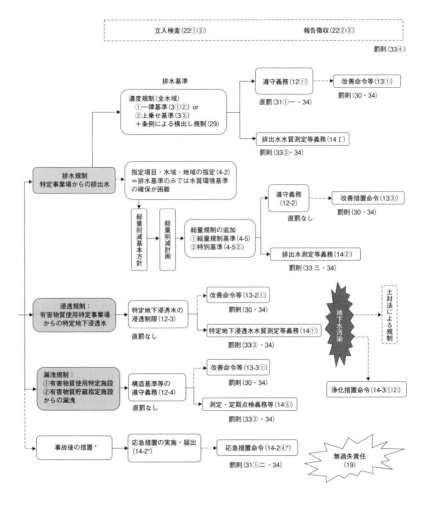

個別法フローチャート　427

◆廃棄物処理法(産廃規制)

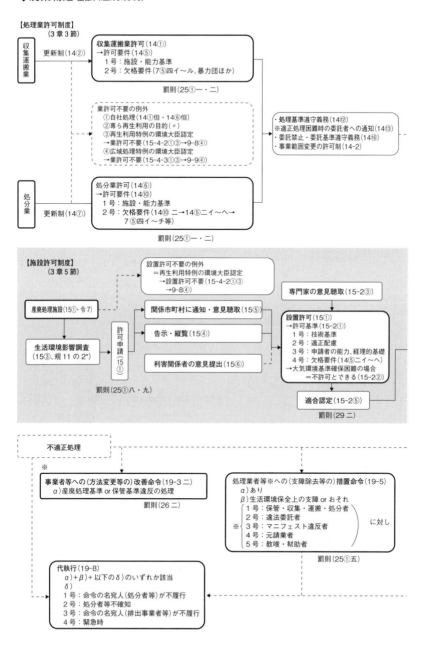

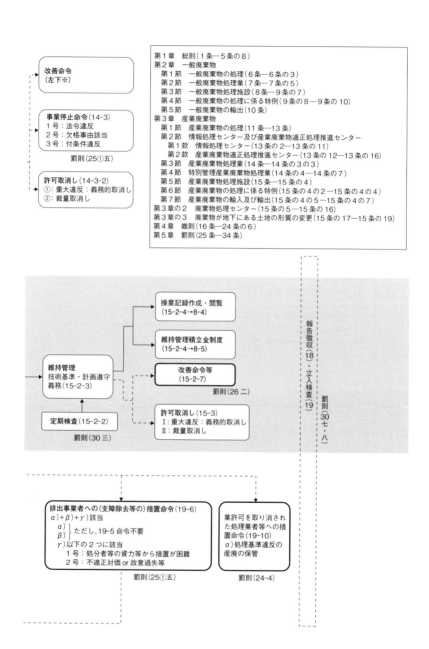

個別法フローチャート

◆容器包装リサイクル法

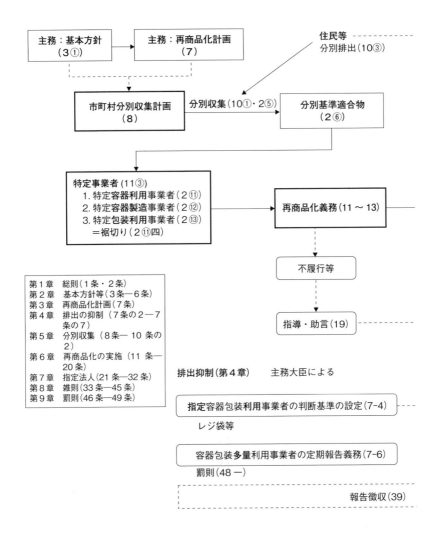

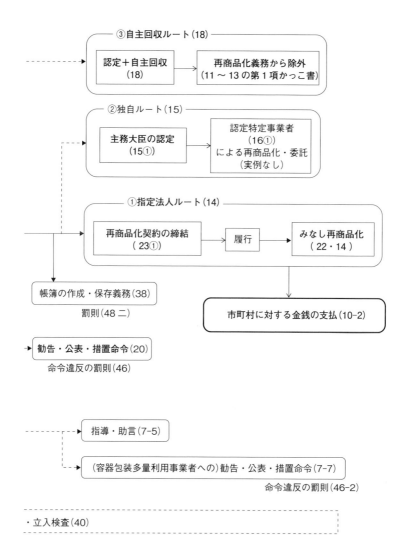

◆土壌汚染対策法

【目的】人の健康保護

【規制対象】
特定有害物質(2①、令1)による基準超の汚染

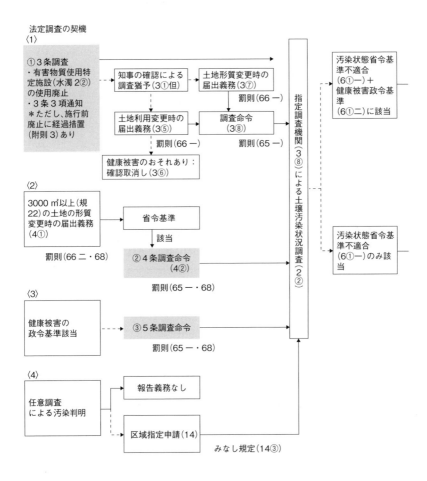

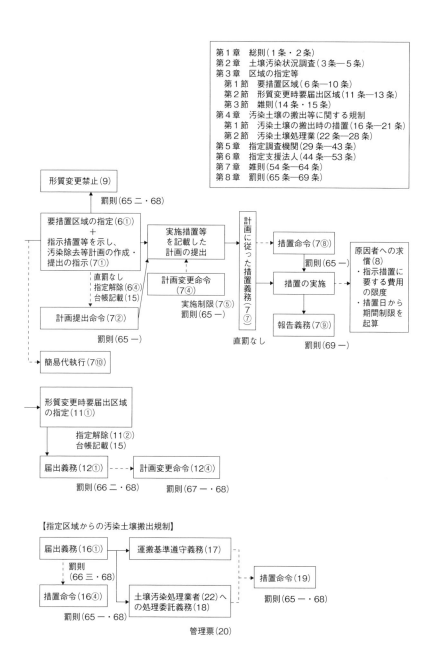

◆自然公園法

【目的】
①優れた自然の風景地の保護
②国民による利用の増進
③生物多様性の確保

【地域指定】

【行為規制】
許認可権者
・国立公園(2 二)：環境大臣
・国定公園(2 三)：知事
・都道府県立自然公園(2 四)
　　　　　　　　：知事(条例)

特別地域
(20①)

特別保護地区
(21①)

特別地域の種類

第一種特別地域
(規9-2 一)

第二種特別地域
(規9-2 二)

第三種特別地域
(規9-2 三)

利用調整地区
(23①)

海域公園地区
(22①)

普通地域
(33①)

許可制

特別保護地区
(21③各号)

特別地域
(20③各号)

海域公園地区
(22③)

立入禁止(23③)
罰則(83 三)

届出制
(33①各号)
罰則(86 五)

【協働型管理】

公園管理団体(49)
による管理(50)

風景地保護協定(43)
承継効(48)

利用拠点整備改善
計画制度(16-2〜7)

自然体験活動促進
計画制度(42-2〜7)

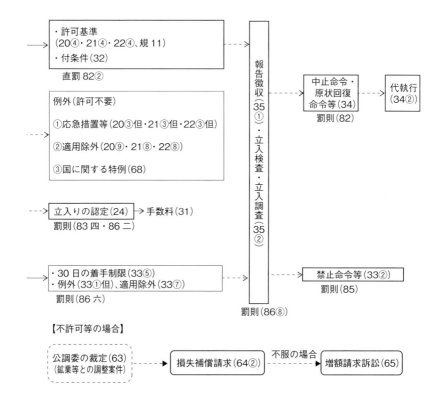

◆環境影響評価法

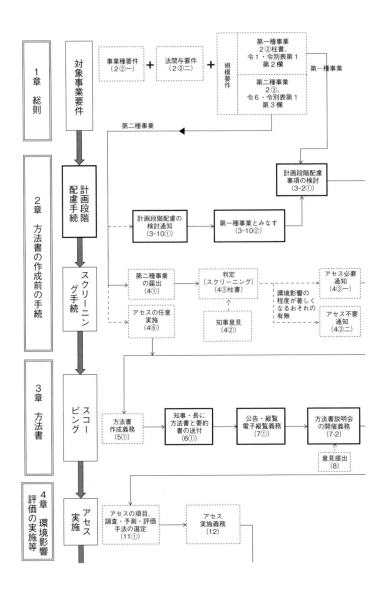

第1章　総則（1条―3条）
第2章　方法書の作成前の手続
　　第1節　配慮書（第3条の2―第3条の10）
　　第2節　第二種事業に係る判定（4条）
第3章　方法書（5条―10条）
第4章　環境影響評価の実施等（11条―13条）
第5章　準備書（14条―20条）
第6章　評価書
　　第1節　評価書の作成等（21条―24条）
　　第2節　評価書の補正等（25条―27条）
第7章　対象事業の内容の修正等（28条―30条）
第8章　評価書の公告及び縦覧後の手続（31条―38条の5）
第9章　環境影響評価その他の手続の特例等
　　第1節　都市計画に定められる対象事業等に関する特例（38条の6―46条）
　　第2節　港湾計画に係る環境影響評価その他の手続（47条・48条）
第10章　雑則（49条―62条）

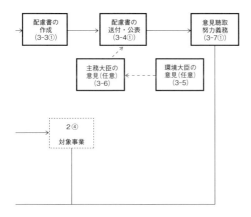

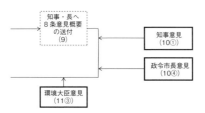

個別法フローチャート　437

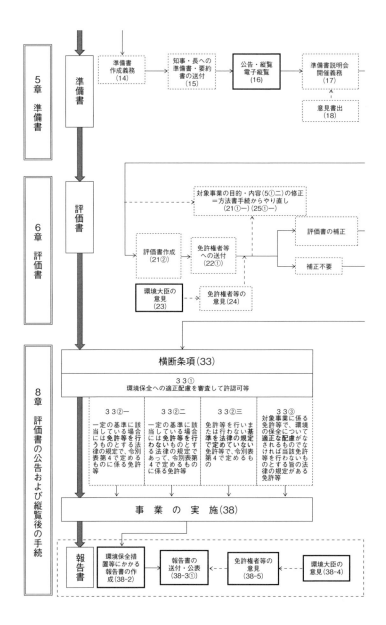

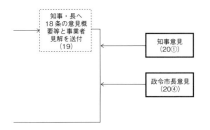

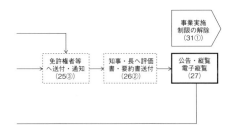

罰則なし。
※図表において太線は 2011 年改正事項。

◆大気汚染防止法

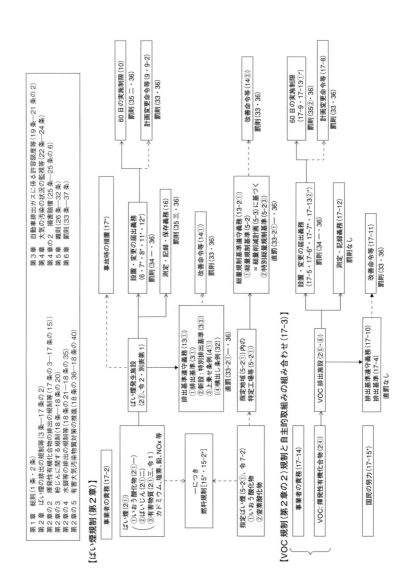

【粉じん規制（第2章の3）】

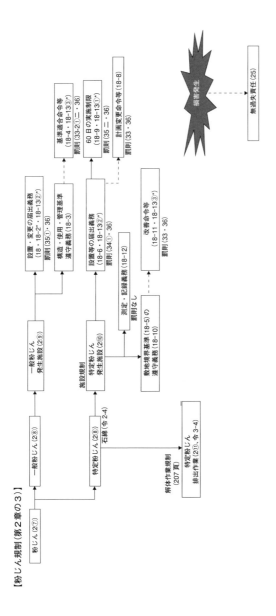

個別法フローチャート 441

【水銀規制(第2章の4)と自主的取組みの組み合わせ(18-21)】

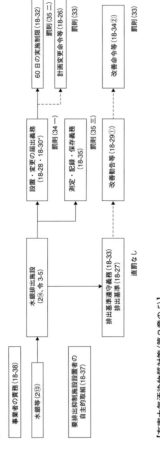

【有害大気汚染物質対策(第2章の5)】

●事項索引●

【数　字】

3 R………………………………………235

【A-Z】

CBA →費用便益分析
CS →化学物質過敏症
CSR……………………………………… 5
　　——報告書……………………………8
DfE →環境配慮設計
EPR →拡大生産者責任
FIT →固定価格買取制度
GHG →温室効果ガス
ISO14000……………………………… 12
K 値規制………………………………203
PPP →汚染者支払原則
SD →持続可能な発展
SDGs……………………………………123
SLAPP……………………………… 17, 98
VOC……………………………………205

【あ　行】

空家法…………………………………158
アスベスト（石綿）……………… 84, 228
アセスメント→環境影響評価
安定型最終処分場……………248, 267, 276
安定 5 品目……………………240, 248, 276
石綿→アスベスト
一応の立証……………………………… 80
一般廃棄物……………………………240
違法性承継………………………… 64, 340
違法性段階説……………………… 93, 190
違法判断の基準時……………………… 66
因果関係……………………78, 114, 232, 266, 415
　　——立証の困難の緩和…………79, 94
疑い物…………………………………240
上乗せ規制……………………………203
営造物の瑕疵…………………………… 87
疫学的因果関係論…………………79, 217
エンフォースメント…………………… 2
横断条項…………………………390, 399

オーバーツーリズム（観光公害）………150
オーバーユース（過剰利用）……329, 334, 337
オフス条約……………………………130
汚染者支払原則（PPP）…6, 100, 103, 128, 242
汚染土壌処理業者……………………297
汚染負荷量賦課金……………………103
温室効果ガス（GHG）………………408
　　——排出量算定・報告・公表制度…10, 411

【か　行】

カーボン・ニュートラル宣言………410, 422
海域公園地区…………………………332
改善命令……………………175, 181, 252, 253
開発許可………………………………342
外部不経済の内部化……………………1, 128
化学物質過敏症（CS）………………230
拡大生産者責任（EPR）………128, 236, 261
確認訴訟………………………………… 55
確認の利益…………………56, 199, 282, 358
確率的因果関係………………………… 79
瑕疵担保責任…………………………311
過失相殺………………………………… 83
過剰規制…………………………2, 121, 134
過剰利用→オーバーユース
カネミ油症事件………………………… 85
仮の義務付け…………………………… 50
仮の差止め……………………………… 49
仮の地位を定める仮処分……………… 97
管轄……………………………………… 51
環境影響評価（アセスメント）……2, 10, 383
環境基準…………………………3, 85, 89, 287
環境刑法………………………………109
環境権……………………………91, 128, 363
環境配慮審査…………………………390
環境配慮設計（DfE）…………………236
環境報告書……………………………… 8
環境ラベリング………………………… 9
関係地域………………………………142
関係法令→オーバーツーリズム
観光公害→オーバーツーリズム
間接的寄与者…………………………228

間接反証類似の方法・・・・・・・・・・・・・80, 114
管理型最終処分場・・・・・・・・・・・・248, 267, 277
管理票→産業廃棄物管理票
危険への接近・・・・・・・・・・・・・・・・・・・・・・・78
気候訴訟・・・・・・・・・・・・・・・・・・・・・・・・・414
気候変動・・・・・・・・・・・・・・・・・・・・・・・・・408
規制基準・・・・・・・・・・・・・・・・・・・・・・・・・215
規制権限の不行使・・・・・・・・13, 116, 119, 320
規制的手法・・・・・・・・・・・・・・・・・・・・・・・・・2
既判力・・・・・・・・・・・・・・・・・・・・・・・・・・・67
逆有償・・・・・・・・・・・・・・・・・・・・・・・・・・238
求償・・・・・・・・・・・・・・・・・・・・・・・・・・・298
狭義の訴えの利益・・・・・・・・・・・・・・・・**44**, 357
行政計画・・・・・・・・・・・・・・・・・・・・・・・・・・21
行政裁量・・・・・・・・・・・・・・・・・・・・・・・・・・59
行政事件訴訟法10条1項（論）・・・・・・・**61**, 273
行政代執行（法）・・・・・・・4, 186, 257, 333, 340
行政立法・・・・・・・・・・・・・・・・・・・・・・・・・・24
協定・・・・・・・・・・・・・・・・・・・・・・・・・10, 259
共同不法行為・・・・・・・・・・・・・・・・・・**219**, 320
京都議定書・・・・・・・・・・・・・・・・・・・・・・・409
供用関連瑕疵・・・・・・・・・・・・・・・・・・・・・・87
許可取消し・・・・・・・・・・・・・・・・・・・252, 253
漁業権・・・・・・・・・・・・・・・・・・・・・・194, 367
具体的危険（性）・・・・・・・・・・・・415, 418, 421
国立マンション事件・・・・・・・・・・・・・・・・・159
グリーン購入・・・・・・・・・・・・・・・・・・・・・・・10
計画裁量・・・・・・・・・・・・・・・・・・・60, 143, 355
計画段階配慮書・・・・・・・・・・・・・・・・・・・・386
計画提出命令・・・・・・・・・・・・・・・・・・187, 294
計画変更命令・・・・・・・・・・・・・・・・・・・・・295
　――付き届出義務・・・・・・・175, 180, 204, 210
景観法・・・・・・・・・・・・・・・・・・・・・・・・・・153
景観利益・・・・・・・・・・・・・・129, **159**, 351, 367
経済的手法・・・・・・・・・・・・・・・・・・・・・5, 333
形質変更時要届出区域・・・・・・・・・・・・292, 325
形成力・・・・・・・・・・・・・・・・・・・・・・・・・・・67
継続的不法行為・・・・・・・・・・・・・・・・・・・・84
契約不適合責任・・・・・・・・・・・・・・・・230, 313
経理的基礎・・・・・・・・・・・・249, 265, 272, 277
結果回避義務・・・・・・・・・・・・・・・75, 114, 228
欠格要件・・・・・・・・・・・・・・・・・・・・・244, 249
原因裁定・・・・・・・・・・・・・・・・・・・・・・・・・105
原告適格・・・・・・27, 54, 142, 162, 269, 308, 348, 350

原状回復命令・・・・・・・・・・・・・・・・・・・・4, 333
原子力規制委員会・・・・・・・・・・・・・・・・・・・417
建築確認・・・・・・・・・・・・・・・・・・・・・・・・・134
建築基準法・・・・・・・・・・・・・・・・・・・・・・・**152**
建築協定・・・・・・・・・・・・・・・・・・・・・・・・・155
建築主事・・・・・・・・・・・・・・・・・・・・・134, 152
権利主張参加・・・・・・・・・・・・・・・・・・・・・・54
権利利益保護請求・・・・・・・・・・・・・・・・・・411
故意過失・・・・・・・・・・・・・・・・・・・・・・・・・・74
合意的手法・・・・・・・・・・・・・・・・・・・・・・・・10
広域認定・・・・・・・・・・・・・・・・・・・・・・・・・251
公園管理団体・・・・・・・・・・・・・・・・・・334, 377
公害・・・・・・・・・・・・・・・・・・・・・・・・・・・107
　――健康被害補償制度・・・・・・・・・・・・・・100
　――罪法・・・・・・・・・・・・・・・・・・・・・・・110
　――等調整委員会・・・・・・・・・・・・・・・・・105
　――紛争処理（制度）・・・・・・・・・・・104, 111
　――防止協定・・・・・・・・・・・・・・・・・・・・279
公共性・・・・・・・・・・・・・・・・・・・・・・・・・・89
公権力の行使に対する仮処分の排除・・・・・・95
公衆参加・・・・・・・・・・・・・・・・・・・・・・・・394
公水法・・・・・・・・・・・・・・・・・・・・・・・・・・341
拘束力・・・・・・・・・・・・・・・・・・・・・・・・・・・67
公定力・・・・・・・・・・・・・・・・・・・・・・・・・・・53
固定価格買取制度（FIT）・・・・・・・・・・・・416
個別的因果関係・・・・・・・・・・・・・・・・・・・・218
個別的環境権・・・・・・・・・・・・・・・・・・・・・364
個別保護要件・・・・・・・・・・・・・・・・・・28, 163
コントローラビリティ・・・・・・・・・・・・236, 286
コンパクト・シティ・・・・・・・・・・・・・・・・・157

【さ　行】

財産権・・・・・・・・・・・・・・・・・・・・・・・・・193
最終処分・・・・・・・・・・・・・・・・・・・・・・・・244
　――場・・・・・・・・・・・・・・・・・・・・**248**, 276
再商品化義務・・・・・・・・・・・・・・・・・・260, 284
　――履行の3ルート・・・・・・・・・・・・・・・・262
再生利用認定・・・・・・・・・・・・・・・・・・・・・251
財務会計行為・・・・・・・・・・・・・・・・・・・・・360
債務不履行責任・・・・・・・・・・・・・・・・231, 314
裁量審査・・・・・・・・・・・・・・・・・・60, 122, 354
差止請求・・・・・・・・・・・・・・・・・・・・・・・・**90**
　――の法的根拠・・・・・・・・・・・・・・・・・・・91
産業廃棄物・・・・・・・・・・・・・・・・・・・・・・240

444

——管理票（マニフェスト）……… 245, 297	新規制基準…………………………………… 420
事業停止命令……………………………… 252	審査請求……………………………………… 69
事業的手法………………………………… 12	森林法……………………………………… 341
事業認定…………………………… 338, 354	水銀規制…………………………………… 209
時効…………………………………………… 84	水質浄化措置命令………………………… 181
自己の法律上の利益に関係のない違法主張の制限→行政事件訴訟法10条1項	水質二法…………………………………… 119
	スクリーニング…………………………… 386
事実行為…………………………………… 25	スコーピング……………………………… 388
自主的取組み………………………… 11, 211	裾切り…………………… 124, 197, 247, 273
市場の失敗…………………………………… 2	生活環境影響調査（ミニアセス）…… 250, 272
事情判決………………………… 23, 45, 66	生活環境利益………………………………… 31
私人による法の実現……………………… 140	政策形成訴訟……………………………… 16
自然享有権………………………………… 366	生態系維持回復事業……………………… 334
自然の権利訴訟…………………………… 371	生物多様性………………………………… 327
持続可能な発展（SD）……………… 123, 234	責任裁定…………………………………… 105
執行停止…………………………………… 45	是正命令…………………………………… 134
社会の相当性基準………………… 162, 167	ゼロ・オプション………………………… 356
収集運搬…………………………………… 244	戦略（的）アセス（メント）…………… 394
重大な損害要件（執行停止）…………… 46	騒音に係る環境基準……………………… 138
重大な損害要件（処分差止訴訟）……… 35	騒音規制法………………………………… 138
重大な損害要件（非申請型義務付け訴訟）	総合判断説………………………………… 237
……………………………………… 41, 357	総量規制…………………………… 176, 198, 205
集団規定…………………………………… 152	ゾーニング………………………… 134, 328
集団的因果関係…………………………… 218	訴訟参加…………………………………… 53
集団的環境権……………………………… 365	措置命令…………………………… 254, 295
住民訴訟…………………………… 57, 347, 359	損益相殺…………………………………… 83
収用裁決…………………………………… 340	損失補償…………………………… 73, 377, 380
出訴期間…………………………………… 53	
受忍限度（論）	【た 行】
……… 13, 76, 87, 93, 136, 139, 217, 266, 407	第一種事業………………………………… 385
準備書手続………………………………… 389	第一種地域………………………………… 101
浄水享受権………………………………… 276	代執行→行政代執行（法）
状態責任…………………………… 289, 323	代替案……………………… 355, 387, 398, 404
情報的手法…………………………………… 7	第二種事業………………………………… 385
将来分の損害賠償請求…………………… 82	第二種地域………………………………… 101
昭和52年判断条件………………… 115, 116	単体規定…………………………………… 152
処分	団体訴訟…………………………… 33, 131, 373
——差止訴訟…………………………… 33	地下浸透水規制…………………………… 179
——の蓋然性要件……………………… 34	地区計画…………………………………… 154
——の特定性要件…………… 38, 42, 145	中間処理…………………………………… 244
処分性…………………………… 20, 198, 352	——施設…………………………… 275, 277
処理基準…………………………………… 242	中止命令…………………………… 333, 376
処理困難通知……………………………… 247	抽象的差止請求…………………………… 94, 222
人格権…………………… 91, 190, 193, 276, 363	抽象的処分差止訴訟……………………… 38

事項索引 445

調査命令	290	パリ協定	409
調査猶予	289, 324	被告適格	52
懲罰的損害賠償	82	彼此相補性	88
眺望利益	166, 367	非申請型義務付け訴訟	40, 269, 306
調和条項	170	非特異性疾患	217
直罰	4, 175	費用便益分析（CBA）	356
強い関連共同性	220	評価書手続	390
ティアリング	394	比例原則	2, 237
提案制度	155	風景地保護協定	335, 378
豊島事件	107	風致地区	154
デポジット	7, 263	フォローアップ	392
典型7公害	1, 107	賦課金	5
同意制	249	不可償要件	49, 51
当事者訴訟	**55**, 358	不可争力	53
特定行政庁	134, 152	複数汚染源の差止め	223
特定施設	172, 289	不作為の違法確認訴訟	55
特定粉じん	206	不作為不法行為	316
――排出等作業	208	不正・不誠実要件	244
特定包装	260	普通地域	332, 376
特定有害物質	288	不服申立前置	52, 69
特定容器	260	不法行為（責任）	
特別地域	332, 376		72, 73, 91, 231, 315, 316, 321
特別保護地区	332	不法行為二分論	76, 93
都市計画	155	ブラウンフィールド	293
――法	**152**	フリーライド	2
土壌汚染状況調査	291	分割の差止説	224
土地区画整理	22	紛争管理権説	365
土地収用法	338	分別基準適合物	261
トランス・サイエンス	419	平穏生活権	92, 276
取引価値	238	保安林	341
		包括・一律請求	81
【な　行】		法定外抗告訴訟	55
ナショナル・ミニマム	11, 203, 393	保護範囲要件	27
日影規制	132	補充性要件	37, 42
日照権	132	補助金	7
		補助参加	53
【は　行】		ポリシー・ミックス	12
ばい煙規制	203		
廃棄物の定義	237	【ま　行】	
排出基準	3, **203**, 210	マニフェスト→産業廃棄物管理票	
排出枠取引	5, 409	未然防止原則	124
排水基準	172	ミティゲーション	389, 404
ハザード	3	水俣病	75, 113
発生抑制	235, 258, 263	ミニアセス→生活環境影響調査	

民事仮処分···96	用途地域···································132,137
民事調停··109	予見義務·····························75,114,227
無過失責任························76,89,183,212	横出し規制······································203
無効等確認訴訟································54	予防原則·································125,409
命令前置··4	弱い関連共同性······························220
モニタリング····································2	四大公害訴訟··································18

【や　行】

有害使用済機器······························257
有害大気汚染物質対策·····················211
有害物質漏洩規制····························180
誘導の手法···5
優良産廃処理業者認定制度············247
要措置区域·······························292,324

【ら　行】

リサイクル······································235
リスク··3
リユース···235
利用調整地区··································332
林地開発許可···························341,350

事項索引　447

●判例索引●

大審一判大正5年12月22日民録22輯2474頁
……………………………………75,216
東京高判昭和38年9月11日判夕154号60頁
……………………………………168
最一判昭和39年10月29日民集18巻8号1809頁
……………………………………20
最大判昭和41年2月23日民集20巻2号271頁
……………………………………23
最三判昭和42年10月31日判夕213号234頁…139
最三判昭和43年4月23日民集22巻4号964頁
……………………………………195,219
和歌山地田辺支判昭和43年7月20日判時559号72頁
……………………………………168
最三判昭和43年12月17日判時544号38頁……139
宇都宮地判昭和44年4月9日判夕233号268頁
……………………………………354
東京地判昭和44年9月25日判夕242号291頁
……………………………………68
新潟地判昭和46年9月29日判夕267号99頁
……………………………………80,114,267
大阪地岸和田支決昭和47年4月1日判夕276号106頁
……………………………………77
最三判昭和47年6月27日民集26巻5号1067頁
……………………………………132
津地四日市支判昭和47年7月24日判夕280号100頁
……………………………………18,217,218,219
名古屋高金沢支判昭和47年8月9日判夕280号182頁
……………………………………18,217,218
最大判昭和47年11月22日刑集26巻9号586頁
……………………………………126
広島高判昭和48年2月14日判夕289号147頁
……………………………………225
熊本地判昭和48年3月20日判夕294号108頁
……………………………………114
東京高判昭和48年7月13日判夕297号124頁
……………………………………164,352,354
京都地決昭和48年9月19日判夕299号190頁
……………………………………168
最一判昭和48年10月18日民集27巻9号1210頁
……………………………………73
福岡高判昭和48年10月19日判夕300号151頁
……………………………………353
札幌地決昭和49年1月14日判夕304号131頁
……………………………………191
公調委昭和49年5月11日調停公調委昭和49年度年次報告46頁……………………………18
札幌高判昭和49年11月5日行集25巻11号1409頁
……………………………………191
福井地判昭和49年12月20日訟月21巻3号641頁
……………………………………353
熊本地判昭和50年2月27日判夕318号200頁
……………………………………193,399,406,407
最一判昭和50年5月29日民集29巻5号662頁
……………………………………402
最大判昭和50年9月10日刑集29巻8号489頁
……………………………………283
最二判昭和50年10月24日民集29巻9号1417頁
……………………………………79
名古屋地判昭和51年9月3日判夕341号134頁
……………………………………137
東京高決昭和51年11月11日判夕348号213頁
……………………………………166
徳島地判昭和52年10月7日判時864号38頁
……………………………………407
名古屋地判昭和53年1月18日行集29巻1号1頁
……………………………………11
岡山地判昭和53年3月8日訟月24巻3号629頁
……………………………………378
最三判昭和53年3月14日民集32巻2号211頁
……………………………………70
松山地判昭和53年5月29日判夕363号164頁
……………………………………362
横浜地横須賀支判昭和54年2月26日判夕377号61頁
……………………………………169
名古屋地判昭和54年6月28日判夕396号55頁
……………………………………149
名古屋地一宮支判昭和54年9月5日判夕399号83頁
……………………………………147
東京高決昭和54年11月12日判夕401号72頁
……………………………………100
鳥取地判昭和55年1月31日行集31巻1号83頁
……………………………………379

大阪地判昭和55年2月20日判タ415号151頁
……………………………………………148
熊本地判昭和55年4月16日判タ416号75頁
………………………………………95
札幌地判昭和55年10月14日判タ428号145頁
……………………………………11,129,364
広島高岡山支判昭和55年10月21日訟月27巻1
号185頁………………………………378
福岡高判昭和56年3月31日判タ441号67頁
……………………………………………365
静岡地判昭和56年5月8日判時1024号43頁
……………………………………………191
大阪地判昭和56年10月22日判時1030号14頁
……………………………………………148
最大判昭和56年12月16日民集35巻10号1369頁
………………………25,78,82,87,95,96,397
高知地判昭和56年12月23日判タ471号179頁
………………………………………10
東京地判昭和57年5月31日判時1047号73頁
……………………………………………381
最三判昭和57年7月13日民集36巻6号970頁
……………………………………195,362
大阪地決昭和57年11月24日判タ491号85頁
……………………………………………225
名古屋地判昭和59年4月6日判タ525号87頁
……………………………………78,225,399
仙台地決昭和59年5月29日判タ527号158頁
……………………………………………168
名古屋高決昭和59年8月31日判タ535号321頁
……………………………………………225
最二判昭和59年12月21日判タ549号118頁…146
東京高判昭和60年3月26日判タ556号98頁
……………………………………………137
大阪地決昭和60年5月16日判タ562号125頁
……………………………………………100
最三判昭和60年7月16日民集39巻5号989頁
……………………………………165,250,282
福岡高判昭和60年8月16日判時1163号11頁
……………………………………………115
最二判昭和60年12月20日判タ586号64頁
……………………………………346,366
大阪地判昭和61年3月20日判タ590号93頁
……………………………………………146
福岡高判昭和62年2月25日判タ655号176頁
……………………………………………148
最二判昭和62年7月10日民集41巻5号1202頁
………………………………………83
最三判昭和62年9月22日刑集41巻6号255頁
……………………………………………110
東京高判昭和62年12月24日判タ668号140頁
……………………………………20,24,216
最三判昭和63年1月26日民集42巻1号1頁
………………………………………99
最三決昭和63年2月29日刑集42巻2号314頁
……………………………………………114
東京地判昭和63年3月29日判タ679号227頁
……………………………………………148
東京高判昭和63年4月20日判タ690号180頁
……………………………………………381
東京地判昭和63年4月25日判時1274号49頁
……………………………………………148
公調委昭和63年6月2日調停公害紛争処理白
書平成元年版38頁………………………107
福岡高宮崎支判昭和63年9月30日判タ684号
115頁……………………………………225
最一判昭和63年10月27日刑集42巻8号1109頁
……………………………………………110
松山地判昭和63年11月2日判タ684号254頁
……………………………………………360
千葉地判昭和63年11月17日判時臨増平成元年
8月5日号161頁………………………218,225
最二判平成元年2月17日民集43巻2号56頁
………………………………………62
大津地判平成元年3月8日判タ697号56頁
……………………………………129,364,406
最三判平成元年6月20日判タ715号84頁……28
最三判平成元年7月4日判タ717号84頁……35
大阪地判平成元年8月7日判タ711号131頁
……………………………………………148
東京高判平成元年8月30日判時1325号61頁
……………………………………………139
千葉地判平成2年3月28日判タ739号79頁
……………………………………………258
東京地決平成2年6月20日判時1360号135頁
……………………………………………136
東京地判平成2年9月18日判タ742号43頁
……………………………………………380
大阪地判平成3年3月29日判タ761号46頁

判例索引 449

　　　　　　　…………212,219,220,221,225
最二判平成3年4月26日民集45巻4号653頁
　　　　　　　……………………………………104
札幌地判平成3年5月10日判時1403号94頁
　　　　　　　………………………………………94
公調委平成3年5月14日調停判時1405号38頁
　　　　　　　……………………………………107
熊本地決平成3年6月13日判タ777号112頁
　　　　　　　………………………………………49
水戸地判平成3年9月17日判自93号86頁…356
水戸地判平成3年9月17日判タ788号167頁
　　　　　　　……………………………………360
最二判平成4年1月24日民集46巻1号54頁
　　　　　　　………………………………………45
東京地判平成4年2月7日判タ782号65頁
　　　　　　　…………………………………79,121
甲府地判平成4年2月24日判タ789号134頁
　　　　　　　……………………………………165
仙台地決平成4年2月28日判タ789号107頁
　　　　　　　………………………80,266,276,277
東京地判平成4年3月18日判タ778号268頁
　　　　　　　………………………………………25
新潟地判平成4年3月31日判タ782号260頁
　　　　　　　……………………………………121
最一判平成4年6月25日民集46巻4号400頁
　　　　　　　………………………………………83
京都地決平成4年8月6日判タ792号280頁
　　　　　　　………………………………129,165
最三判平成4年9月22日民集46巻6号571頁
　　　　　　　……………………………………55,63
東京高判平成4年10月23日判タ802号77頁
　　　　　　　……………………………………354
最一判平成4年10月29日民集46巻7号1174頁
　　　　　　　…………………………………61,66,80
最三判平成4年12月15日民集46巻9号2753頁
　　　　　　　……………………………………360
大阪地判平成4年12月21日判タ812号229頁
　　　　　　　……………………………………169
最一判平成5年2月25日民集47巻2号643頁
　　　　　　　……………………………………25,96
最一判平成5年2月25日判タ816号137頁
　　　　　　　………………………………78,94,96
千葉地判平成5年3月26日判自114号92頁
　　　　　　　……………………………………379

高松地決平成5年8月18日判タ832号281頁
　　　　　　　……………………………………149
東京高判平成5年10月28日判タ863号173頁
　　　　　　　……………………………………282
仙台高判平成5年11月22日判タ858号259頁
　　　　　　　…………………………………363,367
京都地判平成5年11月26日判タ838号101頁
　　　　　　　…………………………………113,119
横浜地川崎支判平成6年1月25日判タ845号
　　　　105頁……………………………………219
岡山地判平成6年3月23日判タ845号46頁
　　　　　　　……………………………………219
最一判平成6年3月24日判タ862号260頁
　　　　　　　………………………139,140,149,321
広島地判平成6年3月29日判自126号57頁
　　　　　　　………………………………………67
高松高判平成6年6月24日判タ851号80頁
　　　　　　　……………………………………362
大阪地判平成6年7月11日判時1506号5頁
　　　　　　　………………………………………79
岐阜地判平成6年7月20日判タ861号49頁
　　　　　　　………………………………………81
宮崎地判平成6年10月21日判タ881号276頁
　　　　　　　………………………………………90
大分地決平成7年2月20日判時1534号104頁
　　　　　　　……………………………………276
大阪地判平成7年7月5日判時1538号17頁
　　　　　　　……………………………………226
最二判平成7年7月7日民集49巻7号1870頁
　　　　　…77,87,88,89,90,93,94,96,217,368,414
熊本地決平成7年10月31日判タ903号241頁
　　　　　　　……………………………………276
東京高判平成8年2月28日判時1575号54頁
　　　　　　　………………………………………77
東京高判平成8年4月23日判タ957号194頁
　　　　　　　……………………………………372
秋田地判平成8年8月9日判自164号76頁
　　　　　　　……………………………………356
高松地判平成8年12月26日判タ949号186頁
　　　　　　　……………………………………107
最三判平成9年1月28日民集51巻1号250頁
　　　　　　　……………………………………30,66
札幌地判平成9年2月13日判タ936号257頁
　　　　　　　……………………………………272

名古屋地決平成 9 年 2 月21日判タ954号267頁
　…………………………………………………148
秋田地判平成 9 年 3 月21日判タ990号172頁
　…………………………………………………405
札幌地判平成 9 年 3 月27日判タ938号75頁
　………………………………48,66,67,352,354
東京高判平成 9 年 8 月 6 日判タ960号85頁
　……………………………………………………18
高松地判平成 9 年 9 月 9 日判タ985号250頁
　…………………………………………………149
鹿児島地判平成 9 年 9 月29日判自174号10頁
　……………………………………………………18
東京地決平成10年 1 月23日判タ966号279頁
　…………………………………………………149
甲府地決平成10年 2 月25日判時1637号94頁
　…………………………………………………275
横浜地判平成10年 2 月25日判時1642号117頁
　…………………………………………………233
神戸地判平成10年 3 月25日判自181号63頁
　…………………………………………………361
福岡地判平成10年 3 月31日判タ998号149頁
　……………………………………………359,361
大阪地判平成10年 4 月16日判時1718号76頁
　…………………………………………………169
大分地判平成10年 4 月27日判タ997号184頁
　……………………………………………268,271
奈良地五條支判平成10年10月20日判時1701号
　128頁……………………………………11,279
名古屋高判平成10年12月17日判タ1015号256頁
　…………………………………………………364
津地上野支決平成11年 2 月24日判タ1037号243
　頁…………………………………………………277
最二決平成11年 3 月10日刑集53巻 3 号339頁
　…………………………………………………238
津地判平成11年 5 月11日判タ1024号93頁…217
横浜地判平成11年11月24日判タ1054号121頁
　…………………………………………………270
京都地決平成11年12月27日判タ1080号229頁
　…………………………………………………278
大津地決平成12年 1 月31日判自202号64頁
　…………………………………………………279
神戸地判平成12年 1 月31日判タ1031号91頁
　……………………………83,84,219,222,223,227
大阪高判平成12年 2 月29日判自203号43頁
　……………………………………………………40
最二判平成12年 3 月17日判時1708号62頁……32
公調委平成12年 6 月 6 日調停公害紛争処理白
　書平成13年版19頁……………………………107
名古屋地判平成12年11月27日判タ1066号104頁
　…………………………………………………226
和歌山地判平成12年12月19日判自220号109頁
　…………………………………………………245
鹿児島地判平成13年 1 月22日 LEX/
　DB28061380 ……………………………351,372
横浜地判平成13年 2 月28日判自255号54頁
　…………………………………………………361
山口地岩国支判平成13年 3 月 8 日判タ1123号
　182頁……………………………………………147
最三判平成13年 3 月13日民集55巻 2 号283頁
　…………………………………………………350
大阪高判平成13年 4 月27日判タ1105号96頁
　…………………………………………………121
東京高判平成13年 7 月 4 日判タ1063号79頁
　……………………………………………………63
福島地いわき支判平成13年 8 月10日判タ1129
　号180頁…………………………………………279
東京地判平成13年10月 3 日判タ1074号91頁
　…………………………………………………144
東京地判平成13年10月23日判時1793号22頁
　…………………………………………………361
東京地判平成13年12月 4 日判時1791号 3 頁
　……………………………………………………55
岡山地判平成14年 1 月15日 LEX/DB28071810
　……………………………………………281,278
福岡高宮崎支判平成14年 3 月19日 LEX/
　DB25410243 ……………………………………372
福島地郡山支判平成14年 4 月18日判時1804号
　94頁………………………………………316,321
名古屋地判平成14年 4 月26日判自244号80頁
　………………………………………………60,191
福島地判平成14年 5 月21日訟月49巻 3 号1061
　頁…………………………………………………271
公調委平成14年 6 月26日判時1789号34頁
　……………………………………………106,127,280
最三判平成14年 7 月 9 日民集56巻 6 号1134頁
　……………………………………………………4
最一決平成14年 7 月15日刑集56巻 6 号279頁
　…………………………………………………244

最一判平成14年9月12日民集56巻7号1481頁
……………………………………………58
東京地判平成14年9月27日 LEX/DB28080755
……………………………………309
東京地判平成14年10月29日判時1885号23頁
………………………………127,217,227
大津地決平成14年12月19日判タ1153号133頁
……………………………………165
最三決平成15年1月24日集民209号59頁
…………………………………53,271
大分地判平成15年1月28日判タ1139号83頁
……………………………………149
さいたま地判平成15年2月26日判自244号65頁
……………………………………244
大阪地判平成15年2月28日 LEX/DB25410309
……………………………………379
長野地判平成15年3月28日 LEX/DB28081813
……………………………………364
名古屋地決平成15年3月31日判タ1119号278頁
……………………………………162
長野地飯田支判平成15年4月22日 LEX/
DB28081843 ………………………278
東京地判平成15年5月16日判時1849号59頁
……………………………………314
福岡高判平成15年5月16日判タ1134号109頁
………………………………145,353
名古屋地判平成15年6月25日判時1852号90頁
……………………………………278
大阪地判平成15年7月3日判自262号57頁
……………………………………382
東京高判平成15年9月29日訟月51巻5号1154
頁……………………………………92
大阪高判平成15年10月28日判時1856号108頁
……………………………………146
東京高決平成15年12月25日判時1842号19頁
……………………………………340
徳島地判平成16年1月14日 LEX/DB25410542
……………………………………278
横浜地判平成16年2月18日判自260号93頁
……………………………………379
東京地判平成16年3月25日判時1881号52頁
……………………………………165
東京地判平成16年4月22日判時1856号32頁
………………………349,353,354,356,372,404

最三判平成16年4月27日民集58巻4号1032頁
……………………………………85
大阪高判平成16年5月28日判時1901号28頁
……………………………………281
名古屋地判平成16年8月30日判自270号75頁
……………………………………307
福岡高那覇支判平成16年10月14日 LEX/
DB28101007 ………………………362
最二判平成16年10月15日民集58巻7号1802頁
………………………………116,121,122
最二判平成16年12月24日民集58巻9号2536頁
……………………………………283
佐賀地判平成17年1月14日判時1894号85頁
……………………………………193
大阪地決平成17年7月25日判タ1221号260頁
…………………………………50,268
神戸地判平成17年8月24日判タ1241号98頁
……………………………………360
東京高判平成17年10月20日判タ1197号103頁
……………………………………144
名古屋地判平成17年11月18日判時1932号120頁
……………………………………98
東京高判平成17年11月30日判タ1270号324頁
……………………………………96
東京地判平成17年12月5日判タ1219号266頁
……………………………………231
最大判平成17年12月7日民集59巻10号2645頁
………27,29,30,31,33,141,142,143,349
大阪高判平成17年12月8日 LEX/DB28131608
………………………………145,350,353,355
鹿児島地判平成18年2月3日判タ1253号200頁
………………………………266,277,279
最二決平成18年2月20日刑集60巻2号182頁
……………………………………243
大阪地判平成18年2月22日判タ1221号238頁
…………………………………268,270
東京高判平成18年2月23日判時1950号27頁
………………………………355,356,404
福岡地久留米支判平成18年2月24日判タ1337
号184頁 ……………………………127
名古屋高判平成18年2月24日判タ1242号131頁
……………………………………284
最二判平成18年3月10日判自283号103頁…360
名古屋地判平成18年3月29日判タ1272号96頁

……………………………………271
最一判平成18年3月30日民集60巻3号948頁
……16,129,159,160,161,162,163,164,166,
167,169,351,352,367,373
大阪地判平成18年3月30日判タ1230号115頁
……………………………………392,400
東京高判平成18年3月31日判時1959号3頁
……………………………………231
福岡地判平成18年5月31日判自304号45頁
……………………………………259
大津地判平成18年6月12日判自284号33頁
……………………………………357
名古屋高判平成18年7月5日判例集未登載
……………………………………147
最二判平成18年9月4日判タ1223号127頁
……………………………………144
東京地判平成18年9月5日判タ1248号230頁
……………………………………310,314
千葉地判平成18年9月29日LEX/DB25420796
……………………………………282
津地四日市支判平成18年9月29日判自292号39
頁……………………………………268,407
名古屋地判平成18年10月13日判自289号85頁
……………………………………95
最一判平成18年11月2日民集60巻9号3249頁
………………59,143,144,145,355,392,404
福岡地判平成18年12月19日判タ1241号66頁
……………………………………192
大阪地判平成18年12月25日判時1965号102頁
……………………………………231
大阪高判平成19年1月24日LEX/DB25420838
……………………………………268,270
千葉地判平成19年1月31日判時1988号66頁
……………………………………267,277,279
さいたま地判平成19年2月7日判自297号22頁
……………………………………268,270,271,273
大阪高判平成19年3月1日判タ1236号190頁
……………………………………361
那覇地判平成19年3月14日自保ジャーナル
1838号161頁……………………………258
福岡高判平成19年3月22日判自304号35頁
……………………………………259
名古屋高判平成19年3月29日LEX/
DB25420872……………………271,273

名古屋高金沢支判平成19年4月16日LEX/
DB28131536……………………………78
鹿児島地判平成19年4月25日判時1972号126頁
……………………………………137
東京高判平成19年4月25日LEX/DB25420883
……………………………………282
最三判平成19年5月29日判タ1248号117頁
……………………………………82
青森地判平成19年6月1日LEX/DB28131346
……………………………………35,39
名古屋高判平成19年6月15日LEX/
DB28131920……………………………95
仙台高秋田支判平成19年7月4日LEX/
DB28132157……………………………364,367
最二判平成19年7月6日民集61巻5号1769頁
……………………………………318
佐賀地判平成19年7月27日判自308号65頁
……………………………………326
千葉地判平成19年8月21日判タ1260号107頁
……………………………………272,273
横浜地判平成19年9月5日判自303号51頁
……………………………………57,359,405
東京地判平成19年9月12日判時2022号34頁
……………………………………106
東京地判平成19年10月25日判タ1274号183頁
……………………………………314
京都地判平成19年11月7日判タ1282号75頁
……………………………………164,165
最三決平成19年11月14日刑集61巻8号757頁
……………………………………243
東京高判平成19年11月28日LEX/DB25463973
……………………………………276
東京高判平成19年11月29日LEX/DB25463972
……………………………………267
徳島地判平成19年12月21日LEX/DB25421194
……………………………………239
東京地判平成20年1月29日判時2000号27頁
……………………………………145
前橋地判平成20年2月27日LEX/DB25400325
……………………………………306,325
東京高判平成20年3月31日判時305号95頁
……………………………………268
東京高判平成20年4月24日判タ1294号307頁
……………………………………238

判例索引 453

公調委平成20年5月7日判時2004号23頁
……………………………………106,316
東京地判平成20年5月12日判タ1292号237頁
……………………………………………167
横浜地横須賀支判平成20年5月12日訟月55巻
5号2003頁…………………………367
東京地判平成20年5月21日判タ1279号122頁
……………………………………………286
東京地判平成20年5月29日判タ1286号103頁
………………………………………………62
名古屋高判平成20年6月4日判時2011号120頁
……………………………………………258
那覇地沖縄支判平成20年6月26日判時2018号
33頁…………………………………………78
佐賀地判平成20年6月27日判時2014号3頁
………………………………94,194,368
東京地判平成20年7月8日判タ1292号192頁
……………………………………………292
那覇地判平成20年9月9日判時2067号99頁
……………………………………………126
最大判平成20年9月10日民集62巻8号2029頁
………………………………………23,378
大阪地判平成20年9月18日判タ1300号212頁
……………………………………………280
東京高判平成20年10月22日 LEX/DB25420967
……………………………………………150
東京地判平成20年11月19日判タ1296号217頁
………………………………………315,320
名古屋地判平成20年11月20日判自319号26頁
………………………………………………64
富山地判平成20年11月26日判時2031号101頁
……………………………………………106
金沢地判平成20年11月28日判タ1311号104頁
……………………………………………127
東京地判平成21年1月28日判タ1290号184頁
……………………………………………160
東京高判平成21年1月29日判例集未登載
………………………………………106,127
東京高決平成21年2月6日判自327号81頁
……………………………………37,47,48,49
名古屋地判平成21年2月26日判タ1340号121頁
……………………………………………405
横浜地小田原支決平成21年4月6日判時2044
号111頁……………………………………167

東京高判平成21年5月20日 LEX/DB25441484
………………………………259,270,271,272
東京地判平成21年6月5日判タ1309号103頁
………………………………………………30
東京高判平成21年6月16日 LEX/DB25451325
……………………………………………275
大阪地判平成21年6月24日判自327号27頁
………………………………………394,403
東京高判平成21年7月1日 LEX/DB25441707
……………………………………………268
最一決平成21年7月2日判自327号79頁
……………………………………37,47,48,49
最二判平成21年7月10日判時2058号53頁
……………………………………11,259,279
東京高判平成21年7月16日判時2063号10頁
……………………………………………277
名古屋高金沢支判平成21年8月19日判タ1311
号95頁……………………………………127
福岡高判平成21年9月14日判タ1337号166頁
……………………………………………127
東京地判平成21年10月1日消費者法ニュース
82号267頁…………………………………231
広島地判平成21年10月1日判時2060号3頁
………………………37,50,61,163,164,350,353
名古屋地判平成21年10月9日判時2077号81頁
………………………………………81,278
最一判平成21年10月15日民集63巻8号1711頁
………………………………30,31,33,143,149,349
福岡高那覇支判平成21年10月15日判時2066号
3頁…………………………………………362
甲府地判平成21年10月27日判時2074号104頁
……………………………………………370
奈良地決平成21年11月26日判タ1325号91頁
………………………………………270,272
最一判平成21年12月17日民集63巻10号2631頁
………………………………………………65
東京地判平成22年4月20日 LEX/DB25463490
……………………………………………372
福岡高判平成22年5月19日判例集未登載…259
最三判平成22年6月1日民集64巻4号953頁
………………………………311,313,315,319
福井地判平成22年6月25日判自340号87頁
……………………………………………271
最三判平成22年6月29日判タ1330号89頁…169

名古屋地判平成22年6月30日 LEX/DB25442671 …………………………………361
東京地判平成22年9月1日判時2107号22頁 ……………………………………349
京都地判平成22年9月15日判時2100号109頁 ……………………………………140
京都地判平成22年10月5日判時2103号98頁 ……………………………………164
東京地判平成22年10月15日 LEX/DB25464343 …………………………………164
東京高判平成22年11月12日訟月57巻12号2625頁………………………………217
福岡高判平成22年12月6日判時2102号55頁 ……………………………194,368
福岡高判平成23年2月7日判タ1385号135頁 ………………40,42,43,255,269
横浜地判平成23年3月9日判自355号72頁 …………………………………357
横浜地判平成23年3月31日判時2115号70頁 ……………………………………364
東京地判平成23年6月9日訟月59巻6号1482頁…………………351,399,402
大分地判平成23年8月8日 LEX/DB25472543 …………………………………362
広島地判平成23年8月31日 LEX/DB25444359 …………………………………191
長野地中間判平成23年9月16日判自364号33頁 ………………………………274
東京地判平成23年9月21日 LLI/DB06630545 ……………………………………42
福岡地判平成23年9月29日 LEX/DB25482703 ……………………………………36
最二判平成23年10月14日判タ1376号116頁 …………………………………414
名古屋高判平成23年11月30日判自366号26頁 …………………………………196
最二判平成23年12月2日判タ1364号66頁…362
東京高判平成23年12月14日 LEX/DB25444668 …………………………………164
東京地判平成24年1月16日判タ1392号78頁 ……………………106,298,317,320
東京地判平成24年1月17日 LEX/DB25490885 ……………………………………45
東京高判平成24年1月24日判時2214号3頁 ……………………………………340
最二判平成24年2月3日民集66巻2号148頁 ……………………………306,324,325
東京地判平成24年2月7日判タ1393号95頁 ……………………………………299
最一判平成24年2月9日民集66巻2号183頁 ………………………………34,35
東京地判平成24年2月17日判タ1387号126頁 …………………………………165
さいたま地熊谷支判平成24年2月20日判タ1383号301頁 ………………………148
横浜地判平成24年4月18日 LEX/DB25481236 …………………………………146
福島地判平成24年4月24日判時2148号45頁 ……………………………42,274
公調委平成24年5月11日判時2154号3頁…194
東京高判平成24年6月28日 LEX/DB25482663 ……………………………………45
大阪地判平成24年6月29日資料版商事法務342号131頁 …………………………18
宮崎地判平成24年7月2日判時2165号128頁 …………………………………232
東京地判平成24年7月10日 LEX/DB25495327 …………………………………164
東京高決平成24年7月25日判時2182号49頁 ……………………………………57
神戸地判平成24年8月7日判時2191号67頁 ……………………………………229
福岡高判平成24年9月11日 LEX/DB25482702 ……………………………………36
東京地判平成24年9月25日判時2170号40頁 …………………………………313
東京地判平成24年9月27日判時2170号50頁 …………………………………312
東京高判平成24年10月26日訟月59巻6号1607頁…………………351,399,400,402
岡山地判平成24年12月18日 LEX/DB25541112 …………………………………279
大阪地判平成24年12月21日判時2192号21頁 …………………………………165
那覇地判平成25年2月20日訟月60巻1号1頁 …………………………………404
福岡地判平成25年3月5日判時2213号37頁 ……………………………………245

東京高判平成25年3月13日判時2199号23頁
　………………………………………………146
東京高判平成25年3月28日判タ1393号186頁
　…………………………………………298, 317
東京高判平成25年3月29日判タ1415号97頁
　………………………………………………360
最三判平成25年4月16日民集67巻4号1115頁
　………………………………………………117
大阪高判平成25年7月12日判時2200号70頁
　………………………………………………315
東京高判平成25年10月23日判タ1415号87頁
　………………………………………………165
長崎地決平成25年11月12日 LEX/DB25502355
　………………………………………………369
仙台地判平成25年12月26日 LEX/DB25446142
　………………………………………………351
広島高岡山支判平成25年12月26日 LEX/
　DB25541023 ………………………………279
最三判平成26年1月28日民集68巻1号49頁
　…………………………………………27, 284
広島高判平成26年1月29日判時2222号9頁
　…………………………………………88, 93
福岡高判平成26年2月24日判時2218号43頁
　…………………………………………………85
大阪高判平成26年3月6日判時2257号31頁
　………………………………………………229
熊本地判平成26年3月31日判時2233号10頁
　………………………………………………117
佐賀地決平成26年4月11日訟月61巻12号2347
　頁 ……………………………………………369
大阪高判平成26年4月25日判自387号47頁
　…………………………………………164, 351
福岡高那覇支判平成26年5月27日 LEX/
　DB25504223 ………………………………405
長崎地決平成26年6月4日判時2234号26頁
　………………………………………………369
福岡高決平成26年6月6日判時2225号33頁
　………………………………………………369
福岡高決平成26年7月18日判時2234号18頁
　………………………………………………369
最三判平成26年7月29日民集68巻6号620頁
　…………………………………………40, 54, 270
最一判平成26年10月9日民集68巻8号799頁
　………………………………………………229

最二決平成27年1月22日判時2252号33頁①事
　件 ……………………………………………369
最二決平成27年1月22日判時2252号36頁②事
　件 ……………………………………………369
東京高判平成27年6月11日 LEX/DB25447594
　…………………………………………171, 202, 410
東京地決平成27年6月24日 LEX/D25447733
　…………………………………………………48
東京高決平成27年6月29日 LEX/D25447880
　…………………………………………………49
東京高判平成27年7月30日民集70巻8号2037
　頁 ……………………………………………39
東京地判平成27年8月7日判タ1423号307頁
　…………………………………………310, 312
福岡地判平成27年9月17日 LEX/DB25448002
　………………………………………………147
長野地伊那支判平成27年10月28日判時2291号
　84頁 …………………………………………99
大阪地判平成27年12月11日判時2301号103頁
　………………………………………………149
福岡高宮崎支決平成28年4月6日判時2290号
　90頁 …………………………………………80
平成28年6月28日公調委責任裁定平成25年
　（セ）第21号事件総務省 HP ………………149
佐賀地判平成28年10月18日判タ1443号231頁
　………………………………………………231
福岡高判那覇支判平成28年11月8日 LEX/
　DB25545004 ………………………………362
最一判平成28年12月8日民集70巻8号1833頁
　…………………………………………25, 35, 39, 96
最一判平成28年12月8日判タ1434号57頁 …82
神戸地判平成29年2月9日 LEX/DB25448466
　………………………………………………149
長崎地判平成29年4月17日判時2353号3頁
　………………………………………………369
大阪地判平成29年5月18日判タ1440号198頁
　………………………………………………118
仙台高判平成29年6月23日 LEX/DB25546477
　…………………………………………………25
大阪高判平成29年7月18日 LEX/DB25546848
　………………………………………………149
最二判平成29年9月8日民集71巻7号1021頁
　………………………………………………118
福井地判平成29年9月27日判タ1452号192頁

………………………………279	
名古屋地判平成29年10月27日 LEX/DB25449049 ………………………………226	
福岡高判平成30年3月19日 LEX/DB25449441 ………………………………369	
広島高判平成30年3月22日 LEX/DB25449400 ………………………………243	
東京高判平成30年3月23日訟月65巻3号221頁………………………………116	
名古屋地判平成30年3月23日判自446号52頁………………………………88	
大阪高判平成30年3月28日判時2384号66頁………………………………119	
大阪地判平成30年4月25日判自441号67頁………………………………41	
東京地判平成30年5月24日判時2388号3頁………………………………71	
"東京地判平成30年7月2日労判1195号64頁"………………………………232	
長崎地判平成30年7月9日 LEX/DB25449608 ………………………………356	
福岡高判平成30年7月30日訟月66巻7号772頁………………………………369	
名古屋高判平成30年10月23日 LEX/DB25561979 ………………………………226	
青森地判平成30年11月2日判時2401号9頁………………………………25	
東京高判平成30年12月19日 LEX/DB25561882 ………………………………71	
東京地判平成31年1月30日 LEX/DB25562750 ………………………………142	
松江地判平成31年3月27日判自467号25頁………………………………165	
最決令和元年6月26日 LEX/DB25563788 ………………………………369	
最二判令和元年9月13日判時2434号16頁…369	
広島高松江支判令和元年10月28日判自467号21頁………………………………165	
山形地判令和元年12月3日判485号52頁………………………………126	
神戸地尼崎支判令和元年12月17日判時2456号98頁………………………………165	
横浜地判令和元年12月25日判自467号30頁………………………………164	
福岡高判令和2年3月13日訟月67巻7号799頁………………………………117	
長崎地佐世保支判令和2年3月24日 LEX/DB25570881 ………………………………367	
大阪地判令和2年6月3日判自473号77頁………………………………361	
東京地判令和2年6月18日判タ1499号220頁………………………………150	
名古屋地判令和2年11月5日判自475号44頁………………………………165	
札幌地判令和2年11月30日 LEX/DB25571557 ………………………………137	
東京地判令和2年12月1日判タ1497号181頁………………………………352	
東京地中間判令和2年12月1日訟月68巻1号1頁………………………………352	
大阪高判令和2年12月11日 LEX/DB25596745 ………………………………165	
仙台高判令和2年12月15日判自485号69頁………………………………126	
横浜地判令和3年2月19日判時2520号59頁………………………………150	
福井地判令和3年3月29日判時2514号62頁………………………………279	
仙台高判令和3年4月27日判時2510号14頁………………………………414	
最一判令和3年5月17日民集75巻5号1359頁………………………………229	
宮崎地判令和3年6月28日 LEX/DB25571681 ………………………………26	
福岡高判令和3年10月21日 LEX/DB25571823 ………………………………367	
大阪高判令和3年10月28日判自493号83頁………………………………361	
最三判令和4年1月25日判自485号49頁…126	
東京地決令和4年2月28日 LEX/DB2557222 ………………………………148	
名古屋高金沢支判令和4年3月16日 LEX/DB25592486 ………………………………26	
名古屋高判令和4年3月25日判例集未登載………………………………165	
福岡高判令和4年3月25日判時2548号5頁………………………………370	
熊本地判令和4年3月30日訟月68巻10号927頁	

判例索引 457

……………………………………117	最三判令和 5 年 5 月 9 日民集77巻 4 号859頁
大阪高判令和 4 年 4 月26日判夕1513号98頁	……………………………………… 32
………………………………………401	広島地判令和 5 年 7 月 4 日 LEX/DB25595453
岐阜地判令和 4 年 5 月16日判自502号70頁	………………………………………278
…………………………………271,272	大阪地判令和 5 年 9 月27日判時2587号 5 頁
最二判令和 4 年 6 月17日民集76巻 5 号955頁	………………………………………117
………………………………………417	福岡高那覇支判令和 5 年10月31日判自512号
名古屋高金沢支判令和 4 年12月 7 日 LEX/	162頁………………………………312
DB25593981 ………………………279	熊本地判令和 6 年 3 月22日 LEX/DB25620464
東京地判令和 5 年 1 月27日 LEX/DB25572652	………………………………………117
………………………………………401	神戸地判令和 6 年 8 月29日 LEX/DB25620925
神戸地判令和 5 年 3 月20日 LEX/DB25594806	………………………………………405
………………………………………415	

■著者紹介
越智敏裕（おち・としひろ）

現職：上智大学法科大学院教授・弁護士・博士（法学）
略歴：京都生まれ。1992年旧司法試験合格。1994年同志社大学文学部英文学科卒業。1996年弁護士登録（東京弁護士会）。2000年東京大学大学院法学政治学研究科修士課程修了。2001年カリフォルニア大学バークレー校ロースクール修了（LL. M）。2003年上智大学大学院法学研究科博士課程単位取得退学。博士（法学）。上智大学法科大学院助教授を経て、2011年から現職（法学部教授を併任）。主著：『新行政事件訴訟法』（共著）（新日本法規、2004年）、『アメリカ行政訴訟の対象』（弘文堂、2008年）、『実務環境法講義』（共著）（民事法研究会、2008年）、『行政紛争処理マニュアル』（編著）（新日本法規、2016年）、『ビジュアルテキスト環境法』（共著）（有斐閣、2020年）、『18歳からはじめる環境法〔第3版〕』（共著）（法律文化社、2024年）ほか。また、赤神諒のペンネームで小説を多数公表。

かんきょうそしょうほう
環境訴訟法（第3版）
── Environmental Law and Litigation 3rd Edition
2015年3月30日　第1版第1刷発行
2020年4月10日　第2版第1刷発行
2025年3月31日　第3版第1刷発行

著　者　越智敏裕
発行所　株式会社　日本評論社
　　　　〒170-8474　東京都豊島区南大塚3-12-4　振替 00100-3-16
　　　　　　　　電話 03-3987-8621（販売：FAX-8590）
　　　　　　　　　　　03-3987-8611（編集）
印刷所　精文堂印刷株式会社
製本所　株式会社難波製本
装　幀　有田睦美
カバーイラスト　Mari O. Moosreiner「Edge」
ⓒ2025　T. Ochi　Printed in Japan　　　　　　　　　　　検印省略

JCOPY ＜(社)出版者著作権管理機構 委託出版物＞
本書の無断複写は著作権法上での例外を除き禁じられています。複写される場合は、そのつど事前に、(社)出版者著作権管理機構（電話03-5244-5088、FAX03-5244-5089、e-mail: info@jcopy.or.jp）の許諾を得てください。また、本書を代行業者等の第三者に依頼してスキャニング等の行為によりデジタル化することは、個人の家庭内の利用であっても、一切認められておりません。

ISBN978-4-535-52846-8

日本評論社の法律学習基本図書

日評ベーシック・シリーズ

憲法 I 総論・統治［第2版］／**II** 人権［第2版］
新井 誠・曽我部真裕・佐々木くみ・横大道 聡［著］
●各2,090円

行政法
下山憲治・友岡史仁・筑紫圭一［著］ ●1,980円

租税法
浅妻章如・酒井貴子［著］ ●2,090円

民法総則［第2版］
原田昌和・寺川 永・吉永一行［著］ ●1,980円

物権法［第3版］
秋山靖浩・伊藤栄寿・大場浩之・水津太郎［著］ ●1,870円

担保物権法［第2版］
田髙寛貴・白石 大・鳥山泰志［著］ ●1,870円

契約法［第2版］
松井和彦・岡本裕樹・都筑満雄［著］ ●2,090円

債権総論［第2版］
石田 剛・荻野奈緒・齋藤由起［著］ ●2,090円

事務管理・不当利得・不法行為
根本尚徳・林 誠司・若林三奈［著］ ●2,090円

家族法［第4版］
青竹美佳・羽生香織・水野貴浩［著］ ●2,090円

会社法
伊藤雄司・笠原武朗・得津 晶［著］ ●1,980円

刑法 I 総論［第2版］**II** 各論［第2版］
亀井源太郎・小池信太郎・佐藤拓磨・薮中 悠・和田俊憲［著］
●I =2,090円 II =2,310円

民事訴訟法
渡部美由紀・鶴田 滋・岡庭幹司［著］ ●2,090円

刑事訴訟法
中島 宏・宮木康博・笹倉香奈［著］ ●2,200円

労働法［第3版］
和田 肇・相澤美智子・緒方桂子・山川和義［著］ ●2,090円

基本憲法 I 基本的人権
木下智史・伊藤 建［著］ ●3,300円

基本行政法［第4版］
中原茂樹［著］ ●3,740円

基本行政法判例演習
中原茂樹［著］ ●3,960円

基本刑法 ●I =4,180円 II =3,740円
I 総論［第3版］II 各論［第4版］
大塚裕史・十河太朗・塩谷 毅・豊田兼彦［著］

応用刑法 I 総論 **II** 各論
大塚裕史［著］ ●I、II=4,400円

基本刑事訴訟法 ●I =3,300円
 II =予価3,300円
 （4月上旬発売）
I 手続理解編 II 論点理解編［第2版］
吉開多一・緑 大輔・設楽あづさ・國井恒志［著］

憲法 I 基本権［第2版］**II** 総論・統治［第2版］
渡辺康行・宍戸常寿・松本和彦・工藤達朗［著］
●I、II =3,630円

刑法総論［第3版］**刑法各論**［第3版］
松原芳博［著］ ●総論=4,070円 ●各論=5,170円

〈新・判例ハンドブック〉

憲法［第3版］ 高橋和之［編］ ●1,650円

民法総則 河上正二・中舎寛樹［編著］
 ●1,540円

物権法 松岡久和・山野目章夫［編著］
 ●1,430円

債権法 I・II ●I :1,540円
 ●II :1,650円
潮見佳男・山野目章夫・山本敬三・窪田充見［編著］

親族・相続 二宮周平・潮見佳男［編著］
 ●1,540円

刑法総論／各論 ●総論1,760円
高橋則夫・十河太朗［編］ ●各論1,650円

商法総則・商行為法・手形法
鳥山恭一・高田晴仁［編著］ ●1,540円

会社法 鳥山恭一・高田晴仁［編著］
 ●1,540円

日本評論社
https://www.nippyo.co.jp/

※表示価格は消費税込みの価格です。